U0163350

Future Foods
How Modern Science
Is Transforming
the Way We Eat

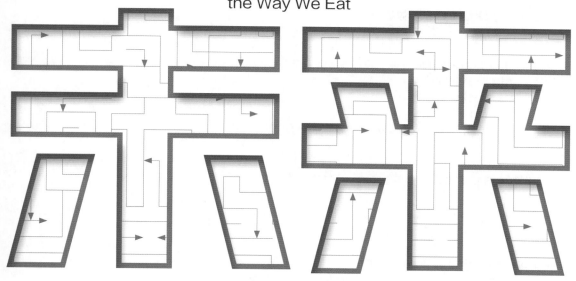

现代科学如何改变我们的
饮食方式

[美] 大卫·朱利安·麦克伦茨（David Julian McClements） 著

董志忠 陈历水 主译

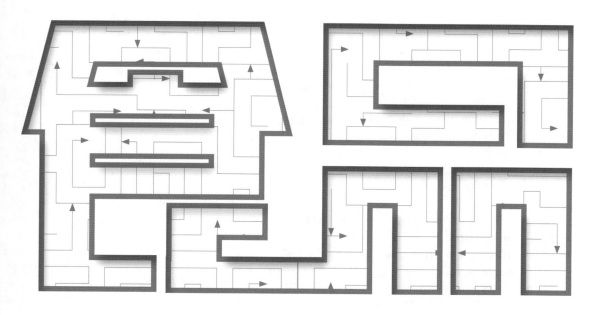

中国轻工业出版社

图书在版编目（CIP）数据

未来食品：现代科学如何改变我们的饮食方式 /（美）大卫·朱利安·
麦克伦茨（David Julian McClements）著；董志忠，陈历水主译. —北京：
中国轻工业出版社，2021.9

ISBN 978-7-5184-3059-8

Ⅰ. ①未… Ⅱ. ①大… ②董… ③陈… Ⅲ. ①食品—研究
Ⅳ. ①TS2

中国版本图书馆CIP数据核字（2020）第112959号

责任编辑：贾　磊　　责任终审：劳国强　　封面设计：锋尚设计
版式设计：王超男　　责任校对：朱燕春　　责任监印：张　可

出版发行：中国轻工业出版社（北京东长安街6号，邮编：100740）
印　　刷：鸿博昊天科技有限公司
经　　销：各地新华书店
版　　次：2021年9月第1版第2次印刷
开　　本：787×1092　1/16　印张：24.5
字　　数：490千字
书　　号：ISBN 978-7-5184-3059-8　　定价：158.00元
邮购电话：010-65241695
发行电话：010-85119835　传真：85113293
网　　址：http://www.chlip.com.cn
Email：club@chlip.com.cn
如发现图书残缺请与我社邮购联系调换
211091K1C102ZYW

本书翻译人员

**Book
translator**

主　译 ｜ 董志忠、陈历水

译　者 ｜ 郑　昕　张家智　　（前　言　第一章）
　　　　　王申丽　　　　　　（第二章）
　　　　　曲锴锐　　　　　　（第三章）
　　　　　赵国淼　　　　　　（第四章）
　　　　　梅　玉　张巍巍　　（第五章）
　　　　　虞晓含　　　　　　（第六章）
　　　　　孙　颖　　　　　　（第七章）
　　　　　周文琛　杨　潇　　（第八章）
　　　　　刘沛通　　　　　　（第九章）
　　　　　杨悠悠　　　　　　（第十章）
　　　　　董志忠　　　　　　（第十一章）
　　　　　张巍巍　　　　　　（第十二章）

审校人员 ｜ 郝小明　牛兴和　董志忠
　　　　　陈历水　杜天一

组织人员 ｜ 郝小明　钟　鸣　王春波

本书由北京市科学技术委员会"2018 年度科技服务业后补贴专项—科技创新创业开放平台子专项"支持。

　　人类社会所探讨的绿色可持续发展，对于生命体系而言，其第一要素在于如何确保长期、稳定、健康、绿色的食品供应。食品的来源关系到资源、环境、土地、畜牧等多个方面。作为化学工作者，深知现代食品加工制造业已离不开化学。更令人感兴趣的是，近年来学科的发展已形成合成化学延伸到合成生物学的新的研究领域或方向，食品的来源或将因此在不久的将来发生革命性的变化。什么是我们未来的食品？是值得人类共同关注深入探讨的重大问题。

　　美国 Massachusetts 大学 Amherst 分校食品科学学院 David Julian McClements 教授于 2019 年出版的著作《未来食品》，归集了与食品科学相关的最新研究成果，结合科学前沿和应用实践，图文并茂，深入浅出，是一本难得的好书。此书以食品相关专业的研究生、科研人员和管理人员为主要对象，充分考虑了他们所获信息的深度和广度，以及将来食品科学领域继续拓展和研究的需要，为他们提供了专业的食品科学与工程技术知识，以便他们未来能够尽快了解该行业的发展趋势，掌握研究和发展的方向。书中还介绍了食物的分子烹饪和食物的组成，如水、蛋白质、碳水化合物、脂肪和盐等，以及它们之间的相互联系，尤其是如何从构建建筑物时所用的各种结构部件的紧密结合和相互作用这一角度来理解。同时，对食品口味、营养功能、人体的消化吸收和肠道菌群乃至确立健康基础等内容也做了概述，可帮助营养学相关专业人士学习食品相关知识和基本技术。

　　正当我国制定"十四五"食品工业产业发展规划之际，中粮营养健康研究院迅速组织一线科研工作者翻译了全书，并经郝小明、牛兴和等资深教授校阅、审定，保证了译著的质量。此书的出版发行将有助于对食品工业科技发展从理论到实践的理解，为今后拓展研究新领域指明发展方向。这本译著的出版，可谓是当其时也。

中国科学院院士　何鸣元

改革开放 40 年来，我国食品工业快速发展，工业总产值以年均 10% 以上的递增速度持续增长，已经成为国民经济中十分重要的独立产业体系。2018 年，国内食品工业规模以上企业实现主营业务收入 8.1 万亿元，占全国 GDP 的 9%，预计未来十年，中国的食品消费将增长 50%，其发展趋势将与每一个食品人都息息相关，也需要大家一起来关注。

D.J.McClements 编写的 *Future Foods: How Modern Science Is Transforming the Way We Eat* 以 "未来" 的视角，聚焦食物在人体内的表现和新型加工技术，以具体的案例诠释了现代科学如何改变我们的饮食方式，内容包括食品的质构、风味、消化、营养功能食品、肠道微生物与健康、个性化营养、食品生物技术和食品纳米技术等，涉及范围广，专业性强。同时作为一部系统性的食品科学方面的专著，系统阐述了未来食品发展的趋势。对从事食品储藏加工、烹饪、科研和生产以及美食家都具有非常重要的参考价值。

中粮营养健康研究院作为我国粮食行业最大的企业研究院，积极关注和跟踪食品行业新技术的发展，投入了很大精力组织有关专业人员进行这部著作的翻译工作。译者均由工作在食品加工、研究开发第一线的人员担任，他们在翻译的过程中结合了自身的专业知识和原作者的意图，力争将作者所描述的国际上前沿、先进的理论与技术实践准确地呈现给读者。这种踏实、认真的精神，令人鼓舞，希望国内更多的食品领域科研人员和企业技术人员继续支持行业发展，推进食品技术创新和产品质量提升，提高我国食品的市场竞争力。

中国工程院院士　孙宝国

大卫·朱利安·麦克伦茨
（David Julian McClments）

　　出生于英国英格兰北部，长期生活在美国加利福尼亚州和马萨诸塞州以及爱尔兰、法国等地，是美国马萨诸塞大学食品科学系的杰出教授，主攻食品设计和纳米技术领域。他曾主编多部著作，发表了 900 多篇论文，获得了多项专利，并在世界各地进行学术交流。他目前是全球食品和农业科学领域最高被引的作者，因为其成就而获得了诸多奖励。他还是英国皇家化学学会会员、美国化学学会会员和食品技术研究所的成员。他的研究得到了美国农业部、美国国家科学基金会、美国国家航空航天局和食品工业行业的资助。

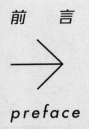

前 言

preface

"预测任何东西都是极其困难的，尤其是关于未来。"

尼尔斯·玻尔（Niels Bohr）

　　食品是一类极其复杂又让人兴奋不已的物质。在 35 年多的职业生涯中，我一直在努力了解和掌控这些看似普通的物料的特性。然而事实却并非如此。即便食品在我们的生活中发挥了核心作用——为我们提供营养和快乐，令人惊讶的是，食品设计、创造和消费中所蕴含的科学的丰富性和多样性，并未引起包括科学家在内的大多数人的重视。更为重要的是，食品对我们人类以及地球的福祉都有着重大影响。在世界某些地区，因为可获取的食物的数量或质量不足，人们仍在挨饿或遭受营养不良。而在其他地区，由于饮食过量引起的慢性疾病，如肥胖、糖尿病、心脏病和中风导致很多人早逝。我们目前生产、流通和营销食品的方式显然存在一些问题。此外，全球人口持续增长，我们需要在不破坏环境的情况下养活地球上所有的新增人口。人们很容易对现代食物体系感到悲观，但也有许多事情是乐观的，例如大多数人在超市和餐馆里都能买到价格实惠、安全、方便和多样化的食物，这可是历史上前所未有的。

　　尽管我做了几十年食品科学家，但我还是觉得自己对现代社会面临的复杂的、严重的食品挑战知之甚少。随着个人职业的发展，我的研究范围逐渐收窄，仅仅在越来越窄的方向上获得越来越深入的知识。我是一个极小领域（食品纳米技术）的世界专家，对我们面临的食品大挑战及其他科学家如何解决这些问题不甚了解。现在是时候关注更广泛的食品领域了。我带着两个问题开始这段旅程——一个是个人相关的，另一个是关乎全球性的：我和我的家人应该吃什么？我们将如何养活不断增长的世界人口？当我在食品科学文献中寻找这些问题的答案时，我发现，编写的这本书不仅是关于食品的，它还涉及复杂性、不确定性和妥协性的问题，即如何在一个复杂而快速变化的世界中基于有限的知识做出决定。

我打算在书中介绍一下在食品科学方面所取得的振奋人心的（有时甚至是令人恐惧的）进步，并列举一些参与和应用这些研究成果的专家。读者可学到如何像建造优美、匀称的建筑物一样创造出美味又健康的食物，以及很多与历史中建筑发展相关联的食品设计。读者还可学习有关美味的科学和技术，并找出形成食物外观、感觉、声音和味道的原因，会发现食物的味道不仅来自食物本身，并且深受环境的影响。

以前，食品科学家最关注的是提高食品的质量、安全性和保质期。最近，一支全新的由食品营养学家组建的科学家团队，正在研究食物在我们体内的代谢规律。他们利用相关知识创造出饱腹感强的食物，这样我们就不会吃得太多，也不会提高我们身体所吸收的营养素水平。目前，对于可改善人们健康状况的最佳饮食方式是什么存在激烈的争论——低脂？低碳水化合物？高蛋白？素食主义？读者可在本书中了解到相互矛盾的观点背后的科学依据。

食物药用的观点并非新创。古希腊、中国和印度的文化中就有使用某些动植物的可食用部分来达到治疗效果的先例。然而，现代科学重点是在关注食品中的特定成分，也就是说保健营养品如何促进我们的身体健康。本书还介绍了保健营养品和"超级食品"宣称有益健康背后的科学依据和临床证据。保健营养品真的有效吗？它们会提高人们的生活质量和延年益寿吗？

不断有证据表明，定植在肠道里的大量微生物对人体健康起着至关重要的作用。本书介绍了食品微生物学家对人体内的各种细菌所进行的分类，并试图构建起促进人类健康所需的微生物群落的最佳生态结构。读者可了解到微生物如何与人体"交流"、如何为人体提供宝贵的营养物质、如何增强人体的免疫系统以及如何调控人类的饮食。现有的微生物鉴定和分析工具已经发生了一场变革，可以用来描述人体的健康状况，包括肠道微生物群、基因谱和代谢，这些都推动了个性化营养领域的发展。这场变革是基于这样一个前提的——每个人都有独特的基因组、身体状况和生活方式，这意味着每个人都需要针对自身的特定需求量身定制饮食计划。不同的人所适用的食物会有所不同，个性化营养与大众化的单一饮食形成了鲜明的对比。读者可了解到个性化配餐相对于集体配餐的所具有的优点。

然后，本书将深入到植物细胞和动物细胞的内部，介绍基因编辑这种强大的新型工具及其所能创造出更好的食物的潜力。基因编辑可用于提高农作物和牲畜的生产性能和产品营养价值。同样，纳米技术也被用来制造更有效的肥料和农药，以提高农产品产量、降低损失和减少对环境的破坏。纳米技术还被用于提高食品的安全性、改善食品的品质和优化食品的营养成分，以及创建功能强大的新型传感器以提供有关食品特性的详细信息。读者还可了解到采用这些有争议的新技术可能带来的风险，例如对我们的健康和环境可能产生的危害。本书提供足够的信息，以供读者判断这些新技术的利弊。

造成地球生态环境恶化的一个重要原因是大量的土地和资源被专门用于生产畜产品，特别是牛肉。以普通的汉堡包为例，本书介绍了为了替代部分或全部的肉类而设计出的不同方案。人们应该吃细胞培养肉而不吃真正的肉吗？人类应该向昆虫索取更多的蛋白质吗？该如何将植物原料制作成与真肉不分伯仲的汉堡包？食品工业能否将植物性食品做得足够好，从而激励人们从吃肉转向吃更加健康且可持续的替代品？

最后，本书介绍了如何将先进的传感技术与人工智能相结合创建复杂的监控系统，从而提高食品的生产效率、增强食品生产的可持续性并且环保。但是，同样的技术会存在使大企业控制人们饮食结构的风险。这是贯穿本书的一个主题——食品科学家正在开发的许多创新技术潜在风险和收益并存。对人们来说，明白这些技术背后的科学原理，并积极思考是很重要的。

本书将从思考人类面临的和科学家们正试图解决的巨大食品挑战开始。

大卫·朱利安·麦克伦茨（David Julian McClements）
于美国马萨诸塞大学安姆斯特分校

03

美味学

The Science of Deliciousness

04

食物消化学：
一场肠胃之旅

Food Gastrology: A Voyage Through Our Guts

05 | 人如其食

Are You What You Eat ?

06 | 营养功能因子：
是超级食品还是超级广告

Nutraceuticals: Superfoods or Superfads ?

07 | 人体营养的内在世界：
肠道微生物、饮食和健康

Feeding the World Inside Us: Our Gut Microbiomes, Diet, and Health

08 | 个性化营养：
定制你的健康饮食

Personalized Nutrition: Customizing Your Diet for Better Health

09

食品生物技术：
以基因工程塑造基因

Food Biotechnology: Sculpting Genes with Genetic Engineering

10

食品纳米技术：
利用食品中微观世界的力量

Food Nanotechnology: Harnessing the Power of the Miniature World Inside Our Foods

01

食品科学：
绘制食物前景

→

The Science of Foods:
Designing Our Edible Future

一 | 地区性食物挑战：
新英格兰的早餐问题

长期以来，倡导科技改变食物的人一直与反对派在争论。吃完整食物，不要多吃，以植物为主，避免食用食品添加剂和加工食品，这些建议听起来活像是现代食品工业的时代口号，但实际上早在一个半世纪前，美国西尔维斯特·格雷厄姆（Sylvester Graham）（1794—1851 年）就曾提倡过。由于他发明了格雷厄姆薄脆（Graham cracker），即一种高密度的全麦点心，这种点心类似于我的出生地英国的一种标志性消化饼干，所以许多美国人对这位倡导全食物的先驱者的名字很熟悉。我第一次见到他的名字是在北安普敦一个寒冷冬天的早晨，这是新英格兰地区一座古朴的大学城，位于美国马萨诸塞州西部美丽的先锋谷。这座小镇拥有生动热闹的艺术和音乐场所以及许多独立的咖啡馆和餐馆。而西尔维斯特餐厅则是镇上最受欢迎的早餐店之一，买早点经常要排队。在一个特别的早晨，外面很冷，我们决定在门厅等候，在那里我注意到一张有些褪色的棕褐色海报，上面简述了西尔维斯特·格雷厄姆的生平——显然，这栋建筑曾经是他的家，餐厅也是以他的名字命名的。他给人一种迷人又略带古怪的感觉。

格雷厄姆 1794 年出生于美国康涅狄格州，当时他的父亲已年近七十，母亲还患有精神疾病，家中已经有了 17 个孩子。据说他口才非凡，却因行为不端在毕业前被学校开除，这导致他精神失常。他曾在我工作的阿默斯特小镇接受过传教士培训。随后开始了巡回布道的生活，与费城禁酒协会有过短暂的联系，并在那里接触到了禁欲主义和素食主义观点，了解到食品掺假的危害。后来，他专注于用自己激情澎湃的演讲倡导人们调整饮食和生活方式，从而改善精神和促进身体健康。和许多现代的食品活动家一样，他认为人们不应该使用食品添加剂，只吃自制的素食。在他的一生中，他以饮食改革者的身份而闻名，带头推动了名为"格雷厄姆主义"的运动，提倡素食、戒酒、经常洗澡和每天刷牙。格雷厄姆还参与创立了美国素食协会，并以他的名字创办了科学期刊《格雷厄姆健康与长寿杂志》（*Graham Journal of Health and Longevity*）。当充实的一生即将结束时，他搬到了我的家乡北安普敦，饱受精神健康问题的折磨，直至 57 岁去世，之后被埋葬在我女儿就读小学旁边的一个朴素赭色坟墓里，我在写这本书时还去过那里（图1.1）。显然，格雷厄姆不会认可他的同名早餐店的菜肴。那些大盘子里堆得高高的培根、香肠和巧克力薄饼肯定让他在坟墓里难受得很。

图1.1
西尔维斯特·格雷厄姆朴素的墓碑位于美国马萨诸塞州北安普顿桥街公墓（他于1851年在此去世）

在格雷厄姆及其追随者倡导新鲜农产品和自制食品的同时，另一个社会运动则主张更加严格地将科学技术应用于食品和农业。这场运动最终促成了1862年的《莫里尔土地出让法案》（*Morrill Land Grant Act*）。该法案由美国佛蒙特州参议员、农民兼律师的贾斯汀·史密斯·莫里尔（Justin Smith Morrill）（1810—1898年）提出，后来在美国内战期间经亚伯拉罕·林肯（Abraham Lincoln）总统签署成为法律，其目的是在每个州至少建立一个对所有人都开放的高等学府，而且重点要教授农学和机械方面的内容。他认为，美国迫切需要更多接受过这些实用科学教育的人才，他们是"所有当前和未来繁荣的基础"。根据法案，1863年在阿默斯特成立了马萨诸塞州农学院，后来该农学院成为马萨诸塞大学。在将科学理论应用于食物和农业的过程中，赠地大学（Land-Grant University）的成立是一个关键。1918年，美国第一个致力于食品科学技术研究的学术机构在马萨诸塞大学成立。与其他许多食品科研部门发展历程相类似，这个机构最初教授学生和家庭主妇食品储存的方法，而后转向开发更高效的食品加工技术，现在则主要关注饮食健康的相关学科。

这些新兴学术机构的开创性工作打造了现代食品行业版图。现在全球养活的人口比19世纪多出数十亿。超市里塞满了来自世界各地的水果、蔬菜和其他产品，其中好多都是我们的祖父辈或曾祖父辈从未听说过的。食物也较从前更方便食用、质量更高、更安全和更实惠。这些食物把我们从许多繁重而耗时的劳动中解放出来，让我们能自由地追求个人价值和更高的目标（如看手机短视频）。从很多方面来看，我们活在食物的黄金时代。但是，在我们忘乎所以之前，想想西尔维斯特·格雷厄姆曾提出的观点，他告诫人们不要吃过度加工的食品，要吃更多植物性食品。特别是那些动物源加工食品，这些催生了一种有害人体和环境健康的饮食文化。显然，科学技术确实有很大的潜力来改善我们的食物供应，但是我们必须理性地使用它们。

从实用性的角度来看，一个亟待食品科学专业回答的问题是"我们应该吃什么？"例如，我想在女儿上学前给她做一顿健康的早餐，但是我应该给她做什么呢？这个问题困扰着和我一样的大多数父母。出于对食品科学的痴迷，我用表格的形式列出了一部分可选的早餐，包括其热量和营养成分概况（表 1.1）。因为高中上课时间太早（我女儿是早上 7∶30），我们早上通常只能匆匆忙忙地吃早餐，所以我需要一些快捷方便，同时是我女儿爱吃的东西。她可能更喜欢每天早上吃巧克力薄饼和枫糖浆，但从健康的角度来看，这种"热量炸弹"显然不是一个理性的选择——虽然热量并不是唯一的考量因素。

表 1.1
作者一家典型早餐的营养概况（成为素食主义者前后）

早餐	食用量 /g	脂肪 / 克（%RV）	碳水化合物 /克（%RV）	蛋白质 /克（%RV）	胆固醇 / 毫克（%RV）	热量 / 千卡（%RV）
麦片加牛乳	148	2.8（4）	29（10）	6.5	5（2）	165（8）
燕麦加牛乳	280	5.5（8）	35（12）	14	10（3）	260（13）
炒鸡蛋和松糕	176	18（28）	27（9）	19	420（140）	312（16）
百吉饼和奶油芝士	160	15（23）	67（22）	15	40（13）	450（23）
甜甜圈	96	16（25）	37（12）	3	0（0）	300（15）
酸乳（香草味加巧克力块）	150	6（9）	18（6）	12	20（7）	170（9）
水果、酸乳和麦片	177	3.6（6）	48.5（16）	12.3	0（0）	271（14）
全套英式早餐（香肠、培根、煎蛋、吐司面包和豆浆）	巨大	40（62）	19（6）	48	300（100）	850（43）
煎饼、黄油和枫糖浆	堆叠	21（32）	136（45）	12.4	87（29）	780（39）

注：①全英式早餐的营养成分数据来自 guysandgoodhealth.com；②% RV= 推荐每日摄入量的百分比；③1 千卡 =4.18 千焦。

早餐是否健康还取决于其所含营养成分的种类和水平，如脂肪、碳水化合物和蛋白质。碳水化合物和脂肪含量高的食物（很可能）不如蛋白质含量高的食物健康。此外，每种营养成分的具体类型也可能影响其健康程度：脂肪可能是饱和的、单不饱和的或多不饱和的；碳水化合物可以是糖、淀粉或膳食纤维；蛋白质可能会引起过敏。多不饱和脂肪要比饱和脂肪更健康，而膳食纤维则比糖和淀粉更健康，前提是不挨饿。每份早餐都含有不同水平的维生素、矿物质和（可能）有益于健康的营养功能因子，同时也含有（可能）不利于健康的盐和胆固醇。如果对不同早餐的营养特性进行比较，情况会变得极其复杂，而且还有许多其他因素需要考虑，如我女儿爱吃吗？能吃饱吗？午餐前还要加餐吗？它是可持续的吗？道德吗？环保吗？

　　早餐只是一天中的一餐而已，其实我们吃的每样东西都有类似的问题。除了上面提到的问题之外，我们还不断受到来自学术界、政府、食品企业以及媒体的营养建议和健康观点的连番轰炸。很快我意识到想要按照我和我家人的想法理性地选择最佳早餐是多么复杂和令人困惑的事情。西尔维斯特·格雷厄姆以及后来的迈克尔·波伦（Michael Pollan）提出的"吃东西不要吃太多，以植物为主"这个简单的呼吁是否可以作为引领现代饮食的最佳指南？对于生活在大学城的相对富裕的职业人士来说，这或许是个好建议，但对于那些资源有限、努力维持生计的人来说，这真的是个好建议吗？

　　我已经做了二十多年的食品科学教授，每天都在研究、教授和撰写与食品相关的文章。然而，像许多科学家一样，我感兴趣的领域非常有限，主要从事纳米技术在食品中的应用。因此，当我开始写这本书的时候，我只是大致了解与食品、营养和环境有关的话题。如果连专业的食品科学家都弄不清楚这些问题，那么其他人还有什么希望呢。因此，我撰写本书的主要目的之一，便是帮助人们更好地理解围绕食品的复杂问题及其对人体健康和对环境的影响。同时，我还想重点介绍一些振奋人心的科技进展，它们有可能会改变我们的食物供应和饮食方式。

二 ｜ 全球性食物挑战：
养活全世界

　　决定早餐吃什么看起来是一项非常区域性的挑战——如我侄子杰克（Jake）所说，它同样也是第一个世界性难题。总而言之，人类需要考虑如何以及用什么来养活地球上的所有人。一个运转良好的全球社会应该解决与食品相关的一系列需求，从而满足人们的基本营养需要、确保食品安全、保持环境可持续、提供有报酬的就业机会，并促进健康的饮食文化。

1. 满足基本营养需求

当然，全球食物供应的首要要求就是为所有人提供足够的热量和营养，以维持生存与繁衍后代。21 世纪初，营养不良和营养缺乏的人口占比实际上有所下降，这算得上是一项相当了不起的成就了（图 1.2），但是饥饿仍然是全世界面临的主要挑战。联合国儿童基金会（UNICEF）报告称，5 岁以下儿童死亡人数中近一半是由营养缺乏造成的，这意味着每年约丧失 300 万个年轻生命，其中，非洲和亚洲是受影响最为严重的地区。此外，全球仍有 7 亿多人营养不良，经联合国粮农组织（FAO）预测，全球人口将继续增长，从 2017年的 74 亿左右增加到 2048 年的 90 亿左右（图 1.3）。因此，农业和食品制造业需要创造更多的食物，而社会需要确保将食物分配给所有需要的人。同时，需要采取各种各样的战略，包括传统的、有机的和先进的技术方法来提高食物生产能力和效率，尽量减少生产对环境的破坏。

利用基因工程可培育新的作物，使其能够在现有条件下没法生存的区域种植，并提高产量和提升抗病能力。然而，这些基因工具的价值只有在其被采用后才能实现。许多人强烈反对含有转基因作物（GMOs）的食品，很多政府目前禁止或限制转基因食品的应用。在采用任何新技术时，尤其是可能影响数十亿人的新技术时更要小心谨慎。然而，严格的科学测试表明，转基因食品不会损害人体和生态环境，并且收益明显，我们应该采用它（译者注：仅代表原作者立场）。先进的基因工具，如 CRISPR（一种先进的基因编辑技术）能够精确编辑动植物基因，有可能彻底改变农业和食物生产，人类需要积极且谨慎地对其加以利用。此外，公众应该了解与这些新技术相关的潜在风险和益处，以便他们能够对吃什么做出理性的选择。合理地使用这些先进技术（包括纳米技术和人工智能等其他技术），对实现人人都能吃饱饭这一目的至关重要。但是，技术解决方案只是全球战略问题中的一个

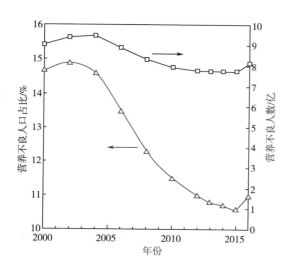

图 1.2

2000—2014 年，全球营养不良人口数量略有下降，但此后略有增加（由于全球人口增加，营养不良人口的比例急剧下降）

数据来源：www.fao.org/state-of-food-security nutrition/en/

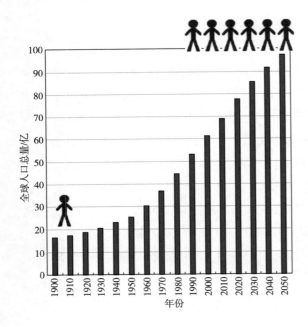

图 1.3

到 2050 年，全球人口预计将达到 90 多亿。此外，越来越多的人迁移到城市中心，变得更富裕，渴望更多的肉类产品。这些变化将会给全球资源带来压力

数据来源：维基百科世界人口估算数据

要素。贸易政策、农业补贴、税收、投资重点和物流等方面的变化也极其重要。要解决这些问题，就需要我们使用所有可用的工具。

即便在发达国家，也有大量的人口缺乏足够的食物或者消费不起健康的饮食。如美国目前就有超过 4000 万人在挨饿，这对一个如此富裕的国家来说是令人震惊的。美国农业部的经济研究服务局报告称，随着食物安全状况恶化，低收入人群患慢性病的风险也随之增加。遭受食物安全问题困扰的 25% 低收入人群，患高血压、糖尿病、关节炎和哮喘的可能性分别比 25% 高收入人群要高出 6%、110%、150% 和 400%（图 1.4）。这些健康结果上的巨大差异并不完全是饮食习惯造成的，食物种类和数量无疑也起着重要作用。几十年来，美国普通消费者在食品上的支出占可支配收入比例稳步下降，从 1953 年的 23% 左右下降到 2013 年的 11%，这也反映了食品生产效率的提高。然而，美国富人和穷人在食品上的花费存在巨大差异。2015 年，美国最富裕的 20% 人口在便利店和外出就餐上的花费为 12350 美元，不到他们收入的 9%。相反，最贫穷的 20% 人口只花了 3700 美元，但相当于他们收入的 36%。令人惊讶的是，尽管用于食物消费的可支配收入大大少于富人，但较贫穷的人比富裕的人更容易超重和肥胖。出现这种情况是因为那些金钱和资源较少的人往往不得不选择含有高脂肪、高糖和高盐的廉价加工食品，这增加了他们患慢性疾病的风险，如肥胖、糖尿病、心脏病、中风和癌症。

对一个发达国家而言，这是非常可怕的问题，需要政府、行业和消费者的共同努力才能解决。政府应该实施政策，使水果、蔬菜和其他天然食品更便宜和更容易获得，同时鼓励人们少吃高盐、高糖、高脂肪和高热量的食物。这还需要与补贴、税收、监管和教育政

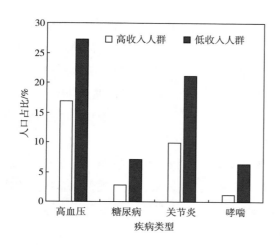

图 1.4
各种疾病在穷人中比在富人中的发病更为普遍
数据来源：www.ers.usda.gov

策等相结合。然而，对于许多人来说，加工食品因其价格实惠且方便将继续在他们的饮食结构中处于核心地位。基于对食品和健康的关系日益深入了解，以及现在所拥有的先进加工技术，我们完全有可能创造出更健康的加工食品。将来要面临的挑战是让这些食品价格更合理、食用方便，否则它们永远也不会被消费。

　　现代食品工业的一个主要目标应该就是为富人和穷人都创造新一代的健康加工食品。一些具有前瞻性思维和社会责任感的食品企业已经着手应对这一挑战了。其他人则只是在创造听起来健康却仍然含有高热量的食物，如富含蛋白质的零食棒，其热量比巧克力棒还高。作为消费者，我们需要更好地了解情况并从那些更有社会责任感的食品企业中选择食品。

2. 管理食物环境：可持续性

　　在努力满足当前全球人口营养需求的同时，我们千万不要破坏周围的环境，应满足后代对食物、水和能源的需求。农业、渔业和食品制造业都是对环境有重大影响的重要行业。作为关于食物生产对环境影响的最全面的调查之一，牛津大学的约瑟夫·普尔（Joseph Poore）教授和其苏黎世农业研究站的同事托马斯·内梅切克（Thomas Nemecek）的研究成果最近在著名的《科学》（*Science*）杂志上发表了[1]。这是一项令人印象深刻的研究，研究人员回顾了1500多项早期研究成果，最终采用了来自近3.8万家农场和1600家食品企业的数据，其中包括占全球热量消耗约90%的食品。

　　研究人员发现，现代食物供应造成了超过四分之一的人为温室气体排放量，是造成陆地和水污染的主要原因之一，同时占用了大量的土地和淡水资源，并且这些做法正在迅速降低生物多样性和生态恢复力。研究人员评估了整个食品供应链对环境造成的影响，包括农场、加工厂、零售商和消费者。报告称，世界上有数亿个农场在不同的气候和土壤条件下生产人类食品。一个特别有趣的发现是，即使在相当类似的条件下，不同农场生产类似食品的效率也有高达 50 倍的差异。因此，效率较低的农场可以效仿效率更高的农场从而得到实质性的改善。研究人员建议，如果农场能够更密切地监测其食品生产活动并收集更加详细的数据，则有可能在所有农场内做出实质性改进。然而，在目前的经济体系中不太可能发生这种事情，因为农民和生产企业更希望在竞争中保持优势。政府可能需要改变政策，鼓励农民和食品制造企业报告更多关于其食品生产经营的信息，以便消费者能够选择最有效和最可持续的产品，从而给予食品生产企业更大的动力来优化其运营。

该研究的另一项重要建议是，鼓励农民从种植单一作物转变为种植更多种类的作物，以减少农业用地和温室气体排放。从环境可持续发展的角度来看，由动物性饮食转向植物性饮食的效果尤其显著。肉类、鱼类、蛋类和奶类等动物性产品需要占用总耕地面积的83%，却仅产生 18% 的热量和 37% 的蛋白质。在环境污染、土地利用和资源浪费方面，动物性产品的生产对环境有更大的负面影响。研究人员估计，如果地球上的每个人都转向单一的植物性饮食，那么将会带来巨大的好处，包括粮食生产用地可节约 76%，温室气体排放量可减少 49%，酸化造成的土壤污染可减少 50%，富营养化造成的水污染可减少 49%[1]。

该研究还明确了动植物对生态环境造成影响的许多因素，包括动物饲料蛋白转化率低、生产动物饲料所需的森林砍伐、与动物本身相关的排放（如打嗝和排气）、与运输和屠宰动物相关的排放，以及由于动物产品的腐败造成的更大浪费。全球饮食习惯从肉类到植物的改变足以抵消预期的世界人口增长。但是，让每个人停止吃肉是不现实的，这只是应对全球食物挑战的一个策略而已。人们还可以采用许多其他方法，包括提高农业生产率、减少浪费、采用保护性农业和有机农业进行生产。不同的农民和生产商都将需要根据他们的具体情况选择不同的组合方法。

几年前，由于我女儿在中学课堂上看了一部关于肉类行业的纪录片，我和我的家人决定成为素食主义者。多年前，当我在英国利兹大学进修一门肉类科学课程时，我也做过同样的事情，眼前那生动形象的照片和血淋淋的故事突显了肉类行业对于动物的残忍。但是，几个月之后我就放弃了，主要是因为当时缺乏价格实惠、美味可口、方便快捷的肉类替代品，而且我的厨艺也不太好。在我女儿成为素食主义者后，全家人更是都直接效仿她，所以也不必每餐都准备两类的饭菜了。从那时起，我们成为素食主义者的理由更加基于伦理道德、健康和环境问题。以植物为主的食物对人体健康和生态环境都有益处，还能减少许多工厂化养殖场中在恶劣条件下生存的动物数量。现在市场上有美味的素食和纯素食品，这让人们更容易转向植物性饮食。人们在蛋白质替代品的创造方面也取得了一些令人兴奋的进步，如在工厂生产的清洁肉类并不需要杀死任何动物，还有在昆虫养殖场生产的昆虫肉。在后面的章节中将以普通汉堡包为例介绍最近研究人员为创造出味道鲜美的肉类替代品而做出的努力及其科学依据。在那里，我将强调用清洁肉类、昆虫肉和植物性替代品代替传统肉类所面临的机遇和挑战。

3. 减少食物浪费

现在我们生产的很多食物在生产和配送过程中就损坏了，并没有销售出去，也没有被吃掉，而是被浪费了。令人难以置信的是，供人类消费而生产的所有食品中约有 1/3（相当于每年有约 13 亿吨）是被浪费了的[2]。比撒哈拉沙漠以南的非洲大陆食物总产量还高出 5 倍多。在未来，如何降低这种规模的浪费至关重要，我们需要将产生的所有废物转化为食物或者有价值的非食物材料，如可生物降解的包装。通过提高配送链的效率，教育消费者购买、储存和食用食物时更加用心一些来解决这个问题。后面的章节中会介绍到，如人工智能、基因工程和纳米技术等先进技术也可能在减少食物浪费方面发挥重要作用；基因编辑正被用于增强作物对腐败的抗性；微型传感器正被植入到食品及其包装中以监测其整个可食用周期的状态，如果食品遇到不利的储存条件或接近其保质期时，传感器会向农民、经销商或消费者发出警报，这种警报可以是食品或其包装颜色的简单变化，也可以是发送到手机中的电子信号，这些新的传感器技术使农民能够更密切地监测其作物，并确定处理或收获作物的最佳时间，也可以在整个配送链中使用，以确保食物保持在最佳储存条件，人工智能和机器学习被用于储存和分析从这些传感器中收集来的所有数据以优化食品供应链；纳米技术的进步使开发更有效的肥料和农药成为可能，从而提高作物的抗逆性并减少作物损失。这些新技术具有巨大的潜力，但必须合理使用，以避免造成任何伤害。

英国最近的一项研究对食物浪费问题的类型和规模进行了重点关注，公开了这方面的一些最详细的记录[2]。研究发现新鲜水果和蔬菜浪费比例最大，约 1/3 会被浪费。这些食物含有较高含量的维生素、矿物质、膳食纤维和蛋白质，腐败后对人体健康没有好处。此外，大量的食物浪费会导致温室气体排放以及土地使用和水资源浪费。这凸显了新鲜食品取代加工食品带来的不良后果之一——必须权衡健康状况的改善与可持续性的降低潜在风险之间的利弊。减少食物浪费需要行为上的转变，如更好地列举我们的购物清单、关注冰箱里有什么食物、每餐不要准备太多等。技术进步也将在减少食物浪费方面发挥重要作用，如新的抗生素、更好的加工工艺或更智能的包装等。许多食品科学家积极参与开发天然抗菌剂和防腐剂以及新型包装材料以延长食品保质期。其中，一些包装材料本身就是由食物垃圾制成的，如在废物中发现的蛋白质或多糖，本书的后面会讲到这些创新性的做法。

4. 保证食品安全

在现代发达国家中，大多数人想当然地认为他们的食物是安全的。然而，即使在拥有高度先进食品管理系统的美国，疾病控制中心估计每年还约有六分之一的人发生食物中毒，数量约为 4800 万人。其中，约 12.8 万人最终会出现比较严重的症状，需要住院治疗，甚至有 3000

人丧生[3]。这些数字看起来高得惊人，但当我们考虑到一个人每年要吃 1000 多餐，则任何一餐导致食物中毒的可能性实际上仅为六千分之一左右（约 0.02%）。致命食物中毒的风险也可以通过与其他死因进行比较来评估。每年死于食物中毒的风险约为十万分之一，为枪击死亡人数的 1/3，交通事故死亡人数的十二分之一。在过去的 1 个世纪里，由于各种因素的改善，包括更加卫生的食品生产和运输设施、消费者和餐馆服务人员更好的食品处理方式以及更先进的微生物检测和预防方法，发达国家的食物中毒死亡率在稳步下降。尽管如此，总会有需要不断改进的地方和需要面对的挑战。

全球化意味着食物链遍布广阔的地理区域，人们在当地超市就能买到来自世界各地的食物。单一产品可能含有阿根廷的牛肉、马来西亚的油、印度的香料和美国的玉米。这些产品可能在其原产国或全球运输过程中受到污染，因此，采取适当措施确保其安全是至关重要的。人类一直在与细菌不断斗争——当我们找到控制细菌的新方法时，它们会进化发展出抵御这种控制的新机制。抗生素耐药性在人类医学和兽医学中是一个日益严重的问题，在食品工业中也是如此。随着细菌繁殖，其 DNA 会出现轻微的复制错误，以至于其中一小部分细菌可能对抗菌剂产生耐药性。因此，这类细菌会繁殖并将耐药基因携带到下一代，使其更难被杀死。而且微生物会与其他物种交换遗传物质，从而使其获得能够抵抗抗生素的基因。所以，我们总是需要开发新方法来预防、检测和控制食物中的微生物。

5. 保障人类健康

人们吃的食物种类和数量对身体健康都有重大影响。据估计，不良饮食导致的死亡和残疾比吸烟、酗酒与缺乏体育锻炼加起来还要多，而且可能占总疾病的 40% 以上[4]。在过去的几十年里，饮食习惯的改变导致了许多慢性疾病急剧增加。在美国，肥胖率从我出生的那年（1963 年）的 15% 左右增加到 2017 年的 40% 以上（图 1.5）。美国疾病预防和控制中心估计，治疗一个肥胖患者需要额外花费 1400 美元。越来越多的肥胖人群将给社会医疗保健系统带来巨大的经济负担。此外，由于疾病而损失的工作时间冲突也将对经济产生重大影响。再加上糖尿病、心脏病、中风、癌症和抑郁症带来的额外花费，其社会负担和经济负担是惊人的。因此，人类面临的一个重大社会问题是，为什么肥胖人数会急剧增加？是因为随着可支配收入增加，食品更实惠了吗？是因为饮食中脂肪、糖或盐含量增加了吗？是因为食物变得更容易消化了吗？还是因为其他因素？

食品行业是高度多样化的，有中小型企业和大型企业，销售的产品包括相对健康的（水果和蔬菜）和相对不健康的（糖果、零食和软饮料）。食品企业的最终目标是盈利，否则将无法在竞争激烈的市场中生存。要做到这一点，他们必须生产出消费者想要购买的产品，包括让它们更美味、实惠和方便。人类天生就喜欢脂肪、糖和盐，所以很多食品企业生产的产

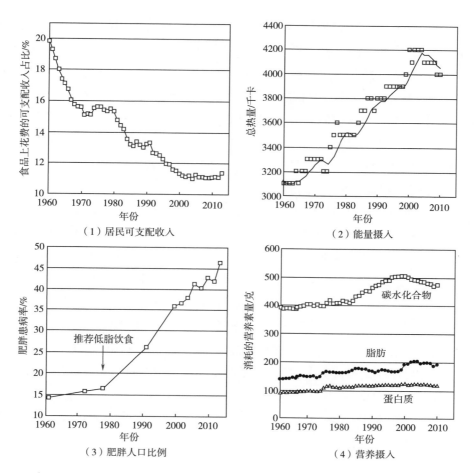

图 1.5

自 1960 年以来美国居民可支配收入、能量摄入、肥胖患病率和营养摄入量均有明显变化

数据来源：www.ers.usda.gov

品都会含有这些"坏"成分。而且这些成分通常存在于高度加工的食物中，在人体内迅速消化，导致体内的血糖或脂肪水平飙升。许多营养学家认为，过度食用这类食物是导致许多发达国家中与饮食相关慢性病患病率增加量惊人的主要原因之一。

食品工业因生产和推销对人体健康有害的加工食品而备受指责，特别是因积极向儿童推销不健康产品而被营养学家大力谴责。一些食品企业通过改变他们的营销策略和开发更健康的食品来回应，其他企业只是忽视或诋毁他们的批评者，有些人创制了听起来健康但实际上并非如此的产品，如含有高糖、高蛋白质并含有额外热量的低脂饼干。

社会科学家指出，食品行业采用了许多与烟草行业相同的策略来保护他们的产品[4]。这些策略包括关注个人责任、强调缺乏体育锻炼的后果、批评不利研究、有选择性地使用科学数据、支持对行业友好的科学家和组织及游说政府[5]。许多食品企业处境艰难——他们通过销售特定产品来建立公司，需要盈利才能保持运转。即便核心产品有很大的潜在健康风险问题，如含糖饮料、零食或糖果，但他们依旧试图捍卫企业，食品企业几乎没有动机去说服人们少吃他们的产品。

目前的食品环境对人体健康很明显是有害的。政府、消费者和行业都迫切需要改变这一现况，使其更有利于人体健康。这一目标可通过鼓励人们多吃新鲜水果、蔬菜和天然食品，同时少吃高脂肪、高糖和高盐的加工食品来实现。但是摄取更多新鲜食物并不适用于所有人，它们通常比较昂贵、变质快，而且需要人们花更多的时间和精力来烹制。人们真正需要的是既实惠又方便、既健康又美味的加工食品。

食品行业发展最快的一个方向是降低产品中"坏"成分含量（如脂肪、糖和盐），提高"好"成分含量（如膳食纤维、ω-3 脂肪酸、益生菌、维生素和营养功能因子）。这些新的"功能性食品"必须在有科学依据的基础上精心配制，然后经过严格测试，以确保它们具有所声称的益处，而不仅仅是另一种营销手段。这些食物也必须外观好看、味道诱人，而且方便实惠。许多食品企业也在调整产品结构，为其赋予更清洁的标签，减少产品中所含特定成分的总量，并用天然成分代替合成成分。这些行业变化很多都是为了回应食品活动家对现代食品行业进行的严厉批评而发生的。迈克尔·波伦的《捍卫食品》（*In Defense of Food*）和迈克尔·莫斯（Michael Moss）的《盐糖脂：食品巨头是如何操纵我们的》（*Salt Sugar Fat：How the Food Giants Hooked Us*），以及许多书籍、纪录片和电影，都在提醒我们关注现代食品体系的问题。想要成功设计出新一代更健康的加工食品需要对食品的基础化学，生物学和物理学有全面的了解。

6. 培育饮食文化：社交、快乐和地位

食物不仅对我们的健康和幸福至关重要，而且对我们的情感生活、归属感和自我意识也起着非常重要的作用。食物带给人们快乐和满足感，也将人们与家人、朋友和更广泛的社会群体联系在一起。现在我仍然对小时候的暑假时光有着美好的回忆，哥哥和我待在英国英格兰北约克郡的一个小村庄的祖父母家中。我们会赶着吃完晚餐，然后开始享受奶奶精心烤制的美味蛋糕，蛋糕在吃之前会被小心翼翼地放在桌子中间装饰好的蛋糕架上。还有鲜艳粉红色或绿色椰子馅的巧克力薄饼，涂有厚厚一层的自制太妃糖和巧克力的"百万富翁"脆饼，以及热气腾腾的草莓果酱馅饼。就像普鲁斯特（Proust）的玛德琳蛋糕一样，现在品尝起这些糕点能够让我回想起童年时代的那一个个特殊时刻——在乡村草地上打板球或在当地小溪中划船。

在一些发展中国家，标志性的西方食品已经成为一种身份的象征，这导致商店和餐馆中汉堡包、炸鸡、苏打水和比萨的销售量激增。这既是食品行业疯狂营销活动的结果，也

是人们渴望融入全球化文化的结果。随着许多国家变得更加富裕并采用了西方化的饮食，肥胖、糖尿病和心脏病等非传染性疾病的发病率也在增加。饮食文化与健康状况密切相关，盖茨基金会报告称，许多中低收入国家的城市消费者将有限资源的一半以上花在了廉价零食上，如饼干、薯条、糖果和曲奇，这些零食热量高而微量营养成分含量低。过度依赖这些食物会导致肥胖和营养不良。需要开展研究以提高这些发展中国家现有食品的营养品质。这些食物应根据当地居民的口味量身定制，并提供人体所需且可直接利用的微量营养成分。同样，食品科学和营养学原理的基本知识是开发这些食品所必需的。在理想情况下，开发出来的产品解决方案可以使用当地的原料和生产设备并在当地实施生产。

三 | 科学化的重要性

　　大多数发达国家的人们每天至少吃两三餐，通常是早餐、午餐和晚餐，但也可能会在两餐之间贪吃一些额外的零食。虽然我们对日常生活中的食物非常熟悉，但往往并不了解它们来自哪里、是如何生产的，以及它们是多么的复杂。特别是许多人不知道食品科学家究竟是做什么工作的，甚至不知道还有一门专注于食品的特定学科。所以当我告诉别人我是食品科学家时，他们通常认为我在工作中戴着厨师帽，并从事着某种烹饪工作。人们可能听说过为数不多的食品科学家之一就是电影《疯狂圣诞假期》（*National Lampoon' s Christmas Vacation*）中的克拉克·格里斯沃尔德（Clark Grisward），一名致力于"咀嚼增强剂"的食品化学家，实际上这才是食品科学家所做的事情。食品科学实际上是一个更为广泛且更为严格的科学学科，它运用广泛的基础科学和应用科学来改善食品供应并解决社会所面临的各种与食品相关的难题。食品科学家利用化学、物理学、生物学、工程学、营养学、心理学和社会科学来创造更安全、更健康、更美味、更便宜、更具创新性和更具可持续性的食品。食品科学家的研究成果均可在超市过道、餐厅菜单、厨房橱柜、咖啡馆、面包店、肉店、冰淇淋店和功能性食品商店中找到。这些食物均因各种原因而被设计出来，是否健康取决于其成分以及如何融入我们的饮食当中。食物在人们生活中扮演了这么重要的角色，但食品科学却不是一个更为知名的学科，这并不合理。

1. 食品科学家

食品科学家可分为五大类：食品生产者、食品设计师、食品制造商、食品检测者和食物消化学家。说到这里，我最喜欢食品科学的一点在于它是一门多学科高度融合的学科，要求个人跨越学术界限，并形成具有解决复杂重要问题所需的互补技能的团队。而对于科学家来说，食物的高度复杂性及其与人体间的相互作用是这一领域中最令人兴奋的研究方面之一。下面我要重点介绍一些食品科学家正在努力做的事情。

（1）食品生产者　与其他动物不一样，人类能以各种各样极具独创性的方式养活自己，而动物仅能依赖其环境生态中的可食用资源。人类能探索世界以得到各种各样的食物，在河流、湖泊和海洋中捕捞鱼类，利用植物种子种植作物，在树林与灌木间采集坚果、种子、草药和水果，饲养动物以获取肉类、蛋类和奶类制品，利用微生物保存和改善食物，捕捉昆虫以得到其富含蛋白质的身体、卵或蜂蜜，开采土地和蒸发海水以提取盐和其他矿物质。此外，人类还可以利用化学、物理以及生物学知识开发出以前从未存在过的全新食品成分来补充这些自然资源的不足，如合成色素、香料或防腐剂。

先人只需要生产足够的食物去养活他们身边的一小部分人就可以了，而现在我们必须考虑如何养活全球人口。因此，许多农业和食品科学家将重点放在如何提高我们食物供应的生产率。其中一些科学家正致力于优化传统农业生产和食品加工方法。一些正在开发的新技术，如基因编辑、纳米技术和人工智能，可提高产量，减少浪费和污染。还有一些科学家正在创造更有效、更环保的蛋白质及微量营养素来源，如"清洁肉"（也称人造肉）类、昆虫养殖、微生物发酵和植物性食品。他们研究工作的成功对于发达国家的人们保持高质量的生活至关重要，对发展中国家来说也是如此。在不久的将来，这些目前还很激进的新技术可能会像冷冻、罐装、干燥和微波一样司空见惯。本书介绍了许多食品科学家正在开发的创新性技术，以及改善人们食品供应和防范相关潜在风险的措施。

（2）食品设计师　食品设计师是科学家和研究型厨师，负责创造可在超市和快餐店中找到的各种食品和饮料，像咖啡、茶、牛奶、奶油、早餐麦片、燕麦片、意大利面、罐头食品、冷冻食品、汉堡包、香肠、甜点、酸奶、调味汁、调味品、零食、包装好的水果和蔬菜等。食品表现出令人难以置信的多种特性，可从顺畅流动的液体（牛奶）到坚固的固体（硬糖）。现代食品设计师创造出的每一种食品，使其看起来、感觉起来和品尝起来都要符合消费者的需求，而且还要安全，方便和实惠。除此之外，他们可能还要利用食品科学和营养健康知识来重新制定传统食品，使其更健康或更具可持续性。

①食材：食品设计师的一个重要工作是从基础科学层面出发理解食品的成分、构造和特性。食品化学家针对食品中存在的不同成分展开研究，并确定其相互间及其与人体之间如何作用以产生其独特的外观、质地和味道。食品化学家还要研究在工厂和厨房中所采用

的各种加工方法是如何改变食品的，如混合、调配、揉捏、烘焙、煮沸、煎炸、烧烤、微波、冷藏、冷冻和储存。

目前人类正采用先进的分析、模拟和理论工具来分析食品在分子、微观和宏观水平发生的变化。这些知识被用于开发新的成分和食品，以提高食品生产率，延长食品的保质期，提高其多样性、安全性及品质，让其更加美味和健康。这项工作大部分与材料科学家类似，材料科学家负责创造我们身边的其他日常用品，如房屋、汽车、衣服、家具、牙膏、肥皂和洗发水。如同可从管中挤出的牙膏或可从瓶中倒出的洗发剂，相同的科学技术正被用于开发可挤压的奶油奶酪或可倾倒的沙拉酱。此外，用于制造汽车、飞机和房屋使用的更坚固聚合物的先进技术也被用于制造具有独特质地的食物，如谷物、零食和其他烘焙食品。本书介绍了食品设计及其与传统建筑的关系，以及如何利用它来建造更健康、更美味的食品。

②敌友微生物：我们周围的世界正与数以万亿的微生物一起协同运作，虽然这些微生物过小而无法看见，但它们在人们的生活中发挥着重要作用。其中一些可使原料慢慢转化为美味的食品，如面包、酸奶、奶酪、泡菜、啤酒和葡萄酒。现代食品设计师正试图识别并归纳这些有益微生物，了解其工作原理，使其更有效地发挥作用或创造出全新的食品。还有些微生物甚至可采用定向进化或基因编辑的方法来创造具有新特性的新菌株。

大量进入我们食物中的微生物有好有坏。其中一些是腐败菌，它们也喜欢人类的食物，但其食用后会留下不能吃的脏东西——想想发霉的奶酪或者腐烂的苹果吧。食品微生物学家则致力于了解食品中存在的各种腐败菌的性质，以及如何控制它们以延长食品保质期并减少浪费。他们正在开发全新方法来分离和表征食品中的微生物，并研究它们如何应对不同的环境条件（如酸碱度、热、冷、光、氧和营养素），以便确定促进其生长或根除它们的最佳条件。

食品微生物学家不仅对食品中的微生物感兴趣，同时也对生活在人体内的微生物感兴趣，越来越多的证据表明，这些肠道微生物会影响人体的健康。本书介绍了食品微生物学家正在开展的创新研究，以及该如何培养肠道内的细菌而使人体更加健康。

③绿色食品：天然的未必是安全的：现代食品工业最重要的一个趋势就是用天然成分替代合成成分，因为消费者追求更健康、更具可持续性的食品。这类产品的重新配制通常非常复杂，需要对其相关成分的化学、物理学和生物学知识有深入了解。例如，合成色素通常非常稳定且易于使用，而天然色素则会随着时间推移迅速褪色且难以融入食物中。

人们通常认为合成成分较天然成分更有害，但事实却并非总是如此。通常，合成成分可通过精确控制进行制备且具有明确的组成和性质，人们可仔细评估它们的潜在毒性。而天然成分的组成和性质往往因其来源、年份、生长过程中的气候、土壤状况及其被分离和储存的方式不同而有明显的不同。这些变化可能使其安全性测试极具挑战性——人们永远无法确定天然成分可能随时间变化而变化的微量组分的潜在毒性。在某些情况下，虽然一种天然食品成分已经被食用了数百年或数千年而没有发生任何明显的健康问题，因此可假定是安全的，但使用时仍需十分小心。

实际上，在人类食物中发现的一些天然成分可导致急性（短期）或慢性（长期）疾病。樱桃、苹果和桃子的核中含有一种名为氰苷的天然物质，可在体内转化为氰化物，在极端情况下，它可能导致呼吸问题和心脏骤停；作为食品蓖麻油生产原料的蓖麻仁则含有另一种天然物质——蓖麻毒素，这是已知最强的天然毒素之一，而蓖麻毒素在食品生产过程中则会被去除或破坏，因此并不会出现在最终食品中；木薯是大部分热带地区的主食，但木薯中含有一种天然物质（硫代葡萄糖苷）可抑制碘的吸收，而慢性缺碘会导致甲状腺肿大，会阻碍生长并导致认知障碍，所以在食用木薯之前必须通过浸泡或烹煮来除去这种天然毒素。许多被认为是健康的天然食物，如菠菜、羽衣甘蓝、菜花、卷心菜、球芽甘蓝、花生、大豆和桃也含有这种物质，但通常其含量太小而不会对人体造成伤害，特别是在食用前煮熟的情况下[6]。即便如此，研究表明，大量食用生甘蓝或卷心菜依旧可能会导致甲状腺肿大。还有许多其他的例子表明，食物中的天然毒素会导致人体患病或死亡。因此，无论是合成成分还是天然成分，我们都应该仔细检测其潜在毒性，而不仅仅因其是天然的就认为是健康的。

④感官认知：欲望科学：现代食品工业的许多企业正试图重新设计他们的产品配方从而使其更健康、更具有可持续性。但是，这些新开发的食品口感仍然必须要好，否则没有人会买它们。因此，食品化学家和感官学家正在研究控制管理我们对食物的感官感觉的复杂物理化学、生理和心理过程，包括视觉、触觉、嗅觉、味觉和听觉。食品体验学家的目标是回答这样的问题：是什么使食物变得酥脆？为什么当脂肪含量减少时食物的味道会发生变化？甜味的分子特征是什么？食物外观如何影响其味道？建立支持食物认知的基础科学对于创造消费者喜欢的、营养可靠的食品（低脂肪、低糖或低盐）尤为重要。本书介绍了感官学家正在进行的一些有趣的研究，如为什么食物的外观、感觉和味道是这样的，以及他们如何利用这些知识创造出更健康、更美味的食物。

⑤食物背景：心理学、消费科学和市场营销：食物的消费环境对其感知质量有很大的影响。作为一个与食品打交道的物理化学家，这通常是一个最令人头疼的工作了。我可以进行详细的研究来了解食物的分子结构是如何影响它们的外观、质地和风味的，但人体对食物的实际感知取决于食用者及其所处的环境。由于遗传、性别、健康状况、情绪、年龄和社会条件的差别，人们对食物的感知和喜好也有很大的差别。人们根据食物的外观对其味道有所期待，如果不符合内心的期望，我们可能会不喜欢它或拒绝它。

食品体验学新领域的先驱查尔斯·斯彭斯（Charles Spence）教授曾有过一些关于心理预期在食物感知中的作用的好例子。当食物着色不合适时，如蓝色肉、绿色炸薯条和红豌豆，尽管唯一的区别是添加了少量的食物色素，但许多人会抱怨味道不好或者让其感到恶心[7]。出现这种情况可能是因为我们的祖先给予了我们一种遗传优势——如果某样东西的味道不像其外观预期的那样，那么说明它可能已经变质了或者不是你想象的那样，所以不要冒险吃它。甚至是餐具（盘子、杯子或玻璃杯）的大小、颜色和形状，以及我们周围环境中的颜色和声音，也都会影响我们对食物的感知[7,8]，如冷冻草莓甜点装在白色盘子里比装在黑色盘子里吃起来更甜、更美味，装在圆形盘子里的食物比装在棱角分明的盘子里更甜。

最重要的是，营销人员围绕我们的食物构建起的情感框架非常重要。喝一杯凉爽的红糖饮料会让你觉得自己是一群充满吸引力的苗条潮人中的一员，如果商家信誉良好，那么你会觉得风味更好。一群肥胖的老人坐在公园的长凳上喝可乐的广告可能对增加销量效果不会太好。在食物周围营造一种期待的氛围，对我们所感受到的风味以及对产品的喜爱程度有着深远的影响，这就是食品行业在其营销活动中使用这种策略的原因。正如斯彭斯教授在其引人入胜的著作《美食心理物理学：饮食的新科学》（Gastrophysics：The New Science of Eating）中写的那样，如果牛肉干或火腿等肉类制品被冠上"自由放养"而非"工厂养殖"的名头后，那么尽管是在吃同样的东西，人们也会认为其口感更好。操纵食品预期通常被食品行业用来销售更多的产品，但也可以被政府用来推进更健康的饮食方式：吃羽衣甘蓝很时髦！当然，考虑到未来需要准备巨额资金以应对食品导致的疾病，这是一笔不错的投资。本书介绍了食品体验学家正在进行的一些有趣的工作，从而了解环境在食物感知中的作用。

（3）食品制造商　一旦有原料，我们可以直接食用它们（苹果、橙子、梨等）或将其做成新的食物（橙汁、早餐麦片、面包、沙拉酱等）。这需要食品工程师通过设计工厂和加工机器将原材料转化为最终产品，并让食品技术人员了解和控制食品在不同加工操作（混合、加热、冷冻、干燥……）中的行为方式。在英国上大学期间，我暑假在一家薯片（脆薯片）工厂工作。在一家既热又臭又油又嘈杂的工厂里上夜班，虽然不是最棒的工作，但它让我赚到了零用钱，同时也让我明白了食品工程师工作的重要性。每天一车车不同品类的土豆会进入工厂，离开的是一车车风味薯片（虾鸡尾酒、食盐和醋、奶酪、洋葱口味）。有专门的机器将马铃薯削皮、切片，炸至合适的颜色和脆度，去掉所有变色部分，分装进五颜六色的袋子里，然后装盒。有人能够把整个过程设计得既平稳又高效，这是相当了不起的。尽管我欣赏这一令人印象深刻的工程技艺，但多年后，我还是不能吃薯片，因为薯片让我回忆起当时夜班时闻到的腐烂马铃薯和充满油脂的气味。也许我从这份工作中体会到最重要的一点是，比起工业科学家的仓促脏乱，我更喜欢学者的隐居生活。

现代食品工业的一个重要趋势是绿色食品加工技术的发展[9]。这些技术旨在使食物供应更具可持续性，减少对环境的破坏。许多食品公司正投入大量资源来提高能源效率，减少用水量，减少浪费，并尽量减少其在加工厂和分销链中的污染。一些企业正在开发新的工艺，利用天然酶和水从橄榄、玉米、鱼和葵花籽等食品中提取油，替代不环保的有机溶剂。还有一些企业正在将食品生产过程中产生的废料转化为用于食品或非食品应用的增值成分，从而减少浪费并提高可持续性。例如，橙汁生产的副产品橙皮正在被转化为胶凝剂、膳食纤维和可用于食品或膳食补充剂中的抗癌成分。牛的皮、骨骼和蹄是肉类工业的副产品，它们正在被转化为可用于增稠酸奶、棉花糖、凝固果冻的明胶以及包埋维生素或药物的可食性胶囊。

我们正在开发更节能的加工方法来制备食品并对其进行杀菌。脉冲电场装置以高强度脉冲电轰击食物，无须加热到高温即可灭杀腐败菌和致病细菌，从而改善食物质量并减少能源消耗。超声波方法也有类似的作用，但其使用的是高强度超声波，而不是电磁波。高压处理是将食物置于高压下，比在最深的海洋底部的压力还要大，这也会杀死细菌且避免食物在加工过程中被过多加热。这些以及其他创新的加工方法可能会在未来引领更加节能的食品供应链。

工厂自动化程度的提高正在促进更高效的加工操作，降低能源成本，减少浪费。新传感器使食品制造商能够精确地监测从原料到最终产品的食品特性。因此，工厂操作员可以优化加工条件，减少常见的过度加工，从而在保证食品安全的前提下提高产品质量和减少浪费。绿色食品加工是一个快速发展的领域，对提高食物供给的可持续性至关重要。

（4）食品检测者　在一个炎热的夏天，你决定在超市里买一包沙拉来做一顿健康的家庭晚餐。把它带回家，拌上美味的调料，然后就可以尽情享用了。几天后，你的孩子开始抱怨身体不适，然后开始呕吐和腹泻。原因是生菜被微生物污染了，而这些微生物小到你都看不见。我们如何保护自己免受这些微生物的侵害呢？在这一领域工作的食品科学家，通常也是食品微生物学家和食品毒理学家，他们关心的是确保我们的食品安全。天然食品和加工食品都极易受到可能对健康不利的有害物质的污染，如微生物（如肉毒杆菌、弯曲杆菌、大肠杆菌、沙门菌、李斯特菌、诺如病毒等）和有毒化学物质（农药、铅、汞、镉、三聚氰胺等）。这些有害物质可能存在于食品的原料或加工过程中，也可能是在储存或配送时进入食品当中的。在某些情况下，有害物质甚至可能被心怀不满的工人或恐怖分子故意添加到食物中的。

就其本质而言，食物是细菌、霉菌和病毒等微生物的理想繁殖地，因为它们含有微生物生存和繁殖所需的所有营养素。因此，必须采取特别的预防措施避免这些有害物质先一步污染我们的食物，或者出现污染后将其除掉或灭活。纵观历史，人类已经创造出各种各样的办法来保证食品安全，包括清洗、腌制、酸洗、冷冻、烹饪和密闭储存等。与过去相比，现代食品工业通过使用更好的卫生设施、监测技术和加工工艺以减少和减轻食源性疾病的发生频率及严重程度。但是，由于现代食品供应中普遍存在巨大的集中处理和分销设施，所以食品供应也出现了新的挑战。这些大规模的行动增加了交叉污染的机会，并导致更多人受到特定污染的影响。

因此，各国政府制定了适用于食品工业的严格安全规定。此外，食品制造商本身对确保其产品安全有着浓厚的兴趣，因为任何对消费者健康产生负面影响的事件都会对其声誉造成不利影响。因此，食品制造商会认真努力地确保其加工、储存和配送设施符合安全规定。但是全球化使这一点变得更加困难，因为许多提供原材料的发展中国家并没有遵循发达国家所采用的更严格的卫生规范。

为了促进健康，政府鼓励消费者多吃新鲜水果和蔬菜。可是这些食物中有许多都特别容易受到病原微生物和其他毒素的污染。事实上，与食用加工食品相比，食用新鲜农产品更容易引发食物中毒，而加工食品通常是煮熟的，这个过程会杀死有害细菌。因此，食品行业需要采取新策略来确保食品安全。例如，我和我的同事利用纳米技术创造了纯天然食品的清洁解决方案，通过去除或杀死有害细菌来处理水果和蔬菜。

食品微生物学家和毒理学家正开展研究，了解食品是如何受到有害物质的污染的、如何防止受其污染以及如何有效去除污染物或使其无害化。传统杀灭微生物的方法，如加热、冷冻和添加防腐剂，正在通过创新方法而得到完善，如前面所提及的高压脉冲电场和超声波处理。

这些食品检测人员也在开发新的工具来检测潜在有害物质。理想情况下，这些工具应该是快速、灵敏、无损、廉价和便携的，可以快速确定食品是否受到了污染。科研人员已经开发出来了依靠基因扩增和测序的强大新工具，可用于评估食物中不同种类的微生物。另外，还在开发新的纳米技术传感器，包括电子鼻、数字成像和光谱学方法。传感器技术和计算科学的进步意味着现在其中一些鉴定工具可以集成到智能手机中，让消费者和厨师能够快速检测他们的食物是否受到了污染。

（5）食物消化学家　三十多年前当我开始我的职业生涯时，大多数食品科学家更关注于理解和控制食物在我们体外的行为。例如，要确保食物具有理想的外观、质地、风味和保质期，并且可被安全食用。然而，最近食品科学家们一直关注食物在人体内的代谢。正是由于人们越来越重视健康与食物间的联系，我们关注的重点才发生了变化。某些食物成分的过量摄入与某些慢性疾病有关：过多的反式脂肪酸可能会导致冠心病；过多的脂肪可能会导致肥胖；过多的盐可能会导致高血压；过多的糖分可能会导致糖尿病。相反，食用其他成分类型的食物可以改善健康：膳食纤维可以降低冠心病和结肠癌；$\omega-3$脂肪酸可以改善大脑功能；钙可以预防骨质疏松；益生菌可以改善肠道菌群；一些营养功能因子可以抵抗眼病。因此，食品工业正试图降低食品中不健康成分的含量（如脂肪、糖和盐），并提高健康成分的含量（如膳食纤维、维生素、矿物质、益生菌和功能成分）。食品科学家必须确保这些"功能性食品"的外观、嗅觉和味道都很好，同时必须了解它们在人体内的代谢规律以及是如何影响人们的健康的。这些信息可用来优化食品成分和结构，从而研制出更健康的饮食。了解食物在人体内的行为有很多重要因素。为了对人体健康产生有益或有害的影响，食物成分通常必须被吸收到血液中，然后分布到人体器官里，如心脏、大脑、肝脏、肌肉和脂肪组织。实际上食物中一些"好"的成分并没有被人体有效吸收，而是直接被排出了体外。例如，生胡萝卜中只有不到 10% 的类胡萝卜素被吸收，这大大降低了其护眼能力。因此，食品科学家正在研制新的食品以提高这些有益成分的生物利用度。他们还在研制其他食品以降低其中不利成分的生物利用度，如盐、脂肪或糖分。

了解人体内食物的代谢也被用来提高益生菌的功效，益生菌含有对人体健康有益的细菌。这些细菌经常被人体肠道内的苛刻环境杀死，特别是高酸性胃液会导致其失去活性。因此，可将食物设计成在口腔、胃和小肠中保护益生菌，然后在结肠中将其释放，从而发挥其有益作用。本书的后面，介绍了如何研制食物使其经过肠道运输并分解成食物成分，以及食物消化学家如何利用胃肠道知识来创造下一代的健康食物。

2. 未来食品科学

这是令食品科学家兴奋的话题。有许多与食物相关的重要问题需要被解决，包括生产足够的食物来养活全球不断增加的人口、改善食物生产可持续性、减少食物浪费和污染以及改善人类健康状况。与此同时，我们生活在一个科学和技术发展日新月异的时代，许多新技术可用于改善我们的饮食环境。食品科学家正在以新的眼光看待食物，并将它们视为复杂的材料，其特性可以在分子水平上被设计和操作，从而提高其品质、安全性和健康性。现在由食品科学家进行的研究将对我们未来的饮食方式产生深远的影响。

但是随着新技术应用于食品，我意识到许多人对此感到不安，这是必然的。任何新技术都应经过仔细测评，以确保在广泛使用之前是安全的。这对食物至关重要，因为每天有数十亿人进食，因此，饮食中的任何风险都可能会导致不堪设想的后果。在这本书中，我会介绍食品科学家正在开发的许多新技术背后的原理，以及所能创造的下一代食品。我还强调了这些新技术的潜在风险和好处。所有人都来参与关于人类食品未来的辩论是至关重要的，而不应仅是学术界、行业和政府在参与。因此，我希望这本书将提供一些对此有用的见解。

参考文献 ↘

1. Poore，J.，and T. Nemecek. 2018. Reducing Food's Environmental Impacts Through Producers and Consumers. *Science* 360（6392）：987–992.

2. Cooper，K.A.，T.E.Quested，H.Lanctuit，D.Zimmermann，N.Espinoza–Orias，and A.Roulin.2018. Nutrition in the Bin：A Nutritional and Environmental Assessment of Food Wasted in the UK. *Frontiers in Nutrition* 5（19）.

3. Yeung，M.2016.Microbial Forensics in Food Safety.*Microbiology Spectrum* 4（4）.

4. Capewell，S.，and F.Lloyd–Williams.2018.The Role of the Food Industry in Health：Lessons from Tobacco? *British Medical Bulletin* 125（1）：131–143.

5. Brownell，K.D.，and K.E.Warner.2009.The Perils of Ignoring History：Big Tobacco Played Dirty and Millions Died.How Similar Is Big Food? *Milbank Quarterly* 87（1）：259–294.

6. Dolan，L.C.，R.A.Matulka，and G.A.Burdock.2010.Naturally Occurring Food Toxins.*Toxins* 2（9）：2289–2332.

7. Spence，C.2015.Multisensory Flavor Perception.*Cell* 161（1）：24–35.

8. Prescott，J.2015.Multisensory Processes in Flavour Perception and Their Influence on Food Choice. *Current Opinion in Food Science* 3：47–52.

9. Chemat，F.，N.Rombaut，A.Meullemiestre，M.Turk，S.Perino，A.S.Fabiano–Tixier，and M.Abert–Vian.2017.Review of Green Food Processing techniques.Preservation，Transformation，and Extraction.*Innovative Food Science & Emerging Technologies* 41：357–377.

02

食品建筑学：
创造更好的食品

Food Architecture:
Building Better Foods

一 | 宇航员、宇航烹饪师和数学家

几年前，当我在办公室里翻看电子邮件时，一封不同寻常的邮件引起了我的注意。它来自波士顿的"复杂理论学家"（不管他究竟是研究什么）埃里克·博纳博（Eric Bonabeau）正在组织一个关于为执行长期太空任务的宇航员设计食品的会议。他邀请我以食品科学专家的身份参加会议，为他们的工作提供一些帮助。这个工作十分吸引人，所以我很快就同意了，毕竟波士顿离我家只有几个小时的车程。事实证明，这次会议比我最初的预期更发人深省，也是改变我研究方向的偶然事件之一。埃里克组织了来自各个行业的人参加这次会议，其中包括国际空间站前任的指挥官、航天员焦立中（Leroy Chiao），精于分子美食学专业的厨师、电视名人霍马鲁·坎托（Homaru Canto）和一名记者、也是食品科学经典著作《食物和烹饪》（*On Food and Cooking*）的作者哈罗德·麦基（Harold McGee）。此外，还有专门从事 3D 打印机设计的机电工程师以及对食品结构和质地有详细了解的食品科学家们。

有趣的是，我从焦立中那里了解到，作为一名航天员，在太空中心理上最具挑战性的一个方面就是航天食物质量很差而且种类很少。通常我们这些生活在地球上的人认为周围各种新鲜的和加工过的食物是理所当然存在的。但在外太空，只有很小的空间可以用来储存和准备食物，所以食物的可选性非常少。由于只吃清淡食物，感官和情绪缺少刺激，可能导致宇航员患上某种抑郁症，这在长期的太空任务比如去火星的任务中显然是难以忍受的。埃里克·博纳博除了是一名理论物理学家外，还对食物有着浓厚的兴趣，他刚刚从美国国家航空航天局（NASA）获得了资助，用于开发一个"可定制、可编程的食品制作和发明系统"。这个想法就像经典科幻系列电视剧《星际迷航》（*Starship Enterprise*）中企业号星际飞船厨房里的东西。宇航员会告诉食品复制器想吃什么，然后自动售货机就会立即将其生产出来。如果埃里克成功了，那么一名英国宇航员可以在飞往火星的途中点烤牛肉、约克郡布丁、大黄碎饼和蛋奶沙司，然后机器很快就将其制作好并分发出去。

焦立中发完言后，会上的一位工程师描述了一种可能实现这一目标的 3D 食品打印机。我最初的反应是"这是一个疯狂的想法，永远不会成功"，但我对这个概念的原创性和勇气感到兴奋。我怀疑它的一个主要原因是，许多食物独特的外观、嗅觉和味道取决于分子和纳米级别的结构，而 3D 打印机无法在如此小的尺度上复制这些结构。举个例子，一个蛋白质分子的大小大约是书中一个小数点大小的十万分之一。尽管如此，它蕴含的科学知识还是很有趣的——自下而上地设计和制造食物。我也知道，许多看似疯狂的想法，只要投入足够的时间和精力，就能实现。在电视剧《星际迷航》早期的几集里，船员们都有手持的通信设备，这样他们就能看到和他们谈话的人。在 20 世纪 70 年代初，当我还是个孩子，第一次看到这个节目时，就觉得这是一个难以置信的牵强附会的想法。但现在，我经常用手机和我在英国的母亲视频聊天。

同样，3D 食品打印机已经可以在商业上使用了，这使我们在家里就可以用它制作食物。目前这些打印出来的食物的质量还有待提高，尽管如此，未来几乎每个家庭都可能有一个专用的 3D 食品打印机——就像现在有一个微波炉一样。然后，我们将能够立即下载任何我们想要的 3D 食谱形式的食物。但就像微波炉不能用来烹饪每种食物一样，3D 打印机可能只会被用来制作有限范围的特定食物。

当我驱车从会场返回时，我仍然兴奋不已。自下而上地设计食品引起了我的共鸣。在过去十年左右的时间里，这个想法一直推动着我的工作。本章和其他章节中，你将了解到正在进行的令人兴奋的研究，从分子水平到最终产品的食品结构设计。这项研究正在引领新一代口味更好、更健康、更可持续食品的开发。从下而上合理设计和建造食品的方法可以称为食品建筑学。

二 | 食品建筑师、设计师和结构工程师

由于我在写关于食品建筑学的内容，所以我决定和一位真正的建筑师谈谈。我见了马萨诸塞大学建筑系的卡琳·布鲁斯（Caryn Brause）教授。卡琳所在的部门刚搬到校园另一边的一栋崭新的楼里，从外表看，这栋建筑就像是用巧克力覆盖的威化棒组装而成。我对它的内部印象非常深刻，这里充满了开放的空间、木材、光和屋顶花园。这里根本不像我们这些食品科学家在 20 世纪 60 年代住的那些古板的大楼。卡琳带我参观了她的部门，给我看了一些她刚刚用 3D 打印机做出来的建筑设计。它们看起来很像一块瑞士埃曼塔尔（Emmental）奶酪：一个米黄色的立方体，上面布满了大洞。由此可见，建筑学和食品科

学似乎已经有很多共同点。我们坐在她的办公室里，就建筑设计和食品设计之间的相似之处进行了一场深入的探讨。建筑师设计的建筑物具有特定的美学意义和功能，这取决于建筑物的位置和用途（图2.1）。这座大楼可能是一座大城市的摩天大楼，旨在容纳一家全球金融机构，因此它的设计效果是要吸引人们的目光。它可能比周边建筑更高、更亮、更不寻常，因此它很显眼。即便如此，它仍然应该是安全的、实用的、符合人体工程学的，并且能在预算范围之内被建成。如果，委托建筑师设计一个更普通的建筑，如当地的图书馆或市政厅，则设计标准（和预算）是非常不同的。根据设计要求，建筑师必须首先选择最合适的建筑材料，如砖、水泥、木材、钉子、玻璃和金属。每一种材料都有特定的尺寸、形状和特性，这些决定了它的功能。建筑材料可以是单独的实体，如木材、钉子和螺丝，也可以是预制结构，如面板、窗户和门。然后，建筑师们必须将它们组装起来以创建所需的结构。结构工程师设计、制造和测试建筑材料，以确保他们有合适的技术参数。他们也要仔细检查竣工建筑的性能，以确保它是安全的，功能符合预期。

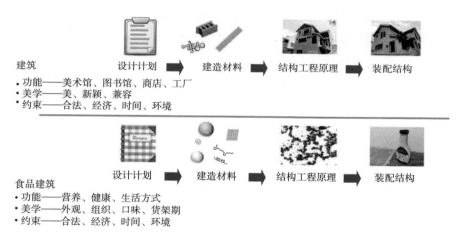

图2.1

建筑学是"设计和建造结构的艺术或实践"（韦氏词典）。食品的设计和建造类似于建筑物的设计和建造

图片来自 openclipart.org

在家庭、餐馆、厨房中研究制造食物与建筑物的设计、建造有许多相似之处。高级厨师通过对菜肴的外观、风味和质地进行巧妙地处理，便使其具有独特的美学魅力。创意、品质和环境通常是高档餐厅提供食物的基本属性，但以合理的成本快速上菜的能力也很重要。超市货架上的大量加工食品，如面包、谷类、意大利面、咖啡、罐头食品和冷冻食品，也是设计的结果。这种情况下，通常由一组研究厨师、食品技术专家和感官科学家完成。专业厨师，甚至一些富有冒险精神的业余厨师都可以被认为是食品建筑师——设计具有美学吸引力和新颖功能属性的新产品。这些食品建筑师必须选择最合适的建筑材料（配料）

和组装程序（配方）来构建最终的产品。同样，食品科学家就像结构工程师一样，既要设计、制造和测试用于组装食品的各种成分，也要测试食品产品本身。

卡琳谈到了建筑师设计高端定制建筑和大规模生产预制建筑之间的矛盾。一家建筑公司委托建筑师为财力雄厚的个人设计定制建筑。同样，高档餐厅雇佣厨师为那些能负担得起高昂价格的顾客定制饭菜。另一方面，许多城镇却散布着一排排看起来一模一样的廉价房。通常这些住宅的建造甚至不需要建筑师的参与——它们是多年前设计的，只是以一种千篇一律的方式粗制滥造出来的。我长大的许多北方城镇都是这样的——街道两旁排列着一排排平房。

这种建筑现象在当时的超市货架上也有相似之处，货架上一排排的罐头食品看起来都很相似。这些大规模生产的房屋和食品让许多人体验到了以前无法负担的便利和奢华。尽管他们缺乏新颖和优雅，但却满足了社会大众的需求。未来的挑战是创造出量产的房屋和食物，它们将都能与我们的灵魂对话。

事实上，卡琳讨论了一个当代建筑运动，结合定制的设计和大规模生产的方法，使更多的普通大众拥有独特的、能负担得起的住房。这是通过建筑的预制部分来实现的，例如墙壁、屋顶和楼承板，然后可以在现场组装成不同的定制住宅。食品行业也在发生类似的变化，消费者在家里把含有预制部件的食品组装在一起，如独立包装的生菜叶、调味料和坚果可以按照不同的比例组合在一起。建筑质量和食品质量的提高都要求对设计和建造原理有详细的了解。

三 | 食品建筑和设计的历史运动

1. 早期

史前人类主要是猎人和采集者，他们使用从当时的环境中采集的天然材料，如木材、石头和兽皮来建造简单的棚屋居住，以及采野生植物、捕鱼和动物来吃[1]。在早期，食物和建筑的合理设计都相对原始。然后，一些人开始改变他们周围的环境来获取食物——他们会燃烧土地来刺激新的作物生长，或者种植野生种子以确保当他们回到喜欢的地方时，有可食用的植物。人们还发明了简单的石头、金属和木制工具，如粗糙的矛、刀和锤子用来刺、切和敲打，以帮助捕获和处理食物，并建造他们的小屋。

随着动物的驯化和农业的发展，食物和建筑的设计变得更加复杂。这些农业先驱者进行了早期的基因工程改造，选择了具有理想性状的植物（如更大的谷物），最终将野草转变成玉米、小麦和水稻。这些新作物带来了更可靠的高能食物。然而，有趣的是，考古证据表明，早期农耕区的人类实际上不如猎人和觅食者健康。这些农民个子不高，预期寿命较短，更容易因维生素或矿物质缺乏而引发疾病，如坏血病、佝偻病和贫血等。虽然栽培谷物是很好的热量来源，但它们缺乏微量营养素。相比之下，觅食者吃的食物来源多种多样，如野生谷物、水果、坚果、昆虫、肉类和鱼类，这些食物含有我们赖以生存的、更广泛的维生素和矿物质。据估计，种植和培育粮食所需的时间和精力要比搜寻食物大得多。因此，你可能想知道为什么人类会从觅食转向农耕。一种假设是他们陷入了"时代陷阱"。在农业出现之前，人们已经生活在小群落中，他们中的一些人发现，野生谷物可以种植在他们住所附近。这产生了额外的能源来源，可以养活更多的人，使他们的定居点规模得以扩大。最终，定居点变得如此之大，以至于人们无法再独自觅食来维持群落的生存，因此不得不种地。当然，这种观点是对全球数千年来发生的一个复杂过程过度简化的描述。但它确实为人类曾采取的饮食和生活方式提供了一个解释，而这些饮食和生活方式实际上对人体健康更有害，其影响至今仍在延续。我们现在可能会陷入另一个时代陷阱。通过增加粮食产量，我们可以养活更多的人，从而导致全球人口进一步增长，这意味着我们需要更多的粮食。控制人口增长与生产更多粮食一样，对确保地球的可持续发展至关重要。

我们的祖先种植了小麦、燕麦、黑麦和玉米等谷类作物，它们最终演变出了许多其他可食用的形式[2]。最初，这些谷物被用来制作简单的食物，如将谷物磨成粉末，与水混合，然后煮成粥。然而，随着时间的推移，出现了更美味、更多样化的食物。我们今天所熟知的许多食物，如面包、意大利面、奶酪和啤酒，都是在5000多年前发展起来的——大约在同一时期，第一批大型城镇和城市也在建设之中。这些食物可能是通过类似达尔文进化论的过程进化而来的。一种现有食物在制作过程中的随机变化可能会导致其性质的轻微改善，比如具有更好的味道，使更少的人生病或能更持久地保存。新食谱会被采纳并传给了后代，因此，由水和碾碎的谷物混合而成的面糊最终变成了面包，而储存在动物胃中的牛奶最终凝结成奶酪。

同样，那个时期的大城市也不是由一个建筑师坐下来从零开始设计的。相反，它们是逐渐增长的，随着时间的推移，房屋、街道、寺庙、防御工事和仓储设施也不断增加。食物设计和建筑的起源可能是源于人们建立的永久定居点，在那里他们可以相互交流，并很容易将知识代代相传。因此，人类的食物和定居点在岁月中逐渐进行了演变。

2. 中世纪

美国加州太平洋大学历史学教授肯·阿尔巴拉（Ken Albala）十分友善地发给我他最

近在《美食与建筑》(*Cuisine and Architecture*)发表的一些内容[3]。我只是很偶然看到了他的作品,因为某天我在马萨诸塞大学的一家咖啡馆排了很长的队等午餐,所以我无意看到并在网上快速搜索了一下以消磨时间。肯·阿尔巴拉在食品和文化领域是一位多产的作家,也是旧金山食品研究核心项目的创始人。他描述了从罗马时代到目前在烹饪学和建筑学上发生的普遍的风格变化以及这些变化是如何相互反馈的。他对比了那些注重艺术表现和创新而忽视功能的时期,那个时期创造了华丽、花哨和过于复杂的建筑和菜肴,如 17 世纪和 18 世纪欧洲盛行的巴洛克时期。而在其他时期,强调的则是物体的真实性、简洁性和功能性,而不是厨师或建筑师的创造力,如意大利文艺复兴早期。纵观历史,先是一种趋势主导,然后是另一种趋势主导。这些周期性趋势是由社会力量和技术创新驱动的,今天仍是如此。

3. 现代

20 世纪中叶,一场粗野派的建筑运动催生了大量巨型的混凝土建筑,尤其是在购物中心、住宅区和大学里。对许多建筑师来说,这些建筑是基于社会主义乌托邦思想的,强调功能和简单,而不是浮夸的装饰。欧洲社会主义国家许多以粗野派的风格建造他们的城市。我成长的英国北部城镇的市中心就是这样建造的。比林厄姆第一次建成时,由于其现代风格和附近有便利的连锁店和娱乐设施,受到了该镇居民的热情欢迎。然而,当我还是个十几岁的孩子时,这里就像一个荒凉的反乌托邦,到处都是灰色的、空荡荡的、没有灵魂的灰色建筑,这在一定程度上是当地的化工厂、钢铁厂倒闭的结果。据报道,奥尔德斯·赫胥黎(Aldous Huxley)曾造访比灵厄姆,并将其作为其反乌托邦小说《美丽新世界》(*Brave New World*)的灵感来源。与此同时,许多流行的加工食品,如速冻快餐、肉酱和橙子粉饮料,也可以被贴上粗野派的标签,将功能和简洁置于装饰之上。支持粗野派运动的技术创新导致了更便宜的食物和住房的出现,但代价是减少了与环境的和谐。

20 世纪末,在食品设计和建筑领域中出现了另一场类似的运动。在烹饪界,厨师们用分子烹饪法创造出了许多可食用的艺术作品,通过使用特殊的食材或处理食材的方式来挑战人们的想象。与此同时,当代建筑师基于后现代主义设计出了一些独特的建筑,这些建筑超越了我们对形式和功能的想象,如弗兰克·盖里(Frank Gehry)在西班牙毕尔巴鄂设计的古根海姆博物馆。有趣的是,我们注意到,随着金融市场泡沫的膨胀,分子烹饪在炫耀性消费时期蓬勃发展。

2008 年股市崩盘之后,设计运动的重点转向了用当地出产的有机材料创造出更多"正宗"的食品和建筑,这些材料反映了一个更为严峻的时代精神。许多现代建筑师正在用当地的材料建造更可持续、更有机的建筑,就像许多餐馆正在用当地的食材制作更可持续、更有机的饭菜一样。令人痛心的是,尽管与潜在的设计理念完全不同,但受分子烹饪法和有机运动启发的餐点对大多数人来说都是负担不起的。

在我写这本书的时候，宜家家居的创始人英格瓦·坎普拉德（Ingvar Kamprad）在瑞典去世，享年 91 岁。坎普拉德开创了生产成本低且质量高的家具时代，这些家具可以送到你的家里并可在家里将其组装完成。食品行业现在有了像 Blue Apron 这样的公司，它在一个盒子里提供了一顿饭的所有要素，同样，人们只需在家里把他们混在一起即可。宜家和 Blue Apron 让消费者能够以相对较低的成本购买风格复杂的产品。然而，就像宜家的商品有的也差强人意一样，Blue Apron 盒里的东西也不总是尽如人意。

随着每个时代精神的变化，食品设计和建筑很可能会继续共同发展，从传统到现代，从华丽到实用，形式不断变化。从历史中得到的一个重要教训是，我们现在认为是固定不变的，将来肯定会改变。

四 | 分子美食学

我用一整节的精力来研究分子美食学，因为它是现代烹饪运动中与食物的合理设计和构造联系最紧密的，即食品体系结构。自 20 世纪最后十年以来，分子美食学一直是烹饪界的一项重要运动。然而，关于分子美食学到底是什么，它是一种噱头还是一种严肃的烹饪方法，一直以来存在很多争议。来自法国巴黎的国家农业研究所的艾维·蒂斯（Herve This）等科学家认为，分子美食学的特点是利用物理、化学、生物学和工程学来了解食物感官的学科。涉及研究食物在准备过程中内部发生的物理和化学变化，然后利用这些知识创造更好的食物。

另一方面，许多被认为是分子美食家的厨师的特点是，他们利用科学原理和技术来创造新的食物，从而激发人们的感官，以达到人们的心理预期。这种方法有时被称为分子美食，以区别于科学家采用的分子烹饪方法。许多著名的厨师设立了闻名全球的餐厅，提供被认为是分子烹饪哲学象征的食物，包括赫斯顿·布鲁门塔尔（英国，Fat Duck），费兰·阿德里亚（西班牙，elBulli），格兰特·阿查茨（美国，Alinea）和威利·杜德兰（美国，wd-50）。这些厨师们经常剖析传统食物，创造出不同寻常的口味、质地或颜色的食物新版本，旨在激发和吸引食客。分子美食运动创造的许多食物看起来像是超现实主义的艺术品，如透明意大利小方饺、意式浓缩意大利面、橄榄油鱼子酱和像雨花石一样的马铃薯。在分子美食餐厅的就餐体验就像参观一件艺术品，它能刺激你的所有感官：视觉、听觉、嗅觉、味觉和触觉。赫斯顿·布鲁门塔尔（Heston Blumenthal）供应的是经过改造的海鲜菜，当用餐者戴着 iPod 听着海边的音乐时，盘子里的食物哗啦哗啦地掉到海滩上，海鸥在尖叫。这些创新的菜肴是基于他对声音在食物风味中作用的实验。

在分子美食学传统中，厨师经常使用在科学家实验室中更常见的配料和设备，如超声波均质器、冷冻干燥器、旋转蒸发器、离心机、注射器、液氮、水胶体和卵磷脂。分子美食学的标准构件是泡沫、乳化剂和凝胶。许多厨师被认为是创新烹饪运动的一部分，但他们强烈反对以分子美食家的名义被归为一类。

2008 年，我在马萨诸塞大学组织了一次会议，在那里我们开了一个关于分子美食学的小会。有趣的是，针对同一个问题——研制人们想吃的创新食品，对比食品科学家和厨师所采取的方法会发现，厨师们就像现代主义建筑师，使用创新的食材和技术来组合出具有不同寻常的外观和口味的菜肴，而食品科学家就像结构工程师，试图解释是什么让食物看起来、感觉起来和尝起来是它们呈现的那样，然后利用这些知识来制造更好的食物。尽管厨师和科学家的关注点不同，但他们有很多共同点，他们都具备在各自领域追求卓越的热情，并将创造力、经验和解决复杂问题的决心结合在一起。

分子美食运动将科学与艺术、理性主义与创造力、传统与现代主义融合在一起。正是这些对立观点的冲突和融合使得这场运动如此令人兴奋且值得关注。

五 | 可食用的实体建筑

厨师和食品科学家用可食用的"积木"来制作食物，这些积木主要由水、蛋白质、碳水化合物、脂肪和盐组成[4]。这些成分可能以单体形式出现，只含有其中一种成分，如乳清蛋白、玉米淀粉、植物油或海盐；或者以复合物形式出现，这些不同成分的混合物构成了食物，如鸡蛋、面粉和牛奶。人们可以在不了解成分本质的情况下制造出新颖美味的食物，但是掌握这些知识的厨师就像拥有一个强大的工具，能提高他们的创造力和效率。此外，食品成分的基本化学知识对大规模食品生产至关重要。本节简要概述了一些用于组装食物的最重要的构件（图 2.2）。市场上有整本书甚至整卷的书都是介绍食材的，所以我只给出了每种成分的简单介绍。

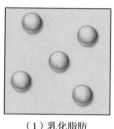

（1）乳化脂肪
（奶油、调料、酱汁）

（2）3D生物聚合物网
（甜点、酱汁）

（3）肿胀的淀粉颗粒
（肉汁、酱汁、调料）

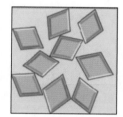

（4）三维冰晶网络
（冷冻食品、冰淇淋）

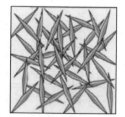

（5）三维脂肪晶体网络
（黄油、人造黄油、巧克力）

图2.2
一些常见的食品成分的例子（可以用来建立理想结构属性的食品）

1. 水：被遗忘的成分

许多人甚至不认为水是一种成分，但实际上，它在许多食物的结构和质地中扮演着重要的角色。尽管它化学结构（H_2O）看似非常简单，却有很多独特而鲜明的特点，例如它能作为一种媒介，使得其他分子可以溶解和相互作用，再如它能在不同温度范围下以气体（蒸汽）、液体（水）或固体（冰）的形式存在于食物中。这些重要的特征取决于它的高度动态性、分子小和倾向于与相邻物质形成强大联合的性质。你是否曾经把冰淇淋放在冰箱外太久，然后又把它放回去试图挽救它，但重新冷冻的冰淇淋不再柔软光滑，而是变得又硬又粗糙；你有没有把一盒早餐麦片打开太久，但暴露在外的麦片不再是脆脆的，而是柔软潮湿的；你有没有想过为什么糖和盐可以溶解在水里，却不能溶解在油里？这些只是水的特性如何影响食物性能的几个简单例子。

（1）水晶脚手架　水从液体到固体的转化对冷冻食品的质量起着至关重要的作用。冰淇淋的"可舀性"和"口感"取决于冰淇淋中冰晶的数量、大小和相互作用，因此，水在制作过程中应受到严格控制。当用来制作冰淇淋的乳化液体被迅速冷却时，一个由相互连接的微小冰晶组成的三维网络就形成了，这就给最终的产品带来了理想的质感。但是，如果冷却过慢，冰晶就会变得太大，使最终的成品很难被舀出来，口感也会很粗糙。这就是为什么一旦冰淇淋融化了，我们便永远无法通过重新冷冻来拯救它的原因，因为我们无法在原来的产品中重现精致冰晶的独特排列结构。所以，当你在享受软冰淇淋细腻的奶油质地或者在炎热的夏日里享受水果冰棒的清爽时，请记住，食品设计师曾竭尽全力控制冰晶内部的结构组织。

（2）通用的溶剂　在液体食品中，如茶、咖啡、牛奶或橙汁，水在其中作为一种溶剂，其他成分如糖、盐、蛋白质、风味改良剂和色素，可在水中溶解并相互发生反应。不同成分混合的特性使每一种食物和饮料具有独特的外观、感觉、气味和味道。橙汁的独特风味和颜色是天然糖、酸和色素溶于水的结果。乳脂球悬浮在水中，可使乳制品呈现出乳脂的外观和触感。因此，水作为一种媒介可使各种各样的成分结合在一起，从而创造独特的饮食体验。

（3）分子润滑剂　即使在水分含量很低的固体食物中，水也扮演着重要的角色。例如，在相对干燥的产品中，如谷物、饼干或饼干，水作为润滑剂，对它们的质地和保质期有很大的影响。水分子可进入碳水化合物分子之间并让它们更自由地运动来实现这一点（图2.3）。例如，当你第一次打开包装时，玉米片通常会有一种脆脆的感觉，因为碳水化合物处于"玻璃态"，它们紧密地挤在一起。然而，如果你把包装袋打开太久，薄片就会变得柔软潮湿，因为空气中的水分子会渗透到碳水化合物之间的空隙中。因此，碳水化合物更自由的移动可导致主观所谓的"橡胶态"。同样，粉末状食物如咖啡奶精或干汤粉，如果它吸收了太多的水，可能会变得黏稠。"玻璃态"和"橡胶态"这两个词用在我们吃的食物上可能会让人困惑。但是，它们被食品设计师所使用，是因为食物中的分子被排列成类似于玻璃或橡胶中的结构，而并不是因为我们的食物真的含有这些物质。

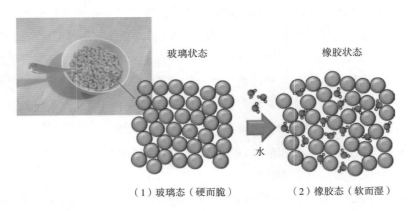

玻璃状态　　　　　　　　橡胶状态

水

（1）玻璃态（硬而脆）　　　（2）橡胶态（软而湿）

图2.3
许多固体食物的水分含量增加时，会由硬脆的"玻璃态"转变为柔软的"橡胶态"
（如谷物早餐放置过久就会变得潮湿）

　　　水是一种灵活的小分子，可以快速地从一个地方移动到另一个地方，这在某些食物中可能是一种弊端。在纸杯蛋糕中，糖霜中的水可能会进入下面的松糕体中，导致糖霜变硬，使松糕体变湿。同理，在早餐麦片中，如葡萄干麦片中，水分会从潮湿的葡萄干进入干燥的麦片薄片中，从而导致质地变化，进而使其口感变差。因此，食品制造商必须仔细设计他们的产品来管理水分的迁移。他们可以通过确保水分在不同食物成分中的"活性"是相同的来做到这一点，因为这样减少了水分运动的驱动力。水分活度是对特定环境中"自由"水分子数量的评价——水通常从高活性区域转移到低活性区域。正因为这个原因，早餐麦片里的葡萄干通常是加糖的。糖分降低了葡萄干中水分的活度，所以它变得更接近于干燥的薄片。另一种方法是在其中一种食物成分上覆盖一层不透水的涂层，如一层脂肪，这样可以把水分子困在里面，阻止它们迁移。同样，当你咬一口美味的纸杯蛋糕或脆麦片时，想想那些运用食品化学知识和物理知识，精细管理里面水分活动的食物设计师吧！

2. 蛋白质：身体建设者

运动员需要蛋白质来增肌，除此之外，食品科学家也需要蛋白质来构建食物结构。如果你想了解蛋白质是如何被用于这一目的的，那么了解它们在自然环境中的作用很有用。在自然界中，蛋白质在进化过程中被设计出来，在生物体中扮演着重要的角色。它们提供机械强度（骨骼、软骨、皮肤和头发）、促进运动（肌肉和肌腱）、调节生化过程（酶）、充当分子转运体（血红蛋白和肌红蛋白），并作为化学信号（激素）发挥作用。进化塑造了每一种蛋白质，并使其在自己独特的环境条件下发挥精确的功能。

（1）生命的多功能微型机器　从化学上讲，蛋白质是由长链氨基酸组成的聚合物，这些氨基酸链连接在一起，就像项链上的珠子一样。这些链中的氨基酸的数量、类型和序列以及链折叠成独特形状的趋势对蛋白质的生物学功能起着至关重要的作用。在自然界中发现的三种最常见的蛋白质基序是球状、刚性链和柔性链（图2.4）。生物体内所有调节生化通路的酶都具有球状基序，其表面有许多凹陷和缝隙，这些凹陷和缝隙的精确尺寸和形状使它能够与环境中的特定分子相互作用。相反，赋予生物体机械强度的结构蛋白通常是长而硬的杆状结构，就像那些用于加固建筑物的支撑结构一样。在自然界中，蛋白质在食物中扮演着许多重要的角色，对食物的营养价值、外观、感觉和味道都有贡献。然而，蛋白质的原始结构（"天然的"）在与食物结合时经常发生很大的变化，因为新环境与它们的自然栖息地差别很大，这对它们的功能发挥有很大的影响。

（2）胶冻：熟鸡蛋的科学　成为一名食品科学家的绝妙感受之一是每个人都熟悉你在实验室里使用的复杂材料。我们通过简单地煮一个鸡蛋来体验蛋白质结构变化在制作食物中的重要性。从盒子里拿出一个新鲜的鸡蛋，把它敲开，你会看到一个明亮的胶状蛋黄，周围环绕着透明的黏性流体。把它放在沸水锅里煮 5 分钟，你会发现它的外观和质地都完

图2.4
食物蛋白质在食物中有三种常见的基序：紧密的球状体、高度灵活的柔性链和刚性链

全改变了。它现在由一个淡黄色的易碎的蛋黄和一个白色的具有弹性的凝胶组成。鸡蛋里的分子类型没有改变，但它的物理特征已经发生了巨大的变化。它发生了什么？我们需要了解鸡蛋蛋白质在分子水平上发生的变化。

蛋黄和蛋清都含有球状蛋白质，这些蛋白质在新鲜的鸡蛋中被折叠成紧密的球状。在这种排列中，蛋白质链上的许多反应基团被折叠进这些紧密的蛋白质球的内部，因此它们不能与其他蛋白质相互作用。然而，当鸡蛋被加热到一定温度（约70℃）以上时，蛋白质链就会散开，这导致反应基团暴露在球状蛋白质表面，然后它们就能与其他蛋白质上的反应基团连接起来。结果，大量展开的蛋白质结合在一起形成团块，在显微镜下看起来像毛茸茸的高尔夫球（图2.5）。这些团块的大小正好可以强烈地散射光波（就像云中的雨滴一样），从而使得煮熟的鸡蛋看起来是白色的。这些团块也互相结合在一起，形成了一个三维的相互连接的蛋白质网络，这些蛋白质在煮熟的鸡蛋中伸展开来，赋予了鸡蛋固态的特征。通过控制烹饪温度和时间来调节鸡蛋蛋白质的展开和聚合，从而可以制作出软蛋、半熟蛋

图2.5
蛋白质可用于凝胶（如鸡蛋）中形成网状结构、稳定乳化剂中的脂肪滴（如牛奶）或保护泡沫中的气泡（如鲜奶油）

或全熟蛋。温度越高，时间越长，蛋清蛋白就会展开得越多，聚集在一起，煮熟的鸡蛋就越硬。鸡蛋蛋白质的展开和聚合能力在构建许多其他种类的食物中起着至关重要的作用，包括蛋糕、馅饼、饼干、酱汁、甜点和蛋白饼。

（3）乳化：克服亲疏关系　蛋白质在食品中的另一个重要作用是它们可以被吸附到表面并形成保护层（图2.5）。当你试图从煎锅上刮下粘住的鸡蛋、清洗你的盘子时，会非常不便。然而，当你在准备某些食物的时候，这个作用会给你带来很大的好处。蛋黄酱中的脂肪滴是由鸡蛋蛋白质固定下来的，当油、醋和鸡蛋混合在一起时，鸡蛋蛋白会黏附在蛋黄酱的表面，形成保护层。鲜奶油中的气泡是由牛奶蛋白质固定的，当鲜奶油被大力搅打时，这些蛋白会附着在泡沫表面。事实上，厨师和食品科学家用蛋白质来固定许多种类的食品乳化剂和泡沫，包括奶油、甜点、蘸酱、调味料、酱汁和汤。这些蛋白质具有两亲性，也就是说，它们在同一个分子上同时具有亲水（亲水性）和憎水（疏水性）两种性质。它们被吸附到表面，因为这使得亲水的成分悬浮在水中，而憎水的部分悬浮在油或空气中。

（4）模仿是最真诚的奉承　你可以煮一个鸡蛋或准备一种酱料，而不需要知道烹饪过程中发生的分子变化。但是，当你试图创造新的食物时，这些知识便非常有用了。出于健康、环境或伦理方面的考虑，许多人正在转向以植物为主的饮食。因此，食品企业正试图用从植物中提取的成分取代从动物身上分离出来的成分或工厂里化学合成的成分。事实上，一些创新型初创企业正在开发新一代植物性食品，以满足这个需求不断增长的市场。了解蛋白质在决定传统食物的外观、嗅味和味道方面的关键作用，也有助于食品科学家识别具有类似性质的植物性替代品。例如，科学家正在研究用豌豆、豆类、扁豆、大豆或亚麻中的蛋白质取代肉类、鸡蛋或牛奶中的蛋白质。这些以植物为基础的产品必须被精心设计，使其在烹饪过程中表现与原始产品类似，并能模仿原始产品的理想特性。

以鸡蛋为例，植物蛋白质必须在与鸡蛋蛋白质相似的温度下展开并连接，同时必须生成与普通鸡蛋具有相同外观、质地和口感的白色凝胶。我最近买了一个由藻类蛋白质（一种微生物）制成的素食蛋白粉，它模仿了鸡蛋的许多特性。我做的素食炒鸡蛋外观和感觉都像真正的鸡蛋，但它们的质地非常有弹性，烹饪过程要复杂得多，这可能会让一些人打消购买它们的想法。显然，还需要更多的研究来确切了解蛋白质在鸡蛋和其他动物性食品中的行为，这样就可以用植物性替代品进行模仿了。

3.碳水化合物：又浓又甜

与蛋白质一样，碳水化合物最初也不是为人类食用而产生的。它们的进化是为了帮助生物体自身的生存和繁殖。人类饮食中碳水化合物最重要的来源是植物。令人难以置信的是，植物内部构建了微型太阳能工厂。这些小型工厂利用光合作用将1.5亿千米以外的恒星（太阳）内部产生的光转化为燃料和建筑材料，动物可以通过吃植物来利用阳光，从而为自己提供能量。

（1）结构决定功能　一种特定的碳水化合物在人类食物或身体中的行为是由它独特的分子特征决定的。从化学角度讲，碳水化合物是由一个或多个单糖连在一起构成的。碳水化合物的名字来自于这样一个事实：许多常见的单糖由若干（n）个碳原子和水分子（"水合物"）组成，它们以一比一的比例共存：$C_n[H_2O]_n$。实际上，氢原子和氧原子并不像在水中那样连在一起。相反，它们中的许多直接与碳原子相连。不同的单糖所含碳原子的数量不同，氢原子和氧原子的精确排列也不同，这就导致了物质有不同的物理和营养特性。例如，尽管果糖和葡萄糖具有相同的化学结构——$C_6H_{12}O_6$，但它们的溶解度、甜度以及对健康的影响是不同的，因为原子的排列存在细微的差异[5]。

一般来说，碳水化合物所含单糖的数量、类型和键合方式各不相同，这导致其功能和营养特性存在明显差异。单糖，如葡萄糖、果糖或蔗糖，只含有一两个单糖分子，很容易溶于水，并与我们的味蕾相互作用，提供甜味。更复杂的碳水化合物，如淀粉和纤维素，由许多单糖组成链，就像项链上的珍珠一样。

（2）增稠的淀粉　淀粉是许多食物中非常重要的组成部分，有助于大米、马铃薯、面包、谷物、饼干、零食和酱料形成理想的质地。淀粉分子是由成千上万个葡萄糖单元组成的，它们连接在一起可形成长长的柔性链。在自然界中，这些链包裹在称为淀粉粒的微小颗粒中，它是这些高能量密度分子的存储仓。天然淀粉颗粒具有复杂的内部结构，在决定食品的性能方面起着至关重要的作用。当淀粉颗粒在水中加热时，会经历一个称为糊化的过程，首先膨胀，然后破裂，释放淀粉分子。这个过程对于那些用玉米淀粉增稠的酱汁来说是必不可少的，因为淀粉颗粒的膨胀会导致黏度的大幅增加。当糊化后的淀粉冷却后，淀粉分子会互相黏在一起，形成凝胶。我亲眼见过这一现象，我母亲做周日晚餐后，浓肉汁放在一旁太久，就会变成黏稠的胶冻。

糖和淀粉是构成食物美味和质地的基本材料。然而，食用它们可能对健康有益或有害。糖和淀粉很容易被肠道消化吸收，为我们快速提供能量来源，这可能在我们饿了或者刚锻炼完身体的时候特别有用。相反，过量食用这些易消化的碳水化合物会更容易得肥胖症、糖尿病和其他慢性病。因此，食品科学家正试图用更健康的成分取代糖和淀粉，而不影响食物的适口性和吸引力。我自己的课题组用天然蛋白质和膳食纤维构建了人工淀粉颗粒，它可以使溶液增稠，像真正的淀粉颗粒一样"入口即化"。

（3）多才多艺的膳食纤维　和淀粉一样，膳食纤维是由许多单糖以长链连接在一起构成的复杂碳水化合物。然而，与淀粉不同的是，它们不会被我们肠道中的酶消化，因此不会释放引起糖尿病和肥胖的单糖。恰恰相反，食用膳食纤维通常会改善我们的健康，如减少便秘、结肠癌和高胆固醇的发生。因为膳食纤维可以增加肠道内液体的黏度，减缓脂肪和淀粉的消化并为结肠中的益生菌提供营养。食品科学家和营养学家正在努力准确地了解膳食纤维如何提供它们的营养价值，以便研制出更健康的食品。

膳食纤维除了具有有益的营养作用外，还是食品结构中的建筑材料。它们对于构建理想的质构特别有用，如使食物增稠或凝胶化。增稠剂是一种具有延伸性的分子，会破坏食物中正常的水分流动。因此，需要投入更多的能量方能使食物流动，这就增加了食物的黏度或"厚度"。胶凝剂将连接在一起的分子形成三维网络结构以截留水分，并赋予食物固态特征。增稠剂添加到液体食物中，可以给它们提供新颖的质地或防止颗粒移动，如脂肪滴或沙拉酱以及调味汁中的香料。胶凝剂添加到半固态食物中，如果酱、酸奶或甜点，可以赋予它们理想的质地。一些常用的膳食纤维有琼脂、藻酸盐、卡拉胶、纤维素、刺槐豆胶、果胶和黄原胶，它们通常是从天然原料如海藻、植物或微生物中分离出来的。

增稠剂和胶凝剂在分子美食家的工具箱中占有重要地位。分子厨师们用海藻酸盐和果胶创造了大量不同寻常的食物，如水果鱼子酱、液体橄榄果和香醋珍珠。在我自己的研究中，我们用这些膳食纤维构建了被称为微凝胶的微型珠子，来包裹、保护有益的食物成分，并将这些有益成分输送到体内。例如，可以用它们来运输脆弱的益生菌，通过胃中翻腾的酸性海洋和小肠中起伏的通道，使其到达结肠，在那里，益生菌可以发挥出它们对健康的积极作用。如果没有这些微型"潜艇"，许多微生物到达时就已经死亡了。

4. 脂肪：柔滑细腻

（1）多姿多彩的脂肪　许多食物独特的外观、感觉和风味是它们所含脂肪的结果。这种脂肪可能是液体或固体，也可能以各种形式存在。整个食物都可能是脂肪，如食用油、橄榄油或猪油。脂肪可以是一种乳化剂，由分散在水中的小油滴组成，如牛奶、奶油、调味品或酱油；也可以是分散在油中的小水滴，如黄油或人造黄油；或者，脂肪可以涂抹在多孔的富含碳水化合物的基质上，如在小甜饼和薄饼中；最后，脂肪可能堆积在生物用来储存能量的细胞内，如动物的脂肪组织或植物的油体。要设计出更健康、更美味的产品，准确地了解脂肪在食物中的组织结构至关重要。

脂肪赋予许多食物良好的外观和质地。一种好的阿尔弗雷多酱、奶油利口酒或蛋黄酱之所以有奶油般的外观和触感，是因为它们里面有大量聚集在一起的脂肪微球。这些脂肪微球散射了从这些食物表面反射回来的光，使它们看起来像奶油。当这些食物被搅拌时，它们也会扰乱食物内部的液体流动，使它们黏稠如丝。食品设计师必须仔细控制这些乳化食品中脂肪微球的数量、大小和相互作用，以产生合适的乳脂。

给面包涂黄油的科学也极其复杂。当你从冰箱里取出黄油时，它不应该太软，否则它就会在自身的重量之下坍塌。同时，也不应该太硬，否则它将很难涂在面包上。我还记得，在英国上学的时候，一个冬天的早晨，我很难过，因为我要赶做三明治，但因黄油太硬，我把面包撕成了碎片。为了解决这个重要问题，食品设计师必须控制好黄油中形成的脂肪晶体的精确品质，并把控好温度升高时它们的融化进程（图2.6）。为此他们必须通过仔细控制黄油生产过程中使用的脂肪类型和搅拌条件，从而创建一个由相互连接的脂肪晶体组成的三维网络，其结构排列和熔融行为都恰到好处。这个网络必须足够坚固，以防止黄油在重力作用下坍塌，但又必须足够脆弱，以便在用刀子切割时轻松破裂。脂肪还为我们的食物提供了其他各种令人向往的特性，包括带有脂肪的香味，通过覆盖舌头从而在嘴里产生愉悦的感觉。

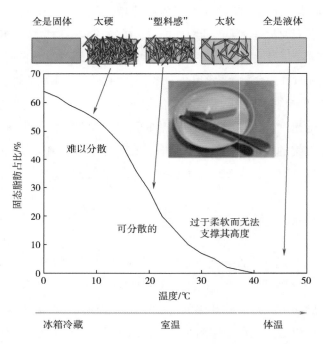

图 2.6
黄油中晶体状脂肪的比例随温度的变化决定了它的可涂抹性（黄油在冰箱里应该是硬的，在室温下可以涂抹，在体温下入口即化）

（2）代脂　脂肪在我们的食物中扮演着多种角色，这使得它们很难被取代。正是由于这个原因，食品制造商一直很难生产出外观和味道都和全脂食品一样好的低脂肪食品。因此，食品设计师正试图准确地理解脂肪是如何对我们的食物的外观、感觉和味道做出贡献的，然后食品设计师将利用这些知识来创造脂肪替代品，以提供与脂肪相同的品质属性，但热量更少。此外，食品设计师正在纳米水平上操纵脂肪的结构组织，从而在食品中创造出特殊效果，如新颖的视觉效果、更长的货架期或更高的维生素吸收率（图2.7）。在后面的章节中将会介绍一些令人兴奋的研究，这些研究使用结构设计原则，以提高食品的益处。

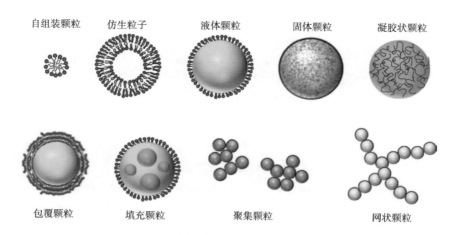

图 2.7

可以在纳米级水平设计食品（图中展示了一些为改善食品质量而设计的纳米颗粒）

5. 着色剂、风味剂和添加剂：特殊效果

（1）装饰我们的食物　除了物理框架外，建筑还需要其他特性以使其具有功能性和宜居性。墙壁需要粉刷，地板需要铺上地毯，木材需要经过防虫处理，窗户需要加上百叶，门需要上锁以防被盗。同样，食物也需要特殊的配料，如色素、调味剂、防腐剂和质地改进剂，以增强其所需的特性[6]。许多食物如果不使用色素和香料，就会变得寡淡无味，就像毛坯房。食品添加剂可以是天然的、合成的，或者介于二者之间的。例如，有些添加剂是从自然界中提取出来的，再经过化学改性后使用，如用于增稠酱汁或稳定调味料的改性淀粉。有些添加剂是使用大规模工业化加工合成的，但是它们和天然产物有相同的结构和属性：β- 胡萝卜素是一种橙红色色素，可以在实验室中制取，也可以从水果和蔬菜中分离提取。食品设计师会使用广泛的添加剂来创造特别的效果，使我们的食物更诱人，如充满活力的颜色、奶油质感、芬芳的美味。仅在美国，就有超过 3000 种不同的添加剂可供食品使用，它们被分为六大类（表 2.1）。

表 2.1

食品添加剂的分类与作用

添加剂分类	在食品中的功能
防腐剂	抗菌剂抑制腐败或有害微生物的生长
	抗氧化剂抑制有害的化学降解
	抗褐变剂抑制不期望的颜色变化
营养添加剂	维生素和矿物质等微量营养素对人体健康至关重要

续表

添加剂分类	在食品中的功能
着色剂	添加剂通过吸收或散射光的能力来改变食物的外观
调味剂	甜味剂增加食物的甜味
	香料提供特定的香味或口味
	风味增强剂增加风味的强度
质构改良剂	乳化剂和发泡剂能稳定脂肪滴和气泡
	增稠剂和胶凝剂通过增加黏度或形成凝胶来创造理想的质构
	稳定剂延长货架期
其他	抗结块剂被添加到粉末中以帮助它们顺利流动
	螯合剂结合矿物离子可以抑制氧化或沉淀

（2）添加剂对人体有害吗　尽管添加剂可为食品增味或着色，但消费者往往对"可怕的"添加剂保持警惕。许多人认为添加剂尤其是人工添加剂，会毒害他们。这在过去当然是一个非常令人担忧的问题，但现在不那么严重了。在食品中加入添加剂有着悠久的历史，有史以来人们就一直使用天然添加剂，自 19 世纪中叶工业革命全面展开以来，人们开始使用合成添加剂。其中一些添加剂是善意地使用，可创造出令人满意的效果，如调色剂和调味剂；而另一些添加剂则是由不择手段的人添加的，他们试图进行经济欺诈或隐瞒产品缺陷。在后一种情况下，添加剂应该被称为掺假剂。木屑与香料混合、沙子与茶混合、橡实与咖啡混合以增加重量。这些掺假行为中，大部分只会导致经济欺诈，但也有一些会造成严重的健康问题。如红铅是一种强效毒素，曾有不法分子将添加到香辛料（辣椒）和啤酒（波特啤酒以及黑啤酒）中以增强它们的红色。人体摄入铅后，铅在胃液中消化并被身体吸收后，会导致铅中毒。

（3）保证我们的安全　人们对食品添加剂和掺假的健康风险认识日益加深，这导致了第一批食品法的通过，如 1860 年英国通过了《掺假法》（*Adulteration Act*）。从那时起，世界各国政府制定了严格的法律来规范食品中添加剂的种类和数量，以避免欺诈和提高安全性。在确定食品添加剂的安全性时，必须遵循许多步骤。首先，添加剂实际上是由什么组成的？它是单个分子还是多个分子的混合物？第二，基于不同的饮食习惯，我们可能会摄入多少添加剂？第三，我们可以安全食用多少添加剂而不会对我们的健康产生任何不良影响？通常，这些是通过实验室的化学实验和细胞实验以及对动物的毒理学研究来建立的。这些测试使各国政府能够确定一种添加剂的每日可接受摄入量（ADI），即既能安全食用又不会产生副作用的水平。一种添加剂一旦在实验室和动物研究中被证明是安全的，那么它就会在人体试验中进行测试，以确保它适合广泛使用。

政府机构定期对添加剂进行重新评估以确保它们是安全的，特别是在出现任何新的毒理学数据时。各国都有一个可以接受使用的添加剂的详细清单，以及可以使用的最大添加量水平和可以应用的食品种类。有的时候，这些名单因国家而异，一种添加剂在一个国家被认为是安全的，而在另一个国家却被认为是不安全的，这给试图在全球市场销售产品的食品公司带来了问题。这些差异是由于科学家对毒理学数据的不同解释造成的——确定安全性并不总是明确的，而是取决于现有研究的质量和数量。有时确定一种食品添加剂的安全性是相当具有挑战性的，因为它们在我们的食物和身体中发生了变化。例如，它们可能在烹饪过程中，暴露在阳光下，或与其他食物成分反应后发生化学降解，从而改变它们的毒性。因此，了解添加剂在真实食品中的实际作用是很重要的，这需要大量的研究来支撑。目前可用的一些食品添加剂将来可能会被禁用，但这并不意味着所有的添加剂都是有害的。

（4）天然添加剂更好吗　许多人认为所有的人工添加剂都不应该用于食品，因为人工添加剂会损害人体健康，但通常情况并非如此。如果停止使用人工防腐剂，我们的食物更有可能会变质，导致更多的食物浪费和环境破坏，以及导致更多的疾病和死亡。由于这些原因，有必要进行仔细的成本分析，以权衡使用添加剂的利弊。尽管如此，由于消费者的压力越来越大，许多食品公司正迫切地尝试用天然替代品取代合成添加剂。这是一个挑战，因为天然添加剂往往不如合成添加剂有效。此外，它们有时不容易与食物结合，易于分解，也并不总是更安全的。而且，由于天然添加剂的成分因批次而异，因此测试其安全性往往比测试合成添加剂更具挑战性。天然产物因使用的植物种类、收获时间、地点、天气以及储存、运输和加工的方式不同而有很大差异。因此，许多现代食品科学家正试图利用食品化学知识克服这些挑战。

六 | 设计结构：
组合

食品建筑师将所有不同的成分组合在一起，创建出了具有所需设计质量的最终产品，包括外观、感觉、风味和营养。这可能需要在一个或多个不同的结构层次上对成分进行分析，从分子到微观再到宏观。在分子水平上，蛋白质、碳水化合物或脂肪可以通过控制烹饪条件来相互联系，从而增加它们之间的吸引力或排斥力。在微观水平下，微小的油滴、脂肪晶体、气泡或生物细胞可能以类似的方式连接在一起。在宏观层面，一个食品设计师可能会组装相对较大的结构，比如两片维多利亚海绵蛋糕，上面粘着一层软糖和草莓酱。因此，一名优秀的食品设计师必须知道，在从纳米到厘米的大小范围内，将食品中各种成分结合在一起的力量。

1. 食品胶合

就像不同类型的紧固件，如钉子、螺钉、胶水和水泥，用在建筑物中可把结构部件固定在一起一样，在我们的食物中也有不同类型的力把各种成分固定在一起。然而，与建筑物中的窗户与墙壁始终保持连接不同的是，食物中成分之间形成的连接力往往相对较弱，而且处于高度动态状态下，会不断地断裂和重组。

（1）为什么分子会粘在一起　如果某些类型的食物分子彼此不吸引，那么我们就无法在食物中构建任何结构。这些吸引力从何而来，食物中分子的性质又如何决定了吸引力的大小呢？一般来说，一个分子由一堆原子组成，如碳、氢和氧，以一种非常特殊的方式连接在一起。每个原子都有一个带正电的核（即原子核），周围环绕着一团带负电的电子。电子云中电子的排列是控制分子间作用力的主要因素。根据食物分子的电子排列不同，它们可以分为非极性、极性或离子性分子。非极性分子没有固定的电荷，因为电子均匀地分布在分子周围。极性分子由于电子分布不均匀有一些带正电的区域和一些带负电的区域，出现这种情况的原因是一些原子的原子核对电子的引力比其他原子更大，这导致了分子表面产生了部分电荷。离子具有完全的电荷，因为它们要么得到一个电子（变成负电荷），要么失去一个电子（变成正电荷）。分子表面部分或全部电荷的存在是极其重要的，因为它决定了分子的"黏性"。换句话说，它决定了分子对周围邻居的依附程度，而这对食物结构的构建至关重要。

（2）分子胶水　食品中最常见的将各种成分连接在一起的作用力是范德华力、疏水力、氢键和静电力。这些力的产生是由于食物具有不同分子的独特带电性。

范德华力是在所有食物中非常重要的一种作用力，因为它们作用于所有类型的分子之间。这种力最初由荷兰物理学家约翰内斯·迪德里克·范德瓦尔斯（Johannes Diderik van der Waals）在 19 世纪末提出，当时他正在撰写关于气体状态的博士论文。他提出了一个到现在也很有名的范德华方程，这个方程要求包含分子间的引力，以使他的理论预测与实验观察相一致。这种范德华力像一种分子胶水，它把所有类型的分子粘在一起，包括水、脂肪、蛋白质和碳水化合物。然而，与其他作用力相比，这种作用力相对较弱，所以它的贡献往往很小。

疏水力要强得多，但它们只在分子上的非极性（疏水）区域之间起作用。在有水存在的情况下，这种力使非极性分子连接在一起，从而使它们与周围水分子的接触减到最小。疏水性使油和水不能混合，是煮熟的鸡蛋可以形成凝胶、牛奶蛋白质可以产生乳化作用和泡沫的主要原因。

氢键也相对较强，但它们只在某些分子的极性区域之间形成。它们的产生是由于某些原子的原子核周围电子云的分布不平衡导致的。因此，一些分子上的氢原子带轻微的正电荷，而氧原子带轻微的负电荷，这就导致了它们之间存在静电吸引。氢键在决定水、蛋白质和碳水化合物在食物中的表现方面起着特别重要的作用。

静电力可以是吸引的，也可以是排斥的，换句话说，它们可以把分子拉到一起，也可以把分子推开。两个带相反电荷的分子（一个带正电荷，另一个带负电荷）相互吸引，就像两块磁铁的南极、北极一样。相反，两个带相同电荷的分子（都是正电荷或负电荷）相互排斥，就像磁铁的两个北极或两个南极一样。静电力只对带电荷的分子重要，如大多数蛋白质、膳食纤维和盐。奶酪和酸奶的生产取决于控制蛋白质分子之间的静电力。天然牛奶中的蛋白质（"酪蛋白"）带有很高的负电荷，因此彼此之间会产生强烈的排斥，从而阻止它们连接在一起。然而，当牛奶被添加酶酸化后，这些酶会将牛奶中的糖（乳糖）转化为有机酸（乳酸），蛋白质就会失去电荷，不再相互排斥。相反，它们会被范德华力和疏水力相互吸引，从而连接在一起，形成一个贯穿整个产品的三维网络。这种由凝固蛋白构成的脆弱网络赋予了酸奶如丝般细腻的质地。

在奶酪的例子中，凝固的蛋白质经过挤压会失去一些水分，然后产生干燥的凝块。这种作用加强了蛋白质网络，使我们联想到硬奶酪独特的固体质地。然后，将凝乳储存起来，用酶消化蛋白质、脂肪和糖，产生大量的香味分子，从而赋予了奶酪独特的味道和气味。

（3）结构转换　食品中发生在其他分子和微观水平的变化，也在结构建设中发挥着重要的作用。温热的油在低于熔点的温度下会结晶，形成一个由范德华力连接在一起的三维脂肪晶体网络结构（图2.6），这使一些食品具有独特的结构。巧克力、黄油和人造黄油都含有这些脂肪晶体网络，精确控制它们的结构对于获得合适的质地和口感至关重要。

水冷却到低于其熔点的温度时也会结晶，从而形成微小的冰晶。这些冰晶有助于冰淇淋、冰棒和冷冻肉等冷冻食品变得坚固。冰晶的大小和数量取决于冷冻速度。通常，当食品迅速冷冻时，内部会形成许多微小的冰晶，但当食品缓慢冷冻时，只会形成少数大冰晶。这对冷冻食品的质量有着重大而深远的影响。在冰淇淋中，大的晶体在嘴里感觉像沙粒，可能会导致"大脑冻结"。在冷冻食品中，大冰晶会破坏水果和蔬菜内部的细胞结构，使它们变得柔软和潮湿。因此，有大量精细的科学研究是针对食品中微小晶体结构的调控的。

许多食品聚合物，如蛋白质和多糖，随着食品温度的变化而发生结构变化。淀粉颗粒在水中加热会膨胀，从而导致黏度增加，这对淀粉增稠酱料和肉汁的制作十分重要。一些食品聚合物在高温下以柔性链的形式存在，但在冷却后会卷成刚性螺旋结构。这些螺旋结构可以与其他螺旋结构连接，从而形成一个交联聚合物分子网络，将水困在其中。当热凝胶溶液（如草莓果冻）在冰箱中冷却并形成牢固的凝胶的过程，就是这样的过程。

另一个导致食物中建筑结构形成的过程是相分离。这种现象的一个很有趣的例子是，当你试图混合油和水的时候，水和油会发生分离——水分子更喜欢和水分子在一起，把油分子挤出来。要把油和水混合起来，需要有乳化剂的存在，乳化剂是一种"两亲性"分子，既亲油又亲水。乳化剂附着在脂肪滴的表面，形成一层保护层，从而阻止它们融合在一起（图2.5）。相分离也可能发生在其他类型的食品成分中，如蛋白质和多糖，食品科学家正在利用它们创造新的食品结构。这些结构被设计成模仿脂肪滴的特性，这样就可以生产出外观、味道和气味都和普通产品一样的低热量产品。

当我们混合、搅拌、烹饪、冷冻和储存食物时，食品内部发生着大量的微观层面上的变化，这里只列举了几个例子。食品科学家们正试图了解和利用这些复杂的分子过程，在食物中创造建筑结构，从而获得理想的食品外观、质地和味道。

2. 预制结构

建筑师不需要制造构件，甚至不需要知道如何制造用来建造一座建筑的各种构件。相反，他们通常组装一些预制结构，如墙壁、地板、屋顶、门和窗户。同样，厨师通常使用一些预制的食物结构来做一顿饭。酥皮就像一块混凝土板，是由各种成分混合而成的坚硬固体，可以用来制作其他结构，比如派、馅饼、蛋饼或曲奇饼。翻糖就像水泥，倒在合适的地方，就可以凝固。建筑师通常依靠材料学家和结构工程师的成果来确保混凝土板具有合适的强度、重量和耐候性，这需要对建筑材料的科学和技术有详细的了解。同样，厨师依赖食品科学家来提供具有适当性质和性能的配料，在这种情况下，需要对食品的科学和技术有透彻的理解。

糕点师可以用类似于建筑师以预制结构建造建筑物的方法来制作蛋糕。两块或三块海绵蛋糕用厚馅料粘在一起，然后在整个结构上涂上一层糖霜。厨师必须确保海绵蛋糕有合适的机械强度，这样它就不会在自身的重量下坍塌，但吃的时候仍然能提供令人满意的质地和口感。馅料不应该使海绵蛋糕变软。糖霜应具有理想的外观，并能防止海绵蛋糕干燥。食品科学家在努力研究食品中的所有不同成分是如何在不同的产品中发挥作用的。

3. 计算机辅助设计

计算机辅助设计（CAD）是建筑师用来设计建筑物布局的有力工具。在任何建筑工程开始之前，建筑师都会在电脑屏幕上探索不同的房间布局和室内设计。同样，一些食品企业在生产任何真实食品之前，会使用计算机辅助设计来改善产品的外观。计算机辅助设计师设计一系列不同大小、形状、质地和颜色的食品，然后由一组消费者选出他们最喜欢的一款。再由企业用更令人满意的设计创造出真正的产品，并对其进行测试，从而增强创新、提高生产率、降低成本。在更复杂的食品设计实验室，计算机辅助设计程序与 3D 打印机相连，使用 3D 打印机生成模型食品，再进行一组真人测试。一旦在实验室中对食品完成了优化，它就会投入生产。建筑师采用类似的方法——在电脑上设计建筑，然后使用 3D 打印机制作出模型，在实际建造之前更详细地检查其形状和结构。

七 | 建筑师 Honey 和 Bunny 的 食物设计

2011 年，一对来自维也纳的奥地利建筑师马丁·黑布尔斯瑞特（Martin Hablesreiter）和索尼娅·斯托默（Sonja Stummerer）联系了我，他们的别名分别是 Honey 和 Bunny。他们在美国和欧洲各地旅行，与食品科学家和厨师会面，为他们正在进行的一个新项目做准备。这次旅行最终促成了一本引人入胜的名为《食品设计 XL》（*Food Design XL*）的书的出版，这本书讲述了构成食品的各种文化、技术和心理因素。马丁给我们系的研究生们做了一个讲座，讲座中充满了奇妙的想法，他们用独特的方式从建筑学的角度来诠释我们的饮食环境。马丁和索尼娅现在在奥地利圣波尔滕的新设计大学（New Design University）教授一门关于食品设计的课程，并在欧洲各地展出了各种艺术项目。在"饮食身体设计"中，他们研究了人体与食物之间的关系。我从这次展览中学到了一个有趣的事情：人体吸收的每一个食物分子在大约 7 年内都是人身体的一部分。所以，我们吃什么就是什么。最近，马丁和索尼娅在一个名为"食品 / 可持续 / 设计"的跨学科艺术项目中，研究了与食品生产相关的复杂的可持续性问题和环境影响。当然我与马丁和索尼娅的接触让我对食物有了不同的认识，这也是我在纳米结构水平上进行食物设计工作的灵感之一。

八 | 可食用的建筑：
巧克力

为了举例说明食品建筑和结构设计的原则，我将使用一个具体的例子，那就是巧克力。据报道，世界上超过 90% 的人喜欢巧克力的味道[7]。巧克力在自然界中并不是天然存在的。它是一种由人类研制出来的加工食品，其主要性质在历史上一直在变化。巧克力的起源可以追溯到 1600 多年前种植可可树的古代玛雅人[8]。可可豆是从可可树上的豆荚中采集的，然后在阳光下发酵和干燥，发酵后的可可豆在火上烘烤，能产生独特的深褐色和可可的香味，然后再将其磨成细粉。将磨碎的可可豆溶解在水中，并加入肉桂和胡椒可使其更美味。尽管如此，这种巧克力饮料还是很苦，人们最初食用巧克力主要是认为其对健康有益，如提神醒脑，而不是因为它的美味。大约在 13 世纪初，阿兹特克人征服了玛雅人，并开始饮用这种苦涩的可可饮料。的确，阿兹特克皇帝蒙特祖玛（Montezuma）是一个狂热的巧克力爱好者，每天要喝很多杯巧克力。1502 年，克里斯多夫·哥伦布（Christopher Columbus）的船在洪都拉斯登陆时，应该收到了土著人送给他的一杯可可饮料作为礼物，而西班牙征服者赫尔南·科尔特斯（Hernan Cortes）被认为是第一个将可可豆带回欧洲的人，因此，我们对巧克力的热爱也由此开始。

最初，西班牙人饮用的可可饮料与阿兹特克人饮用的类似，但加入了一些其他成分，如辣椒和香辛料，以适应欧洲消费者的口味。随着时间的推移，许多其他成分被加入到巧克力饮料中以掩盖其苦味，如糖、香草和肉桂。从 17 世纪中叶开始，这种饮料从西班牙传到许多其他国家，主要由一些贵族和富人消费。19 世纪中叶，约瑟夫·弗莱（Joseph Fry）将可可粉和可可脂混合，因此诞生了第一块固体巧克力棒，可可脂是他用新设计的压榨机从可可液体中提取的一种脂肪物质。几年后，瑞士巧克力制造商丹尼尔·彼得（Daniel Peter）将亨利·雀巢（Henri Nestle）生产的奶粉添加到巧克力液体中，从而发明了牛奶巧克力。接下来一个具有重大意义的进步是瑞士巧克力制造商鲁道夫·林特（Rodolphe Lindt）发明的混合搅拌机，它可以稳定生产出高质量的巧克力。这些技术革新使得巧克力生产成本更低、储存和运输更简单，从而使巧克力的消费更加大众化。现在任何人都能买得起高质量的巧克力，而不仅仅是富人。

1. 巧克力工程师

巧克力的大众化导致今天我们能获得大量廉价和美味的产品，这有赖于许多巧克力棒配方和生产方面的技术创新。比利时是全球高品质巧克力制造中心之一，最近他们的一个科学家团队评述了我们目前对巧克力结构设计的理解[9]。

作为一种材料，固体巧克力由可可、糖和嵌入脂肪基质中的奶粉颗粒组成。这种脂肪基质包含一个相互连接的脂肪晶体的三维网络，它使巧克力具有理想的固态特征。当加热巧克力时，这些脂肪晶体融化，晶体结构被破坏，导致了巧克力变软。在巧克力的生产过程中，必须仔细控制这些脂肪晶体的大小、形状和相互之间的作用才能生产出具有理想质地状态的巧克力。巧克力也可能含有乳化剂，如卵磷脂，它能附着在糖晶体的表面，阻止它们粘在一起。因此，在生产过程中加入卵磷脂可以改善液态巧克力的流动特性。

巧克力的商业化生产涉及许多步骤，所有这些步骤都必须经过精心设计才能得到美味的产品。首先，把可可、糖和奶粉混合在一起，然后研磨成细粉，这样所有的颗粒都变得非常小。这一精磨过程对于制作外观光滑、口感细腻的巧克力至关重要。如果在这一步之后残留了太多的大颗粒，最终的巧克力表面会变得粗糙，吃起来会有沙粒的感觉。第二步，将细粉加热并剪切，使脂肪晶体融化，形成光滑的混合物。这种精炼加工过程对于确保最终产品具有统一的外观和质地也十分重要。第三步，将融化的巧克力精确地冷却到一个特定的温度，并保持一个特定的时间。这一调温过程会产生具有高度特异性分子排列（"多晶型"）的脂肪晶体。可可脂至少有五种晶体形式，每种晶体形式都有不同的性质，如质地和外观。如果在调温过程中产生了错误的晶体形式，巧克力将不会具有理想的外观、硬度、脆度，也不能给人以入口即化的感觉。

最后一步是小心翼翼地冷却巧克力，这将导致更多的脂肪晶体形成，并将现有的脂肪晶体融合在一起，从而增加巧克力的硬度。美味巧克力的生产依赖于遍布整个巧克力的脂肪晶体的三维网络的建立。这种脂肪晶体支架可以吸附可可、糖和牛奶颗粒，赋予巧克力机械强度。因此，选择一种含有适量脂肪分子混合物（甘油三酯）的可可脂对巧克力生产至关重要，因为这决定了形成脂肪晶体的数量和类型。精磨、精炼、调温和冷却步骤的发现都是巧克力生产历史上的重大技术突破。

好的巧克力有许多令人满意的特点，如表面光滑、硬度适中、破碎时发出清脆声、有入口即化的感觉以及令人满意的口味。食品建筑师通过仔细选择所有原材料（可可、糖和奶粉）并仔细控制制造过程（精磨、精炼、调温和冷却）来创建这些属性。但是，巧克力的制造是一个极其复杂的过程，到目前为止仍然有很多是科学家不完全了解的地方，所以生产中仍然遇到问题。

对于巧克力制造商来说，最大的问题是可怕的"发花"，通常在巧克力生产几个月后就会显现出来。你有时会在巧克力表面看到灰白色粉末，这就是发花，人们通常认为它是霉菌，但实际上它只是脂肪或糖晶体的大小、形状、位置发生无害变化的结果。研究人员使用了最先进的显微镜，如原子力显微镜和电子显微镜来观察巧克力表面的形貌。发花巧克力的表面布满了微小的突起，看上去就像月球表面的石化森林。这些突出物会导致击中它们的光波向四面八方散射，使其表面看起来是粉末状的。

食品科学家正在分子水平上研究发花的根源，并利用这些知识开发有效的方法来预防发花。这对商业巧克力制造商来说尤其重要，因为无法销售的发花产品让他们遭受了大量的经济损失。在建筑中，与发花现象类似的是一些建筑材料由于风化而改变了外观——光亮的黄铜表面会随着时间变成奶绿色。这些影响的分子机理是非常不同的，但科学家们仍然试图了解并控制它们，使食物和建筑保持美观。

今天人们所吃的每一块巧克力都是巧克力先驱们数百年艺术、工艺和科学的结晶，如弗莱、奈斯特、林特等。食品科学家继续研究其特性，以便优化其配方和生产。作为一种理想的产品，巧克力还被用作预制材料，用于制造更复杂的可食用结构。的确，在建筑领域，巧克力与混凝土有许多相似之处。和巧克力一样，混凝土是一种多功能建筑材料，在固体基质中含有不同种类的颗粒，建筑学中，它们是砾石和沙子，而不是可可和糖。这两种材料都可以塑造成不同的形式，用作主体结构或装饰性的元素。

2. 巧克力建筑师

巧克力师是巧克力界的艺术家。他们利用巧克力作为创作和雕刻的材料，创造出可食用的杰作。据《国家地理》报道，雅克·托雷斯（Jacque Torres），又名"巧克力先生"，是美国首屈一指的巧克力工匠之一。他的巧克力艺术成就了一个成功的帝国，包括一系列的精品巧克力商店，并在电视上展示建在纽约市的巧克力博物馆。正如曼哈顿市区到处都是由建筑师设计、由机械工程师创造材料建造而成的优雅建筑一样，雅克·托雷斯的巧克力店也摆满了由食品工程师用材料设计而成的优雅的可食用的巧克力建筑。

九 | 3D 食品打印

大约十年前，当我去波士顿参加我在本章开头提到的关于用 3D 打印机为宇航员组装食物的会议时，我制作更好的食物的想法开始具体化了。因此，考虑到食品 3D 打印的未来，用食品 3D 打印结束这一章是再合适不过的。是时候让这项技术从宇宙飞船转移到家庭了吗？我们中的许多人对 3D 打印机能给我们的厨房带来的创意机会感到非常激动。事实上，有些人认为几乎每个家庭将来都会有一个 3D 打印机，就像他们现在都有微波炉一样[10]。人们可以在线下载 3D 食谱，然后用打印机将其组装起来。这种类型的"增材制造"一次一层地打印出 3D 物体（图 2.8）。打印机可能有一个喷嘴或多个喷嘴，就像传统的墨水打印机可能有一个黑色墨盒或多个彩色墨盒一样。就食物而言，不同的颜色将被不同的食物成分混合物所取代，如蛋白质、碳水化合物和脂肪。除了打印食物，3D 打印机还可以在打印过程中烹饪食物。

现在已经有很多公司在销售我们能在家里使用的 3D 食品打印机。一些更复杂的设备，如 Cocojet、BeeHex、Foodini 或 byFlow，可以将原料放入相当于打印机墨盒的容器中，制作巧克力、比萨、意大利面、蛋饼和曲奇等食物。3D 打印机已经被用来制作复杂的产品，如巧克力或糖衣、婚礼装饰蛋糕或创新的甜点等（图 2.9）。建造这些复杂的结构需要专业的糕点师数年的学习，但现在可以在几分钟内使用 3D 打印机轻松地完成，这可能会让许多熟练的厨师失业（或者至少鼓励他们学习更多的计算机编程）。

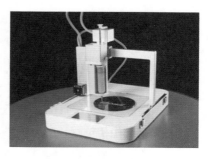

图 2.8
由荷兰 byFlow 公司开发的"Focus"3D 食品打印机已经上市
图片由 byFlow 授权提供（3dbyFlow.com）

3D 打印机甚至被用来打印整个餐厅（伦敦的 Food Ink），包括食物、餐具、桌椅和台灯。这家餐厅曾与妮娜（Nina）、弗洛里斯（Floris）和弗里斯·霍夫（Frits Hoff）创办的荷兰公司 byFlow 合作，该公司于 2016 年推出了首款小型 3D 打印机(the Focus)。这种设备可以使传统食材以前所未有的形式制作菜肴。"打印"的设计可以从网上下载，也可以从零开始创作。3D 打印机可以用不同颜色、形状、

图 2.9
由荷兰 byFlow 公司设计制作的 3D 打印奶油夹心巧克力
图片由 byFlow 授权提供（3dbyFlow.com）

口味和质地的食品成分来制作食物。其中一些 3D 打印可以在食物表面甚至食物内部打印图像，这种定制的信息可带给朋友或爱人惊喜。

3D 打印机不仅可以做出外观和口感都很新颖的食物，还可以根据家庭中每个人的具体营养需求来定制个性化的食物。老年人可能需要口味较软、富含特定维生素和矿物质的食物以促进咀嚼和消化，并满足其特定的营养需求。运动员可能需要富含蛋白质和微量营养素的食物，以提高他们的成绩或促进运动后的恢复。婴儿可能需要美味而且吃起来很有趣的食品，但脂肪、糖和盐含量不能太高，可以利用更健康的原料如水果或蔬菜泥做原料，通过数字化打印生产食品。

未来，3D 打印机可以存储每个用户的个人食物偏好和营养需求，然后自动提供他们想要的一餐。在此基础上，利用机器学习算法，用户可以根据喜好对每种食物进行排序，还可以向操作 3D 打印机的计算机发送健康数据，如体重、血压、胆固醇水平和血糖水平，事实上，FoodJet 3D 打印公司等已经在做类似的事情了[10]。他们正在为老年人设计看起来和尝起来都像传统食物的食物，如西蓝花、胡萝卜、汤团和豌豆，但更容易咀嚼和吞咽，并含有每个人所需的特定营养。我们可以想象或许有一天，退休家庭的每个人房间里都有一台这样的打印机，以满足他们个人的口味和营养需求。

目前，3D 打印的应用仍然相当有限。一些食品公司用它创建新产品的模型，用于测试新产品的外观、质感、味道和消费者的接受度，从而代替全厂规模化生产。然后，根据获得的信息和经过打印并测试的新模型，可以调整食物的性质。这将使得产品开发更快、更便宜。3D 打印技术也被一些餐厅用来制作复杂的可食用结构，如巧克力糖霜装饰蛋糕或增加其他菜肴。一些人已经在他们的厨房里使用这项新技术来打印熟悉的食物了，如比萨、意大利面和糖果或者更新颖的食品（如形状精巧的水果水凝胶或巧克力结构）。这些早期实践者通常都是富人和富有冒险精神的人，他们对 3D 食品打印的新颖和创造性感到兴奋。

然而，在我们看到 3D 打印机出现在每个家庭、餐馆或超市之前，仍然有许多困难需要克服。它们需要变得更便宜、更快、更易于被使用。他们要能够生产更多种类的食物，并且能够在一个设备中组装和烹饪食物。对于普通的油墨打印机，只需要有限数量的彩色墨盒（青色、品红、黄色和白色）就可以产生非常丰富的颜色。然而，目前还不清楚需要多少个不同的食品盒才能制造出多功能的食品打印机，甚至它们应该包含什么原材料也不是很清楚。制造多样化的食品很可能需要一系列不同的食物"油墨"。同时，还必须为一般消费者创造一个用户友好的界面。目前，人们需要对计算机辅助设计程序有一定的了解，才能制作出自己独特的数字食谱。在未来，电脑界面将更易被消费者使用，所以我们都可以很容易地在电脑屏幕上设计食物，想象它们会是什么样子，然后打印出来。最终，将会有一个完整的数字化食谱库供我们下载和定制。

任何使用传统食品加工设备的人都知道，清洗加工食品后的设备是多么的费时费力。

同样，清洁 3D 打印机也十分重要。如果打印机没有被清洁干净，它就会堵塞，甚至会导致有害微生物的生长，进而引起食物中毒。自动清洁的 3D 打印机将是一个巨大的卖点。我们可以决定晚上吃什么，通知我们的手机，让我们的 3D 打印机准备食物，甚至在我们回家之前就能自己完成清洗。据推测，未来的 3D 打印机还可以订购新的食物盒，当它们快用完了的时候，会被自动送到我们的家里。也许，机器人厨师会利用 3D 打印机作为他们运行我们厨房的工具之一。中国的一些餐馆已经雇用了机器人厨师来准备食物，比如创意十足的机器人餐厅[11]。对于那些富裕的人来说，可以从 Moley Robotics（moley.com）买到自己的机器人厨师了。

✚ | 食品建筑的未来

　　传统上，食品是通过一种基于厨师知识和经验的转化创造出来的——配料经过选择、组合和烹饪，并对制作出来的食物的质量进行判断。然后，对配方进行改进，再重复整个过程。最近，越来越多的人开始追求食品的智能化设计。现代食品建筑师从下到上构建食物是基于对单个成分特征的理解，以及它们如何相互作用，从而形成我们食物中美丽而独特的结构。

　　随着我们对食品结构和性质之间关系的了解和深入，我们能够设计出更多地对我们自己和环境都更好的创新性食品。食品建筑师将从基本的科学原理出发，根据需求创造出具有特定感官效果如奶油味、松脆感或柔嫩感的食品。这些原理将被编成代码，编程到计算机中，从而设计出美味的食品，而无须在研究实验室或实验厨房进行多次试验。人工智能和计算机学习将用来教计算机如何创造具有不同特征的食物。然后，我们将能够根据特殊口味优化配方——提高老年人的食品适口性、降低高血压患者食品的咸度、降低糖尿病患者的糖摄入量。食品建筑的历史趋势将会继续发生变化，重点将从简单的健康食品（如有机食品）转向更复杂的可食用产品（如分子美食家制作的食品），但食品科学家们的工作将始终是相关的。他们的研究结果将或多或少地体现在我们所吃的食品上。

参考文献 ↘

1. Standage，T.2009.*An Edible History of Humanity*.New York：Bloomsbury.

2. Tannahill，R.1989.*Food in History*.New York：Three Rivers Press.

3. Albala，K.，and L.Cooperman.2016.Cuisine and Architecture：Beams and Bones – Exposure and Concealment of Raw Ingredients，Structure，and Processing Techniques in Two Sister Arts.In *Food and Architecture At the Table*，ed.S.L.Martin–McAuliffe，1–13.London：Bloomsbury Academic Press.

4. Vilgis，T.A.2015.Soft Matter Food Physics–The Physics of Food and Cooking.*Reports on Progress in Physics* 78（12）：124602.

5. Taubes，G.2016.*The Case Against Sugar*.New York：Alfres A.Knopf.

6. Carocho，M.，M.F.Barreiro，P.Morales，and I.Ferreira.2014.Adding Molecules to Food，Pros and Cons：A Review on Synthetic and Natural Food Additives.*Comprehensive Reviews in Food Science and Food Safety* 13（4）：377–399.

7. Massot–Cladera，M.，F.Perez–Cano，R.Llorach，and M.Urpi–Sarda.2017.Cocoa and Chocolate：Science and Gastronomy–The Second Annual Workshop of the Research Institute on Nutrition and Food Security（INSA）：9 November 2016.*Nutrients* 9（2）.

8. Verna，R.2013.The History and Science of Chocolate.*Malaysian Journal of Pathology* 35（2）：111–121.

9. Delbaere，C.，D.Van de Walle，F.Depypere，X.Gellynck，and K.Dewettinck.2016.Relationship Between Chocolate Microstructure，Oil Migration，and Fat Bloom in Filled Chocolates.*European Journal of Lipid Science and Technology* 118（12）：1800–1826.

10. Sun，J.，W.B.Zhou，L.K.Yan，D.J.Huang，and L.Y.Lin.2018.Extrusion–Based Food Printing for Digitalized Food Design and Nutrition Control.*Journal of Food Engineering* 220：1–11.

11. Spence，C.2017.*Gastrophysics：The New Science of Eating*.New York：Viking.

03

美味学

The Science of Deliciousness

一 │ 一定要好吃

　　食品行业正在重新设计许多已有的产品并开发全新产品，以使这些食品更健康或有更长的保质期。然而，这些食品只有在真正被人们食用时才算开发成功，因此它们必须被设计得美味可口[1]。消费者在购买食品时，始终会将口味作为购买食品时最重要的因素（图3.1）。如果要创造一个更健康的食品环境，那么我们必须深入研究美味的科学。

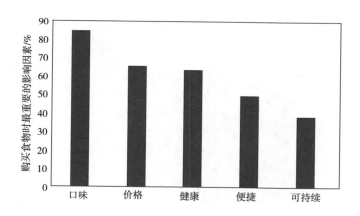

图 3.1
口味仍然是影响食物选择的最重要因素［调研问题：各影响因素对
您购买食品和饮料的决定有多大影响？（样本数 =1002）］

二 │ 品尝世界：
　　　天生的美味

　　人体的表面布满了生物传感装置，这些装置能够为我们提供周围复杂世界的详细信息，如视觉、听觉、嗅觉、味觉和触觉（图 3.2）。这些传感器在评估我们所吃食物的安全性和质量以及我们是否觉得它们美味或是令人反感等方面发挥着至关重要的作用。我们的眼睛是光学传感器，它可以帮助我们定位环境中潜在的食物来源，并评估它们是否安全。我们的鼻子和嘴巴是嗅觉和味觉传感器，让我们能够确定食物对我们是好是坏。我们耳朵里的毛发和嘴里的压力传感器能帮助我们决定我们需要多大的力量来咬和咀嚼食物。了解人类的感官系统对于理解为什么我们喜欢某些食物而不喜欢其他食物至关重要，这对设计口感更好、更健康的食物有着深远的影响。

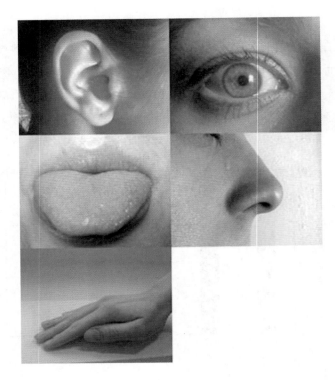

图 3.2
人们通过五种感官来感知食物（听觉、视觉、味觉、嗅觉和触觉）

　　身体传感器将信息发送到中枢神经系统，告诉我们的身体该吃东西了，以便身体做好准备去处理食物[2]。通过看到或者简单地想到食物，我们的身体就会释放用来消化、吸收和分散食物的激素和消化液[3]。这些反应有些是天生的，有些是后天习得的。

　　例如，甜味与食用碳水化合物（一种良好的能量来源）有关，它能够刺激我们血液中胰岛素的释放，进而控制体内葡萄糖的处理方式。苦味与潜在有害的食物有关，因此它能够刺激身体释放激素，降低食欲。我们的身体通过学习，将不断建立所吃食物与食物对我们的影响之间的联系，这可能是积极的，也可能是消极的。这些习得的联系有时可以强大到足以克服我们固有的反应和传统的影响。就像我们小时候可能不喜欢某些蔬菜、咖啡或酒精饮料的苦味，但在长大后会逐渐爱上它们。

三 | 第一印象：
它看起来不错吗

　　超市是一个战场，食品公司在争夺你的注意力和钱（图3.3）。如果我们要创造一个更健康的食物环境，那么大部分的战斗将在超市进行。任何新产品都必须引起人们的注意，并勾起人们购买的欲望。通常，我们会在几秒钟内做出购买决定，因此我们的许多选择都是基于直觉而不是思考[4]。

图3.3
超市是食品公司争夺消费者和赚钱的战场（2018年夏季作者在德国柏林一家小型超市拍摄的植物源性食物照片）

　　人们在购买食物并实际品尝它之前就实现购买了。因此，食品公司必须仔细设计食品的外观和包装，从而吸引消费者，并使自己的产品区别于竞争对手的产品。在购买食品之后，它的外观就在人们脑海中形成了一个轮廓和预期，从而影响我们对这个食品的喜好度和重复购买率。在餐馆或家里吃的食物也一样，盘子里食物的外观创造了一种环境，这种环境会影响人们随后对食物的感受以及胃口，这对健康有着重要的影响。健康的膳食必须经过精心设计以使其看起来不错，让人感到满足，同时又不诱惑人吃得过多。

1. 食品之美背后的物理与化学

人们对食物的第一印象是基于视觉属性的，如大小、形状、颜色、不透明度、均匀度和匀称度。这些印象可以通过许多不同人的视角来看，如通过物理学家、化学家、厨师、心理学家和社会科学家的视角。下面首先从物理学家和化学家的视角开始。

人眼通过探测微小能量包（光子）来获取外部世界的信息，这些光子来源于数百万英里（1 英里约等于 1.6 千米）外的恒星（太阳）以及人类创造的微"小恒星"（电灯）。光子从食物表面反射，到达我们眼睛后部的视网膜。视网膜有专门的受体（视杆和视锥细胞）可以检测光子并产生信号，这些信号通过专门的神经纤维传递到大脑。然后，我们眼中的信息与其他感官的信息相结合，给我们呈现出了面前食物的整体印象。

一般来说，食物的外观取决于它们与光相互作用的方式（图 3.4）。食物的颜色，如番茄的红色或柠檬的黄色，取决于光波被食物内部的天然色素或合成色素选择性吸收的方式。正如艾萨克·牛顿（Issac Newton）在两个多世纪前用棱镜所证明的那样，白光是由多种颜色混合而成的——红色、橙色、黄色、绿色、青色、蓝色和紫色。

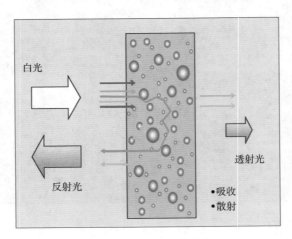

图 3.4
食物的颜色取决于透过它或从其表面反射的光，这取决
于发色团对光的吸收和存在的任何颗粒的光散射

番茄之所以呈现出红色，是因为它们含有一种称作类胡萝卜素的天然色素，类胡萝卜素能吸收掉落在番茄上的大部分颜色（绿色到紫色），但不吸收红色，红色光被反射回我们的眼睛。在极端情况下，有些东西看起来是白色的，因为它反射了所有的光波，而有些东

西看起来是黑色的，因为它吸收了所有光波。

食物的透明度或不透明度，如水的透明度或牛奶的乳脂度，取决于食物内部微小颗粒（包括油滴、脂肪晶体、气泡和蛋白质纤维）散射光波的方式。水看起来是透明的，因为它不含这些微粒，因此不会散射光，而牛奶看起来很光滑细腻，因为它含有微小的脂肪滴，这些液滴的尺寸恰好能将光强散射到各个方向。食物表面的光泽，如苹果的亮光或蛋壳的亚光，取决于光波从其表面反射的方式。当食物中的反光体（颗粒或表面的不规则）的尺寸与光的波长（约 500nm）大致相同时，就会出现最大的不透明度或最强的亚光效果。因此，可以在纳米级调整食物的结构，从而决定其外观。

食品公司正竭尽全力去控制其产品的光学特性，让消费者对其外观满意。他们通常通过在产品中添加天然或合成色素来实现，如添加鲜亮的黄色、鲜艳的红色或深蓝色色素。他们还必须精心制作食物，以便在消费者看到这些食物之前，它们的外观不会发生任何不良的变化。不会有人希望亮橙色软饮料随着时间的推移而褪色、粉红色的猪排变成灰色，或是青绿色的苹果片变成褐色。因此，食品科学家需要鉴别出不同食物中的色素类型，并确定它们在不同情况下的表现。当食物色素暴露在光照、氧气、水分、高温或某些食物成分下，可能会发生褪色或变色。了解这些颜色变化背后的原因，可以帮助我们设计出外观能保持更长久的健康食品，从而减少食物的浪费。

食品科学家可以通过使用添加剂或包装来防止食物颜色变得难看，如苹果片在苹果切开后的几分钟就内会变成褐色，这对于想要给孩子打包一份健康零食去学校的忙碌父母来说，是一个很大的难题。这种褐变反应在商业领域的重要性使得许多食品科学家花费了毕生精力去研究它。科学家们发现，苹果中含有一种称作多酚氧化酶的酶，顾名思义，它可以氧化水果中天然存在的多酚分子。在氧气（空气中的）和铜（水果中的）同时存在时，这种化学反应快速发生，从而导致了苹果切片出现难看的褐色素。虽然苹果富含多酚，但通常与多酚氧化酶储存在苹果中的不同位置。但当苹果被切片时，作为植物组织内天然屏障的细胞壁就会被破坏，导致酶和多酚流出并相互接触。结果多酚被氧化，形成了黑色素。这个反应对苹果的风味和营养特征也具有负面影响。

基于科学家们对食品化学的研究，他们已经掌握了一些控制这种褐变反应的对策。除了酶和多酚，这种褐变反应还需要氧气和铜。因此，可以通过将苹果切片装在充氮的塑料包装中出售，来减缓褐变速度；或者通过添加天然有机酸（抗坏血酸或柠檬酸）来减缓这种褐变速度。天然有机酸携带的负电荷，与带正电荷的铜离子结合能绑定铜离子。在商业上，苹果切片通常用抗坏血酸钙来处理，因为抗坏血酸与铜离子结合，同时钙离子有助于保持其坚实的结构。

酶（如多酚氧化酶）是在生物进化中衍化出的高度敏感的分子，在其自然存在的小范围环境中发挥作用。当苹果切片被冷却或加热时，酶分子失活，这也会阻止苹果切片变成褐色。这也是我们通常将苹果切片后密封，并放入冰箱中储存的原因。以上所述的褐变反应，只是导致食物颜色发生变化的数百种类似化学反应之一，食品科学家也正在试图理解和控制这些反应。消费者越来越要求食品贴有"清洁标签"，因此，许多食品公司正试图用天然成分替代人工色素和其他人造成分。然而，许多天然色素远不如人造色素稳定。如类胡萝卜素（如 β- 胡萝卜素，叶黄素和番茄红素）是一种从天然产物（如植物、动物和微生物）中提炼的橙色、红色和黄色色素；姜黄素是从姜科植物姜黄中提取的橙黄色色素；螺旋藻是从蓝藻中分离出来的蓝色色素。所有这些天然色素都可以在食品中生成理想的颜色，但这些颜色往往会在食品加工或储存过程中迅速褪去。因此，世界各地的研究小组正在开发创新方法来改善这些色素的稳定性，如通过添加天然抗氧化剂或使用封装技术。封装包括将天然色素储存在微小的胶囊内，以保护它们免受恶劣环境的影响，就像潜水钟可以保护人们免受海洋深处压力的影响一样。

2. 远大前程：食品美学的社会心理学

物理学家和化学家对食品光学的看法只能部分解释外观对食品需求的影响。我们对一幅画的欣赏不能简单地归结为其表面反射的光波，鉴别食物也一样。还有许多心理、社会和环境因素也需要考虑。

（1）我应该吃吗 当我们第一次遇到新食物时，脑海中可能会闪现出许多问题：我应该吃吗？食物安全吗？健康吗？味道好吗？我们通常没有察觉到这些问题，这种提问处于潜意识层面进行，并且会严重影响到人们所摄取食物的种类和数量。食物外观本身及其周围环境都会影响这些问题的决策。

日本和加蓬的一组研究人员通过向黑猩猩喂食香蕉来研究我们先天偏见对于食物外观与食物喜好之间关系影响的重要性[5]。研究人员把香蕉块放在了三种背景材料上：一块泡沫塑料（对照），一个棕色粪便仿制品和一个粉红色粪便仿制品。黑猩猩最倾向于吃那些放在泡沫塑料上的香蕉块，最不倾向于吃那些放在棕色粪便仿制品上的香蕉块。棕色和粉红色的粪便仿制品具有完全相同的大小和形状，因此，粪便的颜色似乎对于猩猩的选择很重要。这些仿制品的形状也影响了黑猩猩的饮食行为——相对于与颜色相同但形状不同的物体接触的食物，与粪便形状物体接触的食物更容易被黑猩猩拒绝。这些结果表明，先天偏见会根据食物的外观影响人们对于食品的喜好度。话虽如此，黑猩猩并没有完全不吃任何一块背景材料上的香蕉。研究人员认为，它们在选择食物时，会在食物的营养价值和它们引起食物中毒的可能性之间进行权衡。大多数人生活在发达国家的人不太可能冒险吃掉那些看起来已被污染的食物（尤其是被粪便污染的食物），因为他们有很多食物可供选择。但是另一方面，生活在食物匮乏地区的人可能愿意冒更大的风险去吃那些被污染的食物。

灵长类动物天生厌恶食用排泄物，而令人惊奇的是，加拿大的一家餐馆竟然在逆潮而动。粪便咖啡馆标榜自己是"多伦多的第一个厕所主题甜品吧"，销售放在马桶形状碗里的棕色冰淇淋。根据推测，可能是顾客理性的大脑以及咖啡馆周围明亮的环境，足以让顾客克服天生的厌恶感，并吃掉那些看起来像粪便的东西。意大利的一组研究人员通过研究人们对水果沙拉的情绪反应，证实了我们对那些可能会对我们有害的食物有一种与生俱来的厌恶感[6]。研究人员将水果沙拉放置长达 10d 后，让 300 名意大利消费者观察这些沙拉，并记录下他们的情绪反应。"参与者在看到变质的水果沙拉时，明显感到不那么平静、友好和热切，而且充满了更具攻击性、悲伤和厌恶的情绪。"视觉外观和情绪反应之间的这种关联是我们所有人与生俱来的，以保护我们免受伤害。事实上，它可以被认为是我们免疫系统的第一道防线。

（2）尝起来像它应该有的味道吗　食物的外观让我们对它的味道产生了预期[7]。如牛奶应该是乳白色的、橘子应该是有斑点的橙色、草莓果冻应该是红色透明的。如果一个产品看起来不像我们期望的那样，那么我们可能就不太喜欢它。当亨氏公司推出绿色、紫色和蓝色版的经典番茄酱时，人们表现出了非常低的热情，因此这条产品线很快就停产了。这种现象背后可能有着非常合理的生物进化方面的原因。一种尝起来不像它看起来应该有的味道的食物，就可能会对我们有害。这种视觉风味一致性的概念在设计全新的食品时尤为重要。食品企业希望开发出与竞争对手不同且独特的新产品，但这些食品仍需符合消费者的预期，否则消费者就会不喜欢。我们经常渴望新奇，希望感官受到挑战，但是这种挑战也不能太大，因为我们在食物的外观和口味之间已经建立了难以改变的联系。

牛津大学的查尔斯·斯宾塞（Charles Spence）教授是研究环境与食物风味、喜好度关系的主要人物之一。他撰写了大量关于食品光学对食品感知产生影响的文章，他是新兴的食品体验学领域的先驱。在他最近的一篇文章中，他讨论了该领域的一些有趣的研究[7]。当樱桃味饮料被染成绿色时，人们认为它是酸橙味的；但当它被染成橙色时，人们认为它是橙子味的。当法国的大学生们在波尔多著名的葡萄酒产区攻读葡萄酒酿酒学学位时，他们在品尝了用红色食用染料着色的白葡萄酒后，描述酒的风味时，使用的是通常用来描述红葡萄酒风味的词。这些研究清晰地凸显了食物外观在影响人们对食物应有味道的期望以及影响人们对实际风味感知的重要性。

（3）它健康吗　食物的健康感可以成为增加食物消费的强大动力。因此，尝试开发更健康产品的食品公司，需要了解食品的外观与其给人的健康感的印象是如何联系起来的[8]。然而，在健康感和吸引力之间并不总是存在强烈的相关性。对许多人来说，汉堡包和薯条比田园沙拉更诱人。制作食品的艺术是创造既诱人又健康的食物。

食品企业越来越多地通过在包装上标注产品潜在健康益处的信息，来吸引消费者购买他们的产品。产品可能声称它们含有营养成分（如 ω-3 脂肪酸、钙、维生素 D 和膳食纤维）

或它们不含有害营养素（如脂肪，糖或盐）。或者，他们可能会对其潜在的健康益处做出具体的声明，如降低胆固醇水平或预防骨质疏松症。这种信息在产品周围创造了一个健康的光环，鼓励人们食用（或过量食用）它。如果食品确实是健康的，那么创造强调食物健康益处的视觉刺激性包装，是鼓励人们坚持更健康饮食的一种方式。在一项研究中，研究人员利用神经成像技术来识别那些刺激了大脑区域，使其选择更健康饮食区域的食品包装设计[9]。这些脑扫描方法现在被食品企业用来设计更有效的包装并推广更健康的食品。

人们通常认为天然食物或有机食品比加工过的食品更健康，这会影响人们对食物口感的判断。正如斯宾塞教授在他的书《食品体验学：饮食的新科学》（*Gastrophysics*：*The New Science of Eating*）中所指出的那样，当人们被告知他们吃的是哪一种鸡蛋时，他们会认为自由放养的有机鸡蛋比工厂养殖的鸡蛋更美味，但当他们没被告知正在吃哪种蛋时，他们就不认为哪种更美味了。尽管人们普遍认为加工食品对身体有害，但用天然和有机成分制作出健康的加工食品是有可能的。食品行业营销这类产品时，需要强调其所含的天然成分，而不是强调制造它们所需的高水平科学和技术。

食物的外观也会影响它们健康感。研究人员让一组人给他们的午餐拍摄照片，然后请经过培训的专家分析照片并确定膳食的颜色多样性和健康度[10]。他们发现，膳食中颜色的多样性越强，膳食就越健康——色彩缤纷的膳食往往含有更多的水果和蔬菜，糖含量更低。我认为，这些信息可用于鼓励人们（特别是儿童）通过选择颜色多样化的膳食来更健康地饮食。然而，这个建议不能推广到所有食物——一包彩色糖果，如 Skittles 或 M & M's，肯定不是很健康。

人们所处的环境也会影响人们所吃食物的健康感。有研究表明，在餐馆里摆放更多的小船和水手小雕像，让食客点鱼的数量几乎翻了一番[11]。由于鱼通常是肉类更健康的替代品，所以增加餐厅海洋装饰数量可能会改善我们的健康状况。但这谁又能想到呢？

（4）我应该吃多少　食物的外观也会影响我们的饭量。准确地理解其原因，在防止暴饮暴食和鼓励健康饮食方面都非常重要。因此，许多研究人员正在关注食物外观对食物喜好度和饮食行为的作用[3]。

①眼不见，心不烦：仅仅是看到食物就会增加我们想吃东西的欲望，同时还会刺激我们体内食欲激素和消化液的释放[3]。当食物离我们越近、越容易看到时，我们想吃东西的欲望就越强烈。这就是为什么有必要将不健康的食物（如零食和糖果）放入橱柜里的用意，这样当你走进一个房间时，你就看不到它们了。

②不鼓励多样性：我们天生倾向于食用大小、形状、颜色和质地不同的各种食物，这可能是用于保护我们免受营养缺乏的进化结果。这种现象的一个普通例子就是，当人们将炒菜中的原料彼此分开，而不是炒在一起时，人们吃得更多[3]。试图鼓励学生或员工减少饮食的学校或企业，可以利用这一现象来改变提供食物的方式。但我不确定这种方法在实

践中会有多少成效。我倾向于将所有食物混合在一起吃，而我的妻子则喜欢将食物分开吃，但我们都会吃完我们盘子里的所有食物。这可能是因为我们都在英格兰北部长大，在这里，人们通常会吃光盘子里的所有食物。

③尺寸很重要：我们倾向于认为大分量的食品比小分量的食品更具吸引力，这可能是美国食品企业和餐馆以超大分量供应食品的原因。然而，当我们盘子或零食包中的食物越多时，我们就食用得越多。这无疑是推动暴饮暴食和肥胖症增加的一个主要因素。这种效应的力量在一项经典研究中得到了证实。研究中，研究对象需要喝碗里的汤。当汤通过碗底部的孔被秘密地重新添加时，人们喝掉的汤比喝装在正常碗里的汤多了70%[12]。同样地，当鸡翅骨头被不断从桌子上撤掉时，人们吃掉的鸡翅比让骨头堆在盘子上时更多。据推测，人们看着他们的饭菜，认为他们并没有吃太多，所以会继续吃。我们可以通过减小我们盘子的尺寸和减小我们的零食包的尺寸来减少摄食过多问题。但是，如果感到不满意或者觉得不实惠，我们可能会简单地选择去其他地方吃或者从其他品牌那里购买更大份的零食。

盘子里食物的数量和大小也影响饭量[3]。人们倾向于寻找更理想的食物，但是当食物被做成小块端上餐桌时，人们倾向于吃得更少。食物的形状也会影响人们对盘子里食物量的判断。当比萨的重量一样时，人们认为方形比萨比圆形比萨更大。甚至用餐的盘子大小也会影响人们对食物量的判断，进而影响饭量。尽管实际数量相同，但人们会认为小盘里的食物多于大盘子。因此，使用大盘子的人更容易吃得过饱，因为他们会吃更多的食物。对于休闲食品也观察到类似的现象——更大的包装尺寸导致人们吃得更多。有趣的是，装食物所用的盘子的形状和颜色也会影响人们对摆在盘子里面食物的印象，进而影响我们的饭量（图 3.5）。

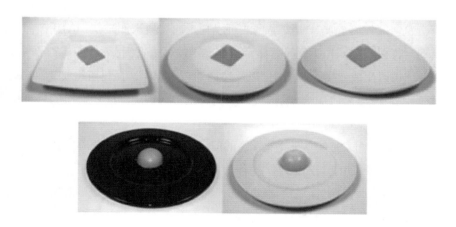

图 3.5
牛津大学查尔斯·斯宾塞教授的研究表明，人们对食物的感知取决于盛食物的盘子的大小、形状和颜色

照片来自 Plqueras-Fiszman 等

④环境影响：环境中的视觉信号也会影响人们的饮食量。一项研究报告称，同比较苗条的服务员，当体重比较重的服务员为客人服务时，人们在餐馆吃得更多[13]。特别是，当服务员很重时，人们更有可能点甜点和喝酒。这项研究的意义对消费者的健康很重要。据估计，美国超过四分之三的人每月至少外出用餐三次。任何导致人们在餐馆里吃得更多的因素都会增加他们超重的可能性。另一方面，这项研究可能会促使餐馆为他们的服务员提供更多的免费食物，因为这将导致服务员变胖，进而增加啤酒、葡萄酒和甜点的销售量。在一项相关研究中，节食者和非节食者对超重服务员的反应不同[14]。当服务员很重的时候，节食者吃了更多的食物，而当服务员很苗条时，非节食者则吃得更多。为了避免体重增加，超重的人最好在有苗条服务员的餐馆用餐，而瘦人则可在有肥胖服务员的餐馆用餐。

如何决定早餐中倒多少燕麦片到碗中？如你所料，包装袋正面的图片为我们提供了视觉提示[15]。包装正面图片展示的燕麦片量通常比建议的分量大得多（65%）。因此，人们倾向于往碗里倒入比推荐量更多的燕麦片，从而引发暴饮暴食。解决这个问题的一个简单方法是，政府坚持要求食品企业在包装袋上使用代表性食用量的图片。

这些研究成果将被用于优化我们的食品（大小、形状和颜色）、餐具、包装和用餐环境，进而创造更健康的膳食或零食。然而，其中许多研究描述了一个现代食品行业的主要难题——如何让人们减少购买您的产品！这显然不是一个好的商业对策。

3. 在虚拟世界中进食

正在开发的虚拟现实工具被用于研究我们在选择食物时的视觉期望[16]。美国 Kabaq 公司运用先进的视觉扫描技术构造出高质量的 3D 食物模型，食物模型可以在手机端和电脑端进行浏览。餐饮、外卖或者食品企业可以利用此工具来测试他们的新产品。这些虚拟现实工具同时可以与嗅闻和听觉技术结合，使你不仅可以看到食物还可以听到并闻到他们。外卖餐饮公司可以生成食物的 3D 图像以及食物的味道和声音，利用此项技术帮助人们在菜单上点菜，比如可能会看到一个汉堡包，闻到汉堡包肉香的同时还会听到它在烤盘上滋滋作响。

这样的新技术同时也有一些其他有趣的应用。研究证明，如果你在进食一个食物之前长时间盯着它，那么你的食欲可能会被降低。这样一来，虚拟现实工具将有可能被用来应对肥胖——通过鼓励肥胖者在进食之前先看一下食物的 3D 图片，从而使得他们少吃一些。由于一种被称为新奇恐惧症的现象（害怕新事物），2~5 岁的儿童大多数不喜欢水果和蔬菜。这可能是源于人类的一种防御机制，防止自己中毒。显然，如果能够鼓励儿童尽早学会喜欢这些食物，将有利于他们养成受益终身的饮食习惯。反复给儿童出示新食物的图片有助于儿童提升尝试这些食物的意愿，从而战胜他们的新奇恐惧症。因此，健康食物的 3D 虚拟图像刺激可能会有利于儿童学习、接受健康食物。

在未来，我们甚至可能将就餐体验和虚拟现实世界结合起来。例如，可以选择一段就餐体验——在一座中世纪的英格兰古堡里享受一顿饕餮盛宴，在木星轨道上的豪华太空舱里品尝古怪的太空食物或者尝到电视里你最爱的主厨特地为你烹制的美味佳肴——未来所有的就餐体验，包括感觉、嗅觉、味觉都将可以在这个被计算机创造出的世界中被体验。

四 | 食物的风味：化学的香味

1. 风味词典

人们对于食物风味的认知是在整合了各种感官，并与先天倾向和过往经历相结合之后的一种极其复杂的现象[17]。嗅觉和味觉是最明显的感觉，但是触觉、视觉和听觉也会影响我们感知风味的方式。食物中充满了分子，这些分子通过"锁钥"机制（滋味和香气）或通过物理感觉［如压力、流动、温度和疼痛（口感和三叉神经）］来与我们的嘴和鼻子表面进行相互作用。锁钥机制基于以下原理：风味分子必须具有合适的尺寸、形状和表面特性，来适应位于我们鼻子和嘴巴中的特定受体。然后这些受体会产生信号并发送给我们的大脑，提供给食物分子种类的相关信息，让我们可以判断是否应该吃这些食物。

气味是小的挥发性分子的产物，这些分子从食物中释放出来、通过空气传播到我们的鼻子，并通过鼻腔内的数百个微小传感器而被检测到（图3.6）。这些分子是人们可以感知到柠檬味、橙子味、覆盆子味、蒜味、薄荷味、肉味或醋味等气味的原因。食物中还含有非挥发性分子，这些分子溶解在我们的唾液中，并被位于口腔内味蕾中的微小受体所检测到（图3.7）[18]。这些非挥发性分子使我们可以感知到食物的滋味，如甜味、咸味、酸味、苦味和鲜味（美味）。食物被感知到的风味也可能受到人们口腔中产生三叉神经感觉的其他分子的影响，例如，冷（薄荷醇）或热（辣椒素）以及产生身体感觉（口感）的食物结构，如奶油感、松脆感、酥脆感或柔软度。食品科学家正试图厘清食品的成分、结构与其风味感知之间的复杂关系。

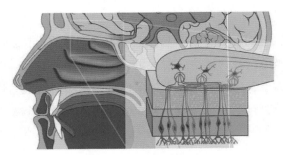

位于鼻子内的香气受体

图 3.6
嗅觉系统中气味剖析图

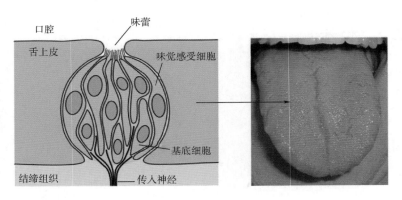

图 3.7
人舌头上的味蕾剖析图

2. 滋味：风味之海

通俗地说，大多数人用"滋味"这个词来指代他们吃东西时所感受到的整体风味。然而，对于一个风味科学家来说，滋味是指那些与我们嘴中味蕾的受体相互作用的分子，继而产生甜味、咸味、酸味、苦味或鲜味[18]。越来越多的证据表明，某些受体细胞对其他种类的食物成分比较敏感，如脂肪味或金属味。

我们的感官系统通过进化来帮助我们避免摄入可能有害的物质（这些物质通常是苦的或是酸的），并且使我们喜欢吃有营养的物质（这些物质通常是甜的或是鲜的）。许多植物会产生有毒物质以保护自己，这可能是我们认为它们具有令人不愉快的苦味的原因。在过去，食物的酸味很可能被认为是食物腐败的迹象。反过来，在成熟水果中发现的单糖，如蔗糖、葡萄糖和果糖，可直接被认为是甜的。更复杂的碳水化合物（如淀粉），在被我们口中的淀粉酶分解之后会产生甜味的糖。同样，食物中的蛋白质是一种重要的能量来源和结构材料，通常会被分解为氨基酸，产生鲜味。最近的研究表明，口腔中可能有两种脂肪受体，一种起协同作用，另一种起拮抗作用[19]。脂肪类食物在口腔中的乳脂黏性使我们大脑产生愉悦感，会刺激人们增加进食量。相反，食物中存在的游离脂肪酸会产生令人不快的滋味，阻止人们进食。令人愉悦的感觉可能与食物中含有新鲜脂肪有关，因为它们是我们身体生长所需能量和发挥机能的必需脂肪酸的优质来源。含有化学降解脂肪的食物可能会产生令人不快的感觉，因为这代表着腐败或细菌污染。新鲜脂肪以甘油三酯的形式存在，由一分子甘油和三分子脂肪酸构成，但是这些脂肪酸中的某一种或多种会在降解的脂肪中被释放出来，产生使人不愉悦的滋味。

为了区分在食物中可能被发现的各种分子，人类的味觉受体具有不同的结构特征[18,20]。通常，味觉受体由位于味蕾细胞尖端的蛋白质组成，但这些蛋白质的性质会因味觉分子的不同而各异。许多味蕾细胞在一个味蕾内聚集在一起，就像橙子内部有不同的果瓣一样。味蕾本身嵌入在被称为乳突的舌头表面结构内。通常情况下，每个乳突包含数百个味蕾，每个味蕾包含 50~100 个味蕾细胞。总的来说，我们嘴里有 2000~5000 个味蕾。味蕾细胞通过成束的味觉神经直接与大脑相连，如同高空电缆连接电话线和中央交换机。我们味蕾细胞中的多种蛋白质受体使我们能够区分食物中的多种分子。

我们目前的理解是，甜味和鲜味在味蕾细胞尖端各有一种基于蛋白质的受体，通过锁钥机制来探测到这两个滋味[20]。鲜味受体由两种相互交织的蛋白质（TAS_1R_1 和 TAS_1R_3）组成，形成一个单元来结合某些氨基酸，尤其是 L- 谷氨酸。食物中这种鲜味分子的常见来源是谷氨酸钠，但谷氨酸也存在于酱油、蘑菇、熟奶酪和腌制肉中。甜味受体由交织蛋白（TAS_1R_2 和 TAS_1R_3）的不同组合形成，它们也作为一个单元来起作用，但在这种情况下，受体对天然糖、非营养性甜味剂或某些其他分子会比较敏感。这两种主要的滋味都与我们食物中对我们有益的成分相关——糖（甜味）和蛋白质（鲜味），它们可以提供能量和必需营养素。如果食物中含有糖或蛋白质，我们就会想吃它。我们不需要区分我们吃的具体是哪种糖和蛋白质，因为它们都提供给了我们有价值的营养成分，因此识别同类别的分子只需要一个受体。即便如此，糖和其他甜味剂确实会与这些味觉受体中的不同区域进行结合，导致我们对甜味的感知不同。这就是为什么人造甜味剂的滋味与天然糖不同。

与甜味和鲜味的受体相反，人类至少有 25 种不同的苦味受体（TAS2R），它们对不同的苦味化合物敏感[20]。从进化的角度来看，这种大量的苦味受体非常有意义。我们的环境中有各种有毒分子，每种都有自己独特的分子特征。如果想避免自己中毒，人类就需要对它们都敏感。因此，进化的动力促进了许多蛋白质苦味受体的发展，这些受体已经在人类的 DNA 中编码了。有趣的是，在人类的遗传密码中也嵌入了许多没有功能的苦味受体——这些受体过去起作用，但现在没有任何作用了。

历史上，人类生活在不同的生态环境中，曾经出现过的一些有毒植物现在已经消失了，所以人们不再需要对这些物质起反应的苦味受体了。随着时间的推移，这些苦味受体经历了随机的基因突变,丧失了正常运作的能力。猫也出现了类似的现象。猫不再能够尝出甜味,因为它们是只吃肉类的食肉动物,而肉中几乎不含任何糖类,因此没有进化动力来维持甜味受体[21]。结果就是,甜味受体的基因仍然存在于遗传密码中,但由于缺乏使用,现在已经丧失了功能。

咸味和酸味受体与其他滋味受体的工作机制不同,目前尚未完全被解析。与锁钥机制不同,当溶于唾液中的钠离子或氢离子流经特殊设计的味蕾毛细孔时,这个滋味受体会发出信号。

滋味和香气在决定人们对风味整体感知方面的相对重要性还存在很多争议[21]。从传统意义上,香气被认为是最重要的元素,据估计,它对整体风味的贡献高达85%,但事实上可能并非如此。加拿大记者鲍勃·霍姆斯(Bob Holmes)最近撰写了一本有趣的关于风味的书,里面记录了他参加风味研究领域全球领导者之一的美国费城莫内尔研究所的一项实验。通过化学阻断咸味和甜味受体后他吃了一个汉堡包,他描述那个感觉就像是"吃了一口带纹理的黏土或软塑料颗粒"[21]。事实上,众所周知,失去味觉的癌症患者不愿意进食,因为使食物变得好吃的感官已经"消失"了。

3. 气味:风味的薄雾

20世纪70年代的一个寒冷的星期天早晨,当我的母亲准备当天的晚餐时,一股美味的香气充满了整间房子。烤牛肉和约克郡布丁一直是伴我成长的最好美食,它能让我感受到强烈的家庭氛围。非常值得一提的是,你可以坐在卧室里,不需要亲自去看,就确切地知道厨房里正在烹饪什么东西。食物能产生气味是由于它们的表面能产生挥发性分子,然后通过空气传播到我们鼻子的内部,在那里被鼻腔内的数百个微小受体检测到了。传统意义上认为,人类的鼻子能够检测出成千上万种不同的风味[22]。然而,最近的测算表明鼻子实际上更强大,也许能够区分数十亿种不同的风味[21]。然而,我们只有有限的词汇量来描述这个庞大数字中的一小部分,这也是我们大多数人在需要准确描述食物风味方面遇到困难的部分原因。即使是受过专业训练的葡萄酒和奶酪评价员的词汇量也是非常有限的,只是比一般人会多一些。

我们对气味生物学的理解远不如滋味,部分原因是气味受体远比味觉受体要多[21]。鼻腔顶部是一个被称为嗅上皮的小区域,这里布满了气味受体。鼻子一般含有约600万个气味受体,可以划分成约400个种类。这些气味受体中的每一种都能通过神经细胞直接与大脑相连。单独的一种气味受体通常对一组不同的挥发性分子敏感,当它们与之结合时会产生或强或弱的信号。

食物通常不会只含有一种挥发性分子。相反,它们通常含有数十种或数百种不同的挥发性分子，它们都能与众多气味受体结合。因此，特定食物的味道在我们的大脑中表现为一种模式，这种模式依赖于受到刺激的特定香味受体以及每个受体的信号强度。例如，草莓含有至少 46 种不同的芳香分子，因此能形成其独特的风味[23]。每种芳香分子都或强或弱地与鼻子中不同的气味受体相结合。因此，我们大脑中所呈现出来的草莓风味就像一个乐队的音乐一样。我们从乐队听到的整体声音取决于正在演奏的乐器以及它们各自的声音大小，我们闻到的整体气味则取决于那些气味受体受到食物风味分子的刺激以及刺激的强度。

我们经常认为我们吃的食物有气味是由于鼻子吸入了风味分子，事实却并非如此[21]。食物中的芳香分子可以通过两种不同的方式进入鼻腔。在我们将食物放入口中之前，我们通过鼻子吸入食物蒸发出来的气体来闻它们，这个专业术语称为鼻窦嗅觉（"鼻子直接嗅闻"）。然而，当我们把食物放入口中后，食物蒸发出来的气体将通过我们的喉咙后部向上进入鼻腔顶部，这被称为鼻腔嗅觉（"后鼻部嗅闻"）。食物的气味有所不同，这取决于它们释放的挥发性分子是通过鼻腔前部还是鼻腔后部进入我们鼻子的。产生这种现象的原因是气味受体在鼻腔中从前到后的排布方式不同。因此，从鼻子前部到达的气味与从后面到达的气味因为刺激了不同的受体模式而产生了不同的气味。这也是我们在喝瓶子里的啤酒或苏打水时仍能闻到其气味的原因之一——当我们吞咽时，一些气味分子会进入鼻腔后部。

4. 矩阵：风味的本质是什么

食物被感知到的风味不仅仅是取决于其风味分子的类型和浓度。由于食物的基质效应，两种食物可以含有完全相同的风味，但闻起来和尝起来却完全不同。换句话说，风味分子所处的位置可以影响它如何从食物中被释放出来然后被感知到。

每种风味都有其独特的分子特征。一些风味分子是亲水性的（喜欢水的）并且优先存在于食物的含水区域内，而其他风味分子是疏水性的（不喜欢水的）并且喜欢存在于脂肪区域中。此外，一些分子是挥发性的，容易被蒸发到空气中，而其他分子是非挥发性的，容易留在食物中。了解每种风味分子的独特性质对于研发更健康的食物至关重要，如低脂沙拉酱。而全脂沙拉酱则可采用特定的混合风味配方来产生理想的风味特征——芝士味、柠檬味、蒜味或醋味。这些风味分子中一部分溶解在油中，一部分溶解在水中，一部分蒸发到空气中形成芳香雾。

试着想一下如果含有疏水性风味（如大蒜味）的沙拉酱中的脂肪量减少时会发生什么。大蒜分子在油、水和空气中的分布发生了变化（图 3.8）。在全脂沙拉酱中，大蒜主要溶解在油中，空气中只有少量的大蒜分子产生特有的大蒜味。在低脂沙拉酱中，可用于溶解大蒜分子的脂肪区域少得多，而且大蒜分子由于其疏水性也不易存在于水中，所以它们更多地蒸发到了空气中，使得大蒜气味更加强烈。这意味着食品制造商在试图改进现有产品使其更健康时，必须重新配制添加到产品中的香料。其中一个挑战是每种风味分子都有自己独特的油水亲和性，因此没有通用方法。必须降低某些风味的浓度并增加其他风味以保持产品整体风味特征与原来的全脂产品相同。食品企业经常依据基本的物理化学原理并使用复杂的数学模型来帮助他们重新改进产品配方。

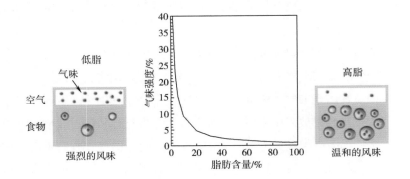

图 3.8
食物上方空气中疏水性风味分子的含量取决于其脂肪含量，所以相同含量风味
分子的两种食物可能由于其组成不同而闻到非常不同的气味

在研发美味的食物时，食品化学家必须考虑更加复杂的问题。一些风味与其他食物成分结合（如蛋白质或淀粉）会降低闻到的气味强度，这是因为较少的风味分子会蒸发到空气中。蛋白质强化的食品和饮料越来越受到运动员、节食者和老年人的欢迎。因此，风味化学家必须进行重新调配，以保持它们理想的芳香品质，这通常是通过添加更多能与蛋白质结合的风味，来弥补那些已经被蛋白质结合的部分。研发具有恰到好处的风味特征非常复杂，这往往更像是一门艺术而不是一门科学，这就是好的化学家是食品行业中最受欢迎的人的原因。

5. 威利·旺卡（Willy Wonka）和风味工厂

食品研发过程中必须考虑的另一个因素是风味释放特征——即食用过程中风味强度如何变化（图 3.9）。在一些情况下，需要快速且强烈的释放风味以产生如酸味糖果中的"爆发释放"效果，而在其他情况下，如在口香糖中，则需要持续释放。为了突出食品科学家为控制风味释放而制定的一些方案，让我们来想一个不切实际的例子，这个例子的灵感来自电影中最著名的食品科学家威利·旺卡。

假设你是一名被困在威利·旺卡巧克力工厂迷宫中的记者，正试图通过位于工厂外电话亭中的电话向你的编辑同伴讲述刚刚发生的重要事情——一个肥胖的孩子掉到了巧克力河中。威利·旺卡想要你的脚步慢下来，这样子新闻就不会太快地被公布。他会怎么做？他可以增加迷宫的长度，这样你就不得不走得更远；还可以增加迷宫的复杂性，这样你就需要绕更多的弯；也可以在地板上倒上超级黏的糖蜜来减缓你的速度；或者可以挡住电话亭的门。食品化学家就使用类似的方案来控制食品中风味分子释放的，尽管程度上要小得多。

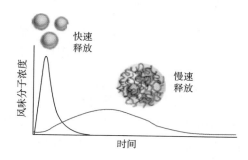

图 3.9
可以通过使用不同种类的递送系统来控制食物的风味释放曲线，这可能会导致威利·旺卡类型的食物随着时间的推移而发生变化

在这种情况下，一个风味分子被比喻为试图逃脱的记者，而食物被比喻为威利·旺卡的工厂，鼻子好比电话亭，风味受体好比电话，大脑好比报纸编辑。食品化学家可以通过在食物内部创造更多曲折的通道而使风味分子被困在颗粒内部，或者使它们黏附在食物中的其他成分上来延迟风味分子的释放。或者，他们可以通过阻断风味受体来减少我们对味道的感知。

我在马萨诸塞大学教授一门关于风味和其他生物活性食品分子封装和递送的研究生课程。在我的一节课中，我要求学生设计一种新型的威利旺卡式口香糖：开始时尝起来像烤牛肉，最后像大黄和奶油冻。然后，他们利用食品化学和结构设计知识，在口香糖中制造出了特定的结构来控制风味的释放。过去，学生们设计过一种口香糖，烤牛肉的味道因被困在小脂肪滴中而被迅速释放（释放距离短），而大黄味和奶油味则被困在大蛋白质颗粒中，所以它们缓慢地被释放（释放距离更长、更曲折）。这是一个有趣的课程，因为学生们真的很投入，并且为新食品提出了许多创新的想法。他们为宇航员研发了微量营养素航空食物，以防止他们在漫长的太空任务中出现骨质流失。他们为发展中国家营养不良的儿童提供维生素强化饮料和用于治疗宿醉的富含酶的饮料。

6. 个性化品尝

研究风味感知最令人着迷的原因之一就是它涉及许多不同的学科。不仅食物的物理特性很重要，如风味的类型和数量以及它们的释放速度，品尝师的生理和心理状态也很重要[24]。不同的人对统一风味感受会不太一样。而且，每个人都可能在不同时间和不同环境中对相同的风味产生不同的感受。部分原因是固有的遗传差异因素，也有历史、文化和社会差异的因素。一些人对特定的滋味非常敏感，如苦味、甜味或鲜味，而其他人则不会[1]。例如，有些人觉得啤酒、葡萄柚、人工甜味剂、西蓝花或菠菜的苦味特别强烈，以至于他们特别不愿意吃。这些人有时被称为超级品尝师。

风味研究人员经常使用一个简单的测试来确定你是否是一个超级品尝师[21]。在你的舌头上放一片浸过丙硫氧嘧啶苦味化合物的滤纸。如果你觉得它非常苦，你就是一个超级品尝师，如果你觉得它适度苦，你就是一个普通的品尝师，如果你几乎察觉不到苦，你就不是一个品尝师。人类对风味感知的差异是遗传导致的。某些蛋白质的基因编码有助于在嘴和鼻子中建立和维持味觉感受器，由于我们从父辈那里遗传来的特定核苷酸（"等位基因"）不同，这些基因也不同。对于苦味来说，特定基因（T2R38）中存在对丙硫氧嘧啶分子敏感的遗传变异。不同版本的基因可以是显性的也可以是隐性的。有两个显性版本苦味基因的人是超级品尝师，有一个隐性版本、一个显性版本苦味基因的人是普通品尝师，有两个隐性版本苦味基因的人不是品尝师。

有趣的是，超级品尝师不仅对丙硫氧嘧啶苦味分子高度敏感，而且对其他类型的苦味分子以及甜味和咸味也高度敏感。这表明不可能仅仅是这一个基因就能导致我们味觉敏感性上的差异。在负责滋味接收和传播的生化机器中肯定也存在其他差异。其中一个就是，超级品尝师的舌头往往有更密集的味蕾，但也可能有很多其他因素。

原则上，超级品尝师应该是非常无聊的食客，因为他们不喜欢有强烈风味的食物和饮料[21]。然而，事实并非总是如此。许多超级品尝师实际上喜欢苦味的食物，如咖啡、啤酒和绿色蔬菜。风味科学家通过将超级品尝师划分为"食物冒险"的食客和"食物不冒险"的食客来解释这一点。喜欢冒险的食客愿意承担风险，并且他们会被具有强烈风味的食物惊艳到，而不喜欢冒险的食客则非常挑剔并忠实于他们熟悉的食物风味（不太苦、甜或辣）。

就像味觉受体一样，不同人群的气味受体类型存在遗传差异[21]。就像前面所说的一样，科学家已经发现了人类大约有400种不同的气味受体。然而，实际上这些受体中只有大约一半在每个人身上都很活跃，剩下的在某些人而非其他所有人身上活跃。人与人之间的受体敏感性以及它们在鼻腔内的位置也存在差异。因此，我们对不同种类的气味会有不一样的敏感程度，所以每个人都生活在自己独特的香气氛围中。

原则上，科学家应该能够通过测量个体的基因序列来确定仍然起作用的气味受体和已经失效的气味受体，以此预测人们的气味敏感性。然而，实际情况比这复杂得多，气味受体只是我们探测气味的第一部分。

当风味分子与鼻子中的气味受体结合后会产生信号，然后通过神经系统传递到大脑，我们的大脑便开始进行处理。除了气味受体外，还有许多其他运用这个途径的生物化学实体，包括结构蛋白、酶、膜、信号分子和转运蛋白，并且它们中的每一个都可能由于基因突变而发生故障。因此，许多基因都可能导致我们味觉的差异。

7. 风味感知和健康

风味感知的遗传差异，比如人类对苦味、甜味、酸味、咸味、鲜味和脂肪味的敏感性，对身体健康具有重要意义。味道受体和气味受体的独特模式会影响我们的饭量以及喜欢的食物类型。因此，食品和营养研究人员正试图理解遗传学对风味偏好的影响以及它是如何影响我们的饮食和健康的[20,25,26]。我们的基因可能会导致我们不喜欢食用健康食品或摄入过多的不健康食品，从而对我们的健康产生负面影响。例如，一个不喜欢冒险的超级品尝师不喜欢吃富含有益营养功能和膳食纤维的深色绿叶蔬菜，因为这会增加他患结肠癌的风险。而且，他们可能不喜欢苦味酒精饮料或香烟，但是这有益于他们的健康。有证据表明，对"坏"脂肪味更敏感的人倾向于少吃脂肪类食物，因此他们不太可能超重[20]。

一般来说，儿童基因与饮食模式之间的相关性似乎比成人更强，特别是对于苦味的化合物[20]。这是因为许多成人能够通过经验克服对苦味食物的厌恶，如慢慢爱上有苦味的咖啡、茶或西蓝花。这种变化往往发生在青少年时期，这可能使我们的祖先具有进化优势，然后根植到我们的基因架构中。在营养缺乏的环境中，人们宁可吃有苦味或酸味但不会使你致命的食物也不愿意什么都不吃。据推测，这种变化在成年时期发生，因为成年人有较强的免疫系统，不像婴儿那样容易发生食物中毒现象。

人们对甜味食品的偏好，对于祖先来说是在营养缺乏环境中的一个优势，但现在却成为饮食相关疾病的主要原因。当人们吃高糖食物时，感官系统会产生令人愉悦的感觉，但过量摄入高热量食物时产生的正向刺激，会导致肥胖、糖尿病和心脏病等疾病的发生。这些天生的口味偏好对我们的健康有重要的影响——我们天生不喜欢吃苦的水果和蔬菜，并且过量食用甜的、高热量的食物。在研发更健康的食品以满足尽可能广泛的市场时，食品企业必须考虑到这些遗传差异。以前的情况正好相反，食品企业用我们天生喜爱的成分——糖、脂肪和盐来包装他们的产品。

这在过去是可以被理解的——他们希望他们的食物味道更好，这样更多人才会购买——但我们现在知道这对健康产生了不好的影响，因此消费者和政府应该鼓励食品企业为他们生产的食物负更多的责任。

目前，特定基因或基因组合对饮食偏好和健康状况的作用尚未被阐释清楚。关于味觉受体遗传变异对饮食相关慢性疾病影响的研究表明，通常它们的影响相对较小。部分原因是我们饮食和生活方式的复杂性和多样性。研究人员有时可以证明某种遗传特性与苦味蔬菜的食用之间存在相关性，但实际上，大多数文化都制定了饮食策略来克服某些食物的不良味道，如将苦味与甜味、酸味、鲜味或油脂味相结合，使它们更可口。将蔬菜、西蓝花和奶酪酱一起炒，奶油蔬菜咖喱等都是这种策略的烹饪范例。此外，性别、年龄、种族、文化、食物获取和经济状况的差异都会影响买得到的、负担得起的并且美味的食物类型。

事实上，人们对食物的偏好可以通过经验来改变，这促使营养科学家研究如何重新训练儿童的大脑，让儿童爱上与水果、蔬菜相关的苦味，从而养成更健康的饮食习惯。研究表明，胎儿在子宫内的最后三个月就已经形成了味蕾[27]。在最后三个月期间，胎儿每天能吞下 2~4 杯（500~1000 毫升）羊水，因此，会品尝到母亲饮食带来的任何风味。此外，婴儿通过吃母乳来进食母乳中的风味分子。因此，营养学家建议孕妇和哺乳期的母亲在饮食中多增加水果和蔬菜，因为这些食物的风味分子会进入羊水和母乳，从而使胎儿和婴儿熟悉这些风味。这种早期调理增加了孩子在以后生活中吃更加健康的植物性食物的可能性。

五 | 三叉神经：
灼烧感

还有另一种有助于提高某些食物风味的感觉，这个感觉类似于味觉和嗅觉的感觉，但实际上更像是触摸[21]。三叉神经与口腔中的某些特征感觉相关，如热、冷或刺痛。当我们吃含有特定种类风味分子的食物（如辣椒、口香糖或碳酸饮料），或者吃的食物实际上是热的或冷的时候，就会产生这些感觉。与味觉或气味受体不同，三叉神经位于舌头上，通过触觉（而不是味觉或嗅觉）神经向大脑发送信号。第一个被鉴定出来的三叉神经受体 TRPV1，是对辣椒中的辣椒素分子起反应的受体。这种受体在温度很高的食物中会被激活，它们实际上会伤害口腔内部的细胞。因此，我们从吃辣椒中获得的"热感"与我们吃特别热的食物所获得的灼烧感密切相关。TRPV1"热"受体位于我们身体的所有表面，但它们通常对辣椒素不敏感，因为人体大多数地方的皮肤都太厚。只有在相对较薄的皮肤区域，如口腔和肛门，我们才能感受到吃含有这些辛辣分子食物所引起的灼烧（或后烧）感。

就像味觉受体一样，三叉神经受体对同一家族的分子群会做出反应。举个例子，除了对辣椒素有反应外，TRPV1 受体对其他食物中的某些"热"分子也很敏感，如在黑胡椒和生姜中的"热"分子[21]。此外，也有其他类型的热受体会对其他类型的辛辣分子做出反应。TRPA1 受体会对山葵、辣根和芥末中的风味分子有反应，如寿司所搭配的芥末。不同种类"热"食物的灼烧特征各不相同，也就是灼烧感的强度和持续时间各不相同。它们可能是温和的、强烈的、尖锐的或持久的。例如，墨西哥辣椒的灼烧感来势猛烈，但随后会迅速消退，而哈瓦那辣椒开始时灼烧感缓慢出现，但能持续很长时间。辛辣食物对于舌头不同区域（如前端、中间或后端）的影响也有所不同。墨西哥辣椒在嘴的前端产生热感，而哈瓦那辣椒则在后端产生热感。厨师利用他们对这种现象的了解，通过在菜肴中使用各种类型和含量的辛辣香料来协调口中的呈现效果。

在利兹大学的学生时代，我经常会在回家路上的咖喱屋驻留，和少年们互相挑战看"谁能吃最辣的咖喱"。我记得有几个晚上，我和一个脸颊红胀、额头挂着汗珠的人一起坐着，吃了几口辣咖喱之后流露出一种畏惧的恐惧感，疯狂地寻找可以缓解痛苦的办法。可能最好的选择就是喝一杯冷牛奶或酸奶，因为这些饮品含有丰富的脂肪和蛋白质，能够溶解和结合辛辣分子，从而减少它们与舌头之间的相互作用。

人类的嘴里还有其他的受体，为我们提供完全不同的身体感受。TRPM8"冷"受体对低温敏感，可从含有薄荷醇的食物（如口香糖）中获得清凉感。其他受体对碳酸饮料中的二氧化碳所带来的气泡敏感，如软饮料和啤酒。二氧化碳可在口腔内转化为碳酸，然后由TRPV1 受体（即探测热量的受体）感知为酸性。这可能是因为二氧化碳转化成碳酸是一种放热反应——即释放热量——可以刺激热受体。有一个特别有趣的三叉神经感觉是在中国菜中被广泛使用的四川花椒带来的"刺痛感"。这些香料实际上是从花椒属植物中收集而来的干燥果实。当你吃它们时，会产生温和的热度，然后会有一种奇怪的刺痛感，就感觉像是舌头在震动。这种不寻常的效果归因于活性成分干扰离子进出神经细胞的能力，因此会产生偶尔的燃烧感。

人们对不同类型的三叉神经感觉的敏感性存在遗传差异。有些人喜欢吃辛辣食物，可能是由于他们以往经历不同，"热"味觉受体的基因编码也不同。还有一些证据表明，超级品尝师对辛辣香料比对其他香料更敏感，尽管目前这还不是定论。食品制造商和餐厅厨师在设计食物时必须考虑到口味偏好等这些遗传差异。这就是为什么印度或中国餐厅的服务员会问您菜肴是要不辣、微辣还是辣。此外，随着年龄的增长，我们的味觉会逐渐消失，因此随着年龄的增长，我们会更喜欢吃刺激性的食物。

六 │ 口腔加工和口感：
    声音和果泥

　　食物在我们嘴里的物理感觉在决定其是否可取方面起着至关重要的作用[28]。苹果的清脆、饼干的松脆、慕斯的美味以及酱料中的浓郁奶油都是它们独特风味的基本要素。与味觉、嗅觉和三叉神经感觉不同，口感并不依赖于食物中特定种类分子的存在。相反，是它在口腔加工过程中产生机械和听觉效应的结果。我们舌头、脸颊和味觉上的压力传感器会对食物的质地做出反应，而我们耳朵里的茸毛会捕捉到食物的声音特征。食物在吃的过程中所产生的力和声音取决于它们的成分和结构。食物可以是液态的（牛奶）、半固态的（酸奶）或固态的（饼干）。它们可能是光滑的或块状的——在微观或宏观层面上（所有的食物在分子层面上都是块状的）。了解食物在我们口中的复杂行为，以及这种行为如何影响味觉，是许多食品科学家和厨师关注的焦点。

　　食物是一种极其复杂的物质，它能在我们的嘴里引发多种感觉和生理感受。人们可能会把食物的口感描述为硬的、软的、嫩的、干的、多汁的、易碎的、脆的、弹性的、黏弹性的、黏的、丝滑的、奶油状的或黏滑的，这只是食品科学家们使用的描述词的一小部分。每种食物都有自己独特的口感。食物在我们口中的反应取决于它们所含的成分以及它们是如何组合在一起的。了解食物结构对消费者饮食行为的影响，可以用来将拥有消费者满意口感的食物研制得更健康。例如，了解咀嚼时肉分子的柔嫩性与结构性的关系，可以用来创造鸡肉、牛肉或猪肉的植物替代品。我最近吃了一个植物汉堡包，看起来很正宗，第一口吃口感很好，但嚼了几口之后它就变得黏糊糊的。了解导致肉类口感的特性，可以用来将这些令人愉悦的特征设计到植物性替代品中。

　　我们对不同口感食物的反应有着明显的文化差异，这使得食物质构的设计更加复杂。亚洲人比欧美人更喜欢不同寻常的食物质构。在亚洲，鸡爪的嚼劲、海参的弹性、海蜇的脆爽、纳豆（发酵的大豆）的黏软都是非常受欢迎的，但在西方传统文化环境中长大的许多成人可能会对此敬而远之。有趣的是，在我祖父母那一代，许多传统的英国北方美食的质地确实与现代亚洲美食相似，比如紧致弹牙的牛肚或凝胶状的猪蹄。我记得当年暑假我、弟弟与祖母待在一起时，我的祖母曾用啃猪蹄来招待我们。但是现在，许多不寻常的质地特征已经从现代西方饮食中消除了，取而代之的是更加统一的质地。

　　口腔处理的科学是极其复杂的，因为当食物被咀嚼时，它们在我们的嘴里不断地发生着变化[29]。固体食物，如饼干，被吃后咀嚼；导致了其结构的分解和软化。它与唾液混合在一起，唾液中含有分解淀粉的酶以及被称为黏蛋白的长链聚合物能润滑我们的食物，帮助食物滑进我们的喉咙。因此，重要的不仅是第一口（硬度），还有咀嚼过程中饼干的破碎（易碎性），以及吞咽前在嘴里形成的黏稠物（厚度、黏合性、平滑度）的性质。这对吃饼干的总结过于简单化了，其实还有许多其他重要的现象，包括味道释放的速度有多快，以及吃完饼干后舌头上留下的脂肪涂层的性质。科学家们想知道饼干中的不同成分和结构是如何影响口感的，如脂肪、淀粉颗粒、糖晶体和蛋白质。在接下来的部分，我将列举几个众所周知的口感特征的例子，以便读者深入了解其中涉及的科学原理。

1. 清脆感的科学

许多固体食物，如水果和蔬菜，都有蜂窝状的结构，由微小的充满水或充满空气的细胞组成，周围有薄薄的固体壁。当我们咬这些食物时，坚硬的固体壁会断裂，于是在我们口中产生了清脆和酥脆质感和声音。声音的音高取决于细胞壁的机械强度和细胞的大小——细胞越小，音高就越高。每种食物都有自己独特的机械和声学特征。我们希望苹果是酥脆和清脆的，而不是软的、糊状的，但我们希望棉花糖是软的、蓬松的，而不是酥脆和清脆的。

食品科学家已经付出了相当大的努力，以明确和准确地定义"酥脆"和"清脆"的真正含义[30]。"酥脆度"被定义为"干燥、坚硬、易碎"，而"清脆度"则是"咀嚼时发出破碎的声音"。对消费者的采访显示，这两种特质都很吸引人、令人愉快，而且受到普遍喜爱。事实上，这些感觉是如此普遍和广泛，暗示了它们背后可能有一些进化压力。酥脆度和清脆度是新鲜度的指标，因此表明食物不太可能变质或被细菌污染。这些特性一部分来源于口腔感受到的机械力，另一部分是来源于食物断裂时发出的声音。这些声波通过空气、软组织和颌骨传到我们的耳朵。食品科学家测量了许多食物的酥脆度和清脆度（表 3.1）。他们发现香蕉既不酥脆也不清脆，而梅尔巴吐司是酥脆和清脆食物中的极品。这些数据表明，脆度和松脆度之间有很强的相关性——那些酥脆的食物也往往清脆。

尽管如此，对食物发出声音信号的分析表明，这两种口感属性是不同的：吃东西时，酥脆度与高音有关，而清脆度与低音有关[30]。当我们用臼齿咀嚼时产生的声音频率较低（嘎吱嘎吱），而当我们用门牙切割食物时产生的声音频率较高（更酥脆）。食品科学家们创造了机器嘴和机械耳来测量食物的酥脆度和清脆度，并采用复杂的数学公式将它们的口感和内部结构联系起来。这些知识现在被用来在我们的食物中创新构造设计，以便在进食过程中产生令人满意的声学和机械学特征。例如，像芝士泡芙这样的膨化零食里的小气囊的大小和数量都被小心地控制着，以使人们在吃的时候产生所期待的那种特有的清脆声。

表 3.1
部分食物的酥脆度和清脆度在 0~100 分之间 [30]

食物	酥脆度	清脆度
香蕉	0	0
嘎拉苹果	25	25
黄瓜	30	40
史密斯奶奶苹果	45	45
胡萝卜	50	65
花生	65	30
玉米片	65	60
芹菜	65	60
姜饼	75	70
薯片	75	75
花生糖	90	80
梅尔巴吐司面包	100	100

2. 光滑操作员：乳脂感的科学

　　液体食物的口感分为水一样的平淡感或奶油一样的乳脂感、稀薄感或黏稠感、丝滑感或黏粘感。这些品质取决于我们放进嘴里的食物的原始性质，以及进食和吞咽时它们的反应方式。牛奶、奶油或蜂蜜等液体食物的浓度，取决于它所含的成分及其相互作用的方式。奶油酱有它独特的质地，因为它含有微小的脂肪滴，可以增加它的浓度，同时润滑和覆盖我们的舌头。食品科学家们花了几十年的时间试图理解奶油食品的质地和口感的科学基础 [31]。这项研究的大部分动机是希望用低热量替代品代替脂肪滴，同时保持脂肪所具有的理想奶油质地。

　　因此，食品科学家一直在研究当奶油食品进入我们嘴里时所发生的复杂的物理化学变化和生理变化。研究表明，奶油食品必须是浓稠而光滑的，必须扮演舌头和上颚粗糙表面之间的润滑剂，同时必须在舌头上覆盖一层薄薄的脂肪。此外，奶油食品中的脂肪滴作为"奶油"味分子的贮存器，为乳制品提供了理想的风味。用单一的非脂肪成分来替代所有这些属性是极其困难的。虽然如此，某些脂肪滴的特性是可以被替换的。通过添加淀粉颗粒、水胶体或蛋白质微球，可以增加食品的浓稠度。其中一些成分也可以作为润滑剂，可以覆盖在舌头上，但它们不能赋予我们想要的风味。同样重要的是，任何脂肪替代品的尺寸都非常小（小于 50 微米），否则它们会在舌头上会产生粗糙的感觉。

一个特别有趣的方法是用气泡代替脂肪滴——这是一种终极的低热量食品成分。研究人员使用天然材料，如鸡蛋、牛奶或植物蛋白等，在微小的气泡周围形成了坚硬的外壳。这些气泡在我们嘴里产生的感觉和脂肪滴一样，因为它们的大小、形状和表面涂层都很相似。因此，可以用它们来减少食物（如调味料、酱料和蘸酱）的脂肪含量，而不会对它们的奶油状外观、质地或口感产生负面影响。尽管如此，仍然需要大量的科学研究来构建气泡，以满足大多数食品在其货架期内所经历的具有挑战性的条件，如机械力、极端温度和长期储存。

七 | 大脑在进食中的作用

1. 跨通道响应：这些都是有意义的

大多数人认为食物的味道只是味觉和嗅觉的结果，但事实上食物的外观、声音和感觉以及它所处的环境也起着重要的作用。发生这种现象的原因是来自不同感官的信息被整合到我们的大脑中，与我们的记忆和情感结合了[17,19]。这就导致了我们在吃某些食物时产生的愉快或不愉快的感觉被加强了。当我们还是婴儿的时候，这些感觉和味道之间的联系主要是由我们与生俱来的基因决定的：甜的和咸的是好的，苦的和酸的是坏的。然而，随着年龄的增长，当我们学会将愉快的情绪与我们原本不喜欢的食物联系起来时，这些联系就会被重建。正如前面提到的，这种重建解释了这样一个事实——我们中的许多人都学会了喜欢咖啡、茶和啤酒，尽管我们小时候觉得它们很恶心。

当我们开始用餐后，大脑会将食物的味道和愉悦感与身体产生的饱腹感信号（如胃胀和激素释放）整合起来。当我们吃饱时，身体会发出信号，告诉我们不要吃了。在我们吃东西的过程中，大脑中发生的高水平的认知过程使味觉成为一种丰富而复杂的体验，但这种体验很难完全被认知。

多个感官产生的数据对味道总体感知的影响，在技术上被称为跨模态对应[17]。这些影响在各种感官组合中都能看到。即使食物的成分不变，在某些香味存在的情况下，食物的味道可能会更苦、更甜、更咸、更酸或更香。然而，所用的香味的性质必须与食品相协调。

例如，奶酪和沙丁鱼的气味会增加奶酪的咸味，而胡萝卜的气味则不会[32]。食物的味道也会受到颜色的影响，部分原因可能是我们将某些颜色与积极或消极情绪联系在一起了[33]。研究表明，当食物和饮料呈红色时，味道会更甜[34]。食物的质地也会影响其风味，表面粗糙的食团比表面光滑的更酸[35]。甚至声音也能改变食物的味道，高音使食物尝起来更甜，低音使食物尝起来更苦[36]。味觉和声音之间的这种关系可以被食品企业用来创造新产品。一家软饮料企业可以为其销售的每罐可乐提供音乐下载服务——一种音乐可以使饮料尝起来更甜，而另一种音乐则使饮料果味更浓，即使产品完全相同。与特定名字相关的期望也会改变人们对味道的感知和喜好度：当一种测试风味被描述为"切达（Chedder）奶酪"时，往往比被描述为"体味"时更受欢迎[19]。

2. 环境的重要性：外部装饰

环境的颜色、形状和声音也会影响人们对食物味道的感知[37]。食物和饮料放在光滑的容器里比放在有棱角的容器里吃起来更甜。由牛津大学斯宾塞教授领导的一组研究人员发现，咖啡上的拉花艺术形状会影响对咖啡苦味的预期[38]。在一项后续研究中，他们发现咖啡杯的形状也会影响咖啡的预期味道，矮杯会增加咖啡的苦味，粗杯会增加咖啡的甜味，细杯会增加咖啡的芳香度[39]。同一组研究人员还发现，与红色或白色的[40]杯相比，黑奶油塑料杯装的热巧克力尝起来更甜、更有巧克力味。

标签的颜色也会影响我们对食物味道的预期。研究人员对奥地利一家超市的消费者进行了调查，询问他们对不同颜色标签瓶子里的葡萄酒味道的期望[41]。红色和黑色的标签代表着浓郁的味道，而红色和橙色的标签则代表着水果和鲜花的味道。这项研究强调了设计食品标签的重要性，使消费者能产生恰当的期望（并促进销售）。一般来说，这样的实验强调了影响味觉的多感官和心理因素。食物的味道不仅取决于它所包含的分子类型和内部结构，还取决于我们大脑和身体中固有的记忆和经历以及它所处的环境。我们每个人都有自己独特的基因图谱和食物体验经验，这些都影响着我们对食物的认知方式。

食品企业正在利用美味的科学来研制更健康的产品，比如那些有令人向往的甜味或咸味，但实际上却是低糖或低盐的食物[42]。现代主义厨师也在利用这些知识来提高顾客的用餐体验。赫斯顿·布卢门撒尔（Heston Blumenthal）是一位富有创新精神的英国厨师，对食品科学有着浓厚的兴趣。他拥有许多米其林星级餐厅（包括肥鸭餐厅，这家餐厅曾被评为世界上最好的餐厅）。布卢门撒尔进行了一项有趣的实验，强调了消费者对味道期望的重要性。两组人吃的是同一道菜，但它在其中一组中被命名为"蟹肉冰淇淋"，而在另一组中称作"冻蟹肉浓汤"。两组人对同一种食物的反应非常不同，冷冻蟹肉浓汤比蟹肉冰淇淋更有吸引力，尽管他们吃的是完全一样的东西。布卢门撒尔运用食物期待的概念，创造了一系列挑战用餐者味觉的菜肴。例如，他端上牡蛎，并配以海洋或农家声音的录音，结果听海洋声音的人比听农家乐的人吃得愉快。这些实验催生了像进食体验这样的行为艺术，比如让食客品尝创新海鲜菜肴的同时，听着海边的声音（例如大海拍打海滩的声音和海鸥的叫声）。

八 | 量化需求

最终，食物的吸引力取决于它如何与我们的感官视觉、味觉、嗅觉、听觉和触觉产生互动。由于这个原因，在新的或被改进的食物被推出市场之前，通常需要进行品评，以确保它们是可以接受的和令人满意的。尽管如此，受遗传、教育、环境、年龄、健康以及社会、文化和宗教模式等因素的影响，个体对食物感官属性的感知是高度主观的。为了尽量减少这些影响，人们制定了标准化的测试程序以获得更可靠的信息。例如，使用大样本量去提供在统计意义上相关的数据。此外，就像当代世界的许多其他领域的潮流一样，人类品尝师也将被机器人取代。本节描述了一些用于量化食物满意度的方法，这些方法包括了使用人类感官测试到机械测试，如计算机视觉、机械嘴、麦克风耳和电子鼻。

1. 人类味觉测试者：感官科学

食物是人吃的，所以让人们品尝食物仍然是确定它们是否受欢迎的最可靠方法。与设计和解释人类味觉测试相关的学科被称为感官科学，这通常需要给人们提供食物，并要求他们根据食物的味道、外观、质地或是否受欢迎程度对食物进行评级[43]。一般来说，味觉测试分为两类：鉴别性测试和描述性测试。在鉴别性测试中，人们被要求比较两种或两种以上的食物，并判断某一特定属性之间是否存在差异。例如，给一组人喝三种不知名的软饮料，两种普通可乐和一种加了人造甜味剂的低热量饮料，然后问"哪一种口味不同？"如果人造甜味剂很好，那么消费者就无法区分低热量可乐和普通可乐。在描述性测试中，小组成员被要求根据已建立的感官描述对食物的特定属性进行评分。例如，给一组人一杯含有人造甜味剂的软饮料，并要求他们按照1（非常弱）~7（非常强）的等级对其甜味、苦味、金属味和酸味的强度进行排序。这类测试有助于确定食物感官特征的差异。还有其他测试被用以确定人们实际上更喜欢哪种食物。人给予测试人员两种或两种以上不同的产品，要求他们指出最喜欢哪一种。食品公司利用这些信息找出了哪种产品最有可能在市场上获得成功。

感官测试可由受过训练或未经训练的人进行。在某些情况下，受过识别特定口味训练的专家被用来测试食物或饮料，比如葡萄酒评酒师或奶酪品尝师。在其他情况下，感官测试是由一群未经训练的人进行的，这些人更能代表普通大众或某些目标群体，如儿童、青少年、运动员或老年人。通常，受过训练的专家不会被要求报告他们对食物的喜好，而未经训练的人则会被要求报告。然后分析这些通过测试产生的数据，以确定不同样本的属性之间是否存在显著的差异。

通常感官测试是让人们对他们正在品尝的食物给出一个整体印象，如它有多甜或多咸。然而，现在我们知道，当我们吃东西的时候，我们对食物的感知会发生变化。因此，动态感官测试被用来提供关于味道感知随时间变化的信息。例如，咖啡的苦味或辣椒的辣味，从我们把它放进嘴里到我们把它咽下去，都可能会被记录下来。有了这些知识，食品设计师就可以在我们的嘴里安排定时释放食物的不同味道。这就需要了解所需要的味道的类型、它们在食物中传播的速度、食物在口中分解的速度以及许多其他方面的知识。

2. 味觉探测机器人

利用人作为试验对象进行感官分析仍然是确定一种新食品能否被接受的黄金标准方法，但它有许多局限性，如费时、昂贵、高度主观（人们的偏好差异很大），而且，它只能在食用安全的食品上进行（研究实验室开发的实验食品通常不能食用或含有有毒物质）。由于这些原因，食品科学家创造了一系列专门的食品检测机器来代替人类。这些机器模仿人类感官系统的特定方面，如我们的视觉、嗅觉、味觉、触觉或听觉。理想情况下，由这些机器品尝辨别出食物的感官属性应该能准确地反映出我们所感知到的内容。由于人类的感觉器官极其复杂，此方法有时并不可行。尽管如此，机器人味觉测试器确实提供了许多有用的细节，而且技术也一直在进步。因此，仍广泛应用于食品开发实验室。

（1）计算机视觉　食物的外观特征可以用模仿人类视觉的机器来定义。食物的照片或视频可以被像眼睛一样的数码相机获取，然后通过像大脑一样运转的特殊计算机程序进行分析，能够快速而可靠地确定食品的大小、形状、颜色和均匀性。这些计算机眼睛可以放置在食品制造工厂中，在食品通过传送带时检查食品的质量。例如，沿着生产线移动的马铃薯片（薯片）的外观可以被快速评估，如果它们呈现的颜色太偏褐色，那么可以降低煎炸温度；如果它们有瑕疵，可以在包装前用机械手将其挑出。还有一种称作色度计的机器，它可以通过电子元件转换得到三个参数来确定一个物体的真实颜色：L（黑到白）、a（绿到红）和 *b*（蓝到黄）。其中一个色度计分析得到的食物颜色，然后用三维颜色球上的一个点展示出来。在五金店，同样的仪器也被用来校准油漆的颜色。色度计能够检测到食物颜色的微小变化，并以一种人不可能准确传达的方式进行描述。例如，"红色"有很多深浅不同的颜色（想想油漆店里所有的红色卡片），消费者希望特定的食物有特定的颜色。草莓红色与苹果、辣椒或番茄汤的红色就不同。

先进的计算机视觉可以看到人眼看不到的光波（如红外线或紫外线），能获得肉眼无法获得的食物信息，如脂肪、蛋白质或碳水化合物的含量。想象一下，如果你能以这样的视角环顾四周——"约翰搬到酒吧隔壁后，他的啤酒肚的脂肪变厚了很多"，或者"安妮开始锻炼后，肌肉里的蛋白质含量增加了很多"。

（2）电子鼻　食物的香味可以通过模仿人类鼻子的电子鼻"嗅"出来[44,45]。电子鼻包含一系列微小的气味传感器，当挥发性气味分子与它们结合时，这些传感器就会产生电子信号（图 3.10）。不同的传感器对不同的气味分子做出反应，就像我们鼻子里的受体一样。电子鼻中传感器阵列所产生的信号模式提供了一种呈现出香味分子类型的指示。电子鼻使用模式可识别特定的味道或异味或确定某种味道的含量。虽然电子鼻不能模拟人类感官系统的复杂性，但它们对于快速筛选食物和饮料的味道特征非常有用。例如，他们可以在生产过程中挑出有异味的食物，并在销售前将其废弃。它们还可以通过检测产生的独特风味指纹图谱来确定异味的来源。例如，一种食物可能会因为一种不受欢迎的化学反应或因为被微生物污染而产生不同的气味。

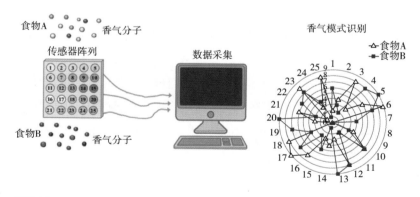

图 3.10
电子鼻原理示意图（一组传感器可以检测到不同气味分子的存在，从而产生一种信号强度模式，反映出特定的味道）

电子鼻还可以识别葡萄酒、啤酒或咖啡的香气特征。这些设备正被食品企业用来与人工智能结合使用，以改进其产品的味道特征。

美国 Sensigent 公司销售了一种名为 "Cyranose 电子鼻" 的手持设备，可能是根据法国诗人写的戏剧中大鼻子主角 Cyrano de Bergerac 的名字命名的。该装置可以检测出从食物中产生的多种风味分子。最新的生物电子鼻更加复杂。它们含有嗅觉性蛋白或细胞,类似于我们鼻子里的化学感受器,这些细胞可在细胞培养液中生长,然后附着在微小的设备上,这些设备可以检测出气味分子何时与感受器结合,然后向计算机发送电子信号[22]。因此,生物电子鼻提供了一种更接近真实人类鼻子的食物香味评估方法。

(3)机械嘴 机械嘴也被用来模拟我们吃食物时的复杂过程[29]。通常情况下,食物会被放入一个设备中,与唾液混合,然后以一种模仿我们下颌运动的方式碾碎和剪切食物。食物的结构和质地的变化是通过在不同的时间收集样本或在机械嘴内安装专门的摄像机和测力装置来评估的。对于固体食品,食品的压裂过程和切碎是很重要的,而对于液体食品来说,则是流动和润滑性能更重要。食品科学家使用与汽车工业相同的机械装置"摩擦计量器"(测试汽车机油在驾驶过程中润滑汽车发动机的能力),来测试食物在进食时润滑我们嘴巴的能力。这些仪器测量流体在两个表面摩擦时可减少摩擦的能力。许多食物中的脂肪形成了一层薄薄的脂肪层,润滑我们粗糙的舌头表面,使食物尝起来更滑润、更油腻。正是由于这个原因,通常很难研制出具有高脂肪的食物理想口感的低脂肪食物,因为大多数脂肪替代品没有相同的润滑效果。

食品科学家还发明了电子舌,可以"品尝"食物中的味道。这些设备的工作原理与电子鼻类似,但它们包含一系列传感器,对机械进食过程中释放到模拟唾液中的非挥发性物质敏感,如甜味、酸味、苦味、咸味或辣味成分。先进的生物医学方法正被用来识别人类味蕾中嵌入的不同味觉受体,然后开发包含这些受体的机械传感器。这些设备被用来检测我们食物中特定味道分子的存在,如那些具有甜味、苦味或咸味的分子。

Senomyx 公司正在使用这些方法来识别能够增加食物甜味或减少食物苦味的天然物质。非营养性甜味剂可以用来取代目前许多食品(如加糖饮料)中使用的高糖,从而降低它们的热量。Senomyx 将这些传感器与高通量筛选方法结合起来,对 300 多万种不同的天然物质进行了评估,并已经发现了许多具有商业前景的候选物质。这种方法也被用来识别苦味阻滞剂——与苦味化合物或苦味受体结合的分子。在我们的食物中添加这些分子可以减少食物的苦味,使它们更美味,这有助于鼓励人们食用某些类型的健康植物性食物,这些食物通常都有苦味。

美国费城莫奈尔研究所(Monell Institute)最近的研究表明,舌头上的干细胞可以生长成甜、酸、苦、咸或辣的受体[46],因为人类的味觉细胞需要 10~14 天再生一次。这种研究可能有助于帮助失去味觉的患者,如一些正在接受癌症治疗的患者。它还将开发可以更准确区分更广泛口味的机械嘴。

(4)麦克风耳 吃某些食物时发出的声音,尤其是像水果、蔬菜、零食或薄脆饼干等脆脆的食物时发出的声音,会对你想要的进食产生重要影响[47]。当固体食物在我们嘴里被压碎时,它们的结构就会断裂,从而产生我们耳朵能探测到的频率范围内的压力波(声音)。

研究人员不再使用人的耳朵，而是使用麦克风来检测咀嚼食物产生的声音信号。当人或机器人吃东西时，记录食物发出的声波强度和频率。有些食物有锯齿状的声音特征，而有些食物则有平滑的声音特征。有些食物会发出低音调的声音，而有些食物会发出高音调的声音。麦克风耳朵有助于识别特定食物的最佳声境。然后，食品科学家可以设计食品的成分和内部结构，以产生所需的声学特征。例如，研究人员最近将麦克风耳和机械嘴结合起来，以评估膨化零食[48]的新鲜度。他们发现，当这些零食暴露在潮湿的环境中时，它们的脆度降低了，但硬度增加了，这将导致消费者的购买欲望下降。利用机器学习算法，他们能够将机械数据与人类的感官测试关联起来。麦克风耳和机械嘴可能在未来取代人类，更可靠地测试酥脆和松脆食品的质量变化。

（5）机械触觉　有时我们拿起、摩擦、按压、弯曲和弄碎一些食物，或搅拌、倒出和舀出其他食物时，手指上的机械传感器能让我们探测食物的质地，在我们把食物放进嘴里之前，它能给我们提供有关食物特性的宝贵信息。食物的柔软度或硬度、脆性或弯曲度、流动性或浓度为我们提供了一个潜在的新鲜度和品质评价。食品的结构特性可以采用流变仪这种机械装置来测量。这些装置能对食物施加一个力，以测量食物变形或流动的程度（图3.11）。这些信息可以用来量化食品的弹性模量（硬度 / 柔软度）、断裂力（脆性 / 弯曲度）或黏度（黏度 / 厚度）。例如，想要奶油芝士软到可以铺在百吉饼上，但又不能软到连面包屑都能碰到；想要让一块巧克力棒在店里时保持形状，但被咬下就会在嘴里"咔嚓"一下；想要枫糖浆有浓厚的质地，但仍然可以很容易地从容器中倒出来。所有这些质地属性都必须由食品科学家精心设计，因此他们需要专门的机器在研究和开发过程中准确地描述它们。

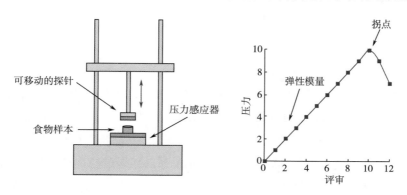

图 3.11
固体食物的质地可以用机械装置来测量（它可以测量一定程度上挤压食物所需要的力，这就产生了一个应力应变曲线，它提供了关于食物质地特性的有用信息）

（6）人造大脑　人类的大脑甚至也在食物研究中成为被替代的目标。食品企业越来越多地使用人工智能，让味觉测试机器了解人类觉得什么有诱惑力。伦敦的啤酒企业正在使用人工智能来改进精酿啤酒的品质[49]。他们用一个名为智能酿造的计算机程序使用机器学习算法，根据消费者的反应来优化啤酒配方，并酿造出了一种具有一定苦味、酒精含量和碳酸的啤酒，然后要求消费者使用智能手机应用程序对其感官属性进行排序。基于这些测量结果，计算机程序调整了配方以改善其风味，之后再由消费者对新啤酒进行排序。通过不断重复这一过程，该企业期望能生产出"完美"的精酿啤酒。不同种类啤酒（如淡色、琥珀色、金色或深色麦芽酒）的最终配方会被发布到网上，家庭酿酒师可以制作自己的版本。一些精酿啤酒商对这种方法持批评态度，因为它是基于生产满足"普通"饮酒者口味的"最优"啤酒。它不允许有创造性、奇特性或挑战啤酒的界限。我从经验中知道这一点——我最初发现一些新英格兰当地的精酿啤酒非常难喝（尤其是超级啤酒花 IPAs），但经过反复品尝，我逐渐爱上了它们。人工智能酿酒师可能无法解释这种啤酒口味调校，因此，只能推出普通的淡啤酒。然而，我认为即使是离奇的口味也可以通过编程来计算模拟。

最终，我们可以想象一个拥有人工视觉、嗅觉、味觉、听觉和触觉探测器的机器人品尝员，它会对各种食物进行采样，并将"感觉"信息发送给人工大脑（芯片）。通过将它的输入与人类感官测试的输入进行比较，机器人将能够对食物的美味做出复杂的解读。机器人味觉测试仪可以用于开发具有创新性的食品。

九 | 美味的未来

设计供应更健康、更可持续的食品意味着食品企业必须重新设计许多人们熟悉的食品以及创造全新的食品。食品工业正在开发具有低热量、低脂肪、低糖和低盐的产品，以对抗肥胖、糖尿病、心脏病和高血压等慢性疾病。同样，食品工业也在用维生素、矿物质、膳食纤维和营养功能因子改善人类的健康和生活品质。如果这些食物想要研制成功，它们必须在外观、气味、味道、声音和触感方面都比较理想。正如在本章中所介绍的，人类感官系统非常复杂，我们只是对它有了初步的了解。风味感知是遗传和环境因素共同作用的结果，因人而异，并且在人的一生中会发生变化。创造外观、触感、味道都好的健康加工食品，同时还要令人们感到满意、价格合理且可持续生产是一项挑战。应对这一挑战需要材料科学家、化学家、物理学家、感官科学家、遗传学家、细胞生物学家、生理学家、风味化学家和食品科学家等多学科团队进行突破性研究。他们研究的核心将是美味这门奇妙而复杂的科学。在这个快速发展的领域工作，其前景应该让所有的年轻科学家兴奋不已。

参考文献 ↘

1. Hayes, J.E., E.L.Feeney, and A.L.Allen.2013.Do Polymorphisms in Chemosensory Genes Matter for Human Ingestive Behavior? *Food Quality and Preference* 30（2）：202–216.

2. Dhillon, J., C.A.Running, R.M.Tucker, and R.D.Mattes.2016.Effects of Food Form on Appetite and energy balance.*Food Quality and Preference* 48：368–375.

3. Wadhera, D., and E.D.Capaldi–Phillips.2014.A Review of Visual Cues Associated with Food on Food Acceptance and Consumption.*Eating Behaviors* 15（1）：132–143.

4. Milosavljevic, M., C.Koch, and A.Rangel.2011.Consumers Can Make Decisions in as Little as a Third of a Second.*Judgment and Decision Making* 6（6）：520–530.

5. Sarabian, C., B.Ngoubangoye, and A.J.J.MacIntosh.2017.Avoidance of Biological Contaminants Through Sight, Smell and Touch in Chimpanzees. *Royal Society Open Science* 4（11）.

6. Manzocco, L., A.Rumignani, and C.Lagazio.2013.Emotional Response to Fruit Salads with Different Visual Quality.*Food Quality and Preference* 28（1）：17–22.

7. Spence, C.2015.Multisensory Flavor Perception.*Cell* 161（1）：24–35.

8. Puska, P., and H.T.Luomala.2016.Capturing Qualitatively Different Healthfulness Images of Food Products.*Marketing Intelligence & Planning* 34（5）：605–622.

9. Van der Laan, L.N., D.T.D.De Ridder, M.A.Viergever, and P.A.M.Smeets.2012.Appearance Matters：Neural Correlates of Food Choice and Packaging Aesthetics.*PLoS One* 7（7）.

10. Konig, L.M., and B.Renner.2018.Colourful = Healthy? Exploring Meal Colour Variety and its Relation to Food Consumption.*Food Quality and Preference* 64：66–71.

11. Jacob, C., N.Gueguen, and G.Boulbry.2011.Presence of Various Figurative Cues on a Restaurant Table and Consumer Choice：Evidence for an Associative Link.*Journal of Foodservice Business Research* 14（1）：47–52.

12. Wansink, B., J.E.Painter, and J.North.2005.Bottomless Bowls：Why Visual Cues of Portion Size may Influence Intake.*Obesity Research* 13（1）：93–100.

13. Doring, T., and B.Wansink.2017.The Waiter's Weight：Does a Server's BMI Relate to How Much Food Diners Order? *Environment and Behavior* 49（2）：192–214.

14. McFerran, B., D.W.Dahl, G.J.Fitzsimons, and A.C.Morales.2010.Might an Overweight Waitress Make You Eat More? How the Body Type of Others is Sufficient to Alter Our Food Consumption. *Journal of Consumer Psychology* 20（2）：146–151.

15. Tal, A., S.Niemann, and B.Wansink.2017.Depicted Serving Size：Cereal Packaging Pictures Exaggerate Serving Sizes and Promote Overserving.*BMC Public Health* 17.

16. Velasco, C., M.Obrist, O.Petit, and C.Spence.2018.Multisensory Technology for Flavor Augmentation: A Mini Review.*Frontiers in Psychology* 8.

17. Spence, C.2017.*Gastrophysics: The New Science of Eating*.New York: Viking.

18. Chaudhari, N., and S.D.Roper.2010.The Cell Biology of Taste.*Journal of Cell Biology* 190 (3): 285–296.

19. Rolls, E.T.2016.Reward Systems in the Brain and Nutrition, in Annual Review of Nutrition, Vol 36, P.J.Stover.435–470.

20. Chamoun, E., D.M.Mutch, E.Allen–Vercoe, A.C.Buchholz, A.M.Duncan, L.L.Spriet, J.Haines, D.W.L.Ma, and S.Guelph Family Hlth.2018.A Review of the Associations Between Single Nucleotide Polymorphisms in Taste Receptors, Eating Behaviors, and Health.*Critical Reviews in Food Science and Nutrition* 58 (2): 194–207.

21. Holmes, B.2017.*Flavor: The Science of Our Most Neglected Sense*.New York: W.W.Norton and Company.

22. Wasilewski, T., J.Gebicki, and W.Kamysz.2017.Bioelectronic Nose: Current Status and Perspectives.*Biosensors & Bioelectronics* 87: 480–494.

23. Schwieterman, M.L., T.A. Colquhoun, E.A. Jaworski, L.M. Bartoshuk, J.L. Gilbert, D.M. Tieman, A.Z. Odabasi, H.R. Moskowitz, K.M. Folta, H.J. Klee, C.A. Sims, V.M.Whitaker, and D.G.Clark.2014.Strawberry Flavor: Diverse Chemical Compositions, a Seasonal Influence, and Effects on Sensory Perception.*PLoS One* 9 (2): e88446.

24. Herz, R.2018.*Why You Eat What You Eat*.New York: W.W.Norton and Company.

25. Keller, K.L.and S.Adise.2016.Variation in the Ability to Taste Bitter Thiourea Compounds: Implications for Food Acceptance, Dietary Intake, and Obesity Risk in Children, in *Annual Review of Nutrition*, Vol 36, P.J.Stover.157–182.

26. Mennella, J.A., and N.K.Bobowski.2015.The Sweetness and Bitterness of Childhood: Insights From Basic Research onTaste Preferences.*Physiology & Behavior* 152: 502–507.

27. Forestell, C.A.2017.Flavor Perception and Preference Development in Human Infants.*Annals of Nutrition and Metabolism* 70: 17–25.

28. Mouritsen, O.G., and K.Styrbaek.2017.*Mouthfell: How Texture Makes Taste*.New York: Columbia University Press.

29. Chen, J., and L.Engelen.2012.*Food Oral Processing: Fundamentals of Eating and Sensory Perception*.Chichester: Wiley.

30. Tunick, M.H., C.I.Onwulata, A.E.Thomas, J.G.Phillips, S.Mukhopadhyay, S.Sheen, C.K.Liu,

N.Latona, M.R.Pimentel, andP.H.Cooke.2013.Critical Evaluation of Crispy and Crunchy Textures: A Review.*International Journal of Food Properties* 16（5）：949–963.

31. Dickinson, E.2018.On the Road to Understanding and Control of Creaminess Perception in Food Colloids.*Food Hydrocolloids* 77：372–385.

32. Lawrence, G., C.Salles, O.Palicki, C.Septier, J.Busch, and T.Thomas–Danguin.2011.Using Cross–Modal Interactions to Counterbalance Salt Reduction in Solid Foods.*International Dairy Journal* 21（2）：103–110.

33. Gilbert, A.N., A.J.Fridlund, and L.A.Lucchina.2016.The Color of Emotion: A Metric for Implicit Color Associations.*Food Quality and Preference* 52：203–210.

34. Hidaka, S., and K.Shimoda.2014.Investigation of the Effects of Color on Judgmentsof Sweetness Using a Taste Adaptation Method.*Multisensory Research* 27（3–4）：189–205.

35. Slocombe, B.G., D.A.Carmichael, and J.Simner.2016.Cross–Modal Tactile–Taste Interactions in Food Evaluations.*Neuropsychologia* 88：58–64.

36. Wang, Q.J., S.L.Wang, and C.Spence.2016. "Turn Up the Taste": Assessing the Role of Taste Intensity and Emotion in Mediating Crossmodal Correspondences between Basic Tastes and Pitch.*Chemical Senses* 41（4）：345–356.

37. Woo, A.2018.Sugar Reduction in an Age of Clean Labeling.*Food Technology* 72（2）：46–51.

38. VanDoorn, G., M.Colonna–Dashwood, R.Hudd–Baillie, and C.Spence.2015.Latte Art Influences both the Expected and Rated Value of Milk–Based Coffee Drinks.*Journal of Sensory Studies* 30（4）：305–315.

39. VanDoorn, G., A.Woods, C.A.Levitan, X.A.Wan, C.Velasco, C.Bernal–Torres, and 3.Spence.2017. Does the Shape of a Cup Influence CoffeeTaste Expectations? A Cross– Cultural, Online Study.*Food Quality and Preference* 56：201–211.

40. Piqueras–Fiszman, B., and C.Spence.2012.The Influence of the Color of the Cupon Consumers' Perception of a Hot Beverage.*Journal of Sensory Studies* 27（5）：324–331.

41. Lick, E., B.Konig, M.R.Kpossa, andV.Buller.2017.Sensory Expectations Generated by Colours of Red Wine Labels.*Journal of Retailing and Consumer Services* 37：146–158.

42. Agrawal, R.2018.*Built: The Hidden Stories Behind Our Structures*.London：Bloomsbury.

43. Meilgaard, M.C., G.V.Civille, and B.T.Carr.2016.*Sensory Evaluation Techniques*.5th ed.Boca Raton：CRC Press.

44. Baldwin, E.A., J.Bai, A.Plotto, and S.Dea.2011.Electronic Noses and Tongues: Applications for the Food and Pharmaceutical Industries.*Sensors* 11（5）：4744–4766.

45. Wardencki, W., T.Chmiel, and T.Dymerski.2013.Gas Chromatography–Olfactometry（GC–O）, Electronic Noses（e–noses）and Electronic Tongues（e–tongues）for in Vivo Food Flavour Measurement. In *Instrumental Assessment of Food Sensory Quality: A Practical Guide*, ed.4.Kilcast, 195–229.New Delhi: Woodhead Publishing Limited.

46. Ren, W.W., E.Aihara, W.W.Lei, N.Gheewala, H.Uchiyama, R.F.Margolskee, K.Iwatsuki, and P.H.Jiang.2017.Transcriptome Analyses of Taste Organoids Reveal Multiple Pathways Involved in Taste Cell Generation.*Scientific Reports* 7.

47. Aboonajmi, M., M.Jahangiri, and S.R.Hassan–Beygi.2015.A Review on Applicationof Acoustic Analysis in Quality Evaluation of Agro–Food Products.*Journal of Food Processing and Preservation* 39（6）: 3175–3188.

48. Sanahuja, S., M.Fedou, and H.Briesen.2018.Classification of Puffed Snacks Freshness Based on Crispiness–Related Mechanical and Acoustical Properties.*Journal of Food Engineering* 226: 53–64.

49. Lidz, F.2018（April）.*Buzzed Lightyear*.Smithsonian Magazine, 60–65.

04

食物消化学：
一场肠胃之旅

→

Food Gastrology:
A Voyage Through Our Guts

一 ｜ 肠道：
通向健康的大门

　　肠道不仅为我们提供了构建、运行和修复身体所需的营养，还给我们带来了快乐和痛苦。肠道会激发我们的欲望，并在美餐一顿后为我们带来喜悦，但如果我们吃得太多或吃错食物，也会出现浮肿、胀气或烦躁。通过肠道的食物可能是我们健康生活的基础，也可能是我们感到不适的原因。我们中的许多人没有对饮食与身体之间这种微妙的关系给予足够的关注。本章介绍人类肠道的结构（柔软的杂色走廊和肉质腔室）和食物通过肠道的这段旅程。我们的身体欢迎一些食物的进入并将其吸收，另一些则被拒绝并被排泄到体外。在被吸收的食物中，有些成了构成我们身体（血液、皮肤、骨骼和肉体）细胞群的有用成分，而另一些则成了不受欢迎的部分（储存在腹部的肥大脂肪细胞）。

二 ｜ 肠道的进化

　　人类的肠道是通过数千年进化而成的柔软"机器"，可以有效地吸取人体生长和运转所需的营养，并保护我们免受可能摄入的有害物质（如病原微生物和化学毒素）的伤害。科学家们并不完全了解人类肠道的进化过程，但通过将现代遗传方法与不同动物消化系统结构的分类学分析，他们正在取得一定进展[1]。简单微生物（我们都由其进化而来）没有胃肠道，它们是通过身体吸收营养物质，并将其转化为能量和组织，然后排出所有废物。据推测，许多这些简单的微生物联合在一起，形成了第一个社会群落，即多细胞生物。最终，这些社会群落中的一些细胞专注于一种特定的功能，而另一些细胞专注于其他功能，从而发育出了复杂的器官，如消化道（图 4.1）。一些现存的多细胞生物仍然没有消化道，而另一些只有一个简单的囊状肠道和一个单孔——可同时作为口与肛门。我们人类的肠道是单向消化管，一端是嘴，另一端是肛门，这很可能是从这些囊状肠道进化而来的，但所涉及的各个步骤仍然没有被完全阐明。有些动物，包括腕足动物和苔藓动物等海洋动物的消化管弯曲成圆形，因此口和肛门靠得很近。这些动物的口与肛门周围有微小的颤动纤维（睫状结构）以帮助将肛门的排泄物与放入口中的物质分开。幸运的是，我们的口和肛门处于肠道的两端，这使得我们可以更容易地将粪便和食物隔离，也使得我们可以在消化之前食物的同时继续进食。在人类的一些祖先中，从口到肛门的长管被划分成具有特殊功能的不同区域，如口、胃、小肠和结肠。

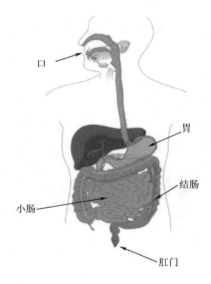

图 4.1
人类肠道通过数千年的进化，可有效地消化和吸收营养，保护身体免受食入有害物质的侵害

三 | 食品营养学家的兴起

传统上，食品科学家主要致力于食品的生产、储存和加工，旨在提供安全、实惠和健

康的食品供应。30多年前，我在利兹大学开始我的食品科学研究生涯时就是这种情况。最近，人们更加重视了解肠道内食物的行为，以使它们更健康。现在，食品科学家正在控制食物被消化时释放葡萄糖、胆固醇或脂肪等营养成分进入血液的速度，以预防糖尿病和心脏病等疾病。通过设计的食物来刺激激素分泌，降低我们的食欲或使我们产生饱腹感，从而减少我们对食物的摄入并减轻体重。而另一些被创造的食物，可以增加身体可吸收的有益营养素（如维生素、矿物质和营养功能因子）比例，减少经过身体最终被排出的比例。最后，科学家们正在开发小型食品"潜水艇"，用以携带娇弱的有益细菌（"益生菌"）通过胃部的恶劣酸性环境，从而进入微生物群落丰富的结肠，在那里发挥其有益健康的作用。

对于解决发展中国家的因当地饮食中缺乏必需微量营养素（如维生素和矿物质）而导致的营养不良，精心设计功能性食品至关重要。同时，相同的技术也可用于为发达国家的人们设计更健康的食物，减少与饮食有关的疾病和相关的医疗保健费用。对于宇航员来说，营养强化食品也很重要。我们目前正在与美国国家航空航天局合作设计一项功能性食品项目，以确保执行火星任务的宇航员在整个旅程中都能获得足够的维生素。维生素在长期储存过程中会分解，分解后的维生素无法被人体有效地吸收。因此，我们正在设计太空食品，在长期的太空行程中提高维生素的稳定性和生物利用度，从而保持宇航员健康。

试图探明和控制体内食物"命运"的新一代科学家被称为食品营养学家。这是一个令人兴奋的多学科领域，汇集了食品科学家、化学家、营养学家、生理学家和心理学家共同参与。尽管这仍处于起步阶段，食品营养学已经取得了许多令人兴奋的发现，这些发现正在改变我们所吃的食物。

四 | 进食：
旅程的开始

如前一章所述，当遇到新食物时，我们通常会通过观察、嗅闻和触摸以确保它是安全的和可食用的。如果看起来没问题的话，我们会放进嘴里品尝。食物释放的风味物质与我们鼻子和嘴巴中的受体结合，会产生一连串的信号，这些信号将被发送到大脑和肠道中。大脑通过这些信号来判断是否应继续进食。这些信号还引发了人体内的一系列反应来准备进餐，如释放激素、开始胃蠕动、分泌消化酶、胃肠液。最近的研究表明，实际上在我们的整个消化道中都有"味觉"感受器，能感受甜、苦、酸，甚至脂肪的"风味"。这些受体产生的信号不会被我们的大脑有意识地解释为味道，当糖分子与胃中的受体相互作用时，我们感觉不到"甜味"[2]。但是，它们确实刺激了负责控制食欲（饥饿）、饱腹感（吃饱）和消化激素的释放，以调节我们的饮食。

五 | 消化和吸收：构建和维护我们的身体

1. 口腔：唾液与牙齿组成的机器

口腔是通向我们消化道的门户，也是食物和饮料在我们身体旅行中停留的第一个部位（图 4.2）。食物在嘴里花的时间长短取决于它的性质。流质食品（如牛奶或橙汁）很快就会通过，因为它们已经处于一种易被身体消化和吸收的形态。相反，固体食物必须先在我们的口腔中大致分解后，才能进入我们肠道较深的腔室中。固体或半固体食物（如肉类、水果、蔬菜、面包或坚果）必须首先应被咀嚼成适合吞咽的黏糊状食物（称为"食团"）。

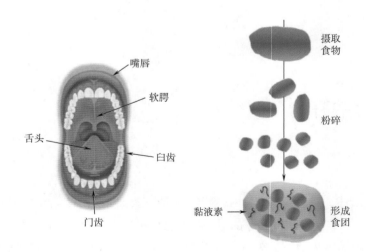

图 4.2
口中食物的加工决定了它们在肠道中的命运。摄入后，固体食物通过咀嚼被分解成较小的碎片，将碎片掺入含有黏液素和唾液的黏稠"食团"中，然后吞下

在咀嚼过程中，与舌头和下颚相关的肌肉将固体食物在我们的嘴中搅动，然后将食团转移到嘴的后部，以便将其吞下。牙齿由嘴前部一组锋利的门齿和两侧的一组扁平臼齿组成，门齿用于夹住和切割固体食物，臼齿用以将它们磨成小碎片。这些碎片与唾液混合可将食物处理光滑的黏性物质，以使其从喉咙滑入胃中[3]。

大多数人都不了解唾液和黏液对我们的身体正常运转的重要性。一个健康的人每天可产生 2~4 品脱（1 品脱 ≈ 0.568 升）的唾液。不能产生足够唾液的人难以吞咽食物，有些人要在饭前服用一定剂量人造唾液。粘在我们消化道上的黏液可保护消化道免受损害，并确保食物在阻力很小的情况下很容易通过我们的身体。没有黏液，我们将无法轻易地使食物进入消化道入口或让它们从另一端的出口排出。

（1）碎裂与溶解：咀嚼的艺术　我们咀嚼固体食物时产生的碎片大小会影响它们随后被消化和吸收的程度，这可能对我们的健康产生深远的影响。有些人在吞咽前将食物咀嚼成小块，而另一些人则在吞咽前留下较大的食物块（我倾向于留下较大的块）。咀嚼后残留的碎片尺寸越小，它们被消化和吸收的速度越快，因为它们具有更大的表面积供我们的消化酶作用。如果您正在吃碳水化合物或脂肪（如米饭、面包、蛋糕或饼干）含量较高的食物，则不宜过多咀嚼，因为这会导致血糖或血脂水平飙升，从而增加糖尿病或心脏病风险。研究表明，咀嚼米饭时间更长的人，血糖水平会出现更明显的峰值，因为较小的米饭碎片被消化的速度更快[4]。这种研究特别重要，因为在以大米作为主食的亚洲国家，肥胖和糖尿病的患病率正在迅速增加。这个问题可以通过重新设计大米来解决，让大米在进食过程中产生较大的碎片或被消化得更慢，这两个方向都是研究的活跃领域。

（2）速食者、慢食者、快餐和慢餐　2018 年夏季，在充满活力的芝加哥市，我参加了食品技术人员学会年度会议。这是一个巨型会议，来自食品行业、政府和学术界的 20000 多名与会者了解了食品科学和生产的最新发展。我参加过的最引人入胜的论坛之一是关于饮食行为对食物摄入和肥胖的影响。夏兰·福德（Ciaran Forde）博士是一位热情洋溢的爱尔兰科学家，他在新加坡临床科学研究所工作。他在报告中提出，通过重新设计食物可控制食物在口腔中的分解方式，从而创造更健康的饮食。夏兰博士报告说，可以按进食速度对个体进行分类——有些人是速食者，有些人是慢食者。他发现吃得更快的人往往吃得更多，这使他们更容易变得超重。这可能是因为食物在口中分解并释放其营养素的时间较短。我们的味蕾是营养传感器，通过刺激激素的释放告诉我们何时停止进食。如果食物过快地通过我们的口腔，那些通常告诉我们什么时候吃饱的激素会释放得很慢，这就导致了我们吃得更多。

荷兰瓦赫宁根大学的凯斯·德格拉夫（Kees de Graaf）教授也强调了食物在口中停留时间及其能量密度的重要性，这决定了我们每分钟消耗的热量。他的小组根据进食速度对数百种食物进行了分类——从在我们口中停留时间很短的果汁类的饮料，到停留很长时间的肉类食物。通常，液体食物是快餐，因为它们可以被快速吞咽，而固体食物是慢餐，因为它们首先需要被大量的咀嚼。当人们被允许吃任何他们想要的食物时，相对于固体食物，人们往往会吃更多的液体食物，尽管两种食物含有相同的热量。德格拉夫教授展示了一个视频，他的一个学生正在吃 1 千克两种不同形态的葡萄——当葡萄打碎成果汁时，他只花了大约一分半钟的时间就把它喝完了，但当吃完整的葡萄时，他花了大约 19 分钟才吃完。视频中的学生最后看起来显然厌倦了吃完整的葡萄，如果可能的话，他会很乐意早点停下来。

这个简单的实验非常有用。它告诉我们，仅通过改变食物的物理结构就可以对我们的饮食行为、体重和健康产生深远的影响。以均质处理过的葡萄为例，通过简单地将葡萄调制成葡萄汁的方法，我们往往就会吃掉更多的葡萄，因为它们在我们的口中停留的时间更短，从而增加了我们摄入的总热量。此外，葡萄中的糖分会更快地被身体吸收，从而导致血糖水平更高。水果冰沙通常被视为一种健康食品，但吃整个的水果和蔬菜对我们来说会更好。德格拉夫教授还报告说，超重人群倾向于吃更多能量密集的快餐，如含糖苏打水。这些知识对于设计更好的饮食具有重要的意义。如果我们食用能量密度较低的食物，而且这些食物在口中的停留时间更长，那么我们将吸收更少的热量。幸运的是，大自然已经设计出了具有这些特征的食物——新鲜的水果和蔬菜。然而，食品工业也可以利用这些知识创造出更健康的加工食品，如低热量纤维、松脆或耐嚼的食品。

咀嚼的性质也对老年人的饮食和健康产生重要影响。许多老年人食欲不振，这导致他们进食减少并且有营养不良的情况。这可能是因为他们的味觉降低了或对饱腹感激素的敏感性增强了。老年人在吞咽食物之前往往会咀嚼更长时间。一项关于老年人的研究发现，咀嚼食物 40 次的人比咀嚼 15 次的人感到的饥饿感要少[5]。此外，他们在吞咽之前咀嚼的时间越长，其血糖和胰岛素水平就越高，从而增加了患糖尿病的风险。这是因为在吞咽之前，食物在口中已嚼碎成较小的碎片，从而增加了消化酶作用的表面积。对于老年人来说，创造更容易被咀嚼的食物可能是很重要的，这样他们就不会丧失食欲了，但同时食物需要被消化得更慢，这样就不会引起他们血糖水平的飙升。

对于含有不易在体内消化的健康成分的食物，最佳咀嚼程度可能不同。如果您正在吃富含营养素的韧性食品，如许多水果或蔬菜，那么将其咀嚼成更精细的碎片将使更多的营养物质被释放到身体中。研究表明，吞咽前将生胡萝卜咀嚼成更小块时，可吸收的健康类胡萝卜素含量要更高[6]。当胡萝卜被煮熟时，咀嚼的作用就不那么重要了，因为较软的蔬菜组织已经很容易在我们的肠道中分解了。此外，对于天然具有柔软组分的水果和蔬菜（如杧果），咀嚼对于类胡萝卜素的释放作用则不太重要[7]。像食品科学中的许多事情一样，咀嚼的影响是复杂的，并且高度依赖于吃的食物和进食的人。

咀嚼的类型也会影响进食量。根据吞咽前将食物停留在口中的时间，人们可以被分成长时间咀嚼者和短时间咀嚼者。对食用坚果的研究表明，短时间咀嚼者往往吃得更多，因为较短的咀嚼习惯给予饱腹感激素释放的时间更少。相反，排入其粪便中的未消化坚果的比例就会增加，因为大坚果颗粒在通过其肠道时不会被完全消化。所以，人们从坚果中摄取的热量更少。因此，咀嚼对我们体重增加的影响可能高度取决于具体情况。如果咀嚼时间更长，感觉更饱，吃得更少，就不会那么容易发胖。但是，如果吃相同数量的食物，咀嚼较少可能会更好，因为食物消化速度会更慢，释放的热量会更少。

2. 胃：酸囊

吞咽后，食物从喉咙流下并进入胃室，在那里储存并进一步加工（图 4.3）。胃是小肌肉袋，里面装有浓盐酸、盐和酶的混合物，这些化学成分可以消化食物并杀死进入其中的任何可能的有害细菌。当胃被排空的时候，成年人的胃中含有一个蛋杯量的强酸性液体，当胃被装满时，它含有与 2 品脱牛奶相同体积的强酸性液体。胃的"搅拌"动作会将任何大块的食物碎片研磨成较小的食物碎片，这样食物就更容易被胃液中的酸和酶所消化。

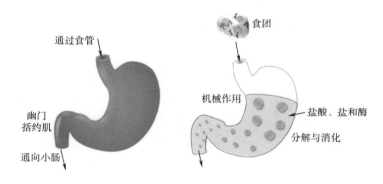

图 4.3
食物的加工在胃内的高酸性胃液中持续进行（胃有搅拌作用，能够分解食物，同时胃内的酸和酶对食物进行消化。然后他们通过幽门括约肌进入小肠）

我们的胃也能让我们知道要吃多少。胃含有胃舒张受体，可以感知食物的体积和性质[8]。当我们的胃因为过饱而被拉伸到极限时，饱腹感激素会被释放出来，告诉我们停止进食。固体食物通常比液体食物产生更强烈的饱腹感，因为固体食物需要更长时间才能被分解，因此它们需要在我们的胃中停留更长时间。我们的胃排空所需的时间通常随着胃液黏度的增加而增加，这通常与饱腹感相关。在胃中分解并使胃液变稠或凝胶化的食物可能会让我们感觉更饱，从而阻止我们暴饮暴食。增加饱腹感可以通过食用含有高水平可溶性膳食纤维的天然或加工食品来实现，因为它们在增加胃液稠度方面非常有效。

（1）威廉·博蒙特：消化学之父　消化学家需要了解我们体内食物的情况，以便能够设计出更健康的食物，这通常非常具有挑战性，因为我们无法直接看到自己的肠道，但有很多方法可以让我们看到。最早系统研究消化的人之一，是现在被称为消化学之父的威廉·博蒙特（William Beaumont），他由于一次意外事件，得以研究到一个活人的胃内容物。亚历克斯·圣马丁（Alex St.Martin）是一名 20 岁的猎人，1822 年，他在密歇根州麦基诺岛的一个交易站参加一个聚会时，被另一个醉酒的参会者意外地射中了腹部。猎人们将他带到不远处博蒙特博士工作的军营。人们以为圣马丁会死于这次意外，但令人惊讶的是他活了下来，尽管他的左乳头下方有一个永久性的洞（"瘘管"）。博蒙特博士注意到，当他给圣马丁喂食时，部分消化的食物会从这个洞漏出，这表明这个洞直接与他的胃相连。博蒙特意识到这给了他一个独特的研究食物消化的机会，他设法说服圣马丁成为他的助手，并在接下来的 11 年里在他具有开创性的消化学实验中充当实验对象。

博蒙特博士将一些食物（如胡萝卜）绑在一根绳子上，然后通过胸口的洞将它们放入胃液中。一段时间后，他会把食物拉出来并观察它发生了什么。他还会从圣马丁的胃中取出胃液，并将它们放入杯中，观察当他将各种食物浸入其中时发生的变化。这些实验表明，胃中食物的分解是由于酸和酶起到的化学作用，以及由于胃的搅动起到的机械作用。

1833 年，博蒙特博士在他的开创性著作《胃液和消化生理学的实验与观察》（*Experiments and Observations on the Gastric Juice, and the Physiology of Digestion*）中总结了他的开创性实验。他的实验无疑触及了道德底线，这种行为在今天也是不被允许的。圣马丁最终与博蒙特分道扬镳并搬回加拿大居住，在那里活到将近 88 岁。据报道，由于圣马丁的家人及亲属对他在医学界的奇怪遭遇感到不安，他们确信圣马丁的尸体在下葬之前已经腐烂了，因此拒绝其他医生用他进行医学研究。在没有胃中有瘘管的人的情况下，消化学家找到了其他检查食物消化的方法，本章稍后将对此讨论。

（2）朱利安和消化科学　我自己的研究小组利用人类胃内食物行为的知识设计出了更有效的功能性食物。我们一直在建造"微型潜水艇"，以保护和携带娇弱的生物活性成分，使它们能通过胃液的强酸性环境后进入小肠。例如，将娇弱的益生菌装入由食物蛋白和膳食纤维构成的微管中，使其免受胃内的酸和消化酶的影响，并随后在结肠中释放，从而发挥其有益健康的作用。我的研究团队目前正致力于优化这些微型载体的设计，以使其保护益生菌免受人体肠道的危害，就像 1963 年经典科幻电影中的英雄一样，他们在古希腊神话般的水域旅行中，不得不战胜遇到的各种挑战，包括鹰身女妖、巨型活雕像、九头蛇和骷髅战士。在我们的例子中，益生菌必须抵御可以穿透其细胞并摧毁它们的酸、酶和胆盐，然后才能到达它们预定的目的地——结肠。

3. 小肠：超级吸收器

在酸性胃液中待了一两个小时后，部分消化的食物（"食糜"）会通过一个小的肉质瓣膜（幽门括约肌），这是通往小肠的通道（图 4.4）。消化道的这个区域是大部分营养物质被人体吸收进入血液或淋巴系统的地方。只有约小于 1 毫米的食物碎片才能通过这个阀门并进入我们的小肠。任何较大的碎片都被保存在我们的胃中以进行进一步的研磨和溶解。食物进入我们的小肠后，会受到胰腺分泌酶液的进一步分解，直到它们最终达到肠道内壁细胞（上皮细胞）吸收所需的最小尺寸。这些上皮细胞被一层黏液所覆盖，黏液保护上皮细胞不受损害，同时也起着分子筛的作用——让小的被消化的营养物质通过，同时排除大的潜在有害的物质，如细菌或外来颗粒。小肠壁并不光滑，而是覆盖着绒毛和微绒毛的微小指状突起，这大大增加了肠道的表面积。因此，食物中的营养物质能被身体更有效地吸收。

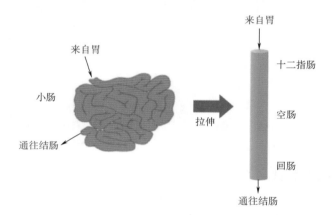

图 4.4
小肠由一根长的肉质管道组成（这个肉管在我们的肠道内被折叠了起来。我们胃中部分消化的食物进入小肠，然后通过小肠。任何未被消化的残余食物都会流入我们的结肠。食物被消化吸收的主要部位是小肠）

我们摄入的脂肪、蛋白质和淀粉分子通常由于太大而不能被我们的上皮细胞直接吸收，因此，必须在被吸收之前被分解成更小的部分（图 4.5）。这个过程主要通过消化酶来实现，消化酶是能够将大分子切成小分子的分子剪刀。每种常量营养素都需要专门的酶。脂肪酶将脂肪切割产生脂肪酸，蛋白酶将蛋白质切割产生氨基酸，淀粉酶将淀粉切割产生糖。氨基酸和糖是典型的嗜水（亲水）分子，可以溶解在肠液中并迅速运送至上皮细胞。然而，大多数脂肪酸是憎水（疏水）分子，并不容易通过水运送。相反，它们必须被打包成混合胶束的微小颗粒后运送到上皮细胞中。这些混合胶束由肠道分泌的生物洗涤剂如胆汁酸和磷脂所组成。小肠中形成的混合胶束的确切性质对许多疏水性维生素和营养功能因子（如维生素 A、维生素 D 和维生素 E、ω-3 脂肪酸、姜黄素和类胡萝卜素）的生物利用度有很大影响，我的研究小组研究的问题之一就是，不同类型的食物基质如何影响我们肠内形成的混合胶束的性质以及它如何影响维生素和营养功能因子的生物利用度。这些知识将被用于研制功能性食品，以增加人体吸收这些有益营养素的水平。

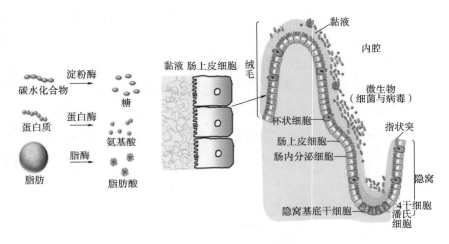

图 4.5
小肠中的人类上皮细胞具有复杂的结构，可以吸收营养并保护身体

4. 结肠：大家庭的家园

结肠是通向肛门的厚厚的凹凸管（图 4.6），在小肠中没有被消化的所有食物成分都会进入结肠。结肠是一个充满细菌和其他微生物的厌氧（低氧）发酵室。这些细菌会消化身体无法消化的物质（如膳食纤维），并将它们转化为有价值的能源和我们可以使用的物质（如维生素和短链脂肪酸）。此外，它们通过与有害细菌竞争结肠中有限的食物资源，来保护我们免受有害细菌的侵害。微生物还有助于我们免疫系统的构建，因此，我们能够更好地预防肠道炎症和其他疾病。鉴于微生物群落对人类健康和福祉的重要意义，本书有一部分会专门讲述寄生在我们肠道内的微生物群落。

当食物的残余物通过结肠时水被吸收，因此，食物从黏稠的液体变成了或多或少有点软的团块从肛门排出。挪威伯根大学的安德里亚斯·海诺（Andreas Hejnol）和乔斯·马丁·杜兰（José Martín-Durán）在他们的文章《深究肛门进化》中概述了目前对哺乳动物肛门起源的理解[1]。在多细胞生物进化的某个时候，一组细胞聚集在一起行成了一个空腔，这个空腔最终发展成为了消化道。如前所述，这个腔最初只有一个开口，既作为口又作为肛门，但最终发展成为一个有单独入口和单独出口的管。

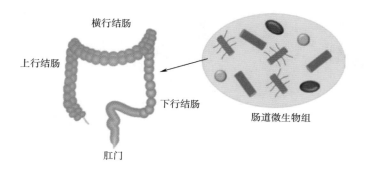

图 4.6
结肠中充满了微生物，可以消化和转化食物残留物。结肠也负责吸收
水分和营养

六 │ 分布与代谢：
保持整体运行

　　已消化的营养成分经肠道吸收后被运送到身体的不同位置，在那里被燃烧以获取能量，或者被储存起来以供以后使用或用作身体组件。进入体内的亲水营养素，如氨基酸、糖和小分子脂肪将进入血液。血液像一条条河流、小溪一样携带着营养成分到达身体的各个角落。相反，如果大分子脂肪类的疏水营养成分不能溶解在流经细胞和血液的液体中，则它们被包装成小分子（如乳糜微粒），进入上皮细胞从而被运送到其他位置。乳糜微粒核心的脂肪分子涂有一层双亲分子的壳，包括亲脂的磷脂和亲水的蛋白质。当这些分子排列在一起时，亲脂的部分会粘在脂肪核心上，而亲水的部分会面向周围的水。一旦包装在这些微小的颗粒中，脂肪就会重新分泌到淋巴系统中，顺着毛细管到达脖子附近的开口，即胸导管处，在那里被释放到血液中，然后到达人体需要的地方。

　　吃完饭后不久，血液中的营养成分水平将大幅增加（图 4.7）。例如，吃饭后约半小时，血液中的糖、脂肪和氨基酸水平将达到峰值，因为人体通常需要这些时间消化和吸收营养成分。身体具有高度复杂的监督和控制机制，可以测量血液中营养成分的类型和水平，然后决定将其送到何处以及如何处理它们以保持身体正常运作[9]。如果血液中的营养成分水平太高，身体会分泌激素告诉我们停止进食，停止使用储存的能量（排空脂肪细胞），并开始创造新的能量储备（填充脂肪细胞）。相反，如果血液营养成分水平变得太低，身体会分

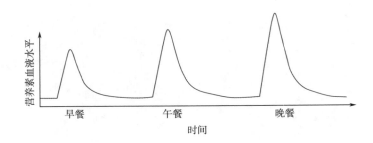

图 4.7
食物消化和吸收导致的血液中代谢物浓度随时间而变化,尤其是饭后。
在食用食物后,血液中含有大量的糖、脂质和氨基酸

泌不同的激素告诉我们多吃一点,同时消耗一部分储存的能量。

人体像复杂的经济体一样,将原材料转化为行业和消费者所需的各种商品和服务。原材料必须运输到适当位置以存放或继续使用,它们可以被直接使用,只需很少的加工工作(如苹果或橙子)就能转换成其他工厂使用的材料(如糖或面粉),或组装成最终产品(如蛋糕或饼干)。需要对整个过程进行严格监管,以确保在适当的时间和地点提供合适的原材料和商品。因此,需要某种通信系统来确保整个经济体系平稳运行。人体内,检测脂肪、蛋白质或糖水平的细胞能发出停止或开始进食的信号,或者增加或消耗脂肪细胞的信号。这是通过内分泌系统分泌激素或通过神经系统发送神经递质来完成的。从肠道吸收的一些营养成分以其原始形式被利用,但更多是被体内的酶转化/代谢为其他形式,然后再被用作能量储备或用作身体组件。非常值得注意的是,我们可以吃各种各样的食物(甜甜圈、牛排、牛奶、苹果、素食汉堡包、炸薯条……),还可以将其转化为皮肤、骨骼、牙齿、肌肉、指甲、头发和眼睛。这一切得益于人类的进化并已经形成了一个极其复杂的互联生化机制网络,以协调我们摄取食物后的吸收、运输、转化和利用。

七 | 排泄:
小便、大便和排气

美国男性平均每年消耗近 910 千克的食物,相当于近 3800 只巨无霸汉堡包,热量为 100 万卡。尽管如此,大多数成年人的平均体重在一年内仍保持相对稳定(由于中年发福而有所增加)。这些食物去哪儿了呢? 其中一些被转化为保持我们的身体运行所需的能量,

另外一些被用作身体组件替换已磨损或损坏的组件，剩下的部分通过呼吸和汗水排出，主要形式是大小便。

英国克兰菲尔德大学水科学研究所的研究人员在其被高度引用的文章《粪便和尿液的特征》中探讨了国籍、性别、健康和经济状况对人们产生的大小便数量、成分和一致性的影响[10]。这些信息对于城镇和城市开发安全有效的污水系统至关重要，并对于试图创造更健康的食物或更有效的粪便移植的病胃学家同样很有用。粪便移植涉及将粪便从健康人体内转移到患者的体内以改善其健康状况，如降低患肥胖、炎症性肠病或细菌感染的风险[11]。显然，详细了解排泄物的组成和性质对于这类工作至关重要。

1. 粪便科学

从技术上讲，大便是一种"软固体"，由水、蛋白质、脂肪、碳水化合物、矿物质和细菌组成。含有未消化食物（如甜玉米粒和花生片）、消化食物成分（糖、氨基酸和脂肪酸）和人体部分（黏液和上皮细胞）的残余物。此外，大便中有 1/4~1/2 的有机物是肠道细菌，在某些情况下粪便中也可能含有或将导致严重健康问题的寄生虫。瑞士尤格·乌辛格（Jurg Utzinger）领导的一组科学家在他们文章《深入分析一块狗屎》中报告说，粪便样本必须保持凉爽和湿润，以避免钩虫卵的分解，钩虫是寄生虫感染的一个主要原因。

来自英国克兰菲尔德大学的研究人员估计，普通人每年排便 430 次，大约产生 47 千克的大便，相当于两个满满的行李箱。素食者的排便量大于杂食者，因为吃富含纤维的植物性饮食时，会保留更多的水。水溶性纤维在大便中会形成一个三维网络，由于毛细作用力可将水保持在其中，就像草莓果冻中的明胶分子在水中一样。此外，素食者的排便频率高且速度快，主要是因为充水大便的流动性更大。因此，粪便科学提供了强有力的证据证明素食对排便有利。

在美国，男性的排便频率比女性更高，高加索人比非高加索人排便频率高。有趣的是，低收入人群往往比富裕人群产生更多的粪便，这可能是因为食物的质量和数量不同。根据饮食、健康状况、年龄和性别不同，粪便的稠度从稀液（腹泻）到坚实的固体（便秘）不等。在许多科学和医学领域，粪便一致性的重要性促使研究人员开发了大便形状分类表[12]。该表将粪便分为七组：1 型（硬块）、2 型（香肠形的块状）、3 型（如带有表面裂缝的香肠）、4 型（如柔软光滑的香肠或蛇）、5 型（软斑点）、6 型（边缘粗糙的蓬松糊状片）和 7 型（水样腹泻）。3 型和 4 型通常被归类为正常的粪便形式[13]。我的研究小组使用专门的机械仪器以定期测量食物的形态及其一致性，但到目前为止，我们还没有比较不同粪便样本的属性。

科学家在研究粪便过程中遇到的一个问题是人与人之间的差异很大的问题。此外，正如瑞士研究小组所说，这项工作涉及使用致病、恶臭的材料[13]。出于这个原因，人造粪便更具有可重复性、一致性和热性能，因此，来自不同实验室的科学家们可以更可靠地比较他们的粪便研究结果。研究人员可通过将各种成分与水混合制备成具有不同浓度的人造粪便，包括纤维素、小麦、核桃、面包酵母、花生油和天然棕色。包装在香肠肠衣中的大豆糊也被证明在一些研究中是有用的。促便剂已被用于提供许多与粪便有关的重要信息，包括尿布性能、厕所冲洗效率和污水流量。在抽水马桶冲洗试验中，冲洗之前粪便通常与规定数量的卫生纸相混合。据作者所知，很少有关于进入口腔的食物性质与另一端出现的粪便稠度之间关系的系统研究。这是一个重要的研究领域，我鼓励下一代食品科学家面对这一挑战，任何患有慢性便秘或爆发性腹泻的人肯定会感激他们的努力。

最近被我们部门聘用的马特·摩尔（Matt Moore）教授的目标是成为这一领域的先驱。他研究的诺如病毒是美国食物中毒暴发的主要原因，也是暴发性腹泻的常见原因。马特假定腹泻的一致性影响病毒在厕所中传播的范围，从而影响污染范围。他谈到建立半自动腹泻机来研究这一重要现象，这个机器将有一个带有高速泵的人造底部，以排出模拟的粪便样本。或者，通过志愿者消化被诺如病毒污染的"大便汤"，然后研究迅速发生的症状。

正如您将在后面的章节中看到的，应用复杂的取证工具来研究大便，已成为现代食品科学和营养科学中最令人兴奋和最重要的进步之一。分析生存在人类大便中的微生物类型，结合它们的遗传特征以及所进行的代谢反应表明，食物不仅可以滋养我们的身体，也可以营养我们体内的微生物。这些微生物统称为肠道微生物群或微生物群，在我们的结肠中发挥着各种功能，可能对我们的健康有益或有害。因此，重要的是要吃能促进健康肠道微生物群生长和繁殖的食物。

2. 尿科学

来自克兰菲尔德大学的科研团队对人类尿液的产生和处置进行了广泛研究[10]。通常，小便是由我们的肾脏分泌的低黏度黄色液体，储存在我们的膀胱中，然后通过尿道排出。尿液主要由水（含量大于91%）组成，其余为盐、尿素和有机物质。人类每天平均排尿约8次，约6杯（1.4升），由于人们的液体摄入量不同，排尿量从2.5杯到11杯不等，这意味着一个普通成人每年排出的尿液可以装满5个浴缸。产生的尿液量与饮用的液体体积相当，这就是为什么在酒吧时经常去厕所的原因。

如同大便，小便包含大量关于我们身体如何运行的有价值的信息。我们饮食后在体内形成的代谢物提供了我们体内发生的生化过程的详细分子特征。尿液中有机酸的分析有助于识别营养缺乏或潜在的健康问题，可以通过服用特定的食物或补充剂来解决。小便中存在的有机酸的类型和水平可反映人体的新陈代谢水平、能量产生水平、维生素水平、毒素水平和大脑功能的信息，深入了解疲劳、维生素缺乏、情绪或代谢紊乱等问题。小便分析已经成为一个有价值的临床手段，这就是为什么我们经常在就医时需验尿的原因。然而，营养科学家们发现小便含有比以前想象得更多的关于食物对健康影响的信息。例如，在最近一项针对老鼠的研究中，研究人员发现当喂食富含白藜芦醇的植物提取物时，尿液中与老化相关的生物标志物水平降低[14]。

3. 排气科学

排泄不需要的食物材料的另一个重要途径是通过排气。英国谢菲尔德哈勒姆郡医院的研究人员在排气领域的一项开创性研究中，向人们喂食添加 200 克烤豆的番茄酱，然后将橡胶管的一端向上推到肛门并将另一端放入防水袋中来测量人体产生多少气体[15]。为了确保所收集的气体没有漏出，研究人员让两名志愿者在温水浴中停留了一个小时，并测量任何产生的气泡。每天产生的气体为 500~1500 毫升不等，变化很大，男性和女性排出的体积大致相似。后来的研究人员使用了气相色谱法研究关于排气组成的详细信息，并在排气科学领域取得进展[16]。人体产生的主要气体是二氧化碳、氢气、氮气、甲烷和硫化氢，不同的人具有其自己独特的气态"指纹"。

研究人员建议，测量直肠通过的气体的体积和成分可能是评估一个人健康状况的有效手段，我们对这一重要课题的轻视阻碍了强大的新测量仪器的开发。可以通过在内衣或抽水马桶中安装气体传感器来定期监测我们的健康状况，依靠无线网络连接到手机的新传感器上。通过常规记录小便、粪便和屁的特征，可提示我们应改变饮食或看医生。有趣的是，最近的研究表明，人体肠道产生的大部分气体实际上被吸收回了血液或被结肠细菌消耗，而不是通过我们的肛门排出体外[17]，对于在空间狭小的办公室工作的人来说，这可能也是一样的。

八 ｜ 食物—脑—肠轴

1. 食物和心情

营养物质从食物到人体的转化需要协调大量相互关联的生化途径和生理过程。这种协调是通过食物—脑—肠道轴进行的，理解这种关系对于设计更健康的食物至关重要[18]。肠道和大脑通过释放控制我们情绪、欲望和生理功能的激素和神经递质相互沟通。肠道有两个主要的激素组响应我们体内营养水平的变化：进食激素（如生长素）增加饥饿感，促进我们多吃以及分泌饱腹感激素，减少饥饿感并指示我们停止进食（图4.8）。使用神经影像技术对进食的人进行脑部扫描，结果显示血液激素水平与大脑区域中食欲和饱腹感相关的部分存在直接联系[18]。当能量不足时，身体会释放刺激食欲的激素，而当我们有多余的能量时，刺激产生饱腹感的激素会在饭后被释放。这两种激素之间的平衡会影响我们的情绪和欲望，从而帮助我们调节体重。

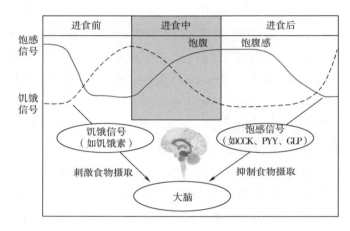

图4.8
餐前、餐中和餐后饥饿和饱腹感反应变化的示意图以及与这些反应相
关的肽及其与脑的相互作用

食物的成分和消化率会影响食欲和饱腹感激素的释放。在摄入相同的热量时，脂肪、蛋白质和碳水化合物会产生类似的饱腹感[19]。然而，摄入富含蛋白质的食物可能更好，因为蛋白质对健康的不良影响可能比脂肪或糖类少。食物在我们的肠道中的消化率对于决定其是否具备促进饱腹感的能力有重要作用。快速消化的食物制造饱腹感的效率低，使我们更容易过度进食并变得超重[20]。实际上，现代食物加工引起的消化率增加可能是近期肥胖增加的原因之一，这种效应的发生归因于回肠制动机制。回肠位于我们小肠的远端，到达回肠的消化食物越多，饱腹感越强。因此，吃全营养的食物，如坚果、豆类、谷物、水果和蔬菜，可能会让我们感觉饱腹，以防止暴饮暴食。脂肪、蛋白质和碳水化合物被困在复杂的植物组织中，这些组织对消化酶具有更强的抵抗力，因此将释放得更慢。因此，许多食品研究人员正在研究减缓加工食品中常量营养素消化的方法，以增加饱腹感。我的研究小组正在与哈佛大学的科学家合作，利用新型膳食纤维（如纳米纤维素）来抑制脂肪和淀粉的消化。在下一章中我们将探讨许多其他方法。

2. 大脑和饮食行为

在关于美学与艺术的神经生物学基础的文章中，牛津大学的埃德·蒙卷（Edmund Rolls）教授描述了一种大脑理论，使我们能够理解风味感知、情绪和理性思维对我们进食食物类型和数量的作用[21]。大脑中主要有两个系统影响人们的饮食行为：一个是无意识的，另一个是有意识的。无意识系统从感官（视觉、嗅觉、味觉、声音、感觉）接收有关食物的信息，判断愉快还是不愉快，然后进行情绪反应。该系统将正面或负面情绪与特定食物联系起来，从而加强了人们对食物的喜爱或厌恶感，并决定是否应该进食。此外，有意识的系统涉及更高层次的思考，如同对我们生活中经常遇到的复杂多因素过程所需的推理。该系统使我们能够判断现在获得食物是否更好，或者是决定如何进食会更好。例如，我们可能会被困在一个只有一袋种子的荒岛上，我们现在可以吃掉种子以避免饥饿，或者可以种植其中一些，希望获得未来的食物供应。这种理性的系统建立在数理逻辑基础上并高度依赖于大脑。因此，在设计更健康的食物时，吸引大脑的无意识和有意识的部分是很重要的。

当我们是婴儿时，无意识系统很大程度上受到先天倾向的驱使，如厌恶苦味或喜欢甜味。然而，随着年龄的增长，通过学习将愉快的感受与特定食物联系起来可以克服这些与生俱来的偏好。为什么我们愿意尝试喝第一杯咖啡，即使它尝起来很糟糕？对于我们中的许多人来说，可能是因为希望成为社交群体的一员，即成为成年人或圈内人。因此，另一个积极的强化因素（社会地位）能够克服原始基因厌恶苦味的这一认识。最终在多次加强之后，我们将咖啡的味道与愉悦联系在一起，并把这种感觉变成本能。

在我们的大脑中，通常会有许多无意识和有意识的因素同时影响我们的动作和行为："这块蛋糕看起来很美味，但会让我发胖"。大脑如何权衡这种利弊，然后启动某种动作？我们会不会吃蛋糕？更好地理解我们的大脑中这种行为系统选择器如何起作用，对于解决当前与暴饮暴食相关的许多问题是至关重要的。

摄入后的食物对我们身体无意识的生理影响也可以产生刺激食欲的食物偏好[22]。例如，几天来研究人员给一组人提供具有一定风味的高热量三明治（风味 A）和另一组具有不同风味的低热量三明治（风味 B）。然后，当两组食用同样的两种口味中等热量的三明治时，他们吃了更多的风味 B，因为这与低热量的食物有关，因此身体告诉他们吃更多以获得同等的能量，这一发现对低热量食品的开发具有重要意义。人们可能只是吃了更多的东西，以获得与吃普通食物时相同的心理和生理效应。这就是为什么在试图解决暴饮暴食问题时控制分量的大小是至关重要的因素，所以应降低人们吃太多的机会。总体而言，正在进行的解密食物—脑—肠道关联性的研究，强调了食品科学家在尝试设计更健康的食物时，理解大脑如何工作的重要性。

九 ｜ 食物在身体中的旅行

　　科学家开发更健康食物的能力取决于测量和理解食物在体内运作的能力。然后，这些知识可用于设计、测试和优化新的食品配方。如前所述，消化生理学之父威廉·博蒙特通过胸部的一个洞将食物浸入活人的肚子里，今天在一些动物研究中仍然在使用类似的方法。1992 年初，我从寒冷潮湿的英格兰北部迁居到加利福尼亚中部山谷蔚蓝的天空下，这是美国生产力最高的农业区之一。到达后不久，我在一个当地的农业展览会上偶然发现，他们通过手术在奶牛腹部开了个洞，刀口用盖子盖住，这使得农业研究人员可以从牛的胃内采集样品，并检查其发生的情况。当然，这种方法不适用于大多数胃病学研究，特别是对人类而言。相反，许多其他方案已经被设计出来以便于理解我们体内食物代谢的复杂行为（图 4.9）。

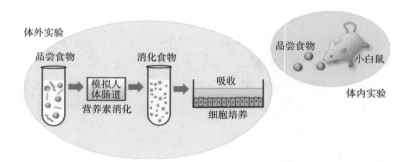

图 4.9
用于确定食物胃肠命运的体外消化、细胞培养和动物模型的示意图

1. 人类实验：真实之选

　　可以使用多种侵入性和非侵入性方法来研究肠道内食物的行为及其对人体健康的潜在影响，这些对所涉及的测试对象会造成不同程度的不适。如果你想做志愿者，研究人员会将管子从插入你的鼻子，穿过喉咙到达胃部或肠道。然后，他们会从你的肠道中吸出一些液体并通过它们来研究吃的食物在你体内的表现。或者研究人员可以在整个饮食研究中简

单地测量你的体重、行为和活动的变化。通过分析血液、呼吸、粪便或尿液成分的变化，跟踪特定食物的消化、吸收、代谢和（或）排泄。营养学家通常会测量血液中代谢物和生物标志物的变化，如葡萄糖、胆固醇、脂质或血压水平。最近，运用现代技术的成像方法将人体肠道内食物的位置、组成和结构的变化可视化，如核磁共振、超声波、X 射线或荧光成像方法。强大的核磁共振成像机器，类似于用于检测脑癌的机器，已被用于监测人体内食物的分解，在不会引起太多不适的情况下追踪食物对人体生理和心理的影响。当我们吃特定食物时，先进的大脑成像方法会让研究人员看到我们大脑的哪些部位会亮起来，这些方法被用于研究特定食物成分对喜爱（奖励）和厌恶（惩罚）的影响，这对于创造美味而又健康的食物至关重要。

2. 动物实验：第二佳选

用人来研究食物在胃肠中的历程成本高且耗时长，并且由于道德、安全等问题仅允许进行有限数量的测试。基于这个原因，小鼠、大鼠或猪等动物经常被用来测试消化过程中食物的行为（图 4.9）。虽然必须考虑到存在一些重要的差异，但动物的内脏还是和人类类似的。对人类进行的许多测试也可以在动物身上进行，如使用侵入性管具，采集血液、粪便或尿液以及测量体重和活动。然而，一些测试只能在动物身上进行，如在死亡后测量特定器官（肾脏、肝脏、心脏、脾脏或大脑）的重量、成分或功能[23-25]。此外，可以收集和分析胃、小肠或结肠内容物以更深入地了解食物在肠道的不同区域中的变化。可以用现代成像方法观察动物，这样就可以实时跟踪摄入的食物在整个身体中的历程。

3. 模拟消化：方便之选

在人类和动物身上进行实验从伦理的角度上讲是有挑战性的，同时也是昂贵和耗时的。出于这个原因，营养学家研制了模拟消化道，将不同种类的消化液递送到食物上，然后按摩并搅拌以模拟真实消化道的情况（图 4.9）。没有了使用人或动物进行分析所面临的困难，部分消化的食物很容易被收集和分析。可以将特殊传感器放置在模拟消化道内，以测量整个消化过程中食物性质的变化。

模拟消化道可以模拟口腔、胃、小肠和结肠的温度、时间、流动行为和化学成分。将测试食物通过模拟消化道的各个阶段并分析其性质的变化。因为它更便宜且操作迅速，所以可以筛选许多不同的食品配方，以便更好地了解食物在人类消化道中的表现。然后通过这些知识可设计体内以特定方式代谢的食物。例如，可以产生缓慢消化的食物以促进饱腹感，或者可以设计功能性食物以提高维生素的生物利用度。

使用机械方法来追踪食物胃肠命运的主要局限之一是不能模拟消化道内壁上皮细胞对营养物质的吸收。于是科学家们开发出了能够模拟上皮细胞行为的细胞培养模型，$Caco-2$细胞是最常用的细胞类型之一。这些细胞最初是从人结肠癌组织中分离出来的，当在严格控制的条件下培养时，发现这些细胞生长成与我们肠道中的上皮细胞非常相似的层状。因此，它们现在广泛用于营养研究。在培养皿中培养一层$Caco-2$细胞，然后将消化的食物置于其上，测量细胞吸收的营养素的量。我的一位同事，营养生物化学教授杭晓（Hang Xiao）利用这些细胞研究了不同种类抗癌保健品的吸收和代谢。我们利用这些知识来设计能够增强其功效的功能性食品。

尽管并不完美，但模拟消化道方便、快捷且廉价，且减少了需要对动物或人类进行的实验数量，所以食品营养学家越来越多地使用模拟消化道。

十 | 食物消化研究的未来

对体内食物消化行为的研究将变得越来越重要。发达国家和发展中国家的许多慢性病的产生取决于所吃食物的类型和数量以及它们在我们体内的消化方式。研究已经表明，营养素的生物利用度可以通过设计肠道内食物的溶解度、稳定性和吸收性来提高。这一知识正被用来创造功能性食品，以及提高维生素和矿物质在发展中国家的生物利用率，在这些国家，营养不良是缺乏微量营养素引起的一个问题。减缓人体对宏量营养素特别是脂肪和碳水化合物的消化吸收的食物正在被开发以预防糖尿病、心脏病、癌症和肥胖症等慢性疾病。保护益生菌免受人体胃部恶劣酸性环境影响的食品正被设计用于改善肠道健康。这种新一代功能性食品有可能延长全球的个人寿命和健康生活年限，从而带来更富有品质的生活，并大幅节省医疗保健成本。通过对我们消化道的通道来研究食物的流动是非常有趣的，并且这项工作对于改善我们生活质量具有巨大潜力。

参考文献 ↘

1. Hejnol，A.，and J. M. Martin-Duran. 2015. Getting to the Bottom of Anal Evolution. *Zoologischer Anzeiger* 256：61-74.

2. Chaudhari，N.，and S. D. Roper. 2010. The Cell Biology of Taste. *Journal of Cell Biology* 190（3）：285-296.

3. Carpenter，G. H. 2013. The Secretion，Components，and Properties of Saliva. In *Annual Review of Food Science and Technology*，ed. M. P. Doyle and T. R. Klaenhammer，vol. 4，267-276.

4. Tan，V. M. H.，D. S. Q. Ooi，J. Kapur，T. Wu，Y. H. Chan，C. J. Henry，and Y. S. Lee. 2016. The Role of Digestive Factors in Determining Glycemic Response in a Multiethnic Asian Population. *European Journal of Nutrition* 55（4）：1573-1581.

5. Zhu，Y.，W. H. Hsu，and J. H. Hollis. 2014. Increased Number of Chews During a Fixed-Amount Meal Suppresses Postprandial Appetite and Modulates Glycemic Response in Older Males. *Physiology & Behavior* 133：136-140.

6. Lemmens，L.，S. Van Buggenhout，A. M. Van Loey，and M. E. Hendrickx. 2010. Particle Size Reduction Leading to Cell Wall Rupture Is More Important for the beta-Carotene Bioaccessibility of Raw Compared to Thermally Processed Carrots. *Journal of Agricultural and Food Chemistry* 58（24）：12769-12776.

7. Low，D. Y.，B. D'Arcy，and M. J. Gidley. 2015. Mastication Effects on Carotenoid Bioaccessibility from Mango Fruit Tissue. *Food Research International* 67：238-246.

8. Dhillon，J.，C. A. Running，R. M. Tucker，and R. D. Mattes. 2016. Effects of Food Form on Appetite and Energy Balance. *Food Quality and Preference* 48：368-375.

9. Efeyan，A.，W. C. Comb，and D. M. Sabatini. 2015. Nutrient-Sensing Mechanisms and Pathways. *Nature* 517（7534）：302-310.

10. Rose，C.，A. Parker，B. Jefferson，and E. Cartmell. 2015. The Characterization of Feces and Urine：A Review of the Literature to Inform Advanced TreatmentTechnology. *Critical Reviews in Environmental Science and Technology* 45（17）：1827-1879.

11. Bibbo，S.，G. Ianiro，A. Gasbarrini，and G. Cammarota. 2017. Fecal Microbiota Transplantation：Past，Present and Future Perspectives. *Minerva Gastroenterologica E Dietologica* 63（4）：420-430.

12. Lewis，S. J.，and K. W. Heaton. 1997. Stool Form Scale as a Useful Guide to Intestinal Transit Time. *Scandinavian Journal of Gastroenterology* 32（9）：920-924.

13. Penn，R.，B. J. Ward，L. Strande，and M. Maurer. 2018. Review of Synthetic Human Faeces and Faecal Sludge for Sanitation and Wastewater Research. *Water Research* 132：222-240.

14. Peron, G. , S. Dall' Acqua, and S. Sut. 2018. Supplementation with Resveratrol as *Polygonum cuspidatum* Sieb. Et Zucc. Extract Induces Changes in the Excretion of Urinary Markers Associated to Aging in Rats. *Fitoterapia* 129: 154–161.

15. Tomlin, J. , C. Lowis, and N. W. Read. 1991. Investigation of Normal Flatus Production in Healthy–Volunteers. *Gut* 32 (6): 665–669.

16. Suarez, F. , J. Furne, J. Springfield, and M. Levitt. 1997. Insights into Human Colonic Physiology Obtained from the Study of Flatus Composition. *American Journal of Physiology-Gastrointestinal and Liver Physiology* 272 (5): G1028–G1033.

17. Mego, M. , A. Bendezu, A. Accarino, J. R. Malagelada, and F. Azpiroz. 2015. Intestinal Gas Homeostasis: Disposal Pathways. *Neurogastroenterology and Motility* 27 (3): 363–369.

18. Zanchi, D. , A. Depoorter, L. Egloff, S. Haller, L. Mahlmann, U. E. Lang, J. Drewe, C. Beglinger, A. Schmidt, and S. Borgwardt. 2017. The Impact of Gut Hormones on the Neural Circuit of Appetite and Satiety: A Systematic Review. *Neuroscience and Biobehavioral Reviews* 80: 457–475.

19. Alleleyn, A. M. E. , M. van Avesaat, F. J. Troost, and A. A. M. Masclee. 2016. Gastrointestinal Nutrient Infusion Site and Eating Behavior: Evidence for a Proximal to Distal Gradient within the Small Intestine? *Nutrients* 8 (3).

20. Bellissimo, N. , and T. Akhavan. 2015. Effect of Macronutrient Cromposition on Short–Term Food Intake and Weight Loss. *Advances in Nutrition* 6 (3): 302S–308S.

21. Rolls, E. T. 2017. Neurobiological Foundations of Aesthetics and Art. *New Ideas in Psychology* 47: 121–135.

22. Edmund T.Rolls. 2016. Reward Systems in the Brain and Nutrition. *Annual Review of Nutrition* 36: 435–470.

23. Khandavilli, S. , and R. Panchagnula. 2007. Nanoemulsions as Versatile Formulations for Paclitaxel Delivery: Peroral and Dermal Delivery Studies in Rats. *Journal of Investigative Dermatology* 127 (1): 154–162.

24. Murillo, A. G. , D. Aguilar, G. H. Norris, D. M. DiMarco, A. Missimer, S. Hu, J. A. Smyth, S. Gannon, C. N. Blesso, and Y. Luo. 2016. Compared with Powdered Lutein, a Lutein Nanoemulsion Increases Plasma and Liver Lutein, Protects against Hepatic Steatosis, and Affects Lipoprotein Metabolism in Guinea Pigs. *The Journal of Nutrition* 146 (10): 1961–1969.

25. Yadav, S. , S. K. Gandham, R. Panicucci, and M. M. Amiji. 2016. Intranasal Brain Delivery of Cationic Nanoemulsion–Encapsulated TNFα siRNA in Prevention of Experimental Neuroinflammation. *Nanomedicine: Nanotechnology, Biology and Medicine* 12 (4): 987–1002.

05

人如其食

Are You What You Eat ?

一 ｜ 我应该吃什么

　　当别人发现我是一名食品科学家时，他们通常会问："我应该吃什么？"结果我只能尴尬地回答："我真的不知道"，我的部分研究领域是涉及食物如何在体内分解和吸收的。通常我会采用奶奶给我的建议——什么都吃一点，但都要适量。话虽如此，奶奶为我们做的美味佳肴往往使用了大量糖和黄油，而这些在今天看来都不是最健康的食材。尽管如此，她仍在九十岁保持着良好的身体状况。

　　我不是唯一一个对什么是良好饮食感到困惑的人。国际食品信息委员会是一个由食品和饮料行业支持的非营利性组织，该组织最近对一千多名美国人进行了一项调查，研究他们对食品和健康的态度[1]。超过三分之一的受访者遵循某种饮食习惯，但80%的人对应该吃什么和避免吃什么感到困惑。即使营养学家也无法完全统一定义：一个好的饮食应该是什么样子的。吃得太多或太少显然是不好的，但是对于应该摄入多少脂肪、蛋白质和碳水化合物，却没有明确的共识。这导致在过去几十年中，膳食指导方案有巨大不同：20世纪80年代和90年代，鼓励摄入更少的脂肪和更多的碳水化合物；而现在则提倡减少碳水化合物摄入和增加脂肪摄入。对于应该吃什么而感到困惑并不奇怪。我们的饮食，我们的身体都极其复杂，理解食物与健康的关系是一项巨大挑战。

　　我们对食物和健康之间的关系到底了解多少呢？即便是现在，在经过几十年的研究后，我们能明确地说明什么是健康生活的最佳饮食么？在本章中，我将介绍一些最新的研究，将我们摄入食物的成分、结构与健康联系起来。我还强调了食品科学家如何利用这些研究成果来创造更健康的食品以及他们面临的一些困难。我写这一章的目的之一就是，当有人问我应该吃什么时，我有更多内容可以回答。

二 | 总热量减少

进化使我们本能地倾向富含脂肪和易消化碳水化合物的高热量食物，但这在发达国家和发展中国家都导致了高水平的肥胖、糖尿病和心脏病。随着我们可支配收入的增加，以及我们获得方便、实惠和美味食物途径的改善，我们已经具有吃得过多的倾向。因此，健康组织鼓励我们少吃富含热量的脂肪和精细的碳水化合物，多吃水果、蔬菜和全麦食品。食品工业正通过开发许多加工食品的低热量产品来应对。原则上，他们可以通过减少食物的分量来鼓励我们少吃。但是这种直接的方法并不总是像你想的那么有效。在未来购买竞争对手的产品时，当我们点了一顿饭或买了一份零食时，发现分量比预期的要小，我们可能会感到受骗。或者，我们可能要吃多次，直到感到满足。

另一种方法是降低食物的能量密度，在使食物的分量保持不变的情况下减少热量含量。西亚兰·福特（Ciaran Ford）博士研究了感官知觉、口腔处理、饮食习惯和健康之间的关系，并在这方面做了一些有趣的实验。他给一群人喂了汤面，这些汤面的体积、重量和可接受程度都一样，但热量水平却大不相同，160~1200千卡不等。然后，他监测了他们在一天的剩余时间里摄入的总热量。他假设吃高热量午餐的人以后会吃得更少来补偿。事实上，他的假设被证明是错误的——那些吃了高热量午餐的人在午餐后摄入的热量几乎与其他人相同。因此，增加一顿饭所摄入的热量会导致每天摄入的总热量明显增加。如果长时间这样做，我们的体重会明显增加。他在演讲中强调，影响体重的最关键因素是摄入的总热量，只要人们能坚持下去（通常情况并非如此），所有限制热量的饮食都是有效的。因此，设计低能量密度但又令人满意的食物是至关重要的。根据其研究，这显然是可能的，而且应该成为食品公司和餐厅未来的目标。

食物的能量密度可以通过减少脂肪和碳水化合物的含量来降低，但这往往是具有挑战性的，因为这些成分对我们享受食物有很大的贡献。脂肪负责像牛奶、奶油、酱汁、调味料和甜点等食物的奶油状外观、感觉和味道。它们还通过溶解芳香分子，比如那些使汤有大蒜味或使酱汁有奶酪味的分子来形成食物特有的风味。此外，它们通过提高脂溶性维生素、营养功能因子的溶解度和生物利用度来使食物更健康。同样，碳水化合物，如糖和淀粉，增加了食物的甜味、口感和厚实的质地。

从食物中去除部分或全部的脂肪和碳水化合物会导致食物质量的不良变化——低热量食物的外观、感觉和味道往往比高热量食物差。如果没有人吃健康食品，那么生产健康食品就没有意义了。因此，食品科学家正试图通过欺骗人们的感官，设计出与高热量食品一样令人满意的品质特征的低热量食品。在创造这些"更健康"的产品时，仔细考虑任何意想不到的后果是至关重要的。例如，降低食物的脂肪含量可能导致营养素生物利用度的降低，或者由于降低饱腹感而导致暴饮暴食。当美国政府在 20 世纪 80 年代建议人们转向低脂肪饮食时，肥胖人数出现了大幅上升，这可能是因为人们开始吃更多富含碳水化合物的食物，这让他们更容易感到饿。因此，食品科学家需要了解脂肪和碳水化合物在决定食品外观、口感、风味和营养方面所起到的诸多作用，以便开发出合适的替代品。这里重点介绍了一些为创造低热量食品而开发的创新策略。

1. 脂肪模拟物及其腹泻副作用

大约在 50 年前，科学家们提出了一个非常简单的方法来降低食物的热量：用不易消化的脂肪代替易消化的脂肪。这种方法可能会出现什么情况呢？不易消化的脂肪与普通脂肪有着非常相似的特性，因此可以用来制造外观、感觉和味道都一样的食物。然而，因为它们在我们的肠道没有办法被消化和吸收，可认为它们没有热量。因此，你可以吃你喜欢的高脂肪食物，但它们并不会让你变胖。其中，最著名的脂肪模拟物是奥利斯特拉，它以其品牌奥利安而闻名，它被用来代替美味小吃中的脂肪，如薯片和玉米饼片。

奥利斯特拉是宝洁公司的一组科学家偶然发现的，当时他们正试图创造一种更容易被早产儿消化的新型脂肪。在这项研究中，科学家无意中创造了一个新的分子，它由简单的糖和脂肪酸连接在一起。令人惊讶的是，他们创造的糖和脂肪酸的混合物是不能被消化的，这是因为我们体内的消化酶不足以断开连接脂肪酸和糖的键。研究人员很快意识到这种新分子可以作为脂肪替代品来帮助避免肥胖。因此，该公司为这项技术申请了专利，并花费了大量时间和金钱，以获得美国食品安全局的批准，将其用作食品成分。这种脂肪替代品在降低食物的总热量含量方面非常有效，而且还能降低血液胆固醇水平。然而，在该产品的早期版本中有一些特别不受欢迎的副作用，如有可能导致腹泻和肛门泄漏。

此外，脂溶性维生素的吸收也减少了，因为它们被困在难以消化的脂肪中，因此无法被我们的身体吸收。起初，美国食品安全局要求该公司在产品标签上注明这些潜在副作用的信息，这显然对销售没有太大的促进作用。然而，在该公司抱怨标签声明没有准确反映出奥利斯特拉有益健康之后，标签要求便被放宽了。在最初取得了一些令人满意的销售数额后，其销售额最终出现了下降，而这种成分至今并没有像该公司希望的那样得到广泛应用。尽管如此，它仍然存在于一些食物中，如低脂薯条。这个故事强调了科学在解决与饮食相关问题方面的力量，也强调了潜在的不可预见的后果，展示了深入全面研究我们在饮食中引入的任何新成分对整体营养影响的重要性。

我自己的研究团队开发了一种可替代的方法，来减少高脂肪食物中的热量，这涉及在脂肪上覆盖难以消化的膳食纤维，以保护它们免受我们体内酶的攻击。类似的结构存在于许多天然可食用植物的小油体中，这也是为什么你经常在马桶里看到未消化的花生或甜玉米片的原因之一。膳食纤维涂层阻止人类肠道中的消化酶（脂肪酶）到达下面的脂肪，从而减少脂肪的消化和吸收。我们的研究表明，这项技术可以延缓脂肪的消化，但我们还没有进行人体试验。当未消化的脂肪到达结肠后，也有可能会出现腹泻和肛漏的问题，这可能会导致许多学生志愿者不想参加这个实验。

2. 模拟脂肪物：假脂肪

许多食品研究人员没有使用不易消化的脂肪来代替易消化的脂肪，而是研究了使用其他类型的食品成分来代替脂肪的可能性，如碳水化合物或蛋白质。这些脂肪模拟物的设计是为了模拟普通脂肪给食物带来的一种或多种可取的特性，如奶油状外观、口感和味道。

（1）多样的脂肪滴　为了模拟脂肪，了解它们在食物中的行为是很重要的。许多常见的高热量食物是由分散在水中的微小脂肪滴组成的乳剂，例如，奶油、酱汁、调味品、蘸酱、汤和甜点都有这种排列（图 5.1）。这些脂肪滴的大小通常在几百纳米到几百微米之间，小到肉眼无法看到。然而，我们知道它们在哪里以及它们的样子，因为我们可以用强大的显微镜看到它们。脂肪滴被一层薄薄的乳化剂分子包裹，这层乳化剂分子阻止了脂肪滴之间的相互作用，并在食物表面形成一层单独的油脂层。这些脂肪滴决定了食品乳剂的一些特性，如外观、质地和口感等方面起着至关重要的作用（图 5.2）。

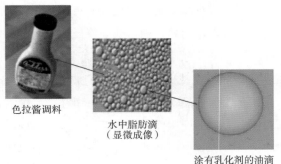

色拉酱调料

水中脂肪滴
（显微成像）

涂有乳化剂的油滴

图 5.1
许多食物作为水包油乳剂存在，如沙拉酱、酱汁、蛋黄酱、牛奶和奶油，由微小脂肪液滴分散在水中（这些产品的特性高度取决于脂肪滴的数量和种类）

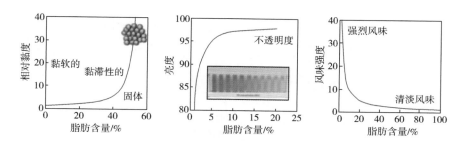

图 5.2

脂肪滴存在于很多高脂肪食品（乳剂）中并影响其质地、外观和味道，因此消除脂肪滴可能
对其属性产生重大影响

脂肪滴的大小刚好能强烈地散射其表面反射回来的光波，这就是为什么乳化食品看起来很混浊的原因了。脂肪滴也增加了食品乳剂的厚度（黏度），因为它们改变了产品搅拌时液体流动的方式。产品中的水必须绕着脂肪滴流动，这使得摩擦力增加，所以搅拌它需要更多的能量。因此，乳剂的厚度随着脂肪含量的增加而增加，因为脂肪滴对流体流动的影响越来越大，这就是为什么奶油的黏度比牛奶高。最终，可能会有较多脂肪滴聚集在一起而无法移动，这也是为什么蛋黄酱呈半固态的原因。

食物乳剂中的脂肪滴对口感也有明显的影响即产生奶油感。这是因为它们能润滑我们舌头上的粗糙表面，并能在舌头上形成一层脂肪涂层。此外，脂肪滴还可以作为水不溶性维生素、营养品的溶剂。用不含脂肪的材料替代所有这些理想的质量特性是非常具有挑战性的，因为脂肪滴扮演着如此多种不同的角色，其中一些很难匹配。就像模仿一个多才多艺的人，他会唱歌、跳舞、演戏、做饭，还会踢足球，这比模仿一个只有一项才能的人要难得多。

（2）增稠的淀粉　淀粉是食品工业和厨房中使用最广泛的原料之一。在自然界中，它以微小的致密颗粒存在，被称为淀粉颗粒，是植物的能量储备。这些颗粒在受热时会吸收水分并膨胀，最终可能会爆裂并释放出里面的分子，导致食物的厚度大幅增加。正是因为这个原因，玉米淀粉被用来增稠肉汁和调味汁。然而，有人担心淀粉本身是不健康的，因为它在体内被迅速分解，导致血糖水平的飙升——这是糖尿病的一个潜在原因。事实上，自从美国政府建议少摄入脂肪，以及工业生产开始用淀粉和其他可消化的碳水化合物取代脂肪以来，美国的肥胖人数和糖尿病患者人数已经大幅上升。

（3）牛奶蛋白球　脂肪滴提供的厚度可以通过添加其他类型散射光的食物颗粒来匹配（图 5.3）。多年来，二氧化钛制成的微小颗粒一直被添加到食品中，但食品企业现在正试图用天然替代品来替代它们，因为消费者不喜欢在食品标签上看到这种无机材料。牛奶蛋白制成的微球是一种有效的替代品。这些微球是通过加热蛋白质溶液，使其温度高于蛋白质解聚并相互粘接在一起的。同样类型的蛋白质微球也可以用来增加食品的厚度或口感。

这些微球也可以由其他食物（如大豆、扁豆或豌豆）中获得的蛋白质组装而成，这就意味着可以制造出素食版本的食品。

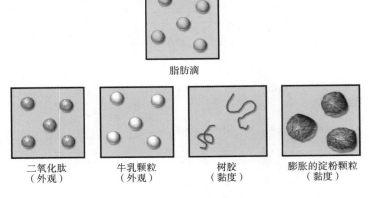

脂肪滴

二氧化肽　　　牛乳颗粒　　　树胶　　　膨胀的淀粉颗粒
（外观）　　　（外观）　　　（黏度）　　　（黏度）

图 5.3
脂肪滴和一些食物成分的示意图（用来模拟它们的特性）

另一个更常见的例子是，在希腊酸奶中，牛奶蛋白能够模仿一些通常由脂肪滴提供的理想感官属性。在这种情况下，所涉及的牛奶蛋白主要是在凝乳中发现的柔性酪蛋白分子，而不是在乳清中发现的球状蛋白。酪蛋白分子形成微小的团簇（酪蛋白胶束）连接在一起，形成一个 3D 网络，赋予酸奶细腻的质地。形成的蛋白质颗粒大小刚好可以散射光线，使得酸奶看起来又白又滑。希腊酸奶也有一种奶油般的口感和一些人们期望的从乳制品中得到的味道，增加了它的奶油感。

（4）亲水性胶体　通过添加具有毛发状结构的胶体，也就是树胶，去除脂肪滴后，还可以保持低热量食物的厚度（图 5.3）。大多数亲水性胶体是长聚合物，溶解在水中，通过干扰流体流动来增加黏度。这些胶体中有许多是膳食纤维，对健康有益，并具有增稠作用。膳食纤维对我们肠道上部的消化有抵抗力，但它们仍然显示出有益健康，如减少便秘、癌症和心脏病。这种难消化的亲水性胶体即使少量使用也可以大大增加食物的黏度，因此非常适合替代脂肪滴保持食品的厚重感。胶体可以从多种天然来源中被提取，包括水果（果胶）、海藻（卡拉胶和海藻酸盐）、棉花（纤维素）、种子（刺槐豆胶）和细菌发酵（黄原胶）。

每一种胶体都有独特的分子结构，这可导致其在食物中的一系列独特行为。因此，科学家或厨师必须仔细选择正确的胶体或胶体的组合，以获得他们所准备的食物所需的特殊效果。尽管它们在增加黏度方面非常有效，但它们不能准确地模仿脂肪滴给食物带来的外观或感觉。它们是非常薄的分子，不会强烈地散射光线，因此形成透明的溶液或者只有轻微浑浊的溶液，使食物看起来"水汪汪的"。此外，它们在我们嘴里产生一种黏糊糊的感觉，而不是脂肪滴带来的那种令人向往的乳脂味。由于这个原因，胶体通常必须与另一种脂肪模拟物结合使用，才能在最终产品中获得正确的外观和感觉。

亲水性胶体的另一个主要限制是它们是亲水分子，不能溶解脂肪味、维生素和营养药品，因此当脂肪滴被去除时，一些理想的味道和营养价值就会丧失。这就是为什么低脂食品尝起来总不如全脂食品好吃的主要原因之一。

3. 代糖产品：天然的和人造的

除为食物提供甜味和作为大脑的重要燃料来源外，糖也是可能导致肥胖、糖尿病和蛀牙的主要原因。因此，有必要研发更健康的甜味剂。天然糖通过与舌头味蕾内的特定受体结合来提供甜味。人类已进化并设计出这些甜味受体，当糖分子与之结合时，它们会向大脑发送信号。这些信号与大脑中被我们称为甜味的正向感觉有关，甜味最初是作为一种鼓励我们多吃这些高热量食物的手段而进化出来的。为了区别食物中的许多其他分子，如苦的、酸的、开胃的和咸的，甜味受体有一个高度特殊的大小和形状，只允许糖分子适应。《味道：我们最被忽视的感觉的科学》（*Flavor：the Science of Our Most Sense*）一书的作者鲍勃·霍尔姆斯（Bob Holmes）提出了一个简单的类比来证明这个概念[2]。甜味感受器就像昂贵数码相机的相机盒，而糖分子就像相机。相机必须有合适的大小和形状，以适应其情况。事实上，情况要比这复杂得多，因为糖必须具有正确的分子黏性，才能与甜味受体的表面相结合。

基于"相机盒案例"的概念，风味科学家们已经在寻找其他分子了，这些分子能适应甜味受体，但不像糖有那么高的热量。这些分子要么在实验室中通过化学合成（人造甜味剂），要么从天然原料（天然甜味剂）中分离出来。目前已经确定了两类不同的糖替代品，按产生甜味所需的量分为：低强度甜味剂和高强度甜味剂（表5.1）。低强度甜味剂自然存在于一些食材（水果）中，但通常是通过化学修饰天然糖工业化生产的。最常见的低强度甜味剂是糖醇，如山梨醇、甘露醇和木糖醇，它们通常用于口香糖等产品中。这些分子的甜度和天然糖差不多，但只有天然糖一半的热量。高强度的人造甜味剂比天然糖要甜得多，通常是天然糖甜度的数百倍或数千倍，因此可以在低得多的浓度下使用。这使得食品企业可在保持食物甜味的同时降低食物的热量。

表 5.1

几种糖替代品的相对甜度和性质（将相对甜度与蔗糖进行比较，蔗糖的甜度为100）

原料	相关甜味剂 /（卡/克）	相关甜味剂	相关甜味剂 /（卡/克）
糖		低强度	
蔗糖果糖	100（3.9）	山梨糖醇	60（2.6）
果糖葡萄糖	150（3.6）	麦芽糖醇葡萄糖	70（2.1）

续表

原料	相关甜味剂 /（卡 / 克）	相关甜味剂	相关甜味剂 /（卡 / 克）
葡萄糖	70（3.8）	甘露醇	60（1.6）
乳糖	20（3.9）	乳糖醇	40（2.0）
高果糖玉米糖浆	100（2.7）	木糖醇	100（2.4）
蜂蜜	100（3.0）	赤藓糖醇	70（0.2）
高强度（自然）		高强度（人工）	
甘草酸	75	安赛蜜 K	200
罗汉果	200	爱德万甜	20，000
甜叶菊	300	阿斯巴甜	200
		纽甜	10，000
		糖精	400
		蔗糖素	600

注：①括号内的数字是每克的热量；②改编自 Nutrients Review.com 和其他来源。

　　传统上，大多数高强度甜味剂是通过化学合成的，如三氯蔗糖、阿斯巴甜和糖精。然而，消费者对清洁标签产品的需求不断增长，促使食品行业寻找天然替代品，如甜菊糖、甘草酸和罗汉果，这些都是从植物中分离出来的。

　　尽管这些糖替代品在减少热量方面具有潜在的益处，但要成功地将它们纳入食物中，仍面临许多困难。首先，尽管这些分子提供了甜味，但它们也带来了其他不受欢迎的味道，如苦味、涩味和金属味（表 5.2）。此外，这些糖替代品的甜度随时间的变化曲线与天然糖不同（图 5.4）。有些是最初的甜味会很快消失，而另一些则是会逐渐变甜，会在我们口中停留很长时间。因此，没有任何糖替代品能与天然糖具有完全匹配的风味特征，这往往导致消费者难以接受。另一个问题是，天然糖不仅提供甜味，它们还有赋予食物理想的质地、体积、口感和颜色，而这些在其去除后就会消失，且通常很难用其他成分替代。

表 5.2

人工甜味剂的口味差异很大，这影响了消费者的接受程度

甜味剂	甜度	口感	酸度	金属量
蔗糖果糖	82	7	7	11
糖精	62	25	12	28
安赛蜜 K	69	31	7	33
阿斯巴甜	69	4	6	15
纽甜	76	22	14	29

资料来源：Sedova et al.（2006）.Czech.J.Food Sci.24，283.Sensory Profiles of Sweeteners in Aqueous Solutions.

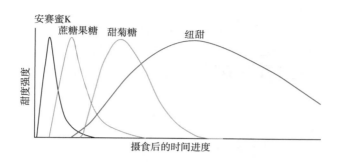

图 5.4
与真正的糖相比，不同的人造甜味剂在口中的甜味强度随时间延长从而产生不同的风味感知

　　最后，人工甜味剂对健康的潜在不良影响也引起了一些关注。在美国，国家食品安全局根据对动物和人类毒理学研究的回顾，批准了许多可安全食用的人工甜味剂。尽管如此，关于一些糖替代品的安全性仍有很多争议。事实上，研究人员还在继续研究糖替代品的毒性，有人认为其中一些可能具有潜在的有害作用。如果出现更确凿的证据，美国国家食品安全局将不得不修改目前使用的一些甜味剂的法规。尽管如此，人工甜味剂的潜在有害影响应该与其替代的含热量的糖所造成的危害进行比较。如果收益大于风险，那么使用他们可能更好。

4. 仿生淀粉颗粒

　　如前所述，淀粉颗粒通常用于食品工业，以提供理想的纹理和口感（图 5.3）。这些微小的固体颗粒充满了淀粉分子，植物利用这些淀粉分子作为能量储存。当淀粉颗粒在水的存在下煮熟时，它们膨胀并产生一种厚而黏的质地，这就是为什么它们被用来增稠许多汤、调味汁和调味品。然而，这种形式的淀粉很快被我们口腔和小肠中的酶（淀粉酶）分解并释放出葡萄糖分子。这些葡萄糖分子被我们的身体吸收，导致我们的血糖水平飙升。因此，人们对开发仿生淀粉颗粒很感兴趣，这是一种性能类似淀粉颗粒但不释放葡萄糖的食品级小颗粒。特别是，它们应该能够使液体食物增稠，"在口中融化"，就像淀粉颗粒被淀粉酶降解时所做的那样。在我自己的实验室里，我们把蛋白质和膳食纤维结合在一起，形成了与淀粉颗粒大小相似的微球，使其在体温接近的温度融化，并创造出了淀粉糊。然而，我们还没有在真正的食物中对这些仿生淀粉颗粒进行味觉测试——这将是对它们功效的最终测试。

三 | 优化宏量营养素成分

理论上两种含热量相同的食物对体重增加的影响是相似的，事实上却可能并非如此。食物中热量的形式——脂肪、碳水化合物或蛋白质——可能会影响我们暴饮暴食的倾向以及我们对某些与饮食有关的疾病的易感性。基于对科学证据的全面审查，美国国家医学研究院建议健康饮食中的脂肪、碳水化合物和蛋白质含量应控制在一定范围内（表5.3）。然而，脂肪、碳水化合物或蛋白质的特定类型也很重要。例如，葡萄糖和果糖的行为不同，尽管它们都是结构简单的碳水化合物，并且具有非常相似的化学结构。同样，多不饱和脂肪（如鱼油中的多不饱和脂肪）与饱和脂肪（如猪油）具有不同的生理作用。摄入热量的性质也可能影响它们的营养结果，因为它们被我们的身体吸收的速度不同。快速吸收的碳水化合物和缓慢吸收的碳水化合物可能表现得非常不同。食物中宏量营养素的性质可能会导致不同的行为和健康结果，因为它们在我们体内的加工和储存方式不同，或者因为它们对我们的食欲有不同的影响。目前，人们正在进一步全面地了解食物成分和消化率对于我们健康的影响，且已经有一些令人振奋的发现，这可能会影响未来更健康的食品的研发。

表5.3
膳食参考摄入量：美国国家医学院食品和营养委员会推荐的成人可接受的营养素量分布范围

宏量营养素成分	范围（%/卡）
脂肪	20~35
碳水化合物	45~65
蛋白质	10~35

1. 不同来源的能量都是相等的么

营养学家普遍认为，当人们摄入的总热量减少时，体重就会减轻，以不同形式消耗热量的确切作用仍不清楚[4,5]。原则上，我们饮食中蛋白质、脂肪和碳水化合物的相对比例会影响体重增加与健康。人体消化和代谢这三种常量营养素的方式不同，因此它们具有不同的生理作用。特别是，它们每一种都会在人体中产生不同种类的代谢物，这些代谢物对饥饿感、饱腹感、愉悦感、产热过程（能量燃烧）和健康指标（如血压、葡萄糖或血脂）会产生不同的影响。当下普遍认为，高脂肪或碳水化合物的饮食比富含蛋白质的饮食更容易导致肥胖、糖尿病和其他慢性病。因此，许多食品企业在追求高蛋白质含量的同时，也在降低产品中脂肪和碳水化合物的含量。

有一点需要引起重视，不同常量营养素对人体健康影响的代谢理论支撑材料少之又少，在营养健康领域仍然存在着许多争议。但这并不奇怪，因为人类和食物都是极其复杂的，这使得探明营养素的作用变得极其困难。有证据表明，蛋白质比脂肪或者碳水化合物更让人感到满足，因此，当一个人在吃高蛋白食物时，他所摄入的食物总量就会减少。此外，蛋白质还可以促进生热，帮助我们将更多的热量转化成热能，从而减少体重增加。几乎没有证据表明，用碳水化合物替代脂肪可以减肥或者改善心血管疾病。然而，高碳水化合物饮食可能会使血糖过高，并与胰岛素进行对抗，最终可导致引发糖尿病和肥胖。另一方面，低碳水化合物饮食会触发酮症，这一症状表现为部分脂肪细胞的燃烧，生成能量，使体重减轻。然而，在所有研究中并没有发现常量营养素成分的作用，他们在预防肥胖和慢性病方面的作用仍然存在很多争议。

根据我们独特的基因、代谢和表型特征（如体重、健康状况、年龄、性别等），我们每个人都有可能受益于根据我们自己特定的宏量营养素需求量身定制的饮食。糖尿病患者可能受益于低糖饮食，而心脏病患者可能受益于低饱和脂肪饮食。这种个性化营养方法的潜力将在后面的章节中强调。

限制热量的饮食主要问题之一是，人们很难长时间坚持吃下去，这是减肥和保持体重所必需的。含有更具吸引力和饱腹感食物的饮食将更容易让人们适应。因此，食品企业必须认真关注低热量饮食的构成，使其价格合理、方便且令人满意，否则人们永远不会坚持遵守。

大量营养成分对减肥和健康的潜在影响已经产生了非常多的饮食计划，这些计划对应该摄入多少脂肪、蛋白质和碳水化合物的建议各不相同。然而，不管是哪个证据都不是决定性的。例如，在一项被高度引用的研究中，哈佛大学公共卫生学院的研究人员比较了不同脂肪、蛋白质和碳水化合物水平的减肥饮食。他们发现，所有参与试验的人，无论其营养成分是多少，在热量限制饮食的情况下，体重都有所减轻。此外，他们还报告说，参与者的饥饿程度和饱腹感并不强烈地取决于饮食的性质。在其他研究中也有类似的报道。综上所述，这些结果表明，导致肥胖的是摄入的总热量，而不是食物成分。尽管有来自这些研究的证据，这一观点仍然备受争议。

2. 碳水化合物

（1）所有的碳水化合物都是一样的吗　食物中有许多不同种类的碳水化合物，它们在分子特征、物理特性和生理效应上各不相同（图5.5）。因此，不可能对"碳水化合物"对人体的作用做出任何一般性的陈述——这取决于碳水化合物的种类、含量和环境。首先，碳水化合物可以大致分为三大类：糖、淀粉和膳食纤维。然而，这是一种非常粗糙的分类方法，需要一种更加精细的方法来完全了解它们的营养效果。单糖往往会迅速被我们的血液吸收，过量消费时可能会促进胰岛素抵抗和肥胖，但这取决于糖的确切种类。根据淀粉在食物中的物理形态，其特征可以是快速消化、缓慢消化或不可消化。快速消化的淀粉表现得像单糖一样，因为它很快被我们肠道中的酶分解，并被我们的身体吸收。相反，缓慢消化的淀粉水解得更慢，所以我们的血糖水平不会那么高。抗性淀粉和其他膳食纤维不能在我们的肠道上消化，可能对我们的健康有好处，因为它们有减少便秘、癌症和心脏病的潜力，但是原因还不完全清楚。

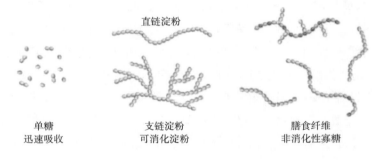

直链淀粉

| 单糖 | 支链淀粉 | 膳食纤维 |
| 迅速吸收 | 可消化淀粉 | 非消化性寡糖 |

图5.5
碳水化合物因其分子特性的不同而有很大的差异，这决定了它们在食品中的作用、消化率和对健康的影响

这些碳水化合物营养行为的差异是目前居民膳食指南的基础。我们大多数人需要吃更多的膳食纤维、更少的糖和快速消化的淀粉。《美国人饮食指南》（2015—2020）[*Dietary Guidelines for Americans*（2015—2020）] 建议，成年人每天应摄入25克（女性）或31克（男性）膳食纤维，以获得与之相关的营养成分，但成年人平均只吃约15克。大多数膳食纤维来自水果和蔬菜，这是另一个多吃植物性食物的好理由。然而，膳食纤维也可以添加到加工食品中，以提高其营养成分。在这种情况下，了解它们本质上是如何产生有益效果的至关重要，只有这样才能对功能性食品进行恰当的设计。

（2）糖是糖尿病流行的根本原因吗　加里·陶布斯（Gary Taubes）是一名积极的记者，在过去的几十年里，他推广了关于肥胖和糖尿病快速增长的科学解释之间的斗争。在他的书《反对吃糖的案例》（*The Case Against Sugar*）中，他描述了营养科学的历史，并提出了两种理论来解释人们变胖或患糖尿病的原因。能量平衡理论简单地假设人们变胖是因为他们摄入的热量超过了消耗的热量。激素失调理论认为，当人体的激素系统停止正常运作时，人就会变得肥胖。因此，他们不再能够控制血糖水平或调节脂肪沉积到脂肪细胞中。

能量平衡理论假设所有类型的热量对我们变胖的倾向都有相同的影响，所以脂肪、蛋白质或碳水化合物的比例几乎没有影响，前提是摄入的总热量是相同的。相反，激素失调理论认为，我们摄入的热量的性质对我们变胖和引发糖尿病有重要影响，而碳水化合物是罪魁祸首。

陶布斯认为，能量平衡理论只是简单地描述了正在发生的事情——人们体重增加是因为他们摄入的热量比消耗的要多，但它没有解释为什么会发生这种情况。相反，激素失调理论从生物学角度解释了为什么人们会吃得更多，从而变得肥胖或罹患糖尿病。胰岛素分泌和体内血糖控制在这一理论中起核心作用。吃富含快速吸收糖分的食物，如软饮料、面包、土豆泥、蛋糕、饼干或意大利面，会导致我们的血糖水平飙升。作为对血糖水平升高的反应，胰腺会释放胰岛素，这是一种控制我们体内糖分命运的激素。胰岛素管理血液中的葡萄糖水平，并调节其用于制造新的分子，如脂肪、碳水化合物和蛋白质。正常情况下，当血液中的葡萄糖水平在饭后升高时，胰腺分泌胰岛素，促进葡萄糖吸收到我们的组织中，如肝脏、肌肉和脂肪细胞。然后经吸收的葡萄糖被燃烧为能量或储存为脂肪。相反，当血糖水平过低时，胰腺就不会分泌胰岛素，我们储存的脂肪就会被分解，用作燃料。因此，胰岛素的功能是尽力维持人体血液中的葡萄糖含量处于一个适当的水平上。

这种微妙的反馈机制可能会被人们过度食用含糖食物或饮料破坏。因此，他们的血液中总是含有高水平的糖和胰岛素，所以他们的身体会不断地储存脂肪，而不是燃烧脂肪。最终，高碳水化合物饮食的人会产生胰岛素抵抗，他们的细胞不再对血液中的胰岛素水平做出适当的反应。然后他们变得肥胖，因为他们血液中的胰岛素水平升高了，或者因为他们的脂肪组织对胰岛素变得高度敏感了。通常情况下却并非总是如此，一个人的身体脂肪越高，他们对胰岛素的作用就越有抵抗力。饭后，他们血液中的葡萄糖水平仍然很高，这最终对他们的身体会产生有害影响。

陶布斯非常关注碳水化合物对健康的负面影响，因此他成立了一个称为营养科学计划（NuSI）的非营利组织，开展最终确定肥胖和糖尿病原因的营养研究。特别是，这个组织所开展的研究旨在确定究竟是摄入的总热量还是哪种类型的热量才是重要的。营养科学计划筹集了4000多万美元，主要用于支持一系列关于饮食对健康影响的营养研究。然而，到目前为止发表的研究结果并没有支持陶布斯所倡导的激素失调假说。实际上，最大的一项研究发现，当600多名超重到肥胖的人被随机分配到低脂或低碳水化合物饮食生活一年时[8]，减肥和胰岛素反应之间没有相关性。此外，这项被高度引用的研究发现，两种饮食计划的参与者减肥量没有统计学差异。因此，这项研究表明，决定我们体重的最关键因素是摄入的总热量，而不是饮食的成分。

尽管有远大的抱负和令人钦佩的目标，营养科学计划似乎正在逐渐退热。该公司最近关闭了圣地亚哥总部，并大幅裁员。因此，这项倡议可以被判断为一项失败的倡议，但它确实应该被视为科学进步的一个关键步骤。陶布斯有一个经过检验的合理假设，但到目前为止，这还没有被证明是正确的。可能的原因是难以可靠地进行这些类型的营养研究，但也可能是因为碳水化合物的种类和摄入量不是肥胖的原因，或者这只是众多因素中的一个。

（3）所有的糖都有同样的效果吗　吃太多的糖可能对身体有害，但吃哪种糖有关系吗？营养学家发现，食物中常见的不同糖类，尤其是葡萄糖和果糖，对健康的影响可能存在显著差异。这两种糖的化学分子式完全相同（$C_6H_{12}O_6$），但原子的排列略有不同，这对它们的物理和生理效应有着深刻的影响。例如，果糖的水溶性和甜度比葡萄糖高得多。果糖的高甜度是食品工业首次开发高果糖玉米糖浆作为甜味剂的原因之一。高果糖玉米糖浆是由一种酶产生的，这种酶能将玉米糖浆中的一些葡萄糖转化为果糖。结果糖浆的甜度增加了，所以要达到同样的甜度，就不需要在食物中添加太多的糖浆，这是有营养价值的。

然而，在许多加工食品中过量使用高果糖玉米糖浆是导致目前引发健康问题的因素之一，这使得许多消费者对这种糖有强烈的负面看法。由于这个原因，许多食品企业已经重新配制了他们的产品，以取代高果糖玉米糖浆与其他甜味剂，如蔗糖、蜂蜜或天然水果糖。许多这些甜味剂在标签上看起来更好，但不太可能改善我们的健康。高果糖玉米糖浆含有大约50%的葡萄糖和50%的果糖，蔗糖、蜂蜜和果糖吃完之后，所有这些甜味剂对我们的身体来说都是一样的。因此，在我们的食物中添加更少的糖比用其他形式的糖代替高果糖玉米糖浆要好。

尽管如此，有证据表明某些糖对我们的健康更有害。特别是果糖在同等水平下比葡萄糖更容易导致肥胖、心脏病和糖尿病[9,10]。这一假说的证据来自观察、干预和机理研究。观察性研究表明，摄入更多果糖的人更容易患糖尿病、心脏病和肥胖症。机理研究表明，人体对果糖的处理方式与葡萄糖不同，这导致了与这些疾病增加相关的生化变化。尤其是葡萄糖直接进入血液，而果糖被肝脏代谢，并以脂类的形式储存在那里，可导致脂肪肝（类似于酗酒导致的脂肪肝）。在肝脏中过量摄入果糖会破坏许多代谢过程，这些代谢过程与人体内碳水化合物和脂肪的调节和储存有关。例如，它会产生更高水平的血糖和血脂，随着时间的推移这些会损害我们的身体。此外，果糖不能像葡萄糖那样有效地刺激饱和激素（如瘦素）的释放，这可能会导致过度消费。这一发现得到了功能性磁共振成像脑扫描的支持，该扫描显示，当人们吃富含葡萄糖或果糖的食物时，大脑的反应会有所不同。

最后，干预研究表明果糖比葡萄糖更糟。在这些研究中，人们长期食用含有不同类型糖的食物，并通过测量生物标志物（如胰岛素敏感性、血糖、血脂或体重指数）来监测他们健康状况的变化。这些干预研究以多种方式进行。在一些研究中，人们被要求在饮食中添加额外的含糖食物或饮料。在加州大学进行的一项研究表明，随着饮料中添加的高果糖玉米糖浆含量呈剂量依赖性地增加，心脏病的危险因素也随之增加。尽管一些研究表明果糖对人体健康有潜在的负面影响，但仍存在相当大的争议，也没有达成普遍共识。这是因为其他研究表明，葡萄糖和果糖的行为相似，可影响人体健康的是糖的总摄入量，而不是任何一种特定的糖。此外，研究表明，当果糖和葡萄糖一起食用时，就像在蔗糖、高果糖玉米糖浆或水果中一样，果糖的许多不良影响是看不到的——只有当果糖单独食用时才会出现，而在真正的人类饮食中，这种情况很少发生。

还需要进一步长期研究人们的饮食中含有相同的热量和宏量营养素，但果糖和葡萄糖的比例不同会产生什么影响。这些研究复杂、昂贵且耗时。然而，获得的知识可以对饮食建议和研发更健康的食物产生深远的影响。治疗肥胖、心脏病和糖尿病等与饮食相关的慢性疾病的费用将在数十亿美元左右，这使得政府在进行饮食干预研究上的花费相形见绌。

（4）我应该避免吃糖吗　总的来说，吃太多的糖肯定对健康有害。但是，糖本身并没有本质上的坏处，而且它是我们身体和大脑的重要燃料来源。此外，有时它是促进我们健康和表现最适当的营养素。大卫·尼曼（David Nieman）是美国阿巴拉契亚州立大学健康科学学院的教授，也是运动免疫学方面的专家。他还是一位成功的长跑运动员，跑过 50 多次马拉松。他的研究表明，在剧烈运动中以饮料或香蕉的形式摄取糖分可以减少炎症对身体的损害。这是因为免疫细胞需要快速的能量来源（如单糖）才能正常工作，而摄入蛋白质或脂肪却没有同样的效果，因为它们不能为免疫细胞提供正确的燃料。此外，尼曼教授已经证明，水果中的多酚在减少炎症、氧化应激和病毒感染方面有额外的效果。因此，对于那些坚持剧烈运动的人来说，在运动中喝含糖的水果饮料或吃水果是明智的。

（5）为什么水果不会导致肥胖和糖尿病　一个韩国的科学家团队近期提出了一个问题：为什么水果不会导致肥胖和糖尿病？[12]绝大多数水果含有较高比例的单糖，如葡萄糖、果糖和蔗糖，人们通常认为这些单糖会增大糖尿病风险。但是营养调查发现，吃更多水果的人体重往往更轻，而且更加健康。研究人员认为这可能是出于以下几个原因。首先，人们可能用水果代替了其他类型的零食。我从橱柜里拿出来一些零食，并将它们的营养成分与一些常见水果的营养成分进行了比较（表 5.4）。相比之下，水果中来自碳水化合物的热量要高得多，但因为水果中含有约 85% 的水，总热量较低。这可能是水果更健康的原因之一。

表 5.4

部分水果和零食中的热量及其他宏量营养素含量

食物	质量 / 克	脂肪含量 / 克	蛋白质含量 / 克	碳水化合物 / 克	膳食纤维含量 / 克	热量 / 千卡
一只苹果	182	0	0	25	4	100
一只香蕉	118	0	1	27	3	105
一只橙子	128	0	1	15	3	60
一杯橙汁	240	0	2	26	0	110
能量棒	50	11	7	27	3	230
坚果巧克力	43	18	6	16	4	230
奶酪膨化食品	28	7	2	18	1	140
薯片	28	9	2	15	1	150
爆米花	28	8	1	18	2	140

此外，水果含有较高水平的膳食纤维，可以增强饱腹感，并且增加胃肠液黏度，减缓肠道中其他宏量营养素的消化和吸收。水果中还含有维生素、矿物质和其他营养成分，它们会影响我们体内脂肪产生、储存和燃烧的生化过程。再者，吃水果会改变肠道微生物的类型，这也会让我们不容易变胖。当然，还存在另一种可能性：吃水果和健康之间并没有直接的因果关系，只是那些注重购买健康食品的人恰好也吃水果。

与水果的正面形象不同，许多研究发现果汁使儿童更容易发胖。这可能是因为相比水果来说，果汁含有的膳食纤维少，但热量多（表 5.4），而且喝一杯果汁比剥皮吃一只水果容易得多。正因为果汁便于饮用且饱腹感不强，人们会更频繁地食用果汁饮料，导致摄入更多的热量。为了避免肥胖，我们显然有必要鼓励儿童和成人都饮用零热量的水。

（6）膳食纤维是如何发挥其有益作用的　我们已认识到，不同的糖因其具体的分子特征而具有不同的营养效果，膳食纤维的情况也是如此。膳食纤维在食物内部具有不同的组织结构，在胃肠液中具有不同的溶解程度，但也因大小、形态和电荷而异，这决定了它们在我们体内的角色。对于未经深度加工的食品，如整粒的坚果和谷物，膳食纤维可以在脂肪或淀粉周围形成保护层，抑制肠道中消化酶与这些营养素接触的能力，从而减缓它们的消化和吸收。对于同样的但经过深度加工的食物，膳食纤维则不会再包裹营养素，从而产生不同的生理效果。就此来看，即使食物成分一样，深加工的食物也比轻加工的食物消化速度快得多。然而，一些膳食纤维可以从其天然原料中分离出来，添加到食物中作为功能性成分，产生有益的生理效果，比如降低我们的胆固醇水平、防止便秘或优化微生物菌群。

比较长的或容易交联的可溶性膳食纤维可使胃肠液变稠或凝胶化，从而减缓糖或脂肪等营养物质的消化和吸收。这有助于防止血糖水平的飙升，降低人们患糖尿病的风险。它们还能调节人体内的激素释放量，使人们更快地获得饱腹感，减少食物摄入。一些纤维具有与消化道中的其他分子结合的化学基团（如酶或胆汁酸），从而能延缓消化和吸收。在抵达肠道之后，膳食纤维被生活在那里的微生物分解，产生短链脂肪酸、维生素和其他有益于健康的分子。膳食纤维对我们健康的影响非常复杂，科学家们仍在努力确定各类膳食纤维与其特定健康益处之间的关系。

（7）最佳的碳水化合物含量是多少　在最近的一项研究中，哈佛大学公共卫生学院的沃尔特·威利特（Walter Willet）教授及其同事在《柳叶刀》（*The Lancet*）杂志上发表了一篇关于碳水化合物摄入对全因死亡率影响的详细的综述性研究[13]。他们使用了 1.5 万余位成年人跟踪记录了约 25 年的膳食摄入数据，发现来自碳水化合物的能量摄入量与死亡率之间存在 U 形关系（图 5.6）。该研究表明，最健康的摄入比例是来自碳水化合物的能量占总能量摄入的 50%~55%。因此，吃太多或太少碳水化合物都可能导致健康出问题。研究人员认为，低碳水化合物饮食可导致死亡风险的增加，这是因为当人们减少碳水化合物时，往往会摄入更多的动物性蛋白质和脂肪。他们还发现，相比动物性蛋白质和脂肪，植物性蛋白质和脂肪的饮食对应的全因死亡率更低。由此看来，似乎最好的办法是适量地食用各种食物，并尽可能地选择植物性食物。

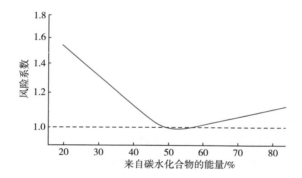

图 5.6
在哈佛大学的一项研究中，来自碳水化合物的能量摄入占比与全因死亡率关系呈 U 形关系（以来自碳水化合物的能量摄入占比 50% 为基点）

图片来源于 Seidelmann 等[73]

3. 脂肪

说到脂肪，营养学家和专业人士首先会想到吃太多脂肪会导致肥胖和其他相关疾病，其中一个重要因素是，每克脂肪的热量是碳水化合物和蛋白质的近两倍。成年后，印象中总是觉得脂肪会对我不好。但事实真的如此吗？正如前面几章所述，脂肪为我们的食物加入了令人愉悦的味道和口感，也提供了宝贵的维生素和其他营养成分。用其他营养素来替代脂肪，真的能使我们的食物更加健康吗？

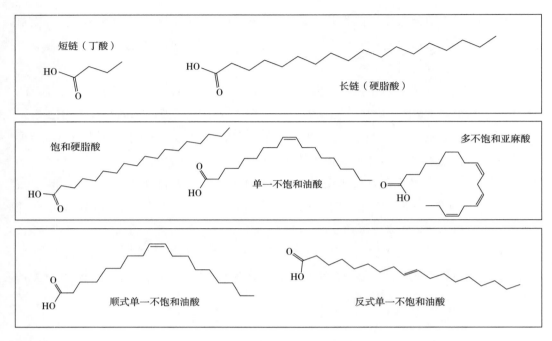

图 5.7
食物中的脂肪由脂肪酸组成，脂肪酸因链形状、化学双键数量和排列而异，呈现出不同的效果和功能

（1）脂肪生来平等吗　与碳水化合物一样，食物中有许多不同种类的脂肪，它们对人体有不同的影响，这取决于它们的分子、物理和生理学特性（图 5.7）。科学家按特性不同将脂肪分为几个类别：饱和脂肪、反式脂肪、单不饱和脂肪和多不饱和脂肪。营养领域的一些顶尖科学家近期研究了不同脂肪对人体健康的影响，并于 2018 年底在著名期刊《科学》（*Science*）上发表了他们的研究成果[14]。其主要研究结果见图 5.8，其中显示了摄入各类脂肪对总死亡率的影响。其研究结论是，摄入更多的不饱和脂肪（尤其是多不饱和脂肪）会降低患病风险，而摄入更多的饱和脂肪或反式脂肪则会增加这一风险，其中反式脂肪对健康尤为不利。

除了营养效果不同以外，这些脂肪的功能属性也不同。因此，不同的脂肪在食品中可用于不同的目的。脂肪是固体还是液体取决于其所含脂肪（甘油三酯）分子的性质。随着脂肪分子变得更长、更饱和，它们可以更紧密地堆积在脂肪晶体中。这就是为什么含有长链饱和脂肪分子的"坚固"脂肪经常被用于人造黄油、黄油、蛋糕、饼干和巧克力等固体食物上以产生理想的口感，然而这种脂肪往往也是最不健康的脂肪。不饱和脂肪比饱和脂肪健康，但脂肪的不饱和程度越高，变质的速度越快。所以，健康的脂肪会迅速地酸败变质，也难以在我们的食品当中被使用。

实际上，不同脂肪对人体健康的影响并不能简单地划分为饱和、单不饱和、多不饱和几种情况。食物中最常见的脂肪是甘油三酯，由甘油分子连接三个脂肪酸分子组成。生物

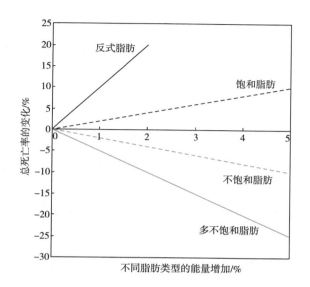

图 5.8
来自各类脂肪的能量摄入占比与总死亡率关系（以来自碳
水化合物的同等能量摄入为基准）

来源（鱼类、动物或植物）和食物的制造方式（混合、分馏或氢化）的差异都将导致脂肪
酸的不同。

　　脂肪酸由一端含有羧酸的烃链组成（图 5.7），但烃链的长度以及双键的数量和位置各
异。没有双键的脂肪酸是饱和脂肪酸，含有一个双键的是单不饱和脂肪酸，而有两个或多
个双键的是多不饱和脂肪酸。脂肪是欧米伽 -3（ω-3）型还是欧米伽 -6（ω-6）型取决于
双键的位置。烃链中的碳原子数可以从大约 4 个（如丁酸，使变质的牛奶具有恶臭气味的
脂肪酸）至 22 个（如 DHA，在鱼油中发现的健康欧米伽 -3 脂肪酸）不等。脂肪酸决定了
脂肪的类别，并赋予脂肪不同的营养效果和功能特性。然而，不同种类的脂肪酸对人类健
康到底有什么作用，我们仍在不断探索这一问题。就肥胖、心脏病、癌症或糖尿病等各个
疾病分别来看，各类脂肪很可能扮演着不同的角色。

　　（2）哪种脂肪对心脏最有益　心血管疾病每年导致全球超过 1700 万人死亡，产生的
医疗成本和生产力损失估计超过 3000 亿美元[15]。这个与饮食相关的疾病给个人和社会都
带来了沉重负担，因此，大量研究致力于解决这一问题并提出有效的饮食策略。美国心脏
协会近期对心血管疾病与饮食关系的科学研究进行了系统性回顾[15]，分析比较了随机临床
试验与观测性研究的科研成果。在随机临床试验中，试验者按明确规定的膳食食谱进行饮食，
而观测性研究则记录了人们在不受约束时食用的食物种类。这些研究发现，两种人群的心
血管疾病发病率不同，而且在血液的低密度脂蛋白水平上存在差异。由于血液的低密度脂
蛋白水平与心血管疾病发病率之间存在很强的相关性，前者可以作为评估饮食对我们心脏
健康影响的生物标志物。

美国心脏协会对数据的分析表明，用多不饱和脂肪或单不饱和脂肪代替饱和脂肪可以显著改善心脏健康，而且多不饱和脂肪的效果最佳。然而，用精细加工的碳水化合物或者糖来代替饱和脂肪则不能带来心脏健康状况的改善。因此，人们不应该减少饮食中脂肪的比例，而应该用不饱和脂肪代替饱和脂肪。这个建议的另一个好处是，很多人并不喜欢低脂食物，难以长期坚持这种饮食。

有趣的是，美国心脏协会还建议人们少吃椰子油，因为它含有极高水平的饱和脂肪酸（82%）[15]。这一建议可能会令人惊讶，毕竟椰子油是被很多人视为"健康"脂肪的。研究表明，用椰子油替代不饱和脂肪将增加低密度脂蛋白（"坏"胆固醇）的水平，这说明它可能对我们的心脏产生不利影响。该协会还强烈建议人们应减少饮食中的饱和脂肪酸和反式脂肪酸，因为它们对人体健康特别不利。从营养学的角度来看，这些建议当然是合理的，但它们通常难以施行，因为饱和以及不饱和脂肪酸在食品中的使用方式完全不同。饱和脂肪酸能提高食品的坚固性，尤其是能在储存、烹饪或油炸过程中提升食品稳定性。因此，如果我们把饱和脂肪换作不饱和脂肪酸，饼干将失去碎屑，薯片不会脆，巧克力棒也不再有一声清脆的"咔嚓"声。在可能的情况下，我们只能少吃这些食物，并选择饱和脂肪含量较低的替代品，如鳄梨或坚果。

（3）人造黄油：食品科学家的警示教材　对于任何试图创造健康食品的食品科学家而言，人造黄油的故事都是警示教材[16]。1869年，法国人梅热·穆里耶斯（Hippolyte Mège-Mouriès）发明了人造黄油，为当时供不应求的黄油提供了一种廉价替代品。早期的人造黄油是将牛脂（固体动物脂肪）与脱脂牛奶混合制成的。1902年，德国科学家威廉·诺曼（Wilhelm Normann）创造了氢化工艺，随后在商业上用于将液态油转化为固态脂肪。这种工艺使用氢气泡穿过高温的液态油，并用催化剂加速这一反应。在此过程中，氢气中的一些氢原子与脂肪中的双键连接，将它们从不饱和状态转变为饱和状态。在完全氢化过程中，所有不饱和脂肪酸都将转化为饱和脂肪酸，使脂肪变得难以食用。出于这个原因，食品企业通常仅进行部分氢化，其中仅有一部分不饱和脂肪被转化，以便获得更容易涂抹的产品。

除了人造黄油外，这些通过氢化制成的饱和脂肪还可用于替代其他产品中的动物脂肪，如起酥油、冰淇淋、蛋糕、饼干和薯片等。氢化工艺有两个重大优势。首先，它能生产植物性的固体脂肪，可以为食品带来良好的口感；其次，由于饱和脂肪比不饱和脂肪更抗氧化，它增强了食品的化学稳定性，从而能减少食物浪费。因此，氢化脂肪经常用于生产油炸食品，如用来制作炸薯条和薯片等。从现代观点来看，它还用植物性食物取代了动物性食物，减少了食物浪费。

它甚至有利于健康的潜力。在20世纪80年代，当我还在英国读大学时，人造黄油号称比黄油更加健康，因为它含有较少的饱和脂肪和胆固醇。我当时正在就读食品科学学位，而这正是我们学科的重大成功案例之一，所以我总是会买人造黄油而非黄油。

这看似是一个圆满的用科学解决重大技术问题的故事，并创造了一种与黄油的模样、口感、味道都接近但更便宜的产品，使奢侈品变得平民化。然而人造黄油确实存在问题。由于制造商只进行部分加氢，并非所有不饱和脂肪都能转化为了饱和脂肪，一些不饱和脂肪仍然存在，但被转化为了一种有害形式。在自然界中，不饱和脂肪几乎总是以顺式脂肪链形式存在，呈弯曲形状（图 5.7）。在氢化过程中，一些顺式结构转化为反式结构，呈直线形状。直链的反式脂肪酸比支链的顺式脂肪酸更容易相互结合，因此它们往往更坚固。如果你想制作一个更脆的饼干，这很有用，但这对心脏的健康不利。在 1990 年《新英格兰医学杂志》（*New England Journal of Medicine*）上的一篇开创性论文中，来自荷兰的研究人员发现，摄入反式脂肪酸与健康情况恶化之间存在显著关联[17]。反式脂肪对心脏健康尤其不利，因为它们提高了低密度脂蛋白（"坏"胆固醇）水平并降低了高密度脂蛋白（"好"胆固醇）水平，这两者都是增加心脏病风险的生物标志物。

许多后续研究也支持这些研究成果，最终导致许多国家禁止食用反式脂肪酸。尽管如此，许多人已经摄入了大量反式脂肪酸，其健康状况将永久受损。实际上，据世界卫生组织估计，每年约有 50 万人由于食用反式脂肪酸引起心血管疾病而死亡。这个故事强调了食品安全的重要性，食品行业对食品的变革可能影响亿万人的健康状况，因此认真考量其潜在的不利影响是至关重要的。

在发现反式脂肪对人类健康的不利影响之后，为了提供更加健康的食品，食品加工业已经再次重新调整了产品线。这意味着他们必须找到一种替代品，能在不使用反式脂肪酸的同时，保持薯片、零食和烘焙食品中的坚实口感。有几种办法可以实现这一目标，比如可以将完全氢化的固体脂肪（不含反式脂肪酸）与未氢化的液体油脂混合，也可以采用酯交换技术，将化学物质或酶添加到脂肪混合物中，使得脂肪酸在它们之间发生交换，产生一种稍软的口感。近年来，科学家还研制出了油凝胶，通过将甘油单酯、甘油二酯、蜡以及改性纤维素等加入食用油中，制备形成凝胶，用固体油代替反式脂肪。考虑到人造黄油中反式脂肪的前车之鉴，在广泛应用这些新技术之前，应仔细考量它们的潜在健康风险，这才是明智之举。

（4）多不饱和脂肪永远健康吗　基于政府建议和食品企业的营销，人们普遍认为多不饱和脂肪酸，特别是欧米伽-3脂肪酸对健康有益[18]。欧米伽-3脂肪酸在鱼类、藻类和亚麻籽油中的浓度相对较高。欧米伽-3脂肪酸的摄入能降低一些慢性疾病，如炎症、心脏病、癌症和精神障碍的风险[19]。因此，许多食品制造商正在将它们纳入其产品中以改善健康状况[20,21]。

然而，向食物中添加多不饱和脂肪酸仍存在诸多困难。多不饱和脂肪酸具有很强的疏水性，因此必须经过乳化才能加入饮料、酸奶、调味料、调味品等食物中。它们的分子也非常敏感，与空气接触时会迅速氧化，从而形成腐臭的异味和潜在的有毒物质。事实上，最新的研究表明，欧米伽-3氧化的一些反应产物会促进炎症和癌症的发生。简而言之，多不饱和脂肪酸在新鲜时食用是健康的，但在腐败时食用是不健康的。因此，食品科学家正在努力创造新一代富含多不饱和脂肪酸的食物，这种食物不会腐臭，这显然很具挑战性。我们可以通过将乳化的多不饱和脂肪酸嵌入保护性涂层中，或者通过添加天然抗氧化剂来完成。保护我们免受脂肪氧化时产生的有毒产物伤害的最有力工具之一是鼻子，因为腐臭脂肪闻起来味道太差，没人想吃。

4. 蛋白质

目前，蛋白质被视为"好"的营养素。基于蛋白质对饱腹感和新陈代谢的影响，许多营养学家坚信高蛋白、低碳水化合物饮食是减少体重和改善健康状况的有效方法。针对这一观点，食品行业生产了许多强化了蛋白质含量的食物，如富含蛋白质的饮料、谷物棒和能量棒。然而，创造这种功能性食品将面临实际的挑战，关于这种饮食是否健康也仍然存在诸多争论。

（1）创造高蛋白食品的挑战　我不再赘述从食物中去除脂肪和易消化碳水化合物，同时不改变其理想品质属性的难处。事实上，提高食物中蛋白质水平也会面临实际困难。高蛋白质含量的食物通常比高脂肪含量或高碳水化合物含量的食物更难吃。我的研究团队曾试图创造一种蛋白质强化饮料，以提高饮料的蛋白质含量，但事实证明，保持蛋白质的可溶性很难。它们会相互粘连，并在容器底部形成难看的沉积物。这就是为什么许多蛋白质强化饮料是装在不透明瓶子里出售的原因。食品配方师面临的另一个困难是，蛋白质通常会产生白垩或涩味等，形成不良口感。

创造美味且强化蛋白质的食品困难重重，广受欢迎的谷物麦片喜瑞尔（Cheerios）可以说明这一点。普通的喜瑞尔含有3克蛋白质和100卡热量，而蛋白强化版的喜瑞尔含有7克蛋白质和220卡热量。这意味着蛋白质强化版的喜瑞尔的热量是普通版的不止两倍。这主要是因为高蛋白喜瑞尔添加了16克糖，而普通的仅含有1克。我们可以推断，为了让蛋白强化产品变得美味，必须添加高水平的糖分。因此，我们所购买的高蛋白质产品未必如我们想象的那般健康。

对某些人群来说，吃高蛋白食物还可能有一定的健康风险[22]。有肾脏问题的人群应该避免高蛋白质饮食，而过敏人群应当注意他们吃的是哪种蛋白质。不过，几乎没有证据表明高蛋白质食物会导致健康人群出现问题。

（2）蛋白质真的健康吗　高蛋白质饮食号称有增肌、减肥、减脂和改善骨骼健康等各种益处。但可靠的证据是什么？密苏里大学的莱迪（Heather Leidy）教授及其团队近期研究了高蛋白饮食对减肥和保持健康的作用[23]。作为这项研究的一部分，他们通过荟萃分析回顾了短期和长期随机对照试验，分析了高蛋白饮食对体重和各种疾病风险的影响。在短期随机对照试验中，参与者的饮食受到严格控制。研究发现相比低蛋白饮食，高蛋白饮食减少了体脂，使体重下降得更多更快，同时也可以显著降低患心脏病和高血压的风险，如降低血脂和血压水平。

这些影响归功于多种因素：蛋白质让我们感觉更饱，因此我们吃得更少；相比于脂肪或碳水化合物，我们的身体花费了更多的能量来分解和储存蛋白质；同时，在高蛋白饮食中，我们的身体在休息时会消耗更多的能量，因为肌肉比脂肪组织需要更多燃料。与短期实验相比，长期实验的成果稍逊一筹，试验者体重和体脂只有中小幅度的减少，在疾病风险因素方面也可能仅存在小幅改善。研究人员因此得出结论认为，主要的问题是人群的依从性差——人们发现高蛋白饮食味道较差，且可能具有副作用，因此很难坚持。比如有些人在长期食用高水平蛋白质时，出现了胃肠道和其他方面的健康问题[15]。另一项关于骨骼健康随机对照试验的荟萃分析也发现，高蛋白质饮食的积极效果较小，长期来看也不能降低骨折风险[24]。

总之，似乎有一些证据表明，在精心调控的临床试验中，人们的饮食受到严格的监督，其健康状况可能会有适度的改善，但在不限制饮食的情况下，很难发现显著效果。此外，各类食物中的蛋白质在体内可能产生的作用不同，肉、蛋、奶、大豆和植物蛋白都可能有不同表现，因为它们的消化速率不同，并且在我们体内会产生不同的肽和氨基酸，但大多数研究并没有系统地研究食物中蛋白质的性质。

（3）食物过敏　探讨蛋白质类型的一个重要问题是食物过敏。我们的免疫系统通常是一套精密运作的防御系统，能区分我们赖以生存的东西（如营养素）以及可能对我们造成危害的东西（如微生物病原体和化学毒素）。然而，一部分人的免疫系统（在美国估计为1%~5%）不能正常运作，构成了潜在的重大健康风险[25]。当这些人食用某些类型的食物时，他们的身体将其视为有害物质并作出相应的反应，从而诱发胃肠道不适、过敏性休克等症状，在严重情况下，如果不立即治疗，可能会导致死亡。

人们普遍认为，食物过敏的患病率在过去十年左右有所增加，且其中许多病例与食物中的蛋白质有关[26]。这种趋势的确切原因尚不清楚，但科学家们正在努力探索[25]。受影响的人口比例和过敏反应的严重程度取决于蛋白质的来源，如花生、小麦、大豆、鸡蛋、牛奶和鱼类[26]。对于对食物过敏的人来说，唯一有效的治疗方法是避免食用含有这些蛋白质的食物——其实这并不容易，毕竟少量的致敏蛋白质很容易混入其他食物中。正是由于这个原因，许多国家设立了严格的法律，要求标记食品中可能含有的致敏蛋白质。

在我们进食的时候，蛋白质被胃和小肠中的酶（蛋白酶）消化，分解为小的肽片段[27]。蛋白质本身或它们形成的肽片段都可能致敏，因此有时通过控制肠道中蛋白质的分解模式，就能降低过敏反应的严重程度。然而，如果仅仅了解蛋白质的结构，很难就此判断哪些蛋白质会引起过敏而哪些不会。食品企业为了迎合消费者的需求，提供了越来越多的植物性和昆虫性食品而非动物性食品，使这一问题变得越发重要。一些人群对来自植物和昆虫的蛋白质过敏，因此在将这些产品投放至市场之前，应仔细地对其进行测试是非常必要的。食品科学家也正在尝试以多种方式解决过敏源的问题。一些科学家正在试图使用高温、高压、辐射或用光脉冲、超声波或电波轰击食物等处理方式，以改变蛋白质结构和活性，从而制造出低过敏性的食物[28]。另一些人则在开发灵敏的生物传感器，以检测我们的食物中是否存在极低水平的过敏源[29]。这些生物传感器将结合到食品包装或手持设备中，使过敏人群可以在进食前对食物进行检测。

四 ｜ 食物消化率的作用

我们的祖先主要依靠他们生活环境中的植物、动物和昆虫为食来生存。这些天然食物中的宏量营养素通常被储存到细胞结构中，在我们的肠道中难以被消化，这导致它们的释放和吸收相对较慢。在现代加工食品中，这些保护结构经常被破坏，从而使宏量营养素得以更快地释放。我们血液中的糖或脂质激增，最终可能导致我们的生化机制失灵，出现慢性健康问题。因此，在远古时代，消化系统和激素系统的发展是为了有效地从食物中提取营养，现在却在使我们生病。这种机制在碳水化合物方面得到了最全面的研究，但也与脂肪和蛋白质有关。

许多营养学家认为，导致糖尿病发病的主要原因是在吃了富含碳水化合物的食物后，血液中的糖分会大量增加。升糖指数是用来评价食物提升血糖水平能力的，测量范围为从0（没有增加）到100（大幅增加），这取决于当我们吃完一定数量的食物时，血糖水平高于正常基线水平的多少（图5.9）。通常情况下，高升糖指数（100）的食物以纯葡萄糖为标准，因为它在饭后被肠道快速吸收。高升糖指数食物（升糖指数>55）包括软饮料、面包、大米、意大利面、饼干、糖果、甜甜圈和一些早餐谷物，而低升糖指数食物包括全麦面包、苹果、橘子、粥和许多蔬菜（表5.5）。

一种食物的升糖指数并不总是能准确地反映其提高血糖水平的潜力。有些食物的升糖指数值很高，但是一份食物只含有少量可消化的碳水化合物，所以它们对我们的血糖水平

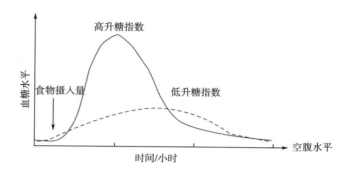

图 5.9

葡萄糖释放到血液中的速度取决于食物中糖的形式（在高升糖指数
食物中，糖是快速释放的，而在低升糖指数食物中，糖是缓慢释放的）

没有显著的影响，如西瓜。相反，有些食物的升糖指数较低，但一份食物如果含有高水平
的碳水化合物，那么它们就会导致我们的血糖水平大幅升高，如加糖炼乳。因此，食物往
往是以血糖负荷分类的，即取决于每一份食物中可消化的碳水化合物的总量以及它被吸收
的速度。

表 5.5

部分食品的升糖指数 [28]

食品	升糖指数	食品	升糖指数	食品	升糖指数
主食		蔬菜类		零食和谷类食品	
面包（精面）	75	马铃薯（煮熟）	78	巧克力	40
面包（全麦）	74	马铃薯（土豆泥）	87	薯片	56
面包（全谷物）	53	马铃薯（炸）	63	爆米花	65
玉米饼	46	胡萝卜（煮熟）	39	软饮	59
米饭（精米）	73	甘薯（煮熟）	63	玉米片	81
米饭（糙米）	68	鹰嘴豆	28	牛奶什锦早餐	57
意大利面（精面）	49	扁豆	32	麦片粥（燕麦片）	55
意大利面（粗面）	48	黄豆	16	麦片粥（即食麦片）	79
糖类		水果类		奶制品	
葡萄糖	103	苹果	36	牛奶	39
果糖	15	橙子	43	冰淇淋	51
蔗糖	65	香蕉	51	酸奶（水果）	41
蜂蜜	61	杧果	51	豆奶	34
		西瓜	76	米乳	86

注：假设葡萄糖的升糖指数（GI）为 100。

特定食物的升糖指数取决于葡萄糖分子被血液吸收的速度。溶解在液体食物（如软饮料或果汁）中的简单葡萄糖分子被迅速吸收。然而，许多食物中的葡萄糖，尤其是天然食品中的葡萄糖，都被长链（淀粉分子）锁住了，而这些长链被困在了复杂的食物基质中。在这种情况下，葡萄糖的释放要求淀粉分子首先被消化酶（淀粉酶）分解。此外，淀粉分子必须从被食物基质中释放出来，或者消化酶必须先渗透到食物基质中才能发生消化，因为酶和淀粉必须先结合在一起才能发生反应。淀粉和酶相互接触的能力在不同的食物中差别很大。有些食物的结构松散而脆弱，这使得分子很容易被移动和接触，然后就会被快速消化。有些食物有坚硬、致密的结构，能抑制分子运动，因此消化起来比较缓慢。在过去的几十年里，肥胖和糖尿病的发病率增加，至少部分原因可能是我们的食物被加工得更精细，所以它们被消化和吸收得过快了。

有趣的是，尽管果糖是纯糖，但它的升糖指数很低，这是因为它在人体里只是缓慢地转化为葡萄糖。然而，正如前面所提到的，研究表明果糖可能并不比葡萄糖更益于我们的健康。这表明使用单一的测量方法来定义食物的潜在健康风险并不科学。升糖指数低并不一定意味着它是健康的，因为还取决于糖的种类。

大米的烹饪和贮藏方式已被证明会影响淀粉消化率和血糖水平[30]。食用刚煮熟的米饭比食用放在冰箱里过夜的熟米饭具有更高的升糖指数。这主要是因为在储存过程中淀粉分子的内部结构被改变了，导致其结构更紧密，更难以被消化酶穿透。考虑到亚洲的大米消费量，这可能是可以减少亚洲肥胖和糖尿病等与饮食相关的慢性疾病发病率增加的人。其他通过延迟碳水化合物消化来解决这类问题的办法会在下一节中介绍。

五 | 调节食欲和饱腹感

减少食物摄入量是减少肥胖和其他与饮食有关的慢性疾病的最有效方法[31]。这可以通过减少一顿饭的食物摄入量和（或）减少一天中吃东西的次数（正餐和零食）来实现。因此，正在进行的研究是研发新的食物，以控制我们摄入的食物数量和频率，这取决于我们对饮食激素响应的了解，如食欲、饱腹感和饱足感（图5.10）。食欲是我们吃东西的欲望；饱腹感是指在吃饭时产生的感觉，它决定了我们什么时候停止进食；饱足感是我们吃完东西后的一种饱胀感，它的减少决定了我们什么时候再吃。

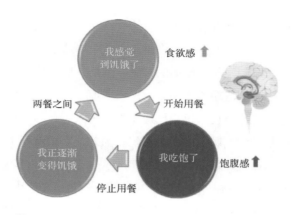

图 5.10

饭前、饭中和饭后的饥饿和饱腹反应变化

肠道内不同部位的营养消化产物水平通过回肠制动机制影响人们的饱足反应（图5.11）。这一机制调节食物通过肠道的速度，以确保发生有效的消化和吸收。当到达小肠远端（回肠）的未消化的营养物质水平增加时，就会释放激素来减缓食物通过肠道的运动，从而给人体更多的时间来充分消化它们。这一机制对人类祖先的生存至关重要，因为这使他们能够从食物中获取所有可用的热量和微量营养素。然而，在现代社会，回肠制动机制可能不像最初设计的那样发挥作用了，因为现在我们的食物经过了高度加工，很容易被消化。

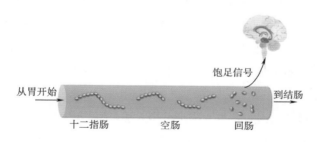

图 5.11

饱腹感信号被认为与到达回肠的未消化食物数量有关

这一现象在最近对老鼠的喂养实验中得到了很好的证明。美国印第安纳州普渡大学布鲁斯·哈梅克（Bruce Hamaker）教授和同事们的研究表明，如果能够减缓淀粉消化的速度，使更多的淀粉消化发生在回肠内，通过刺激肠脑轴促进释放激素，从而降低动物的食欲，可增加饱腹感[32]。研究结果表明，喂食慢消化淀粉的老鼠比喂食快速消化淀粉的老鼠吃得少。在高脂肪食物的研究中也观察到了类似的结果——减缓脂肪消化的速度会获得更高的饱腹感。如前所述，我们远古祖先所食用的食物并没有经过深度加工，淀粉和脂肪细胞仍然嵌在含有高水平膳食纤维的复杂植物组织基质中。这些膳食纤维在淀粉颗粒和脂肪细胞周围可形成保护层，限制了与消化酶的接触。因此，史前食物中的淀粉和脂肪比那些经过深度加工的现代食物中的淀粉和脂肪更能深入肠道。当我们食用深度加工的食物时，什么时候停止进食的原始饱腹感反馈机制已经不那么有效了，因为在这些食物中，淀粉和其他可消化的分子很容易被我们肠道中的酶消化。因此，宏量营养素在到达回肠前都已被完全消化，这就导致我们在进食足以引发饱腹感的水平之前吃得更多。有趣的是，蛋白质通常比脂肪或碳水化合物消化得慢，原因之一可能是它们更容易产生饱腹感。

食品科学家可以使用多种策略来延缓宏量营养素的消化速度。一个明显的方法是减少加工食品的摄入量，尽管加工食品是可食用的而且既美味又安全。许多以植物为基础的食物，如水果和蔬菜，含有被称为多酚的植物化学物质，对健康有益，具有如抗氧化、抗菌和抗癌的活性[33]。其中一些多酚还能抑制消化酶，而消化酶能分解我们肠道中的宏量营养素[34]。研究表明，食用富含多酚的植物性食物的碳水化合物或脂肪可以降低餐后血糖和血脂的峰值[35]。此外，还可以从植物中分离出多酚，并将其作为食物成分来调节营养物质的消化和吸收[36]。植物性食物还含有高水平的膳食纤维，可以使我们肠道内的液体增稠或凝结，从而降低消化酶和宏量营养素相互作用的速度[37]。因此，这些天然膳食纤维延缓了糖和脂肪的消化和吸收速度。

除了作为天然食品的一部分被食用外，膳食纤维还可以从自然环境中被分离出来，作为其他食品的功能性成分，可使胃肠液增稠或形成凝胶。一些研究人员还利用膳食纤维在食物中制造对消化酶有抵抗力的物理屏障，将宏量营养素困在食物中，从而减缓食物被消化和吸收的速度。这些仿生屏障与在甜玉米粒中发现的类似，在被排泄之前这些屏障阻止了营养素被完全消化。在我们自己的研究中，我们将脂肪滴嵌入由膳食纤维组装而成的小胶囊中，通过阻止肠道中的酶接触来减慢消化过程。其他研究人员也使用了类似的方法来减慢淀粉[32]的消化。

有趣的是，对食物的饱腹感也取决于一个人通过联想学习[38]而产生的期望。在我们的一生中，我们对食用某些食物的后果产生了预期。我们期望固体食物比相同热量的液体食物更具有饱腹感。类似地，我们期望清淡的汤水比浓郁的汤水更令人满足。研究表明，仅仅通过添加膳食纤维来增加饮料的黏度，就会增加饱腹感。然而，也有一些明显的例外。人们希望液体的汤水比固体食物更令人满意。这可能是另一种认知效应，人们习惯性地认为汤很有营养，这影响了人们对汤抗饿能力的认知。因此，在设计食物时，了解我们产生的认知偏见是很重要的——一种更令人满足的食物可能会让我们吃得更少。食品研究人员面临的挑战是如何在不影响健康的前提下延缓宏量营养素被消化的速度，同时又不改变食物的风味和质地。

六 | 减少盐的摄入量

我们撒在食物上的普通食盐几乎完全由氯化钠（NaCl）组成，但更高级的盐（如海盐）还可能含有微量的其他矿物质，如镁、钙或钾。添加在食物当中的盐能够调味并且改变食品的质地或延长保质期[39]。盐在我们的身体机能中也起着重要的作用，包括调节血容量、肌肉收缩、神经冲动的传递和营养吸收。然而，盐中的钠摄入量过高会导致血压升高（"高血压"），这可能会增加患心脏病、脑卒中的风险，并可能引起其他健康问题。

目前，美国人的平均盐摄入量（3~4 克 / 天）高于美国国家医学研究院（National Academy of Medicine）建议的上限（2.3 克 / 天），这可能会增加他们罹患这些疾病的风险。我们可以通过减少盐的摄入量，定期锻炼和减小压力来降低患高血压的风险。许多国家通过鼓励食品工业减少产品中的盐含量来帮助解决这一问题。据估计，2009 年，仅在美国，高血压病就造成了约 10 万人死亡，医疗费用超过 730 亿美元。但是，人们已经习惯于面包、早餐麦片、奶酪、饼干、肉制品、汤、酱汁和零食等食物的咸味，很难接受那些低盐替代品。2010 年，美国金宝汤（Campbell Soup）公司试图大幅降低许多产品中的含盐量，以使产品更健康。然而，消费者抱怨口味发生了变化，致使销量下降，公司不得不回到老产品上。

自此，金宝汤公司探索了一系列其他的方法来解决这个问题，包括隐蔽减盐、增强咸味、多感官效果、重塑盐晶体和钠替代[41]等。英国泰莱公司（Tate & Lyle）的研究人员研发出了微小的空心盐晶体，可在不降低食物咸度的前提下，将食物中的盐含量降低25%~50%。这些中空的盐晶体大小约为普通盐晶体的百分之一，它们溶解得更快而且咸味更浓。此外，空心盐晶体含钠更少，实际上在普通的食盐晶体中，大多数钠并不能增加咸味。由于这些空心的盐球非常易溶于水，因此它们仅适用于干性食品（如面包和零食），而不适合用于湿性食品（如调味汁或汤）。

交叉模式的感官方法也正在探索之中，这是一种虽增加食物咸度但实际上并不改变食盐水平的方法。某些类型的香味能够增强人们对咸味的感知，食品企业可以在不改变口味的情况下减少食盐的添加量[41]。通过味精等其他食物成分与我们舌头上的味觉感受器相互作用，以此来增加我们对咸味的感知。因此，可以在食物中添加味精来减少盐的总量，同时保持食物的咸味不变，许多调味品公司正在为此寻找天然的咸度增强剂。另外也可以通过把食盐集中放在易于释放出来的小空间内来增加食物的咸味——人们认为即使总体盐含量是一样的，但是食盐的快速波动比恒定水平更剧烈。鉴于高血压和脑卒中对人们生活的破坏性影响，迫切需要在这方面进行进一步的研究。

和其他营养领域一样，关于食盐和健康的科学仍然存在争议。最近的一些研究结果对目前关于我们推荐的食盐摄入量提出了质疑。例如，一项研究报告称，摄入适量钠的人比摄入低钠或高钠的人患心脏病和死亡的风险更低[42,43]。此外，只有那些已经患高血压的人摄入了高盐水平的食物，他们的患病风险才会增加。如果这是真的，那么建议每个人都减少盐的摄入量是不明智的。对于那些高血压和高盐饮食的人，摄入低盐饮食才显得更重要。

与钠相反，在人们的饮食中增加钾的含量（但不要太多）似乎更有益处，可以降低患高血压病、心脏病和死亡的风险。我们的饮食中水果和蔬菜是钾的一个主要来源，可见多吃植物性食物的重要性。围绕盐与健康之间关系的争论表明，在这个领域还需要更深入地研究。

七 | 那我们该吃些什么

正如在本章开头提到的，对于"我应该吃什么？"这个问题，我们很难给出准确答案。和大多数人一样，我对健康饮食的真正组成感到困惑。这一章中我的研究让我少了一些困惑。我们的身体是极其复杂的有机体，它摄入食物，把食物分解成各种成分，然后把它们用作燃料和身体组件，使人体内复杂的生化机制保持平稳运转。很明显，人们吃的食物的种类和数量对人体健康有影响。不良的饮食习惯会导致超重，并容易患上一系列慢性疾病，从而降低人们的生活质量、缩短预期寿命。相反，良好的饮食可以改善健康状况，使我们生活得更充实，更有活力。但是什么是健康的饮食呢？各种各样的饮食结构都说对我们的健康最有益，其中包括低碳水化合物、低脂肪、低血糖、地中海餐、旧石器时代餐、素食和纯素饮食[44]。然而这些饮食结构在食物的种类、数量、总体营养成分和消化率方面却各不相同。

目前还没有严谨的、长期的研究表明，只要摄入的总热量是相同的，这些饮食就都有益于我们的健康[44]。与其试图坚持某一种特定的饮食，我们更应该接受迈克尔·波伦（Michael Pollen）的现代名言"吃天然的食物，不宜太多，宜多吃植物性食品"的饮食建议。这句话包含三个重要的饮食原则。首先，多吃完整的或最低限度加工的食物，因为它们消化得比较慢。其次，通过减少你的食量来减少你的热量摄入量，因为这会帮助你保持健康的体重。第三，吃植物性食物，如水果、蔬菜、谷物、豆类、坚果和种子，而非动物性食物，如肉类、鸡蛋和牛奶，因为植物性食物含有更多有益的成分，如膳食纤维、不饱和脂肪、维生素和营养物质，减少相对有害的食用成分（如反式脂肪、饱和脂肪、胆固醇、糖和精制的碳水化合物）。

　　总的来说，采纳该饮食建议对人类健康和环境都大有裨益，并使食品供应更符合伦理并具有可持续性。此外，它广泛适用于不同健康状况的人群。接受波伦推荐的饮食建议可以减少肥胖、糖尿病、心脏病、高血压病和癌症的发生。自 2008 年波伦的《捍卫食品》一书出版以来，美国的肥胖和糖尿病人数持续攀升，增长率主要集中在不富裕的人群中。许多贫困家庭根本买不起新鲜水果、蔬菜和天然食品。此外，我们中的许多人没有时间、精力或意愿每天从早就开始准备健康的饭菜。我知道这是有争议的，但我坚信食品科学在解决这个问题上可以发挥重要作用。食品工业需要生产更多植物性食品，这些食品价格低廉、美味、方便，并且可工业化生产，同时也具有促进健康所需的营养成分和消化率。下一代的深度加工食品必须使用可被持续提供的原料和制造方法。

　　食品企业的最终目标是盈利，而不是提供更健康的食品。因此，消费者和政府就需要采取行动，鼓励食品企业生产更健康的食品。事实上，一些食品企业已经在这样做了，生产了一系列高质量和方便的健康产品，如可以在微波炉中快速烹制的素食冷冻食品。

八 | 节食问题：
　　　合理的体重范围

　　对于那些减肥的人来说，最困难的挑战之一就是身体对减肥具有固有抵抗性[45]。我们都有自己的体重范围，或者是我们的身体试图保持固定的体重。体重设定值由大脑下丘脑区域内发生的生化过程控制，下丘脑区域通过调节食欲、饱腹感和新陈代谢来维持体重。大脑利用从身体接收到的有关食物摄入量的信息，如血糖水平、脂肪沉积和营养水平来运行这个系统。对体重的设定值类似于我们在家里给恒温器设定的温度值。如果房间太冷，暖气就会把温度提高到设定值。相反，如果房间太热，就会关掉暖气，直到室温降下来为止。同样，如果体重低于我们的设定值，身体会做出反应以保持恒定的体重。身体可能通过分泌促进食欲的激素来达到这一目的，导致我们感到更饿，吃得更多。另外，身体还可能会降低我们的活动水平，使我们燃烧更少的热量。许多营养学研究提供了强有力的证据表明，由于这种现象的存在，想要长时间地减轻或保持体重是极具挑战性的事。一般来说，只有不到 20% 的节食者能够长期保持体重。

从进化的角度来看，我们的祖先生活在食物匮乏的环境中，所以他们的身体需要一种机制来保证体重在一个合理的范围内。在这种环境下，身体有防止体重降低的压力，但没有类似的防止体重增加的压力。因此，身体调节机制在预防吃得太少方面要比预防暴饮暴食有效得多。有证据表明，如果长时间暴饮暴食，我们的体重设定值就会增加。因此，肥胖者自身设定的合理体重范围比瘦人高得多，这使得他们很难通过节食来减肥。未来的一个重大挑战将是确保人们的合理体重范围不会升高，不会导致长期超重或肥胖。这必须从确保孩子们不会吃得过多开始，因为身体一旦设定了一个高的体重值，在以后的生活中就很难减下来了。

尽管这是一个非常可信的理论，但合理体重范围在导致肥胖方面的重要性仍存在很大争议，并引发了激烈的争论。现在大多数营养学家认为肥胖是一个极其复杂的多因素问题，没有一个单一的因素可以完全解释它[46,47]。

九 ｜ 我该什么时候吃

目前，我们只考虑了饮食中不同营养物质的种类和数量对健康的影响。最近时间营养学的前沿研究表明，进食时间也可能影响健康[48]。如果我们在不同的时间吃完全相同的食物，比如一整天都在吃，或者只在有限的时间内吃，可能会产生不同的效果。对动物和人类的研究表明，在一定时间内（4~12 小时）的进食可以帮助人们减轻体重，预防糖尿病、心脏病和炎症。这种影响似乎有一部分是因为人类的生物钟（昼夜节律）与进食 / 禁食行为进行同步变化。另一种潜在改善人类健康的时间营养学方法是间歇性禁食。在这种方法中，你在一段时间内正常进食，但在剩下的时间里禁食，禁食时间可能会持续一天到几天。在禁食期间，你要么不摄入热量，要么摄入非常有限的热量。间歇性禁食期间人们消耗的能量从生长和繁殖转向了维持、循环和修复，该阶段被认为可以增强细胞的抗逆性，使人们变得更强壮[48]。在我们的祖先中，当食物匮乏时，禁食是很常见的，因此他们的身体适应了禁食。然而，在发达国家中，大多数人都有现成的食物，只要人们感到饥饿就能吃到食物，所以人们的身体永远不会进入禁食状态。在小鼠和大鼠实验中，间歇性禁食已被证明可以延长它们的寿命，并降低它们患肥胖症、心脏病、糖尿病、癌症和大脑疾病的风险。对人类的研究也表明，这种饮食方式对健康有益，比如能够减轻体重、降低血压、改善心脏和癌症的发病率。

因此，原则上，我们可以通过改变白天吃饭的时间或禁食一段时间来改善我们的健康。

但在现实生活当中，这是非常困难的，因为我们大多数人都不想保持如此严格的饮食方式。虽然如此，只有当一个人已经患有糖尿病等慢性疾病而为了改善健康状况时，他们才可能会有强烈的改变饮食方式的动机。应该指出的是，时间营养学仍处于初级阶段，还不能做出任何结论性的建议。此外，分子作用机制还有待研究。目前，这是一个非常有趣的想法，在成为主流学说之前还需要更多的研究。

✚ | 创造一个健康的饮食环境

加拿大阿萨巴斯卡大学（Athabasca University）营养学教授诺曼·坦普尔（Norman Temple）在分析影响饮食相关疾病因素的基础上，提出了创建更健康食品环境的战略构想[49]。食品行业提供美味、方便、分量过大的高热量食品，对不健康食品进行大力推销（尤其是向儿童）是导致肥胖、糖尿病和心脏病发病率惊人增长的主要原因。几十年来，人们已经知道这个问题的严重性了。在此期间，各国政府尝试了各种策略来解决这一问题，但收效甚微。我们需要消费者、政府和行业的多方协同，采取更加全面和创新的多管齐下的方法来解决问题。

1. 政府的角色

政府机构在发布和传播有关饮食对健康影响方面的信息发挥了重要作用。然而，政府是庞大的官僚机构，代表各方利益，不乏存在众多利益冲突的情况。在欧美国家，纳税人需要通过诸如英国的国民健康服务（NHS）、美国的联邦医疗保险（Medicare）或联邦医疗补助计划（Medicaid）等社会保险项目，来支付额外增加的与饮食相关疾病的医疗成本。因此，政府在减少与饮食有关的慢性病发病率方面有既得利益。另一方面，政府还需要提高负责种植、生产和分配粮食的农业和工业部门的经济活力。政府可以激发促进创造一种考虑到各方利益冲突的更健康的食品和经济环境。

（1）补贴　除了支持大豆和玉米等作物外，政府还可以将补贴转向促进更健康食品的生产，如水果、蔬菜、谷物、坚果和豆类。

（2）拨款　政府可以支持更多的临床试验，来确定总热量、常量营养素组分和食物消化率对体重增加、肥胖和其他慢性病发生所产生的影响。很明显，我们在这一关键领域的知识仍有许多空白。

（3）税收　传统上，食品行业一直抵制对其产品增税。然而，政府可以针对诸如饱和脂肪、盐和糖等对健康有负面影响的食物成分进行征税。这肯定会限制我们想吃什么就吃什么的权利。但政府已经对烟酒采取了类似的措施，过度消费烟酒还导致纳税人提高医疗费用的额度。含有大量不健康成分的食品价格上涨将主要损害穷人的利益，但他们也是最有可能从这些变化中受益的人群。政府可以通过向有需要的人提供购买健康食品的代金券或用税收补贴购买健康食品的成本来弥补。英国最近推出的糖税（2018 年 4 月）已经显示出了益处。事实上，许多软饮料供应商降低了其产品中的含糖量，以避免在征税生效后向消费者收取更高的费用。墨西哥、法国和挪威也引入了类似的糖税，以应对这些国家日益增长的肥胖和糖尿病人口数量。

（4）法律　在某些情况下，我们的政府完全禁止或严格限制使用某些特定食品成分是谨慎的。由于工业生产的反式脂肪对心脏产生严重的负面影响，2018 年夏天，世界卫生组织（WHO）呼吁禁止使用反式脂肪。据估计，如果这项禁令在全球范围内实施，到 2023 年可以挽救 1000 多万人的生命。然而，世界卫生组织无权强制实施这一禁令。相反，它必须依靠各国政府来实施。美国农业部要求食品企业在 2018 年之前在所有产品中停止使用反式脂肪，如果替代反式脂肪的成分是健康的，这将大大降低心血管疾病的发病率。在纽约禁用反式脂肪后，心脏病和中风的发病率将显著下降，凸显了该方法的潜力。法律还可以用来限制或禁止那些垃圾食品的广告，以保护那些没有鉴别评估信息价值能力的儿童。

（5）食品标签　食品标签是向消费者提供有关食品营养成分信息的重要途径，这样他们就可以对自己的饮食做出明智的选择。在未来，食品标签应该提供有关食品成分和热量的信息（就像他们现在所做的那样），还应该提供有关食品消化吸收率和抗饥饿能力的信息。一些食品公司已经在开发这种方法来区分竞争对手的产品了。所提供的信息应采用容易理解的格式，以便消费者能在超级市场和餐厅迅速做出购买选择。英国使用交通灯系统来标志食物的健康程度。未来的食品标签可能会在营养成分、消化吸收率指数和抗饥饿性方面设置红绿灯，绿色表示良好，黄色表示中性，红色表示较差。然而，目前很难建立这样一个系统，因为没有普遍接受的方法来评价食物的营养状况、消化吸收率指数或抗饥饿能力。这显然是一个需要进一步研究的领域。

（6）营养指导　政府应继续通过针对儿童和成人的教育项目向公众宣传营养指南。然而,这些信息应该以一种针对目标受众(包括电视、报纸和互联网)有效的形式来呈现。此外，还可以教育医护专业人员，鼓励他们向患者提供营养建议，因为从长远来看，这可以通过减少慢性病的发病率来节省医疗费用。政府应该通过雇用食品企业的营销人员设计有说服力的故事，来鼓励人们选择更健康的饮食。

（7）机构　政府通常掌管着有许多人吃饭的大型机构，比如中小学、大学、医院、军营和监狱。政府应确保这些机构提供的食品符合健康标准。这对于学校里还在培养饮食习惯的孩子们来说尤为重要。那些年轻时养成良好饮食习惯的人更可能会终生保持良好的饮食习惯。

2. 工厂的角色

过去阻碍营养建议实施的因素之一是营养学家和食品科学家之间的冲突。这两个学科经常互相质疑。事实上，我所在的马萨诸塞大学曾经有食品科学与营养学系，但在我来之前，该系就被拆分了。虽然仍然住在同一栋楼里，食品科学系的成员很少与营养学系的成员一起工作了。营养学家更倾向于认为食品科学家与食品工业结合在一起，只对商业感兴趣，而食品科学家则认为营养学家所提供的信息往往令人困惑、前后矛盾并且不切实际。如果我们要解决与饮食有关的疾病流行问题，食品科学家和营养学家必须共同努力，以健全的科学为基础提出切实可行的解决方案。

和其他行业一样，食品企业如果不盈利就无法生存。许多食品企业在大量投资如含糖饮料、糖果、美味小吃、饼干和蛋糕等本质上不健康并被过度消费的食品。很难相信食品企业能够简单地停止出售现存的产品，快速转去生产更健康的产品。然而，如果我们想要一个更健康的饮食环境，就必须做出改变。食品工业应该利用食品设计和心理学的最新研究来创造更健康的产品。这些食物将被设计成更小的分量、具有更低密度的能量、具有更高的饱腹感、具有更少的"有害"成分、具有更多的"有益"成分和更慢的消化速度。

一般来说，重要的是确定现实中人们是如何生活的，什么样的食物适合他们。随着人们逐渐意识到饮食对健康的重要性，健康食品有着巨大的潜在市场。健康食品可以是新鲜的，或者是被轻度加工的，但也可以是冷冻的、罐装的或干燥过的。然而，重要的是要确保这些新食品对人们的健康确实有益，而不仅仅是以此作为营销噱头。

3. 消费者的角色

理想情况下，消费者应该把自己的健康和营养掌握在自己手中。他们应该更好地了解饮食与健康之间的联系，然后利用这些知识为自己和家人选择最合适的饮食方式。通过在超市和餐馆选择更健康的食品，消费者将鼓励食品公司和供应商提供更广泛更健康的选择。然后，利用市场力量来创造一个不易导致肥胖的食品环境。然而，目前很难有这一选择，因为，我们被垃圾食品的广告所包围着，而且许多快餐连锁店和餐馆提供的饭量太大。

最近我有机会和杰弗里·佩辛（Jeffrey Pressin）教授交谈，他是纽约阿尔伯特·爱因斯坦医学院糖尿病研究中心的主任。他指出，除了进行肥胖外科手术外，很少有人能在变胖后减重并持续保持体重。绝大多数通过节食减肥的人在一年内又恢复了体重。如前所述，人体具有有效的生化机制来帮助我们增加体重，而不是减少体重。很明显，扭转肥胖流行的趋势必须从年轻人开始——我们要鼓励孩子们尽早养成健康的饮食习惯。一旦一个人变得肥胖，他们的主要期望是保持健康的饮食习惯，以减轻如慢性炎症等与肥胖相关、对健康的不利影响。

十一 | 未来的饮食

　　人类的饮食结构极其复杂，由各种各样的食物组成，在复杂结构的食物当中含有许多不同的营养成分。食物对健康的影响可以从许多不同的层面来考虑，包括饮食习惯、一餐饭、不同食物、营养成分和分子层面。营养学家试图主要采用两种方法——全盘分析和归纳分析来揭示食物和健康之间的复杂关系。在全盘分析中，营养学家关注的是人们的总体饮食和他们的健康状况之间的关系。在归纳分析的方法中，科学家们试图了解特定营养成分对健康的影响，同时也在确认相关的物理化学机制和生理机制。在极端的情况下，归纳分析方法导致营养主义——健康的影响归因于整个饮食中的个别营养成分。

　　全盘分析方法和归纳论方法均有各自的优点和不足。全盘分析方法更具现实意义，因为它从本质上解释了各种食物对饮食和人体健康的影响。然而，它只能得出饮食和健康结果之间的相关性，而不涉及对详细作用机制的理解，并不能确定饮食中的哪些成分是有益的或是决定性的。地中海饮食方式普遍健康有益是由于饮食中的橄榄油、膳食纤维、多酚、慢消化、红酒、生活方式或是所有这些因素的总和。还原论方法确实提供了详细的作用机制，但这些研究中使用的高度精细化的模型系统永远不能代表实际人类饮食的复杂性。成功地整合这些不同的方法才能促使营养科学的进步。这将取决于我们如何更好地理解单个营养物质在体内的行为，它们如何与其他营养物质相互作用，以及它们在复杂饮食中是如何影响我们的健康的。鉴于该问题的重要性和复杂性，需要我们付出漫长和艰苦的努力，才能使它对我们的生活质量产生重大且有益的影响。

　　那么，如果现在有人问我"我应该吃什么？"，我要这样回答："吃各种各样的食物，不要吃太多，在你的饮食中应该包括很多水果和蔬菜"。您可能说这是你在研究本章内容之前会说的。而我学到的最重要的一点是，营养科学极其复杂，很难做出任何明确的结论，基于有限的数据就提出全面的健康主张之前，我们应该保持谨慎。

参考文献 ↘

1. IFIC，Food and Health Survey. 2018. *International Food Information Council Foundation*，1–62.

2. Holmes，B. 2017. *Flavor*：*The Science of Our Most Neglected Sense*. New York：W. W. Norton and Company.

3. Choudhary，A. K.，and E. Pretorius. 2017. Revisiting The Safety of Aspartame. *Nutrition Reviews* 75（9）：718–730.

4. Cioffi，I.，L. Santarpia，and F. Pasanisi. 2016. Quality of Meal and Appetite Sensation. *Current Opinion in Clinical Nutrition and Metabolic Care* 19（5）：366–370.

5. Martinez，J. A.，S. Navas–Carretero，W. H. M. Saris，and A. Astrup. 2014. Personalized Weight Loss Strategies–The Role of Macronutrient Distribution. *Nature Reviews Endocrinology* 10（12）：749–760.

6. Sacks，F. M.，G. A. Bray，V. J. Carey，S. R. Smith，D. H. Ryan，S. D. Anton，K. McManus，C. M. Champagne，L. M. Bishop，N. Laranjo，M. S. Leboff，J. C. Rood，L. de Jonge，F. L. Greenway，C. M. Loria，E. Obarzanek，and D. A. Williamson. 2009. Comparison of Weight–Loss Diets with Different Compositions of Fat，Protein，and Carbohydrates. *New England Journal of Medicine* 360（9）：859–873.

7. Taubes，G. 2016. *The Case Against Sugar*. New York：Alfres A. Knopf.

8. Gardner，C. D.，J. F. Trepanowski，L. C. Del Gobbo，M. E. Hauser，J. Rigdon，J. P. A. Ioannidis，M. Desai，and A. C. King. 2018. Effect of Low–Fat vs Low–Carbohydrate Diet on 12–Month Weight Loss in Overweight Adults and the Association With Genotype Pattern or Insulin Secretion The DIETFITS Randomized Clinical Trial. *JAMA-Journal of the American Medical Association* 319（7）：667–679.

9. Stanhope，K. L. 2016. Sugar Consumption，Metabolic Disease and Obesity：The State ofthe Controversy. *Critical Reviews in Clinical Laboratory Sciences* 53（1）：52–67.

10. Alwahsh，S. M.，and R. Gebhardt. 2017. Dietary Fructose as a Risk Factor for Non–Alcoholic Fatty Liver Disease（NAFLD）. *Archives of Toxicology* 91（4）：1545–1563.

11. Nieman，D. C.，and S. H. Mitmesser. 2017. Potential Impact of Nutrition on Immune System Recovery from Heavy Exertion：A Metabolomics Perspective. *Nutrients* 9（5）.

12. Sharma，S. P.，H. J. Chung，H. J. Kim，and S. T. Hong. 2016. Paradoxical Effects of Fruit on Obesity. *Nutrients* 8（10）：16.

13. Seidelmann，S. B.，B. Claggett，S. Cheng，M. Henglin，A. Shah，L. M. Steffen，A. R. Folsom，E. B. Rimm，W. C. Willett，and S. D. Solomon. 2018. Dietary Carbohydrate Intake and Mortality：A Prospective Cohort Study and Meta–Analysis. *The Lancet Public Health* 3：e419–e428.

14. Ludwig，D. S.，W. C. Willett，J. S. Volek，and M. L. Neuhouser. 2018. Dietary Fat：From Foe to Friend？ *Science* 362（6416）：764–770.

15. Sacks, F. M., A. H. Lichtenstein, J. H. Y. Wu, L. J. Appel, M. A. Creager, P. M. Kris-Etherton, M. Miller, E. B. Rimm, L. L. Rudel, J. G. Robinson, N. J. Stone, L. V. Van Horn, and A. American Heart. 2017. Dietary Fats and Cardiovascular Disease: A Presidential Advisory From the American Heart Association. *Circulation* 136（3）: E1–E23.

16. Scrinis, G. 2013. *Nutritionism: The Science and Politics of Dietary Advice*. New York: Columbia University Press.

17. Mensink, R. P., and M. B. Katan. 1990. Effect of Dietary Trans-Fatty-Acids on High-Density and Low-Density-Lipoprotein Cholesterol Levels in Healthy-Subjects. *New England Journal of Medicine* 323（7）: 439–445.

18. Jacobsen, C. 2008. Omega-3s in Food Emulsions: Overview and Case Studies. *Agro Food Industry* Hi-Tech 19（5）: 9–12.

19. Orchard, T. S., X. L. Pan, F. Cheek, S. W. Ing, and R. D. Jackson. 2012. A Systematic Review of Omega-3 Fatty Acids and Osteoporosis. *British Journal of Nutrition* 107: S253–S260.

20. Waraho, T., D. J. McClements, and E. A. Decker. 2011. Mechanisms of Lipid Oxidation in Food Dispersions. *Trends in Food Science & Technology* 22（1）: 3–13.

21. McClements, D. J., and E. A. Decker. 2000. Lipid Oxidation in Oil-in-Water Emulsions: Impact of Molecular Environment on Chemical Reactions in Heterogeneous Food Systems. *Journal of Food Science* 65（8）: 1270–1282.

22. Cuenca-Sanchez, M., D. Navas-Carrillo, and E. Orenes-Pinero. 2015. Controversies Surrounding High-Protein Diet Intake: Satiating Effect and Kidney and Bone Health. *Advances in Nutrition* 6（3）: 260–266.

23. Leidy, H. J., P. M. Clifton, A. Astrup, T. P. Wycherley, M. S. Westerterp-Plantenga, N. D. Luscombe-Marsh, S. C. Woods, and R. D. Mattes. 2015. The Role of Protein in Weight Loss and Maintenance. *American Journal of Clinical Nutrition* 101（6）: 1320S–1329S.

24. Darling, A. L., D. J. Millward, D. J. Torgerson, C. E. Hewitt, and S. A. Lanham-New. 2009. Dietary Protein and Bone Health: A Systematic Review and Meta-Analysis. *American Journal of Clinical Nutrition* 90（6）: 1674–1692.

25. Renz, H., K. J. Allen, S. H. Sicherer, H. A. Sampson, G. Lack, K. Beyer, and H. C. Oettgen. 2018. Food Allergy. *Nature Reviews Disease Primers* 4: 17098.

26. Sathe, S. K., C. Q. Liu, and V. D. Zaffran. 2016. Food Allergy. In *Annual Review of Food Science and Technology*, ed. M. P. Doyle and T. R. Klaenhammer, vol. 7, 191–220.

27. Bogh, K. L., and C. B. Madsen. 2016. Food Allergens: Is There a Correlation Between Stability

to Digestion and Allergenicity？ *Critical Reviews in Food Science and Nutrition* 56（9）：1545-1567.

28. Ekezie, F. G. C. , J. H. Cheng, andD. W. Sun. 2018. Effects of Nonthermal Food Processing Technologies on Food Allergens：A Review of Recent Research Advances. *Trends in Food Science & Technology* 74：12-25.

29. Alves, R. C. , M. F. Barroso, M. B. Gonzalez-Garcia, M. Oliveira, and C. Delerue-Matos. 2016. New Trends in Food Allergens Detection：Toward Biosensing Strategies. *Critical Reviews in Food Science and Nutrition* 56（14）：2304-2319.

30. Lu, L. W. , B. Venn, J. Lu, J. Monro, and E. Rush. 2017. Effect of Cold Storage and Reheating of Parboiled Rice on Postprandial Glycaemic Response, Satiety, Palatability and Chewed Particle Size Distribution. *Nutrients* 9（5）．

31. Swinburn, B. , G. Sacks, and E. Ravussin. 2009. Increased Food Energy Supply Is More than Sufficient to Explain the US Epidemic of Obesity. *American Journal of Clinical Nutrition* 90（6）：1453-1456.

32. Hasek, L. Y. , R. J. Phillips, G. Y. Zhang, K. P. Kinzig, C. Y. Kim, T. L. Powley, and B. R. Hamaker. 2018. Dietary Slowly Digestible Starch Triggers the Gut-Brain Axis in Obese Rats with Accompanied Reduced Food Intake. *Molecular Nutrition & Food Research* 62（5）．

33. Gorzynik-Debicka, M. , P. Przychodzen, F. Cappello, A. Kuban-Jankowska, A. M. Gammazza, N. Knap, M. Wozniak, and M. Gorska-Ponikowska. 2018. Potential Health Benefits of Olive Oil and Plant Polyphenols. *International Journal of Molecular Sciences* 19（3）．

34. Barrett, A. H. , N. F. Farhadi, and T. J. Smith. 2018. Slowing Starch Digestion and Inhibiting Digestive Enzyme Activity Using Plant Flavanols/Tannins – A Review of Efficacy and Mechanisms. *LWT-Food Science and Technology* 87：394-399.

35. Takahama, U. , and S. Hirota. 2018. Interactions of Flavonoids with Alpha-Amylase and Starch Slowing Down its Digestion. *Food & Function* 9（2）：677-687.

36. Velickovic, T. D. C. , and D. J. Stanic-Vucinic. 2018. The Role of Dietary Phenolic Compounds in Protein Digestion and Processing Technologies to Improve Their Antinutritive Properties. *Comprehensive Reviews in Food Science and Food Safety* 17（1）：82-103.

37. Capuano, E. 2017. The Behavior of Dietary Fiber in the Gastrointestinal Tract Determines Its Physiological Effect. *Critical Reviews in Food Science and Nutrition* 57（16）：3543-3564.

38. Dhillon, J. , C. A. Running, R. M. Tucker, and R. D. Mattes. 2016. Effects of Food Form on Appetite and Energy Balance. *Food Quality and Preference* 48：368-375.

39. Jaenke, R. , F. Barzi, E. McMahon, J. Webster, and J. Brimblecombe. 2017. Consumer Acceptance of Reformulated Food Products：A Systematic Review and Meta-Analysis of Salt-Reduced

Foods. *Critical Reviews in Food Science and Nutrition* 57（16）：3357–3372.

40. Barberio, A. M. , N. Sumar, K. Trieu, D. L. Lorenzetti, V. Tarasuk, J. Webster, N. R. C. Campbell, and L. McLaren. 2017. Population–Level Interventions in Government Jurisdictions for Dietary Sodium Reduction: A Cochrane Review. *International Journal of Epidemiology* 46（5）：1551–1563.

41. Kuo, W. Y. , and Y. S. Lee. 2014. Effect of Food Matrix on Saltiness Perception–Implications for Sodium Reduction. *Comprehensive Reviews in Food Science and Food Safety* 13（5）：906–923.

42. Mente, A. , M. O' Donnell, S. Rangarajan, G. Dagenais, S. Lear, M. McQueen, R. Diaz, A. Avezum, P. Lopez–Jaramillo, F. Lanas, L. Wei, L. Yin, Y. Sun, R. Lei, R. S. Iqbal, P. Mony, R. Yusuf, K. Yusoff, A. Szuba, A. Oguz, A. Rosengren, A. Bahonar, A. Yusufali, A. E. Schutte, J. Chifamba, J. F. E. Mann, S. S. Anand, K. Teo, S. Yusuf, P. Investigator, E. Investigator, and T. T. Investigator. 2016. Associations of Urinary Sodium Excretion with Cardiovascular Events in Individuals with and Without Hypertension: A Pooled Analysis of Data From Four Studies. *Lancet* 388（10043）：465–475.

43. Mente, A. , M. O' Donnell, S. Rangarajan, M. McQueen, G. Dagenais, A. Wielgosz, S. Lear, S. T. L. Ah, L. Wei, R. Diaz, A. Avezum, P. Lopez–Jaramillo, F. Lanas, P. Mony, A. Szuba, R. Iqbal, R. Yusuf, N. Mohammadifard, R. Khatib, K. Yusoff, N. Ismail, S. Gulec, A. Rosengren, A. Yusufali, L. Kruger, L. P. Tsolekile, J. Chifamba, A. Dans, K. F. Alhabib, K. Yeates, K. Teo, and S. Yusuf. 2018. Urinary Sodium Excretion, Blood Pressure, Cardiovascular Disease, and Mortality: A Community–Level Prospective Epidemiological Cohort Study. *Lancet* 392（10146）：496–506.

44. Katz, D. L. , and S. Meller. 2014. Can We Say What Diet Is Best for Health ？ In *Annual Review of Public Health*, ed. J. E. Fielding, vol. 35, 83–103.

45. Aamodt, S. 2016. *Why Diets Make Us Fat: The Unintended Consequences of Our Obesseion with Weight Loss*. New York: Penguin Random House.

46. McAllister, E. J. , N. V. Dhurandhar, S. W. Keith, L. J. Aronne, J. Barger, M. Baskin, R. M. Benca, J. Biggio, M. M. Boggiano, J. C. Eisenmann, M. Elobeid, K. R. Fontaine, P. Gluckman, E. C. Hanlon, P. Katzmarzyk, A. Pietrobelli, D. T. Redden, D. M. Ruden, C. X. Wang, R. A. Waterland, S. M. Wright, and D. B. Allison. 2009. Ten Putative Contributors to the Obesity Epidemic. *Critical Reviews in Food Science and Nutrition* 49（10）：868–913.

47. Heymsfield, S. B. , and T. A. Wadden. 2017. Mechanisms, Pathophysiology, and Management of Obesity. *New England Journal of Medicine* 376（3）：254–266.

48. Di Francesco, A. , C. Di Germanio, M. Bernier, and R. de Cabo. 2018. A Time to Fast. *Science* 362（6416）：770–775.

49. Temple, N. J. 2016. Strategic Nutrition: A Vision for the Twenty–First Century. *Public Health Nutrition* 19（1）：164–175.

06

营养功能因子：
是超级食品还是超级广告

→

Nutraceuticals: Superfoods or Superfads ?

一 | 什么是营养功能因子

食物能像药物一样用来预防癌症、糖尿病、痴呆症、骨质疏松、中风及冠心病吗？预防这些疾病肯定比治愈它们更好，因为这样可以提高我们的生活质量，同时还能为社会节省大量的医疗开支和生产力资源。食物能通过改善我们的情绪、注意力、睡眠模式或能量水平，进而提高我们的表现吗？热衷于喝咖啡的人认为，想要开启新的一天，清晨的咖啡因是必不可少的。食物中含有大量据称可以改善人体健康状况或身体机能的分子。由于兼具营养因子和药物的相似性，这些生物活性分子通常被称作"营养因子"。这个词被认为是"医学创新基金会"的创始人斯蒂芬·德菲利斯（Stephen DeFelice）于1989年提出的，据称具有各种各样的健康益处（表6.1）。那些能够预防疾病或提高机能的神奇食物，几乎每周都能被媒体报道。但是我们应该如何去审视这些说法呢？如果这些说法是真的，我们应如何着手将这些营养因子纳入我们的饮食呢？

表 6.1

一些常见功能因子及其声称的健康益处

功能因子	自然来源	声称的健康益处	证据强度
ω-3 脂肪酸（DHA、EPA、ALA）	鱼、藻类和亚麻籽油	减少心脏病、炎症、免疫紊乱和精神疾病	中等至强
类胡萝卜素 –β– 胡萝卜素、番茄红素、叶黄素	胡萝卜、甘蓝、辣椒、番茄、枸杞	维生素 A 原活性，抗癌活性，改善眼部健康	中等至强
姜黄素	姜黄	减少癌症、中风、抑郁、疼痛、肥胖和糖尿病	中等
白藜芦醇	葡萄籽、葡萄酒、浆果、花生	减少癌症、心脏病、糖尿病和脑病	中等
多酚类化合物	咖啡、茶、可可、水果、浆果、豆类	减少癌症、炎症、肥胖、糖尿病、心脏病、脑病	中等至强
植物甾醇 / 甾烷醇	水果、蔬菜、坚果、种子、全谷类和豆类	降低胆固醇水平	强

注：证据强度："强"指得到临床试验、流行病学研究和机制研究的支持，"中等"指一些非决定性的证据。

食用营养因子有多种形式。它们可以留存于自然环境中，作为整个食物的一部分被吃掉，就像苹果、蓝莓、葡萄、坚果、羽衣甘蓝、胡萝卜那样。胡萝卜中含有大量胡萝卜素，据研究对健康有多种益处，包括提高我们眼睛的健康水平——也许我奶奶认为吃胡萝卜能让她在黑暗中也能看得见的观点是不无道理的。营养因子可能是制作食品饮料原料中的一个组成部分，如茶、咖啡和巧克力。制作黑巧克力的可可豆富含具有健康益处的异黄酮，这也是人们多吃一块巧克力的好借口。或者，营养因子可以从其自然环境中分离出来并纯化得到功能食品或补充剂的原料，就像某些天然来源的药物在分离后被加入到药丸或胶囊中一样。作为类胡萝卜素家族的一员，从胡萝卜中分离出来的 $\beta-$ 胡萝卜素又被用在水果饮料和零食棒中。许多人相信从新鲜蔬果等完整食品中摄取的营养能提供最大的健康益处，但情况并非总是如此，稍后会介绍到这个问题。

我们团队多年致力于营养因子的研究。主要想探明营养因子在食品和人体脏器中的物理、化学反应。通过这些研究试图提高食物中营养因子的含量，或者防止它们在人体吸收前降解。我经常在营养因子相关科学论文的开始部分列出营养因子的各种益处。然而，我经常也产生这样的疑问：其证据到底有多足？这些简单的食品成分真的有那么完美吗？因此，本章的目的在于：解释什么是营养因子以及营养因子从哪里来，审视营养因子有益健康背后的科学依据，综述证据强度。同时，还会强调食品科学家在尝试将营养因子融入食品中时和营养学家在测试其功效时所面临的一些困难。关于那些在大众媒体上声称能治愈癌症或预防心脏病的"神奇"食物，本章将为您提供一些评价依据。

二 | 营养功能因子与营养素

在我们正式开始讨论之前，有必要对营养因子和营养素进行区分。大多数食物含有多种不同类型的分子。其中一些分子不可消化，从我们的体内穿肠而过；而另一些可消化的分子在我们的肠道内被分解吸收。营养素就是被我们身体所吸收的食物成分，成为身体的燃料或是复杂人体结构的零件，以确保我们能够正常运转。依据我们日常饮食中的典型含量水平，这些营养素被分为两类。一类是宏量营养素，如脂肪、蛋白质和碳水化合物，被消耗水平相对较高（10%~65%）；另一类是微量营养素，如维生素和矿物质，处于低水平消耗（小于1%）。对比之下，营养因子就是那些对我们的健康状态及身体机能具有益处、但对于身体正常状态维持并非绝对必需的食物成分。想想清晨那杯咖啡所含有的咖啡因给你带来的振奋感吧——它让你不再感到瞌睡，但没了它也不影响你成为一个功能健全的人（尽管一些人对此存在异议）。

三 | 营养功能因子与药品

对营养因子和药品进行区分也是有必要的。药品是临床上已经被证明可以治愈、治疗或预防特定疾病的物质，如用来降低胆固醇水平的辛伐他汀、用来治疗癌症的阿瓦斯汀。这些药品通常以特定剂型被人们定期服用，如每天早晨一次，每次服用 20 毫克（一片）。商业化的药品经过严格的临床试验以证明其有效性和安全性，其作用机制已通过详尽的科学研究得以确立。通常，这些药物针对人体内特定的分子、细胞或组织起作用。例如，抗癌药物可与癌细胞内的特定蛋白相结合，从而阻止其无限增殖。药品通常是在实验室中合成的小分子，所以它们具有高纯度及结构公开的特点。然而，特殊情况也同样存在，如从紫长春花属中分离出的抗癌药物长春新碱，就是从植物中提取的天然物质。经过鉴定，这些分子可能会被送进实验室进行重构，以获得和原始分子一样的结构。或者，还能通过化学修饰以增强这些分子的功效。天然药物治疗疾病的成功一直是食品科学家寻找天然营养因子的最大动力之一，他们希望通过天然营养因子改善人类的健康。

然而，营养因子和药品之间的明显差异使得食品科学家的这种努力难见成效。与药品不同，营养因子通常作为复杂饮食的一部分被食用。而食品消耗的种类与数量在不同人之间、食用的不同时间之间存在着差异。此外，营养因子的功效往往取决于来源食物的性质（生、熟胡萝卜中 β- 胡萝卜素的生物活性就有差别），而且营养因子对我们健康的影响相对微弱，只有在长期服用后才能看到其效果。最后，营养因子通常作用于人体内的多个分子靶点，而不是像药品那样作用于特定靶点。基于上述原因，对营养因子进行临床试验或观察性研究以证明其功效往往有很大难度。

正如稍后将提到的一些现有关于营养因子功效的证据，我们仍然需要更严格的临床试验来明确它们的益处。如果能够证明营养因子是有效的，使用营养因子来提升健康水平就具有很多潜在的优势。因为它们就是日常饮食的一部分，因此不太可能具有任何不良的副作用，而且它们相对便宜且不需要处方就能够买到，可以简便地纳入我们的日常饮食中。

尽管具有上述优势，通过严格的临床试验去证明其有效性和安全性仍然十分重要。

四 | 古代的营养功能因子

重视食品中天然成分带来的健康益处可追溯至 2000 多年前[1]。大约在公元前 5 世纪，古希腊医生希波克拉底曾说过这样的话："让食品成为你的药品，让药品成为你的食品。"希波克拉底是医学的奠基人之一，也是最早提倡理性地认识疾病、治疗疾病的人之一。因此，在现代医学诞生时，以食为药的思想就已经得到了确立。

在古中国和古印度的文化中，许多从可食用的动植物中提取的天然物质被用来预防和治疗疾病，其中有很多都被沿用至今。中医认为，宇宙是由金、木、水、火、土五种基本元素构成的，人是宇宙的一部分。五种基本元素以不同的比例组合在一起，形成我们的体液和器官。当对立元素（阴和阳）之间达到适当的平衡时，我们身体健康、功能良好。但当对立元素失去平衡时，我们的身体就会变得不健康，必须采取使之重新平衡的措施。这通常由被认为能够使阴阳恢复平衡的中草药来实现。相似的哲学观点在古印度阿育吠陀医学中也有呈现，但其中涉及的关键元素不尽相同。

传统草药作为现代西医的补充，仍在中国、印度及其他国家和地区被广泛使用。需要强调的是，这些古老的方法并非建立在科学证据之上，而是基于精神信仰和世代相传。尽管如此，一些古老药物在某些情况下确实表现得很有效，这也许是长期试验以及不同天然物质在不同人之间长期试错所得到的结果。因此，在这些古老的医学传统中有可能存在着重要的医学知识。

草药健康价值和经济价值使包括中国、印度在内的多国政府目前正试图以现代科学的方法证实其有效性及安全性。一些传统草药提取物已被证实有益健康并被用作药品或保健品。例如，罂粟中的鸦片被用来止痛、金鸡纳树中的奎宁被用来治疗疟疾、洋地黄中的地高辛被用于治疗心衰。姜黄中的姜黄素、葡萄中的白藜芦醇和胡萝卜中的类胡萝卜素也许都具有治疗效果，但正如稍后将提到的，其证据尚未被明确。另有一些植物提取物已被证明是无效甚至是危险的。这就反映了对任何大众广泛使用的产品进行严格测试有多么重要。

在中国和印度，传统医学作为现代医学实践的补充，被纳入医疗保健体系。这些国家已经制定了关于天然提取物种植、加工及测试的严格标准，以确保它们的可靠性和稳定性。

天然产品往往因为植物种类、天气条件、土质、年份及加工条件的不同而存在差异，这些都有可能导致其效力发生显著变化。另外，它们还有可能因种植及贮存不当而产生微生物或被化学毒素（如铅、汞或砷）污染。不法分子会在草药产品中添加廉价合成药物来让产品变得更有效。因此，各国政府制定了严格的法律法规以确保草药提取物安全有效，从而使消费者获得购买并使用相关产品的信心。鉴于这是一个价值数十亿美元的产业，这样做是极其重要的。

在中国、印度和其他地方有数千种具有悠久使用历史的草药，为现代营养学和制药工业提供了知识储备和灵感来源。这些知识正被用来识别具有潜力的植物提取物以开展研究。某些类型的植物提取物被用来治疗特定症状或疾病，这可以为现代研究者带来有关功用价值的提示。但是，仍然需要严格的科学测试去证明其有效性并确立其作用机制。在许多情况下，植物提取物已经拥有了"健康光环"，该行业正利用这个光环来推销产品——如银杏、生姜和姜黄。

在一个温暖的夏日傍晚，我和女儿在镇上散步时，我们注意到有人在我们当地的茶坊（多布拉茶）售卖"黄金牛奶"。这种热饮的配方来自古老的阿育吠陀医学。恰逢才写完这个主题的内容，我觉得自己必须尝尝这款饮料。这是一种含有姜黄、牛奶、黑胡椒和蜂蜜的大地色热饮，甜暖丝滑，安神镇静。姜黄中所含有的大量姜黄素被报道具有抗炎与抗癌的广泛益处。有趣的是，黄金牛奶的成分结构与我们过去几年在实验室研究的姜黄素输送系统非常相似。我们发现，最佳的系统应包含小脂肪滴（类似于牛奶中的脂肪滴）以溶解并保护姜黄素，提高其生物利用度；还应有蛋白质（牛奶中也含有）来防止姜黄素的化学降解。而胡椒碱这一黑胡椒的主要成分之一，则通过提高肠道细胞壁的渗透性增加了人体对姜黄素的吸收量。印度阿育吠陀医学的古老从业者们就这样提出了完美的姜黄素传输系统。

五 | 食品成分会影响健康和行为吗？
——噬子仓鼠的奇怪案例

营养学的前提之一是食品中的成分对我们的健康会产生巨大影响。这是真的吗？史密森杂志中一篇名为《谷物杀手》的文章阐述了特定食品成分对健康和行为的潜在影响。在这篇文章中，斯特拉斯堡大学的一位研究人员正试图找到野生仓鼠大量死亡的原因[2]。作为实验的一部分，她把怀孕的仓鼠关在笼子里，以便观察它们的行为和育儿技巧。在仓鼠妈妈产子的第二天，研究人员发现笼子里散落着几只血淋淋的小仓鼠。仓鼠妈妈吃掉了它的幼崽。这种情况在不同的仓鼠身上反复发生，被认为是这些动物在野外大规模死亡的原因之一。最终，这种令人不安的噬子行为被归咎于仓鼠饮食行为的改变。

在 20 世纪中叶的"绿色革命"中，欧洲国家和其他发达国家一样，农业实践发生了巨大的变化。农民倾向于种植单一类型的高产作物，而不是种植多种作物。这带来了农业生产力的大幅度提高，但同时也降低了人与农作物周边野生动物可获得食物的多样性。比如，野生仓鼠的饮食几乎只限于玉米。玉米含有一种与维生素 B_3 结合的抗营养物质，而维生素 B_3 是包括仓鼠和我们人类在内的哺乳动物饮食的关键成分。这样形成的复合物不易被我们的身体吸收，因此人们会缺乏维生素。就人类而言，缺乏维生素 B_3 会导致人体出现"糙皮病"，这种疾病会导致腹泻、皮肤损伤、皮疹、头痛、偏执、抑郁，并最终死亡。20 世纪上半叶，糙皮病在以玉米为主食的美国南部盛行，据估计有 300 万人患该病，其中 10 万人死于该病。在美国，通过在面粉和早餐麦片等食品中添加维生素 B_3 的方式进行强化，糙皮病已经基本被根治。但在许多发展中国家中，糙皮病还很常见。

噬子的仓鼠妈妈被迫吃掉自己的幼崽，因为本能告诉它这是基本营养素的优质来源。事实上，当野生仓鼠的饮食被补充了维生素 B_3 后，它们至少在第一胎幼崽出生后就停止了噬子行为，恢复到了正常情形。这个故事凸显了食品和健康相关的诸多重要议题，如农业实践的变化如何以不可预测的方式影响人类健康和环境。像维生素 B_3 这样的微小的食品成分如何对人类健康产生重大影响，以及其他食品成分如何产生抗营养作用。科学的应用有助于了解食品中有哪些生物活性成分存在，它们如何相互作用，以及如何种植或加工食品以提高营养价值。

还有许多其他维生素和矿物质对人体健康至关重要，但人体却不能合成。功能因子不能被归为此类，因为即使没有它们，人类依旧可以存活得很好。然而，像维生素这样的微量营养素会对我们的健康产生如此深远的影响，这也说明了营养因子也许同样对我们的健康具有重要影响。

六 | 确立营养功能因子的功效

在考虑功能因子对健康的潜在益处之前，有必要对用于确定其功效的科学方法进行检验[3]。对于一些特定营养因子而言，支持其有效性的证据相对较强，但其他营养功能因子的证据则相对较弱甚至不存在。缺乏证据可能是因为这些营养功能因子对健康没有任何益处，但也有可能是因为试图确立功效所需的技术难度太大或成本太高。测试营养功能因子有效性最重要的方法是观察（流行病学）、干预（临床试验）及机制（实验室）研究。下面会重点介绍这些不同方法的优劣势。了解这些方法对于评估营养功能因子的健康作用至关重要。

1. 观察研究：流行病学

流行病学被用来确立特定营养功能因子的消费量与特定人群中观察到的特定健康结局之间的相关性。举个例子，在两组人群中观测糖尿病的发病率，其中一组人经常食用富含白藜芦醇的葡萄，另一组人则只食用低含量的。如果经常吃葡萄的人比不吃葡萄的人患糖尿病的概率要低得多，则或许可以推测白藜芦醇具有抗糖尿病的作用。当然，必须采用适当的统计学方法以确保观察到的任何作用并非偶然。此外，还必须证明观察到的效果可归因于白藜芦醇而不是其他因素。流行病学通常提供有价值的线索，但它不能提供确切的因果信息。例如，一些混杂因素也可以解释观察到的结果，也许葡萄中还有其他抑制糖尿病的物质（如膳食纤维），还有可能是买葡萄的人更加富裕，因此，生活方式也更健康。

2. 干预研究：随机对照试验

随机对照试验（randomized controlled trials，RCT）通常被认为是测试干预治疗效果的"金标准"。良好的随机对照试验有助于确立预定治疗和特定健康结局之间的因果关系。随机对照试验须经详尽设计以确保提供的信息是准确无偏倚的，为营养功能因子功效的确立提供了明确的科学依据。参与者被随机分配至对照组（空白或安慰剂）和干预组以避免出现选择偏倚。理想情况下，除正在被测试的治疗外，其他各因素在组间都应保持一致。为了避免偏倚，无论是研究者还是参与者都不应该知道具体的分组情况，也就是说，试验应该是"双盲"的。为保证获得结果具有统计学意义，应有足够大的样本以及足够长的试验周期。这就意味着随机对照试验既费时又费钱，其在食品工业中的实际应用被极大地限制了。

一种营养功能因子可以使用如下规则进行随机对照试验测试。人们被随机分为两组。干预组在6个月内每天早晨持续食用含固定量白藜芦醇的酸奶，对照组食用不含该成分的相同酸奶。理想情况下，酸奶的外观、触感及口味应完全相同，以至于没有参与者知道他吃的酸奶是否含有白藜芦醇。两组参与者的血糖、胰岛素抵抗等生物标志物水平被定期测量。

将组间结果进行对比及统计学分析。如果干预组的血糖及胰岛素抵抗水平呈现出具有统计学意义的较低水平，人们可能会认为白藜芦醇具有抗糖尿病的作用。重要的是，所有对营养功能因子进行的随机对照试验，其结果都会在科学文献中被报告，哪怕试验呈现的是阴性结果或没有作用。否则，就会存在偏倚。如果人们只报告成功的试验，那么所有的功能因子都将呈现出对健康有益了。这就好像掷硬币时只报告正面朝上的情况，还说这枚硬币只有正面。

3. 机制研究：确定作用机理

观察研究和干预研究的局限在于无法解释特定功能因子是如何发挥其健康作用的。但是出于多种因素考虑，找到营养功能因子如何发挥作用的证据是十分重要的。它能提供关于功能因子本身被观察到的效果依据，而非其他偶然因素。另外，此类知识还能用于食品研发以提高营养功能因子的功效。举个例子，如果我们知道功能因子是一种需要进入血液的疏水分子，我们就可以在食品中加入一些脂肪以增加疏水营养功能因子的吸收水平。基于这些原因，许多实验室开展了用以确立营养功能因子作用机制的实验。有时，这类实验是使用试管和化学试剂的"体外"测试。例如，想要检测一种营养功能因子的抗氧化活性，我们可以将其放入试管内，在加入一种特定的化学物质后测量其颜色变化的速度。此类检测让我们对营养功能因子可能的作用有了一些了解，但它们无法复制营养功能因子真正发挥作用的复杂体内环境，因此对待这些结果仍需保持谨慎的态度。

正因如此，我们经常使用"细胞培养"实验。细胞培养物通常由生长在培养皿上的活细胞薄层组成（图6.1）。选出的细胞被用来模拟发生于人体细胞内的形态特征和生化过程。选择何种细胞应根据我们的研究目的而定。实验细胞可以选择具有与肠道上皮细胞相似特性的，这对我们研究影响营养功能因子吸收的因素非常有用。如果我们想了解营养功能因子是如何与我们体内的各种器官相互作用的，能够模拟人类前列腺细胞、乳腺细胞、肝细胞、肾细胞、心细胞、肺细胞或结肠细胞特征的其他细胞则更合适。还有一些细胞可以模拟特定种类的癌细胞，这对研究功能因子对癌症的影响很有用。

在这类实验中，我们通常将被测试的营养功能因子放在细胞培养液中，然后监测它向细胞的迁移以及对那些已知的健康相关生化通路的影响。例如，在脂质代谢或癌症相关研究中，我们可以监测营养功能因子如何与特异性基因或非特异性酶相互作用。这些研究为我们提供了关于何种类型、水平的营养功能因子如何进入细胞及其作用分子靶点的详细信息。因此，细胞培养实验比体外实验提供了更细微、更真实的信息，但这仍不能准确反映人类这种生物体的复杂性。

鉴于此，营养功能因子通常使用动物模型来进行测试。举例说明，一组动物被随机分

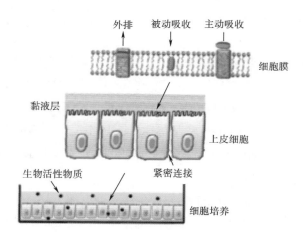

图 6.1

通过细胞培养模型测量生物活性剂的吸收量（由一层长在培养皿上的细胞组成，用以模拟人类肠道细胞）

为对照组和实验组。实验组使用含白藜芦醇的饲料喂养 8 周，对照组使用不含白藜芦醇的相同饲料喂养。在此过程中，采集动物血样确定白藜芦醇及其代谢产物的水平，其他疾病生物标记物的分子水平同样会被测量。就糖尿病而言，是指血糖及胰岛素水平。此外，在整个实验期间，动物的体重、体成分或体力活动的变化情况都需要被测量。实验结束后，处死动物并收集、分析其器官，以确定长期食用白藜芦醇对健康的益处或毒性影响。

总之，体外实验、细胞培养实验及动物实验提供了有关营养功能因子可能作用模式及潜在有害影响的有价值信息。这些研究对于在开展人体试验前确定营养功能因子的有效性和安全性是非常有用的。

七 | 一些常见的营养功能因子

可食用动植物中有数百种被认为具有健康益处的分子[4]。然而，只有少数被科研人员完全研究过。本节会介绍其中一部分营养功能因子的来源、特征及潜在的健康益处，为这一迅速发展的食品研究领域增添新的色彩。关于更多营养功能因子的相关信息，可以访问由美国俄勒冈州立大学"莱纳斯鲍林研究所"运营的大量资源网站（http://lpi.oregon state.edu/mic）。

1. 欧米伽 -3 脂肪酸

欧米伽 -3 脂肪酸，专业上称为欧米伽 -3 脂肪酸，是被纳入我们食品补充剂中最常见的营养功能因子之一[4]。在自然界中，它们通常作为三酰甘油分子，由三个脂肪酸分子与一个甘油分子主链相连构成（图 6.2）。从化学上讲，欧米伽 -3 脂肪酸由具有许多双键的碳氢链组成，因此是一种长链多不饱和脂肪酸（LC-PUFA）。双键位于分子相对末端的位置，使它们成为欧米伽 -3 脂肪酸而不是它们的近亲欧米伽 -6 脂肪酸。这种微小的差异对它们的生物活性和人体健康产生了巨大影响。

食品中最常见的欧米伽 -3 脂肪酸是阿尔法 - 亚麻酸（ALA）、二十碳五烯酸（EPA）和二十二碳六烯酸（DHA）[5,6]。这些分子的链长和所含双键的数目不同，这导致了它们在健康方面的巨大差异。EPA 和 DHA 比 ALA 更具生物活性，这是购买富含欧米伽 -3 脂肪酸的食品和营养补充剂时需要着重考虑的因素。EPA 和 DHA 在天然鱼油和海藻油中具有较高水平，而 ALA 主要存在于亚麻籽油中。ALA 可以在人体内转化为 EPA 和 DHA，但转化效率相对较低。摄入足够高水平的欧米伽 -3 脂肪酸（每天至少 250 毫克），与包括炎症、心血管疾病、冠心病、免疫紊乱、精神疾病和婴儿发育等多种慢性疾病的风险降低相关[7]。观察研究、干预研究和机制研究对其中一些健康声明提供了强有力的支持，但并不针对所有[8]。事实上，最近一项关于欧米伽 -3 脂肪酸补充剂有效性的随机对照试验的荟萃分析并未得出有关死亡率降低或心脏健康改善的结论[9]。关于这种发现，有多种可能性解释：欧米伽 -3 脂肪酸可能没有心脏保护作用，或者可能没有被有效吸收，或者有可能已经变质，或者人们对欧米伽 -3 脂肪酸有着不同的生物反应以致很难得到具有统计学意义的结论。

在许多西方国家，欧米伽 -3 脂肪酸的摄入量远远低于产生健康益处所需的水平，因此，应鼓励人们食用富含这些健康脂肪的鱼类等食品[10]。然而，从鱼类中获取欧米伽 -3 脂肪酸的一个主要问题是海洋污染使人们具有大量汞摄入。因此，能从欧米伽 -3 脂肪酸中获益的孕妇通常也会被建议减少对鱼类的摄入。对于讨厌吃鱼的人来说，摄入从生长在巨大发酵罐中的微藻中提取海藻油，再从海藻油中摄取欧米伽 -3 脂肪酸不失为一种选择。海藻油可以通过软凝胶或胶囊的形式服用。但这些补充剂中的油脂往往生物利用度低，而且容易变质，因为补充剂中的欧米伽 -3 脂肪酸未被发现能够改善心脏健康，而鱼肉里的欧米伽 -3 脂肪酸却可以。因此，人们对开发富含高生物可利用度的欧米伽 -3 脂肪酸功能性食品非常感兴趣，将健康脂肪纳入饮食的产业增多，消费者就有了更多选择。

然而，由于水溶性不佳且容易变质，在食品中加入欧米伽 -3 脂肪酸并不是一件容易的事。因此，食品科学家将欧米伽 -3 脂肪酸包裹在抗氧化蛋白层内以防脱落，并使之形成微小颗粒。这些被封装的欧米伽 -3 脂肪酸就可以被加入到饮料、酸奶、口香糖、零食棒、调料、酱汁和汤等食品中去了。我的同事埃里克·德克（Eric Decker）教授就是这一领域的专家，他花了数十年时间试图了解导致欧米伽-3脂肪酸变质的复杂化学过程以及如何去预防它。

欧米伽-3脂肪酸是当下十分流行的营养功能因子之一，但它们也有可能存在着不好的一面。它们被氧化产生的有毒物质会通过促进炎症、癌症、心脏病和衰老的方式损害人体健康[11]。幸运的是，当欧米伽-3脂肪酸变质时，大部分食物都会变得很难闻甚至难以下咽，这也就保护了我们免受其中有毒物质的伤害。然而，欧米伽-3脂肪酸补充剂的情况则不同，在食用之前我们都无法闻到油脂的味道。

2. 共轭亚油酸

共轭亚油酸是一种天然存在于特定动物（尤其是奶牛）乳汁和脂肪内的脂肪酸[12]。动物及人体研究结果显示摄入共轭亚油酸能够抑制癌症和心脏病、增强免疫、减少体脂。我在马萨诸塞大学的同事扬华·帕克（Yeonwha Park）教授于威斯康星大学博士后研究期间发现了共轭亚油酸能够减脂。扬华教授当时的合作伙伴是致力于牛肉脂肪中共轭亚油酸抗癌活性研究的迈克尔·帕里扎（Michael Pariza）教授。和许多科学家一样，扬华教授也碰到了至关重要但实属意料之外的发现，即使这并不是她原始研究的一部分，但她还是决定沿着这个有趣的发现继续追寻下去。在研究过程中，她注意到由共轭亚油酸饲养的实验组啮齿动物比对照组啮齿动物的体脂含量低[13]。这项工作带来了大量高引用论文和一项专利，这些都为整个共轭亚油酸补充剂减脂市场打下了基础。开发这类补充剂是因为牛奶、牛肉等天然食品中的共轭亚油酸含量不足以产生健康效果。

然而，后续的临床试验表明，共轭亚油酸在人体上的减脂作用比在啮齿动物身上弱得多[14]，但这并未停止共轭亚油酸补充剂以减脂为目的的推广。共轭亚油酸补充剂的效果未达预期是因为它们有较低的生物利用度，仅有一小部分健康脂肪被我们的身体真正吸收。

3. 植物甾醇

植物甾醇是天然存在于多种植物性食物中的生物活性分子，这些植物性食物被我们的祖先所食用，但这些在典型的西方饮食中较为短缺[15]。因此，这些疏水性很强的分子已被从植物中提取出来并转化为营养功能因子添加进饮料、酱料、口香糖、酸奶等功能性食品中[16-18]。植物甾醇与胆固醇的结构类似（图6.2），但吃起来对我们的健康更有益。事实上，有确凿的临床证据表明，添加了植物甾醇的食品及饮料能够降低血液中的胆固醇水平，因此有利于心脏健康。其作用机制是植物甾醇能够干扰我们对饮食中胆固醇的吸收利用。每天摄入 2 克左右的植物甾醇能够使血液中的胆固醇水平降低 10% 左右，这足以产生重要的健康作用。

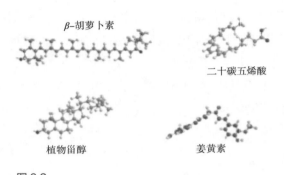

β-胡萝卜素

二十碳五烯酸

植物甾醇

姜黄素

图 6.2
一些有益健康的营养功能因子的化学结构

　　有强大临床数据支持的有效性结论促使美国食品与药物管理局允许食品公司做出关于植物甾醇能够降低心脏病风险的健康说明。事实上，这是为数不多的因证据等级足够而允许做出此类说明的营养功能因子之一。因此，市场上有许多旨在降低血液胆固醇水平的植物甾醇产品，包括之前提到的酱料、酸奶及饮料等。选择开发这些产品是为了让具有心脏病风险的人能够很容易地将它们纳入到日常饮食中并定期食用。

4. 类胡萝卜素

　　类胡萝卜素得名于胡萝卜，在这些蔬菜中，类胡萝卜素首先被鉴定为色素。然而，"类胡萝卜素"一词实际上是指一组具有家族相似性的分子——它们具有许多双键的细长疏水分子（图 6.2）[19]。这组天然色素的存在导致了包括胡萝卜、玉米、杧果、辣椒、番茄在内的多种果蔬呈现明显的黄、橙、红色[20]。在这些果蔬的自然环境中，类胡萝卜素起两个关键作用。首先，它们就像太阳能电池板，从阳光中吸收能量，提供植物光合作用所需的能量。其次，它们就像防晒霜，保护植物的叶绿素免受阳光伤害。

　　在食品中，类胡萝卜素经常被用作天然色素以提供诱人的颜色，同时还作为营养功能因子为人体提供健康作用[21,22]。有趣的是，动物食用了类胡萝卜素后，其自身及产品的颜色均会发生改变。火烈鸟之所以呈粉红色是因为它们食用的藻类、昆虫和甲壳类动物中含有类胡萝卜素。而蛋黄之所以呈黄色，则是因为母鸡饮食中含有类胡萝卜素。类胡萝卜素有上百种，但是在食品中最常见的是 β-胡萝卜素、番茄红素、叶黄素和玉米黄素。类胡萝卜素在动植物组织内环境中相对稳定，一旦被分离则往往会迅速被分解，导致其褪色[23]。

这是因为它们含有对氧化非常敏感的大量双键。类胡萝卜素通常在新鲜蔬果中以天然形式存在，由于其生物利用度较低，进入肠道的植物组织并不能完全释放类胡萝卜素。当然，通过精心设计的食品加工操作或食品基质可以提高类胡萝卜素的生物利用度，这部分内容将在本书的其他章节畅谈。

总的来说，支持类胡萝卜素潜在健康益处的证据是不确凿的[24]。流行病学研究表明，富含类胡萝卜素的果蔬可以降低患心脏病和癌症的风险，但尚不明确这种影响是由类胡萝卜素还是其他因素造成的。利用细胞培养和动物模型进行的机制研究表明，类胡萝卜素具有抗氧化、抗癌及抗炎等有益的生物活性。然而，临床试验的结果喜忧参半，许多临床试验未提供或仅提供了关于类胡萝卜素对健康影响的微弱证据，但也确有部分试验证明了类胡萝卜素家族的部分成员能够降低一些疾病的风险。例如，叶黄素和玉米黄素减少与年龄相关的黄斑变性[25,26]以及番茄红素降低前列腺癌风险就有很好的证据予以支撑[27]。

相反，一些研究显示类胡萝卜素（β-胡萝卜素）补充剂会损害特定人群的健康。例如，在吸烟人群中，胡萝卜素补充剂可呈现出增加患癌症风险的不良影响[28]。这些不良影响凸显了对营养功能因子进行详尽安全性研究的重要性。

开发富含类胡萝卜素的功能食品及食品补充剂的主要障碍之一是它们的生物利用度，即被人体真正吸收的部分，这部分含量相对较低且多变。类胡萝卜素的生物利用度取决于它的载体食品、加工过程及人们食用过程中的咀嚼行为[29,30]。当食品中含有较多脂肪或者其周围的植物组织被加工软化或被咀嚼得更充分时，类胡萝卜素的生物利用度能得到相应提高。也许这些因素较少被控制就是造成临床试验很难证明类胡萝卜素有效性的原因之一。许多食品研究者正利用类胡萝卜素在食品内及在人体肠道内反应的相关知识来开发功能食品以克服这些问题。

5. 姜黄素

姜黄素（图 6.2）存在于姜黄的根部。姜黄与生姜在植物学上同属一科，因此看上去很相似[31]。因为呈黄橙色并略带苦涩的泥土味和胡椒味，姜黄这种调料被广泛应用于亚洲菜肴中。如前所述，姜黄在中医和印度医学中皆有治疗功效[32]。经过试错实验，古代先贤发现这种植物的提取物具有对抗某些疾病的功效并将这种经验传授给后代。作为姜黄最有效的生物活性物质之一，姜黄素据称能产生预防癌症、中风、抑郁、疼痛、肥胖及糖尿病等健康作用[33,34]。人们正在利用现代科学去建立其相应的分子基础和准确说明。

实验室机制研究表明姜黄素具有抗氧化、抗炎及抗菌的特性，并可以对多条健康相关生化通路产生影响[33,35]。动物实验结果显示，在高度控制的条件下，姜黄素可以抑制某些疾病，或者至少是减少了疾病的生物标志物。一些流行病学研究结果表明食用高浓度姜黄素的人群比不食用人群患某些疾病的概率要低。然而，随机对照试验的结果并不一致，一些试验显示食用姜黄素对健康有益，但其余一些则未见效果[36]。此结果最有可能的一种解释是姜黄素的生物利用度是高度可变的，受食用的食品种类和食用者的差异性影响[37]。实际进入人体的姜黄素含量在不同研究间存在差异，从而带来了不同的结果。很多关于姜黄素的研究未将这个因素考虑在内[38,39]。现代科学为最先发现于古中国和古印度的姜黄疗效提供了一些证据支撑。但对姜黄素生物利用度的潜在影响因素进行控制仍需更大规模、更长周期的随机对照试验。

6. 白藜芦醇

白藜芦醇在葡萄、葡萄酒、花生及一些浆果中含量较高[40]。和姜黄素一样，其在亚洲传统医学中已有几个世纪的应用历史。最近，关于法国南部人群食用高脂食品但依旧能保持心脏健康的"法国悖论"，有人推测白藜芦醇可能是悖论背后的原因之一[41]。饮用富含较高含量白藜芦醇的葡萄酒带来了这种让人嫉妒的状况。然而，这一说法受到了许多科学家和医学专业人士的质疑，因为葡萄酒中的白藜芦醇含量不足以产生如此强烈的生物效应。此外，白藜芦醇在人体内会迅速转化为其他形式的分子并很快被消除，因此人体血液中的白藜芦醇水平非常低。不幸的是，贪杯于葡萄酒不仅不能阻止我们罹患心脏病，反而有可能对肝脏造成损害。法国南部人群在饮食和生活方式上与世界上其他地区有着许多差异，这些差异或许可以解释心脏病患病方面的不同。

许多临床前研究已经证明了白藜芦醇对抗癌症、心脏病、糖尿病及脑病等健康问题的生化机制[42]。然而，随机对照试验的结果并不统一。近期开展的大部分关于白藜芦醇补充剂试验的 meta 分析显示，白藜芦醇对心脏病、高血压等慢性疾病的生物标记物仅存在微弱影响甚至没有影响[43-45]，另有一些研究则呈现了其在认知功能[46]和糖尿病[47]方面的改善作用。

7. 多酚类化合物

多酚存在于茶、咖啡、可可、苹果、柑橘类水果、豆类、浆果等多种植物性食品及饮料中[48]。这些分子由植物自然合成并有多种功能：抵御紫外线暴露，抑制害虫的侵袭，保持鲜艳颜色以吸引蜜蜂等昆虫帮助传粉等。食物中有成百上千种具有不同分子结构、物理特性及健康功能的多酚。其中，最常见的种类包括槲皮素（存在于茶、苹果及洋葱中）、儿茶素（存在于茶、可可和苹果中）、绿原酸（存在于咖啡、菊苣、洋蓟、李子和梨中）和花青素（存在于浆果中）[48]。被食用后，多酚常被人体内的酶转化成无数种具有不同生物学效应的其他分子。因此，人体内仅能寻觅到一小部分亲代多酚分子的踪迹，取而代之的是由亲代分子产生的子代分子及子二代分子（代谢产物）。

观察研究、干预研究和机制研究证据显示，某些多酚及其代谢物被声称可以减少心脏病、糖尿病、高血压及癌症[48]。然而，其确切的作用机制尚未被完全阐明。多酚类物质可能会与我们肠道中的消化酶结合，延缓碳水化合物、蛋白质、脂肪等宏量营养功能因子的消化，从而防止血糖到达峰值或血脂的升高。或者，他们通过介入人体内的生化通路影响人体健康。最后，多酚类物质还有可能通过改变肠道菌群结构间接影响人体健康。

利兹大学（我的母校）的加里·威廉姆森（Gary Williamson）教授通过以杯为单位饮用富含茶多酚的茶或咖啡对降低糖尿病的风险进行了评估（图 6.3）。例如，每天饮用 6 杯咖啡可以减少 30% 以上的糖尿病患病风险。事实上，这在很大程度上还取决于我们的热饮中加了多少奶和糖，同时摄入了什么以及每个人独特的代谢状况。

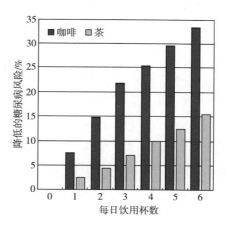

图 6.3
饮用富含茶多酚的茶或咖啡据估计能大大
降低糖尿病患病风险

八 │ 超级食品

关于"超级食品"带来神奇健康作用的故事，几乎每周都能见诸媒体。然而，这些报道背后的证据是什么？其中相当一部分都基于对实验室试验或动物实验的简单诠释，并未在人类临床试验中得到充分证实。这一节将根据有关人体随机对照试验 meta 分析的结果，对特定类型"超级食品"的证据强度进行概述。

1. 茶

我在英国长大，非常喜欢喝茶。幸运的是，茶是一种健康作用已得到强有力证据支持的饮品[49]。一些关于茶的随机对照试验的 meta 分析结果显示，其具有降低血压、改善血管功能和降低胆固醇等健康作用。然而，喝茶对血糖水平和炎症的影响较小，这些疾病的标志物几乎没有改变。

大多数茶都是从同一种植物（茶树）中获得的，但它们因贮藏、加工方式不同而产生不同类型和数量的生物活性分子。例如，白茶是由从茶树采摘的嫩叶经简单的晾晒和干燥等一系列相当温和的工艺加工而成的。因此，它含有原植物中较多的生物活性物质，如天然抗氧化剂。加工程度大的茶通常由老叶制备，这些老叶经过干燥、压碎，在严格的温湿度及含氧量控制下进行氧化。氧化程度取决于茶叶类型，红茶比绿茶氧化程度高，绿茶又比乌龙茶氧化程度高。因此，不同茶之间存在的分子类型有着明显的差异，同时也带来了不同的风味和健康作用。随着氧化程度的增加，天然抗氧化剂的含量会降低，而咖啡因和单宁的含量则会增加。

喝茶对健康的影响也可能取决于它的饮用方式，如浸泡时间和温度，以及是否与柠檬、蜂蜜、糖或牛奶一起饮用。所有这些添加成分都有自己独特的一套生物活性分子，这可能会增加或降低原茶中生物活性分子的功效，而其本身也同样具有生物效应。例如，喝含糖量大的茶会导致糖尿病或肥胖，其复杂性意味着我们很难对茶的潜在健康作用做出明确的陈述。

2. 咖啡

咖啡是食品中健康作用已被证实的又一案例。它含有多种生物活性成分，有的有益，有的有害。例如，含有咖啡因等具有升高血压作用的多酚，同时又含有绿原酸等具有降压作用的物质[49]。此外，咖啡中一些成分互相作用，改变了彼此的生物活性。例如，烤咖啡中含有一种称作羟基对苯二酚的物质，这种物质可以削弱绿原酸的降压作用。因此，咖啡烘焙的程度会影响其含有的分子类型及其潜在的健康作用。因此，浅焙、中焙及深焙咖啡具有不同的作用。咖啡的营养成分也受咖啡豆种类及储存方式的影响。此外，冲咖啡的水温以及添加牛奶的类型和数量也会改变其生物活性物质的性质和形式，从而会影响其原有的有益作用或有害作用。对近期不同种类咖啡功效的人体试验研究进行总结后发现，不同研究的结论并不一致[49]。一些研究呈现出有益的效果（如降低血压或胆固醇水平），一些则显示为有害（如升高血压或胆固醇水平），还有一些则显示没有效果。

3. 巧克力

有不少人喜欢巧克力的味道。来自随机对照试验的证据显示食用富含可可多酚的巧克力（如黑巧克力）确实有利于健康，如降低高血压、糖尿病、冠心病和脑卒中[49-51]。然而，其他类型巧克力的临床试验则呈现出了微效甚至是无效的结果。实验室研究有助于确定巧克力中的特定成分如何介入包括抑制氧化、改善内皮功能和增加胰岛素抵抗能力在内的与健康相关的生化通路[52]。

对于那些富含营养功能因子但是整体却不是特别健康的食品，人们对其健康作用有着广泛的争论。如果确信巧克力中的多酚对人体有好处，那我们很可能因为多吃更健康的想法而过度食用这种产品。然而，巧克力也含有大量的脂肪（约35%）和糖（约50%），过量摄入会导致肥胖、糖尿病和心脏病[53]。因此，或许应该开发低脂低糖、口感良好同时富含有益营养功能因子的巧克力新产品。

4. 坚果

有确凿证据表明杏仁、核桃、腰果、花生等类型的坚果对健康有益[54-56]。事实上，随机对照试验和观察性研究均表明，坚果摄入量的增加可以带来包括降低胆固醇水平、减少炎症、改善内皮功能在内的多种健康生物标记物的改善，以及降低心血管疾病、冠心病、癌症和糖尿病等慢性病的发病率[54,57]。这些作用可归因于坚果中含有大量不饱和脂肪、膳食纤维、维生素和多酚。此外，将坚果作为零食可以限制人们对糖果棒、饼干等不健康零食的摄入量。

虽然坚果对健康有很多好处，但其可能含有的微量黄曲霉素可能会诱发肝癌。一项基于瑞典人群的风险—收益分析表明，每天在饮食中摄入更高水平的坚果会因心血管疾病的减少而挽救更多的生命，而不是因肝癌的增加而失去生命[58]。当然，对坚果过敏的人应该避免食用这种"超级食品"。

5. 浆果

黑莓、蓝莓、野樱桃、蔓越莓、醋栗、山莓和草莓等浆果被认为具有包括抗癌、抗菌、抗炎、抗氧化和神经保护作用在内的多种健康益处[59]。这些健康益处或许可归因为浆果中所含有的包括多酚、维生素、矿物质和膳食纤维在内的多种生物活性分子。然而，来自随机对照试验的证据并不一致。一些试验表明，食用浆果对健康并无影响或影响微弱，而另一些试验则对浆果的健康益处提供了强有力的支持。大量研究表明，食用浆果与改善心血管疾病风险因素，如降低血液胆固醇、低密度脂蛋白、甘油三酯和血压等存在联系[60]。此外，有一些来自随机对照试验的证据表明，食用浆果具有保护心脏的作用[61]，并且食用坚果可能有助于对抗癌症、糖尿病和代谢综合征[62-64]。

综上所述，这些结果表明，增加浆果摄入量可能有助于预防或治疗多种慢性疾病。用一碗淋着奶油的浆果代替派、蛋糕或甜甜圈这种充满糖脂的甜品或许对改善健康极为有益。后文会提到，奶油实际上可以增加浆果中营养功能因子进入人体中的量，进而提高它们的健康作用。

九 | 营养功能因子如何影响人体健康

大众媒体上充斥着关于食品预防癌症、心脏病、糖尿病及衰老的故事，又或者在讲某些食物会杀死你。有时候，同样的食物这周还被宣传能够治愈你，下周又被声称会害死你。人体极其复杂，易患多种疾病，每种疾病都是通过不同的机制发生的。糖尿病的生化通路就与癌症的截然不同。因此，研究人员试图从分子、细胞、组织及全身的不同水平上去了解营养功能因子对疾病的特定影响。此外，他们也在使用类似的方法去辨识营养功能因子对人体健康产生的潜在的负面影响。这些研究需要结合还原论和系统生物学的方法。

1. 还原论与系统生物学

在还原论的方法中，研究人员试图将身体的复杂系统分解为各个部分去解释行为。这通常涉及将现实生活中的复杂系统分解为更容易理解的简单单元的情况。与其研究营养功能因子对全身的影响，不如研究它对单一生化通路的影响。这种方法非常强大，能提供大量有关分子层面的机制性细节，但它不能解释所有实际在我们体内互相联系的生化通路和过程。

在系统生物学方法中，包括分子、细胞、器官及整个身体在内的不同生物实体之间的相互作用网络被予以解释。此方法基于这样一个事实：我们的身体是极其动态和复杂的系统，其行为很难通过其各个组成部分的行为被预测。系统生物学对于研究营养功能因子与人体间的相互作用极其重要，因为很多不同成分会产生叠加、协同或拮抗作用。了解整个系统的行为需要结合包括基因组学、蛋白质组学、代谢组学、表观基因组学、生理测量和心理分析在内的多种法医学方法。此外，还需要强大的计算工具来描述这些复杂互联系统的动态行为。与还原论方法相比，系统生物学方法更复杂、更耗时、更昂贵，但为我们提供了更深层次的理解。在关于营养功能因子如何影响健康的实践中，这两种方法都需要充分掌握。

2. 作用机制：癌症

营养功能因子经常被强调具有预防癌症、糖尿病、心脏病、肥胖、高血压的多种健康作用，同时还能改善人们的情绪及表现。事实上，一些研究者讽刺地说，"几乎没有一种疾病是不能通过营养功能因子来预防甚至治愈的"[65]。因此，探索营养功能因子如何真正预防或治疗疾病是很有趣的。进入人体的营养功能因子可以与各种各样的分子相互作用，包括 DNA、RNA、蛋白质和细胞膜在内的分子，这些分子在人体生化机制的运行中起着至关重要的作用。在后面的介绍中，我将以它们潜在的抗癌活性为例来强调营养功能因子的作用机制。对于其他疾病，因为是由我们身体其他形式的失调引起的，因此作用机制有所不同。

美国癌症协会估计，2017 年仅在美国就有近 60 万人死于癌症。大约 1/3 的死亡可以通过改变包括饮食在内的生活方式来预防[66]。因此，营养功能因子预防或治疗癌症的能力可能对人体健康产生重大影响。了解癌症是如何发生并发展的对于了解营养药物对癌症的影响至关重要。治疗癌症最困难的问题之一是，它不是一种单一的疾病，而是一个有多种病因的疾病群。然而，有一些特征是不同类型癌症所共有具有的[67]。

DNA 在人的一生中并不以固定形式存在于全身。相反，因为人体细胞复制时会出现复制错误，也因为我们环境中的毒素（如烟雾、辐射、污染、酒精或食物污染物）造成的损害，DNA 突变不断发生。这些复制错误中的一部分是由人体中专门的酶来纠正的，这些酶会剪掉或替换掉破损的部分，但其中的一部分永远不会被修复。通常，剩余的错误对健康几乎没有影响。然而，基因突变的某些组合会破坏人体正常的生化通路。

正常的细胞周而复始地进行着从新生到一定时间的存活，再到死亡并被子代细胞所取代的过程。细胞的生命周期是由一个相互连接的生化通路网络控制的，这些生化通路从细胞内部深处的细胞核延伸到细胞外部的组织。这些生化通路负责感知细胞内外发生的事情，然后通过发送信号来做出反应，这些信号导致细胞以某种方式活动，如复制、休息或死亡。

某些基因突变会干扰这些细胞周期过程并引发癌症。例如，程序性细胞死亡（凋亡）是维持健康身体的关键部分。如果一个基因突变关闭了程序性细胞死亡机制，我们的细胞继续无限制地生长，将导致肿瘤的形成。一旦肿瘤形成，它就可以侵入附近的细胞，并通过一种称为转移的过程传播到我们身体的其他部位。

营养功能因子可以通过多种方式预防或治疗癌症。它们可能与内脏或身体内的毒素结合，使它们失活，从而防止它们破坏正常的 DNA。它们可能是有效的抗氧化剂，可以抑制DNA 的氧化损伤，从而限制基因突变的频率。它们可能通过与我们体内负责细胞程序性死亡的生化途径中的某些成分（如 DNA、RNA 或酶）结合而促进细胞的凋亡。它们可能通过与生化途径中的其他关键成分结合而抑制细胞增殖、侵袭或转移。营养功能因子可以上调（增加活性）或下调（降低活性）DNA 序列中与癌细胞生长相关的特定基因。或者，它们可能与 DNA 分子结合，RNA 分子将 DNA 中编码的信息传递给细胞中的蛋白质构建机制。最后，它们可能与蛋白质本身，如酶、受体或信号分子结合并改变它们的活性。

一些营养功能因子单独就能呈现出这样的效果，而另一些则需要联合使用以产生大于个体效应的协同作用。相反，一些营养功能因子联合使用时的效果则小于各部分预期产生的效果之和，形成了拮抗作用。科学家们正试图了解及利用这些效应，创造出更有效的营养功能因子。

破坏恶性肿瘤细胞，而不是破坏正常的健康细胞并产生不良副作用，是开发有效营养功能因子面临的挑战之一。事实上，营养功能因子可以与人体的生化通路中的许多不同成分相互作用，这可能对癌症的发展有积极或消极的影响。这凸显了利用系统生物学方法的重要性。食品研究人员已经确定了许多不同种类的营养功能因子可以影响的分子靶点，但这方面的研究还远远不够。

包括姜黄素、白藜芦醇、多酚及番茄红素等多种营养功能因子的功效可获得一些初步临床试验的数据支持[66]。我们还需要更多能在长时间对大量人群进行严格控制饮食的随机对照试验，并最终通过饮食确定治疗癌症所需的营养功能因子的最佳剂量及组合。此类研究虽然处于初级阶段，但是在饮食改善健康方面具有巨大的潜力。

✚ | 营养功能因子真的有效吗

尽管科学家对营养功能因子预防或治疗疾病的潜力感到非常兴奋，媒体也对此大肆炒作，但事实上，想证明它们的作用是很难的。对于药剂师来说，可以在特定的时间给予肌体特定药量，然后测量一些像血压、血糖、血脂等生物标志物的变化。相反，作为复杂饮食的一部分，营养功能因子通常在不同时间以不同的低剂量形式被摄入。另外，营养功能因子还可能会表现出千差万别的生物学效应。因此，许多医学界人士对营养功能因子的潜在功效产生了怀疑[68]。事实上，"营养功能因子"一词的发明者斯蒂芬·德菲利斯（Stephen DeFelice）在2014年于意大利的一次演讲中表示，他不相信营养功能因子有效[69]。然而，许多医学和营养学研究人员仍然认为，营养功能因子确实对改善人体健康有很大的潜力，它们之所以经常被证明无效，是因为很难通过实验来最终证明它们的功效。

1. 营养测试

营养功能因子的功效可以用类似于制药工业中测试药物的方法来进行测试，如之前提到的观察研究、干预研究和机制研究。本节我将介绍食品研究人员是如何采用这种方法进行营养功能因子功效测试的。

第一，研究人员对某种天然来源的营养功能因子产生了兴趣，如葡萄籽中的白藜芦醇。营养功能因子应该呈现出充足的高含量以保证规模化生产是经济可行的。

第二，研究人员开发确定了营养功能因子的提取、纯化和验证方法。这些方法应该是有效并具有成本效益的，以便能够在商业上大规模地开展生产。

第三，研究人员使用体外方法测试营养功能因子的生物活性，通常是使用简单化学试剂和试管来完成的。例如，可通过测定在精细控制的化学反应中产生的抑制有害自由基的能力来测试营养功能因子的抗氧化活性。这些相对简单的体外试验有助于筛选大量样品，也有助于深入了解营养功能因子的作用机制。

第四，如果营养功能因子在体外实验中表现出了较好的潜力，则使用本章前面描述的细胞培养模型对其进行分析。细胞培养提供了一个比体外测试更真实的环境来测试营养功能因子，因为它含有许多人体细胞中的功能细胞器和生化通路。

第五，利用动物实验进一步测试仍具潜力的营养功能因子。体外试验和细胞培养模型无法准确模拟活体动物的复杂性，因此，它们只能对现实生活条件下营养功能因子的潜在性能提供部分意见。在动物研究中，定量营养功能因子被添加到实验动物的饮食中。在动物食用了营养功能因子后，进行营养功能因子吸收、代谢、分布和排泄等生物性决定因素的测试及血压、血糖、血脂、体力活动或肿瘤抑制变化等生理效应的测试，另外还需测试该营养功能因子的潜在毒性以确保食用的安全性。这些测试通常涉及测量动物不同器官中的生物标记物以提供健康状况的表达。根据设计，这些试验在短时间内（急性毒性）或长时间内（慢性毒性）进行。

第六，如果该营养功能因子在动物体内表现出良好的生物活性，并且没有任何毒性作用，则可以进行人类膳食研究并对其进行测试。如前所述，人类膳食研究的金标准是随机对照试验。因其耗时且设备昂贵，营养功能因子很少进行此类实验。与制药行业不同，食品行业的利润率通常很低，这限制了食品公司对可能没有结果的昂贵试验买单的意愿。尽管如此，越来越多的随机对照试验被应用于营养功能因子研究，这可能是因为越来越多的医学专业人员从事于这个快速发展的领域。

2. 测试营养功能因子功效的挑战

尽管科学家和记者对特定营养功能因子（如姜黄素、白藜芦醇或 β- 胡萝卜素）或"超级食品"（如羽衣甘蓝、菠菜、茶或咖啡）的功效进行了无数报道,但证明其有效却困难重重。此部分重点罗列一些在证明营养功能因子功效中的困难因素。

（1）剂量　许多通过细胞培养或动物实验的结果表明，营养功能因子对健康有好处，但研究中使用的营养功能因子水平远高于人们在饮食中的摄入量。举个例子，关于白藜芦醇的研究中使用了在人类饮食中相当于每天 1 克的白藜芦醇水平，这相当于我们每天吃 200 千克葡萄或饮用 200 大杯葡萄酒[70]。比起白藜芦醇的抗癌作用，葡萄酒中的酒精更容易致癌。在这种情况下，最好从葡萄废料中提取白藜芦醇，然后将其以不含酒精的纯化形式加入功能性食品中。此外，营养功能因子呈现健康作用的最佳剂量很难一次被确定。人们通常认为，一种营养功能因子的功效随着其消费量的增加而增加，但实际上这种情况很少发生。许多营养功能因子产品在低水平食用时没有效果，在中等水平食用时有益，在高水平食用时有害（图 6.4）。因此，确定每种营养功能因子的最佳剂量非常重要，这与后面讨论的食物基质效应联系紧密。

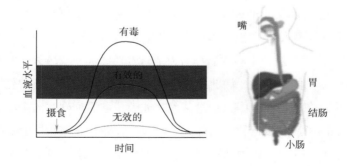

图 6.4

许多营养功能因子的功效取决于其摄入量及其进入血液的水平（它们在低水平上没有效果，在中等水平上有益，在高水平上有害）

（2）测试模型　体外研究和细胞培养模型不能代表我们身体的极端复杂性。因此，从这些研究中获得的结果必须谨慎对待。例如，营养功能因子通常被简单地放在细胞培养液中，然后测量它们的抗氧化或抗癌活性等生物效应。事实上，食物必须经过我们的口腔、胃和小肠，才能释放营养物质并使肌体吸收（图6.4）。然后，营养功能因子必须通过我们的血液或淋巴系统的运输，然后再被输送到我们身体的各个部位。因此，营养功能因子可能会发生明显的变化（代谢），但它们也有可能永远不会实际到达预期的作用部位。

动物饲育研究更接近于我们身体内部的实际情况，但仍必须谨慎对待。动物和人类的生理机能有着重要的区别，这意味着对同一种营养功能因子可能会有不同的处理方式或具有不同的生物学效应。此外，实验动物被饲育在非现实的条件下，在选择上也具有相似的基因倾向，以使数据的解释更简单。相反，我们的基因和生活方式存在很大的个体差异，这些差异会对营养功能因子种类、剂量及生物效应产生影响。许多在大众媒体上鼓吹营养功能因子潜在益处的报道都是基于使用这些相对简单的体外、细胞培养或动物模型进行的科学研究。只有从精心设计的随机对照试验中得到的阳性结果才可以作为利于健康的依据。

（3）食品加工效应　大多数食品在食用前都需要经过某种加工，这会增加或降低其所含营养功能因子的功效。一些营养功能因子是高度敏感的分子，暴露在热、光、氧或其他食品成分下会发生化学降解。因此，食品加工、储存、制备过程中流失的部分会使健康作用比食用前更低。相反，还有一些营养功能因子被困在食品坚硬的细胞结构中，只有通过加工才能被释放。例如，胡萝卜中的类胡萝卜素在切碎和煮熟后更容易被释放。这使得在经过不同加工水平的食品中对同一种营养功能因子的研究结果很难进行比较。然而，这些信息可以被食品制造商、厨师和家庭厨师所利用，用于开发食品加工方法以提高食品中营养功能因子的生物利用度。

（4）食物基质效应　营养功能因子通常作为复杂饮食的一部分被食用，饮食中还包含许多其他食物成分，如脂肪、蛋白质、碳水化合物和矿物质。营养功能因子周围食物基质的组成和结构会对其功效产生重大影响。例如，研究人员比较了在有无脂肪的情况下，从水果和蔬菜中吸收类胡萝卜素的水平[30]。当营养功能因子与脂肪一起食用时，类胡萝卜素的吸收水平要高得多。这意味着两种食物可能含有相同水平的营养功能因子，但我们身体实际吸收的量是非常不同的，这导致了不同的生物效应。此外，不同种类的营养功能因子之间可以相互作用，并对彼此的性能产生了协同或拮抗作用。这些影响对于测试营养制剂的功效和功能性食品的研发具有重要意义。因此，在营养功能因子功效的研究中，造成差异的原因可能是因为使用了不同的食物基质所带来的吸收量的差异。

十一 | 在饮食中加入营养功能因子

　　一旦有足够的科学证据支持某一特定营养品的健康功效，就必须确保它能够成功地应用于人们的饮食中，并在一定程度上产生益处。营养功能因子应该是人们愿意日常去吃的，这意味着含有它的功能性食品必须是人们买得起的、方便的、能引起人的食欲的。

　　营养功能因子可以在自然环境中以全部食品的形式去食用，如水果、蔬菜、豆类、谷类食品、坚果或鱼，如鲑鱼中含有 ω-3 脂肪酸，胡萝卜中含有 β- 胡萝卜素，或葡萄中含有白藜芦醇。然而，许多天然食品中的营养功能因子水平往往差异较大，无法呈现出人们所期望的健康作用。而且，许多天然产品中的营养功能因子大部分无法被人体吸收，生物利用度很低。虽然如此，有相当强的证据表明，如前所述，坚果和富含营养功能因子的天然产品，如果经常食用，确实有利于健康。另一种方法，是将营养功能因子从其自然环境中分离出来，用作食品成分或膳食补充剂。姜黄素，β- 胡萝卜素、白藜芦醇、槲皮素和许多其他的营养功能因子都可以在健康食品商店和药店购买胶囊或片剂的形式。此外，这些营养功能因子还可以被添加进果汁、奶昔、营养饮料、酸奶、零食棒等功能性食品饮料中。这种方法的主要优点是可以小心地控制现有的营养功能因子水平，以及营养功能因子周围食物基质的性质。

1. 克服进化的障碍

　　只有当一种营养功能因子真正被我们的身体吸收并达到血液、肝脏、肺或大脑等预期的作用部位时，它的健康作用才会显现。因此，科学家们正试图了解哪些因素会影响人们从各种食物中吸收特定的营养功能因子。

　　有趣的是，人体已经发展出各种各样的机制来阻止吸收日常饮食中常见的许多营养功能因子。这可能是一种防御机制，旨在保护人类祖先免受食物中有毒物质的侵害。

　　第一，许多营养功能因子呈苦味，这会使人们不愿意优先选择食用它们。

　　第二，人类的肠液里还有强酸和代谢酶，能以化学手段改变所吃的营养物质，从而改变它们的吸收情况及生物活性。

　　第三，人类的肠道里布满了生物屏障，如黏液层和上皮细胞，它们抑制了人体对营养物质的吸收。

第四，人类上皮细胞的细胞壁上有专门的装置，称为外排转运体，可以排出任何被吸收的营养物质。

因此，令人惊讶的是，许多声称有益于人体健康的营养功能因子，都被我们的肠道设计规避了。这种现象的一个可能解释是"兴奋作用"[71]。研究表明，当肌体暴露于低水平的刺激物时，单个细胞或整个有机体具有健康的生物反应；而当暴露于高水平的刺激物时，则具有不健康的生物反应。19 世纪晚期流行的尼采的格言中巧妙地概括了这个意思："杀不了你的东西使你更强"。兴奋是古希腊语中的一个词，在这里指的是营养药物在与之相互作用的细胞中刺激生物反应的能力。在实践中，兴奋描述了某种剂量—反应关系，其特征是低剂量刺激、高剂量抑制（图 6.5）。许多生化机制解释了这种行为，它们与调节复杂细胞系统中资源分配的基因簇有关[72]。

这种反应可能是通过进化机制发展起来的，使人体系统对环境条件更为耐受。因此，一种在高水平食用时可能对健康有害的营养功能因子，在低水平食用时可能对健康有益，因为它增强了我们的细胞反应[73,74]。在研制营养型功能食品时，应慎重考虑这一现象。关键是要确保使用的剂量不太高，否则会对人体健康产生不利影响。这对于克服人体肠道内的生物屏障，提高营养功能因子的生物利用度具有重要意义。如果生物利用度增加得太多，那么进入人体内的营养药物水平实际上可能会造成弊大于利的效果。

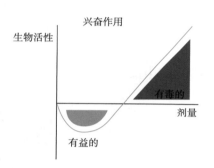

图 6.5
兴奋是一种营养功能因子在低水平对人体有益但在高水平却有害的现象

难点在于，每一种营养功能因子都是不同的，因此必须根据具体情况确定最佳剂量。

2. 生物利用度

如果一种营养功能因子要产生效应，它通常必须被人体吸收（情况并非总是如此，因为膳食纤维可以在不被吸收的情况下对健康产生有益的影响）。前一章已经介绍了食物通过肠道时发生的复杂过程。在这里，我考虑的主要因素是在我们的食物中影响营养功能因子的生物利用度。

一种营养功能因子的生物利用度是指在人们吃了一种食物后，食物中的成分进入血液或其他靶器官的部分。生物利用度取决于营养功能因子的性质、它存在于何种食物中以及人们的肠胃功能。总的来说，影响营养功能因子生物利用度的因素可分为三类，如图 6.6 所示。

$$生物利用度 = 生物可利用性 \times 吸收 \times 转化$$

生物利用度=B* × A* × T*

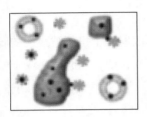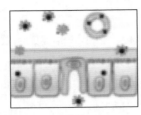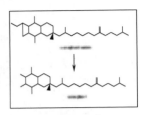

生物可利用性（B*）

食品中营养功能因子的
释放及其在GIT液中的
增溶作用

吸收（A*）

营养功能因子通过黏液
层的转运及上皮细胞的
吸收

转化（T*）

肠内营养功能因子的化
学或生化变化

图 6.6
营养功能因子的生物利用度取决于其在人体肠道中的生物可利用性、吸收和转化

3. 生物可接受率

营养功能因子必须先分散在肠胃内的消化液中，才能被人体吸收。因此，它们必须从食物基质中被释放出来，然后在消化液中被溶解。亲水性（喜水）的功能因子很容易溶解在这些液体中，而疏水性（憎水）的则不然。然而，进化机制设计了一个聪明的系统，让人体从饮食中吸收疏水性的营养物质。疏水性功能因子通常位于食物的脂肪区内，因此，这些脂肪必须在人体内分解后才能释放出功能因子。首先，脂肪（甘油三酯）被分解成三个较小的分子（两个脂肪酸和一个单甘油酯），然后这些分子被整合到由人体分泌的生物洗涤剂（胆盐和磷脂）形成的微小纳米颗粒（混合胶束）中。第二，从食物中释放出来的亲水性功能因子将自己埋在混合胶束的脂肪内部。混合胶束然后通过水性消化液运送营养剂，穿过凝胶状黏液层覆盖我们的内脏，并进入人体上皮细胞。这是一个自然发展的基于纳米技术的解决方案，以解决一个重要的生物问题——使促进健康的疏水分子进入我们的身体。

整个过程与科学家们为清除衣服上的脂肪污渍而开发洗涤剂的过程非常相似。洗涤剂含有分解脂肪污渍的消化酶和溶解脂肪污渍并将其带离衣物的表面活性剂。

4. 吸收

当功能因子到达上皮细胞表面时，它们可能被吸收或排斥，这取决于它们的分子和物理特性。人体消化道里的细胞吸收人体需要的营养并排出可能造成伤害的物质。因此，人体细胞壁上有无数入口、通道、隧道和门廊，用来调节谁进谁出。功能因子可以通过分隔单个上皮细胞的狭窄通道，或者通过细胞壁本身。一些功能因子通过与细胞壁融合，然后被从另一个大小的细胞中排出。另一些则通过细胞壁上的小孔，但需要付出一定的代价（几焦耳能量或几个 ATP）。有很多进入途径可供选择，但功能因子只会选择特定的一种途径进入我们体内并完成它的使命。食品研究人员正试图准确地了解不同的功能因子是如何被吸收的，从而提高它们的生物活性。

5. 转换

当食用一种功能因子后，由于特定的化学物质或酶的作用，它可能在人体肠道内发生化学变化。产生的新分子可能比亲代分子具有更高或更低的生物活性。如前所述，这是人类身体保护自己免受食物任何有害物质伤害的方法之一。因此，了解和控制消化道内营养物质的变化以优化它们的健康功效是非常重要的。这通常可以通过围绕着功能因子食物基质的精心设计来实现。例如，我们可以将功能因子困在微小的颗粒中，以防止胃肠液中的化学物质和酶转化它们。

十二 │ 设计食品以提高营养功能 因子的生物利用度

1. 天然食品与加工食品

加工食品通常被认为不如天然食品健康，但事实并非总是如此。食品经过加工，可以去除如细菌、毒素等有害物质，并使它们更可口和易消化。如前所述，食品加工可能对功能因子的生物利用度产生有害或有益的影响。一些加工操作会导致有价值的营养物质分解。在活的植物和动物中，功能因子常存在于细胞内，细胞内含有保护它们的特殊生物间隔。一旦食物通过切割、切碎或绞碎等方式进行机械加工，细胞壁就会被破坏，释放出营养物质，使它们更容易发生化学降解。

相反，一些生物活性成分在生水果和蔬菜被食用后仍被困在细胞内，并且永远不会在内脏中释放，因此它们不会表现出健康作用。然而，如果食物是经过加工的，这些有价值的营养物质更容易被身体释放和吸收。同样，加热会导致一些食物中对热敏感的功能因子降解，但在其他食物中，加热有可能会软化组织并促进功能因子的释放。因此，食品科学家正在研究不同的加工操作对不同食品中功能因子生物利用度的影响,以便他们能够确定最佳的加工操作,以促进健康。

2. 食品基质设计

食品科学家也在重新设计食品,使其在人体肠道中分解,创造一个有利于人体吸收功能因子的环境[75]。该领域的大多数研究都集中在提高脂溶性维生素和功能因子,如维生素A、维生素 D 和维生素 E、类胡萝卜素、姜黄素和白藜芦醇的生物利用度。这些疏水分子在肠胃内的消化液中溶解度很低,因此需要用胰酶释放的生物洗涤剂(胆盐)来溶解。如前所述,这些天然清洁剂与脂肪消化产物(脂肪酸)结合在一起,在肠道中形成微小的脂肪颗粒,即"混合微团"。混合微团包含疏水性功能因子,并将其携带到上皮细胞中被吸收。

在人体小肠内形成的混合微团的性质对身体吸收功能因子的水平有重大影响[76]。如果混合微团的内部太小,那么功能因子就不能被放入其中(想象一个非常高的人进入一辆迷你轿车),因此它们不会被输送到上皮细胞。迷你轿车型混合微团往往是由含有脂肪酸链相对较短的食物(如椰子油)形成的。然而,我们可以通过设计食物来克服这个问题,并增加功能因子的生物利用度。如果食物中的脂肪含有长脂肪酸,如玉米、向日葵或菜籽油中的脂肪酸,它们会形成能够轻松容纳大分子功能因子的具有更宽敞内部疏水结构混合微团。尽管这些蜂窝状的混合微团足够大到可以吸收营养物质,但对于穿过黏液层的隧道到达上皮细胞来说还是足够小。研究表明,通过优化食物基质中的脂肪类型,可以大大提高脂溶性维生素和功能因子的生物利用度[76,77]。

3. 递送系统

许多功能因子不能简单地被添加进食物中,因为它们不溶于水,呈结晶状,或能迅速降解。这些问题通常可以通过将它们装进微小的食品级颗粒中来解决(图6.7)。例如,通常不溶于水的疏水性功能因子可以被困在由一层蛋白质包裹的纳米级脂肪颗粒中。这些蛋白质使脂肪颗粒的表面具有亲水性,因此它们很容易与水混合。这些脂肪颗粒还可以被设计为含有抗氧化剂等成分,这些成分可以保护食品在储存过程中不被降解。最后,这些微小的脂肪颗粒在被吃掉后可以在肠道内迅速被分解,从而形成可溶解并能运输功能因子的混合微团。设计良好的输送系统可以大大提高功能因子的生物利用度。这些输送系统与制药工业中用来提高药物有效性的微胶囊非常相似。

4. 辅料食品

我的研究团队最近开发了一种用来提高新鲜果蔬中功能因子生物活性的新方法。在这

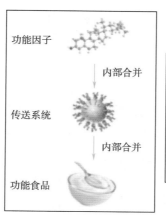

图 6.7
使用输送系统或辅料系统可提高营养制剂的功效

种情况下，功能因子被留在其天然环境中，果蔬可与被称为"辅料食品"的特殊设计食物一起食用（图 6.7）[75]。辅料食品可以是你放在沙拉上的调味品，放在蔬菜上的沙拉酱或者是你倒在水果上的奶油。辅料食品的设计目的在于为果蔬中功能因子在肠道的分解提供一个增加生物利用度的环境。我们已经证明，辅料食品可以大大提高胡萝卜、杧果、羽衣甘蓝和番茄中类胡萝卜素的生物利用度，在某些情况下，生物利用度的增加幅度可以超过10 倍。这一概念也可用于确定最佳的食物组合，以获得最佳的健康功效。

最近，我和我的同事肖航教授证实，用特制的辅料沙拉酱拌食沙拉可大大提高身体从沙拉中吸收健康类胡萝卜素的水平。这些调味品含有微小的脂肪颗粒，这些脂肪颗粒在人的内脏中被迅速消化，形成混合微团，溶解沙拉中释放的疏水类胡萝卜素，可提高其生物可利用性。

十三 | 营养功能因子的未来

营养补充剂和功能性食品行业很可能会继续生产和推广具有潜在健康作用的营养功能食品。尽管支持这些产品功效的科学证据仍不确定，但许多消费者仍在追捧这些产品。往往购买在大众媒体上宣传的一些功能因子能抗癌或防止心脏病之类的明星产品。作为日常饮食的一部分，当功能因子的摄入量足够高时，肯定有可能会对健康产生有益的影响。然而，需要使用设计良好的随机对照试验对功能因子进行更严格的测试，这些试验考虑了食物基质及其他因素，昂贵且耗时。

最近关于维生素和功能因子补充剂对普通人群功效研究的 meta 分析结果提示，它们几乎没有或根本没有益处[78,79]。这可能是因为这些生物活性物质中的一部分已经在我们的饮食中以足够高的水平存在了，因此不需要进一步补充。显然，政府需要对产品营销和标签制定更严格的规定，这样消费者就可以确信他们购买的是实际有效的产品。然而，由于前面提到的食品基质或食品加工效应，或者由于它们对不同人群的差异性影响，许多生物活性剂的生物利用度也是变化的。因此，很难可靠地看到它们可能对健康产生的影响。

正如许多在营养领域工作的人所说的，功能因子成功地融入饮食将对我们的健康产生重大影响。这将改善我们的寿命和生命质量，并通过降低医疗保健成本和生产力的损失获得可观的经济效益。另一方面，如果这些说法被夸大，许多人会把钱浪费在几乎没有效果的产品上。更糟糕的是，如果食用不当，一些功能因子甚至会对我们造成伤害。评判标准还未出台。我们只是没有足够的证据说明大多数功能因子的最佳剂量、最佳摄入频率、理想的食用形式及健康功效。在可预见的未来，这一领域的研究可能会使食品和营养科学工作者忙得不可开交。

参考文献 ↘

1. Patwardhan, B., D. Warude, P. Pushpangadan, and N. Bhatt. 2005. Ayurveda and Traditional Chinese Medicine: A Comparative Overview. *Evidence-based Complementary and Alternative Medicine* 2（4）: 465–473.

2. Crair, B. 2018. *Cereal Killers.* Smithsonian, 48［10（March）］: 23–26.

3. Sackett, D. L., W. M. C. Rosenberg, J. A. M. Gray, R. B. Haynes, and W. S. Richardson. 1996. *Evidence Based Medicine*: What it is and What it isn't（reprinted from BMJ, vol 312, pg 71–72）. Clinical Orthopaedics and Related Research, 2007（455）: 3–5.

4. Gupta, C. G. 2016. *Nutraceuticals: Efficacy, Safety and Toxicity.* London: Academic.

5. Larsen, R., K. E. Eilertsen, and E. O. Elvevoll. 2011. Health Benefits of Marine Foodsand Ingredients. *Biotechnology Advances* 29（5）: 508–518.

6. Russo, G. L. 2009. Dietary *n*–6 and *n*–3 Polyunsaturated Fatty Acids: From Biochemistry to Clinical Implications in Cardiovascular Prevention. *Biochemical Pharmacology* 77（6）: 937–946.

7. Tur, J. A., M. M. Bibiloni, A. Sureda, and A. Pons. 2012. Dietary Sources of Omega 3 Fatty Acids: Public Health Risks and Benefits. *British Journal of Nutrition* 107: S23–S52.

8. Lorente-Cebrian, S., A. G. V. Costa, S. Navas-Carretero, M. Zabala, J. A. Martinez, and M. J. Moreno-Aliaga. 2013. Role of Omega-3 Fatty Acids in Obesity, Metabolic Syndrome, and Cardiovascular Diseases: a Review of the Evidence. *Journal of Physiology and Biochemistry* 69（3）: 633–651.

9. Abdelhamid, A. S., T. J. Brown, J. S. Brainard, P. Biswas, G. C. Thorpe, H. J. Moore, K. H. O. Deane, F. K. AlAbdulghafoor, C. D. Summerbell, H. V. Worthington, F. Song, and L. Hooper. 2018. Omega-3 Fatty Acids for the Primary and Secondary Prevention of Cardiovascular Disease. *Cochrane Database of Systematic Reviews* 7.

10. Waraho, T., D. J. McClements, and E. A. Decker. 2011. Mechanisms of Lipid Oxidation in Food Dispersions. *Trends in Food Science & Technology* 22（1）: 3–13.

11. Vieira, S., G. D. Zhang, and E. A. Decker. 2017. Biological Implications of Lipid Oxidation Products. *Journal of the American Oil Chemists Society* 94（3）: 339–351.

12. Park, Y., and M. W. Pariza. 2007. Mechanisms of Body Fat Modulation by Conjugated Linoleic Acid（CLA）. *Food Research International* 40（3）: 311–323.

13. Yeonhwa Park, Michael W. Pariza. 2009. Bioactivities and Potential Mechanisms of Action for Conjugated Fatty Acids. *Food Science and Biotechnology* 18（3）: 586–593.

14. Rahbar, A. R., A. Ostovar, S. M. Derakhshandeh-Rishehri, L. Janani, and A. Rahbar. 2017.

Effect of Conjugated Linoleic Acid as a Supplement or Enrichment in Foods onBlood Glucose and Waist Circumference in Humans: A Meta-analysis. *Endocrine Metabolic & Immune Disorders-Drug Targets* 17（1）: 5-18.

15. Sahebkar, A. , M. C. Serban, A. Gluba-Brzozka, D. P. Mikhailidis, A. F. Cicero, J. Rysz, and M. Banach. 2016. Lipid-Modifying Effects of Nutraceuticals: An Evidence-Based Approach. *Nutrition* 32 （11-12）: 1179-1192.

16. Fernandes, P. , and J. M. S. Cabral. 2007. Phytosterols: Applications and Recovery Methods. *Bioresource Technology* 98（12）: 2335-2350.

17. John, S. , A. V. Sorokin, and P. D. Thompson. 2007. Phytosterols and Vascular Disease. *Current Opinion in Lipidology* 18（1）: 35-40.

18. Rocha, M. , C. Banuls, L. Bellod, A. Jover, V. M. Victor, and A. Hernandez-Mijares. 2011. A Review on the Role of Phytosterols: New Insights Into Cardiovascular Risk. *Current Pharmaceutical Design* 17（36）: 4061-4075.

19. Milani, A. , M. Basirnejad, S. Shahbazi, and A. Bolhassani. 2017. Carotenoids: Biochemistry, Pharmacology and Treatment. *British Journal of Pharmacology* 174（11）: 1290-1324.

20. Cazzonelli, C. I. 2011. Carotenoids in Nature: Insights From Plants and Beyond. *Functional Plant Biology* 38（11）: 833-847.

21. Rao, A. V. , and L. G. Rao. 2007. Carotenoids and Human Health. *Pharmacological Research* 55（3）: 207-216.

22. Mayne, S. T. 1996. Beta-Carotene, Carotenoids, and Disease Prevention in Humans. *FASEB Journal* 10（7）: 690-701.

23. Xianquan, S. , J. Shi, Y. Kakuda, and J. Yueming. 2005. Stability of Lycopene During Food Processing and Storage. *Journal of Medicinal Food* 8（4）: 413-422.

24. Higdon, J. , V. J. Drake, B. Delage, and E. J. Johnson. Carotenoids. 2016. ; Available from: http: //lpi. oregonstate. edu/mic/dietary-factors/phytochemicals/carotenoids.

25. Stringham, J. M. , and B. R. Hammond. 2005. Dietary Lutein and Zeaxanthin: Possible Effects on Visual Function. *Nutrition Reviews* 63（2）: 59-64.

26. Ranard, K. M. , S. Jeon, E. S. Mohn, J. C. Griffiths, E. J. Johnson, and J. W. Erdman. 2017. Dietary Guidance for Lutein: Consideration for Intake Recommendations is Scientifically Supported. *European Journal of Nutrition* 56: 537-542.

27. Basu, A. , and V. Imrhan. 2007. Tomatoes Versus Lycopene in Oxidative Stress and Carcinogenesis: Conclusions from Clinical Trials. *European Journal of Clinical Nutrition* 61（3）: 295-303.

28. Virtamo, J. , P. Pietinen, J. K. Huttunen, N. Malila, M. J. Virtanen, D. Albanes, P. R. Taylor, P. Albert, and A. S. Grp. 2003. Incidence of Cancer and Mortality Following Alpha-Tocopherol and Beta-Carotene Supplementation – A Postintervention Follow-up. *JAMA-Journal of the American Medical Association* 290（4）: 476-485.

29. Desmarchelier, C. , and P. Borel. 2017. Overview of Carotenoid Bioavailability Determinants: From Dietary Factors to Host Genetic Variations. *Trends in Food Science & Technology* 69: 270-280.

30. Kopec, R. E. , and M. L. Failla. 2018. Recent Advances in the Bioaccessibility and Bioavailability of Carotenoids and Effects of Other Dietary Lipophiles. *Journal of Food Composition and Analysis* 68: 16-30.

31. Kocaadam, B. , and N. Sanlier. 2017. Curcumin, an Active Component of Turmeric（*Curcuma longa*）, and its Effects on Health. *Critical Reviews in Food Science and Nutrition* 57（13）: 2889-2895.

32. Hatcher, H. , R. Planalp, J. Cho, F. M. Tortia, and S. V. Torti. 2008. Curcumin: From Ancient Medicine to Current Clinical Trials. *Cellular and Molecular Life Sciences* 65（11）: 1631-1652.

33. Epstein, J. , I. R. Sanderson, and T. T. MacDonald. 2010. Curcumin as a Therapeutic Agent: The Evidence From in Vitro, Animal and Human Studies. *British Journal of Nutrition* 103（11）: 1545-1557.

34. Kunwar, A. and K. I. Priyadarsini, Curcumin and Its Role in Chronic Diseases, in *Anti-Inflammatory Nutraceuticals and Chronic Diseases*, S. C. Gupta, S. Prasad, and B. B. Aggarwal, Editors. 2016. 1-25.

35. Zhou, H. Y. , C. S. Beevers, and S. L. Huang. 2011. The Targets of Curcumin. *Current Drug Targets* 12（3）: 332-347.

36. Higdon, J. , V. J. Drake, B. Delage, and L. Howells. Curcumin. 2016. ; Available from: http: // lpi. oregonstate. edu/mic/dietary-factors/phytochemicals/curcumin.

37. Heger, M. , R. F. van Golen, M. Broekgaarden, and M. C. Michel. 2014. The Molecular Basis for the Pharmacokinetics and Pharmacodynamics of Curcumin and Its Metabolites in Relation to Cancers. *Pharmacological Reviews* 66（1）: 222-307.

38. Nelson, K. M. , J. L. Dahlin, J. Bisson, J. Graham, G. F. Pauli, and M. A. Walters. 2017. The Essential Medicinal Chemistry of Curcumin. *Journal of Medicinal Chemistry* 60（5）: 1620-1637.

39. Bahadori, F. , and M. Demiray. 2017. A Realistic View on "The Essential Medicinal Chemistry of Curcumin". *ACS Medicinal Chemistry Letters* 8（9）: 893-896.

40. Tome-Carneiro, J. , M. Larrosa, A. Gonzalez-Sarrias, F. A. Tomas-Barberan, M. T. Garcia-Conesa, and J. C. Espin. 2013. Resveratrol and Clinical Trials: The Crossroad from In Vitro Studies to Human Evidence. *Current Pharmaceutical Design* 19（34）: 6064-6093.

41. Guerrero, R. F., M. C. Garcia-Parrilla, B. Puertas, and E. Cantos-Villar. 2009. Wine, Resveratrol and Health: A Review. *Natural Product Communications* 4（5）: 635-658.

42. Higdon, J., V. J. Drake, B. Delage, and J. C. Espin. Resveratrol. 2016. Available from: http: // lpi. oregonstate. edu/mic/dietary-factors/phytochemicals/Resveratrol.

43. Haghighatdoost, F., and M. Hariri. 2018. Effect of Resveratrol on Lipid Profile: An Updated Systematic Review and Meta-Analysis on Randomized Clinical Trials. *Pharmacological Research* 129: 141-150.

44. Liu, Y. X., W. Q. Ma, P. Zhang, S. C. He, and D. F. Huang. 2015. Effect of Resveratrol on Blood Pressure: A Meta-Analysis of Randomized Controlled Trials. *Clinical Nutrition* 34（1）: 27-34.

45. Sahebkar, A., C. Serban, S. Ursoniu, N. D. Wong, P. Muntner, I. M. Graham, D. P. Mikhailidis, M. Rizzo, J. Rysz, L. S. Sperling, G. Y. H. Lip, M. Banach, and C. Lipid Blood Pressure Metaanal. 2015. Lack of Efficacy of Resveratrol on C-Reactive Protein and Selected Cardiovascular Risk Factors - Results from a Systematic Review and Meta-Analysis of Randomized Controlled Trials. *International Journal of Cardiology* 189: 47-55.

46. Marx, W., J. T. Kelly, S. Marshall, J. Cutajar, B. Annois, A. Pipingas, A. Tierney, and 3. Itsiopoulos. 2018. Effect of Resveratrol Supplementation on Cognitive Performance and Mood in Adults: A Systematic Literature Review and Meta-Analysis of Randomized Controlled Trials. *Nutrition Reviews* 76 （6）: 432-443.

47. Liu, K., R. Zhou, B. Wang, and M. T. Mi. 2014. Effect of Resveratrol on Glucose Control and Insulin Sensitivity: A Meta-Analysis: of 11 Randomized Controlled Trials. *American Journal of Clinical Nutrition* 99（6）: 1510-1519.

48. Williamson, G. 2017. The Role of Polyphenols in Modern Nutrition. *Nutrition Bulletin* 42（3）: 226-235.

49. Tome-Carneiro, J., and F. Visioli. 2016. Polyphenol-Based Nutraceuticals for the Prevention and Treatment of Cardiovascular Disease: Review of Human Evidence. *Phytomedicine* 23（11）: 1145-1174.

50. Yuan, S., X. Li, Y. L. Jin, and J. P. Lu. 2017. Chocolate Consumption and Risk of Coronary Heart Disease, Stroke, and Diabetes: A Meta-Analysis of Prospective Studies. *Nutrients* 9（7）.

51. Lin, X. C., I. Zhang, A. Li, J. E. Manson, H. D. Sesso, L. Wang, and S. M. Liu. 2016. Cocoa Flavanol Intake and Biomarkers for Cardiometabolic Health: A Systematic Review and Meta-Analysis of Randomized Controlled Trials. *Journal of Nutrition* 146（11）: 2325-2333.

52. Ferri, C., G. Desideri, L. Ferri, I. Proietti, S. Di Agostino, L. Martella, F. Mai, P. Di

Giosia, and D. Grassi. 2015. Cocoa, Blood Pressure, and Cardiovascular Health. *Journal of Agricultural and Food Chemistry* 63（45）: 9901–9909.

53. Mellor, D. D., D. Amund, E. Georgousopoulou, and N. Naumovski. 2018. Sugar and Cocoa: Sweet Synergy or Bitter Antagonisms. Formulating Cocoa and Chocolate Products for Health: A Narrative Review. *International Journal of Food Science and Technology* 53（1）: 33–42.

54. Guasch–Ferre, M., X. R. Liu, V. S. Malik, Q. Sun, W. C. Willett, J. E. Manson, K. M. Rexrode, Y. Li, F. B. Hu, and S. N. Bhupathiraju. 2017. Nut Consumption and Risk of Cardiovascular Disease. *Journal of the American College of Cardiology* 70（20）: 2519–2532.

55. Neale, E. P., L. C. Tapsell, V. Guan, and M. J. Batterham. 2017. The Effect of Nut Consumption on Markers of Inflammation and Endothelial Function: A Systematic Review and Meta–Analysis of Randomised Controlled Trials. *BMJ Open* 7（11）.

56. Ros, E. 2017. Eat Nuts, Live Longer. *Journal of the American College of Cardiology* 70（20）: 2533–2535.

57. Aune, D., N. Keum, E. Giovannucci, L. T. Fadnes, P. Boffetta, D. C. Greenwood, S. Tonstad, L. J. Vatten, E. Riboli, and T. Norat. 2016. Nut Consumption and Risk of Cardiovascular Disease, Total Cancer, All–Cause and Cause–Specific Mortality: A Systematic Review and Dose–Response Meta–Analysis of Prospective Studies. *BMC Medicine* 14: 207.

58. Eneroth, H., S. Wallin, K. Leander, J. N. Sommar, and A. Akesson. 2017. Risks and Benefits of Increased Nut Consumption: Cardiovascular Health Benefits Outweigh the Burden of Carcinogenic Effects Attributed to Aflatoxin B–1 Exposure. *Nutrients* 9（12）.

59. Nile, S. H., and S. W. Park. 2014. Edible Berries: Bioactive Components and Their Effect on Human Health. *Nutrition* 30（2）: 134–144.

60. Luis, A., F. Domingues, and L. Pereira. 2018. Association Between Berries Intake and Cardiovascular Diseases Risk Factors: a Systematic Review with Meta–Analysis and Trial Sequential Analysis of Randomized Controlled Trials. *Food & Function* 9（2）: 740–757.

61. Heneghan, C., M. Kiely, J. Lyons, and A. Lucey. 2018. The Effect of Berry–Based Food Interventions on Markers of Cardiovascular and Metabolic Health: A Systematic Review of Randomized Controlled Trials. *Molecular Nutrition & Food Research* 62（1）: 12.

62. Kowalska, K., and A. Olejnik. 2016. Current Evidence on the Health–Beneficial Effects of Berry Fruits in the Prevention and Treatment of Metabolic Syndrome. *Current Opinion in Clinical Nutrition and Metabolic Care* 19（6）: 446–452.

63. Afrin, S., F. Giampieri, M. Gasparrini, T. Y. Forbes–Hernandez, A. Varela–Lopez, J. L.

Quiles, B. Mezzetti, and M. Battino. 2016. Chemopreventive and Therapeutic Effects of Edible Berries: A Focus on Colon Cancer Prevention and Treatment. *Molecules* 21 (2).

64. Guo, X., B. Yang, J. Tan, J. Jiang, and D. Li. 2016. Associations of Dietary Intakes of Anthocyanins and Berry Fruits with Risk of Type 2 Diabetes mellitus: A Systematic Review and Meta-Analysis of Prospective Cohort Studies. *European Journal of Clinical Nutrition* 70 (12): 1360–1367.

65. Sauer, S., and A. Plauth. 2017. Health-Beneficial Nutraceuticals-Myth or Reality? *Applied Microbiology and Biotechnology* 101 (3): 951–961.

66. Chen, H. Y., and R. H. Liu. 2018. Potential Mechanisms of Action of Dietary Phytochemicals for Cancer Prevention by Targeting Cellular Signaling Transduction Pathways. Journal of *Agricultural and Food Chemistry* 66 (13): 3260–3276.

67. Stricker, T., D. V. T. Catenacci, and T. Y. Seiwert. 2011. Molecular Profiling of Cancer- The Future of Personalized Cancer Medicine: A Primer on Cancer Biology and the Tools Necessary to Bring Molecular Testing to the Clinic. *Seminars in Oncology* 38 (2): 173–185.

68. Aronson, J. K. 2017. Defining 'Nutraceuticals': Neither Nutritious nor Pharmaceutical. *British Journal of Clinical Pharmacology* 83 (1): 8–19.

69. DeFelice, S. L., *Nutrition Stymied: The Nutraceutical Solution*. 2014, XXV National Congress of the Italian Chemical Society: The University of Calibria.

70. Smith, E. and K. Arney, Resveratrol, red wine and cancer: What's the story? 2015.

71. Hanekamp, J. C., A. Bast, and E. J. Calabrese. 2015. Nutrition and Health - Transforming Research Traditions. *Critical Reviews in Food Science and Nutrition* 55 (8): 1072–1078.

72. Calabrese, E. J. 2013. Hormetic Mechanisms. *Critical Reviews in Toxicology* 43 (7): 580–606.

73. Calabrese, E. J., M. P. Mattson, and V. Calabrese. 2010. Resveratrol Commonly Displays Hormesis: Occurrence and Biomedical Significance. *Human & Experimental Toxicology* 29 (12): 980–1015.

74. Mattson, M. P. 2008. Dietary Factors, Hormesis and Health. *Ageing Research Reviews* 7 (1): 43–48.

75. McClements, D. J., and H. Xiao. 2017. Designing Food Structure and Composition to Enhance Nutraceutical Bioactivity to Support Cancer Inhibition. *Seminars in Cancer Biology* 46: 215–226.

76. McClements, D. J., F. Li, and H. Xiao, The Nutraceutical Bioavailability Classification Scheme: Classifying Nutraceuticals According to Factors Limiting their Oral Bioavailability, in *Annual Review of Food Science and Technology*, *Vol* 6, M. P. Doyle and T. R. Klaenhammer, Editors. 2015. 299–327.

77. McClements, D. J. 2018. Enhanced Delivery of Lipophilic Bioactives using Emulsions: A Review of Major Factors Affecting Vitamin, Nutraceutical, and Lipid Bioaccessibility. *Food & Function* 9 (1):

22-41.

78. Jenkins, D. J. A., J. D. Spence, E. L. Giovannucci, Y. -i. Kim, R. Josse, R. Vieth, S. Blanco Mejia, E. Viguiliouk, S. Nishi, S. Sahye-Pudaruth, M. Paquette, D. Patel, S. Mitchell, M. Kavanagh, T. Tsirakis, L. Bachiri, A. Maran, N. Umatheva, T. McKay, G. Trinidad, D. Bernstein, A. Chowdhury, J. Correa-Betanzo, G. Del Principe, A. Hajizadeh, R. Jayaraman, A. Jenkins, W. Jenkins, R. Kalaichandran, G. Kirupaharan, P. Manisekaran, T. Qutta, R. Shahid, A. Silver, C. Villegas, J. White, C. W. C. Kendall, S. C. Pichika, J. L. Sievenpiper, and Supplemental Vitamins. 2018. Minerals for CVD Prevention and Treatment. *Journal of the American College of Cardiology* 71(22): 2570-2584.

79. Schwingshackl, L., H. Boeing, M. Stelmach-Mardas, M. Gottschald, S. Dietrich, G. Hoffmann, and A. Chaimani. 2017. Dietary Supplements and Risk of Cause-Specific Death, Cardiovascular Disease, and Cancer: A Systematic Review and Meta-Analysis of Primary Prevention Trials. *Advances in Nutrition* 8 (1): 27-39.

07

人体营养的内在世界：
肠道微生物、饮食和健康

$\rightarrow$

Feeding the World Inside Us:
Our Gut Microbiomes, Diet, and Health

一 | 人体内在世界

　　我们的身体就像一个星球，有很多种类的微小生物居住在不同的小环境中，包括我们的皮肤、头发、眼睛、生殖器和肠道。每一个小环境在气候条件和食物来源方面都不同。人类皮肤相对干燥，暴露在高水平的阳光和氧气中，而我们的内脏则是黑暗、潮湿和缺氧的。这些小环境的差异决定了生活在那里的微生物种类也不同，包括各种类型的细菌、病毒、真菌和原生动物。生活在每个特定小环境的微生物都是复杂生态系统中的一部分，不同物种为了生存而相互竞争和合作。人体在这些生态系统中扮演着动态的角色，与微生物交换物质和信息。在人体内最丰富、被研究最多的微生物群是寄生在肠道中的细菌，其中大部分细菌生活在于结肠中（图 7.1）。占据特定小环境的微生物物种的集合称为 microbiota（微生物群），而与该群体相关的所有基因被称为 microbiome（微生物组）。后一术语通常用于指微生物本身及其基因，这将在下文中介绍。

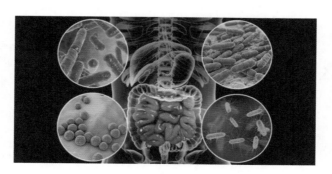

图 7.1

存在人类肠道复杂生态体系中的不同种类微生物

　　人体肠道中生活着大量的微生物。通过比较构成人体细胞的数量与人体内的微生物细胞数量，可以很好地说明这一点。据最初的研究估算，人体是由 10% 的人体细胞和 90%

的结肠细菌组成，但根据最近的研究估算，人体是由 47% 的人体细胞和 53% 的结肠细菌组成[1]，这是一个发人深省的数字。在遗传物质方面，画面就更令人羞愧了。我们的基因组中有大约 2 万个基因，而我们肠道中的各种微生物有 200 万到 2000 万个。因此，人体内超过 99% 的基因与肠道微生物组相关。然而，就重量而言，人体确实比微生物重。对于一个典型的成年人来说，肠道微生物的质量约为 2 千克，比大脑重量略重，但比体重要轻得多。

越来越多的证据表明，肠道微生物在人体的健康和福祉中起着至关重要的作用。它们消化任何未被我们的口腔、胃和小肠分解并吸收的食物，从而使肌体可以摄取额外的能量，可以为我们的身体提供能量。这对于人类祖先来说尤其重要，他们经常生活在营养贫乏的环境中，因此从他们吃的食物中榨取每一点热量都会受益。它们还将这些食物残渣转化为有益于健康的新物质，包括维生素、必需氨基酸和短链脂肪酸。此外，它们将潜在的有毒物质（如植物性食品中发现的一些植物化学物质）转化为实际更具有健康作用的良性分子。微生物群系还可以激活人体消耗的非活性形式的药物。此外，它们会产生像信鸽一样的分子，向人体发出信号，调节食物摄入和营养过程，并影响情绪和情感。它们还训练和加强人体免疫系统，以便更好地保护人体免受任何有害物质的侵害。

肠道微生物的组成也会影响人体对各种慢性疾病的易感性，包括炎症性肠病、糖尿病、动脉粥样硬化、肥胖症、哮喘、自身免疫疾病、关节炎和精神疾病。这种联系引起了食品、营养和临床科学家们的极大兴趣，他们对生活在我们肠道中的微生物进行表征、确定它们如何影响我们的健康以及研究人类所吃的食物如何改变它们。这些知识被用于创造未来的食物，旨在通过改善居住在人体内的微生物群的性质来促进人体健康。在本章的余下部分，我想强调一下在这个快速发展的领域中取得的一些令人兴奋的成果。

二 ｜ 什么是肠道微生物组

人类的肠道中有数十亿种不同种类的微生物，这些微生物来自生命树上的主要的界，包括真核生物、原核生物、古细菌和病毒。在每一个界中，都有不同的门、纲、目、科、属、种和亚种，它们包括外表和行为不同的微生物。人体结肠可以比作一个复杂的生态系统，如热带雨林，包含不同种类的哺乳动物（大猩猩、猴子、老虎、美洲虎、老鼠）、爬行动物（蜥蜴、蛇）、两栖动物（青蛙）、节肢动物（甲虫、蚂蚁，蝴蝶）和鸟类（鹰、鹦鹉、巨嘴鸟），这些不同种类的动物都生活在一起，它们之间相互作用，同时与土壤、树木、植物、水和构成其自然环境的其他资源相互作用。这些居住者在一个复杂的关系网络中相互联系，一些相互竞争，一些在捕食别人，一些在一起工作。类似地，驻留在我们肠道中的各种微生物也形成了一个相互作用的复杂网络。

原核生物，如细菌和古细菌，是具有相对简单内部结构的单细胞微生物。相反，真核生物，如真菌、寄生虫、原生动物和变形虫，是具有更复杂内部结构的单细胞或多细胞生物。就重量而言，细菌是生活在人类肠道中的微生物的主要群体。然而，微生物组还含有许多被称为噬菌体的微小病毒，它们与细菌相互作用。噬菌体感染细菌并在其内部繁殖，最终可导致它们爆炸并释放产生新的噬菌体，使它们能够继续感染其他细菌。人们越来越关注这些噬菌体对微生物组的组成和功能的影响，以及它是如何影响我们健康的。事实上，研究人员正在尝试开发噬菌体疗法，以清除我们肠道中的坏细菌，同时留下完好的有益细菌。

科学家们在试图了解肠道微生物组的过程中，遇到的一个困难是，它们包含了太多不同的种[2]。据估计，细菌有超过 35000 个种，尽管只有大约 1000 种存在于某个特定的人的肠道内。科学家的任务是对所有这些不同的种进行分类，并建立它们之间的联系，这就是分类学。一个特定的种被分配到一个属，这个属被分配到一个科，然后是一个目、一个类、一个门、一个界，然后是一个域。传统上，微生物分类学主要是基于一个物种在显微镜下的样子，它对特定化学染色（"革兰染色"）的反应，以及它生存所需的营养物质和条件。现代基因工具的引入使科学家能够对特定微生物进行全基因组测序，或至少获得可作为遗传指纹的基因组片段。这使得科学家们能够绘制出代表我们肠道微生物生命树的复杂图谱。这些图谱使我们能够确定不同微生物物种的进化历史和遗传关系，根据它们之间的密切关系，物种被分配到特定的分支中。这些强大的工具正在推进人类对微生物群落中不同成员之间以及微生物群与人体相互作用的理解。此外，它们还可以用来将微生物群的特定遗传特征与人体健康状况联系起来。将这些基因工具与后面章节中描述的各种基因组工具（如蛋白质组学、转录组学和代谢组学）结合起来，获得人体微生物组的更详细信息（图 7.2）。这些先进工具的应用将使我们能更全面地了解微生物与宿主之间的相互作用、它们如何受到饮食的影响以及它们是如何影响我们的健康和福祉的。

简单地说，可以认为肠道既包含有益的（"好的"）细菌，有助于促进人体的健康，也包含致病的（"坏的"）细菌，使我们生病。事实上，情况往往比这更复杂，因为不同细菌种类的相对量是很重要的一点。因此，一个特定的种本身可能并不坏，但只有当它的数量过多或出现在错误的位置时（就像花丛中的一颗杂草），可能就变坏了。人体通常与肠道微生物保持共生关系，理想情况下，众多细菌之间的最佳平衡会使人体受益于这些细菌的功能。其中一种方式是微生物分泌一层黏液保护我们的肠道。黏液层的构造是用来保护和滋养人体的。它有一个紧密包裹着的内层，附着在上皮细胞上，不允许细菌直接与我们的身体接触。

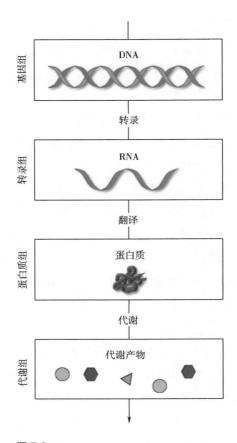

图 7.2

遗传学的中心法则：DNA 编码的遗传信息
被转录到 RNA 分子上，RNA 分子被翻译
成蛋白质。然后，这种蛋白质可以参与生化
反应产生代谢物

它也有一个松散的外层，细菌可以进入和居住。这种方式很重要，因为它可以防止食物残渣从我们的口腔直接流到肛门。好细菌产生的营养物质和其他小分子可以很容易地穿透黏液层被上皮细胞吸收。在黏液层保护较少的小肠中，微生物群将产生天然的抗生素，如多肽和有机酸，可以攻击任何可能伤害人体的外来致病菌。

微生物群落在我们的整个胃肠道中并不都是一样的，而是在不同位置上的细菌数量和类型有所不同。这类似于在我们星球的不同地区发现的动物物种的多样性，如沙漠、雨林、热带稀树草原或山边。不同的动物物种适应不同的环境。人体由于胃液的强酸性和高氧水平，胃里的细菌相对较少。同样，在小肠中也很少有细菌，因为高水平的胆盐、消化酶和氧气不利于它们的生存。相反，在中性和厌氧（低氧）条件下的结肠是非常有利于生长大量的、多种多样性的细菌。因此，在肠道特定区域占主导地位的细菌种类取决于其独特的生态气候，如 pH、氧气水平和营养状况。细菌的性质也可能因为在人体肠道的特定位置而发生变化。

例如，不同种类的细菌生活在包裹结肠的黏液层内和外面。这在选择要分析的样本时非常重要，因为如果没有在正确的位置选择它们，它们就不会具有代表性。

成人肠道内绝大多数细菌种类可分为四大类：厚壁菌门、拟杆菌门、变形杆菌门和放线菌门[3]。然而，生活在不同个体中的细菌种类和水平有明显的差异。大约三分之一的肠道微生物在我们所有人身上都是相似的，但其余的约三分之二是不同的。

三 | 微生物及其功能

尽管肠道中有大量不同种类的细菌，但它们所执行的代谢功能有很多重叠之处[4,5]。这是因为许多微生物具有相似的基因，这些基因能产生类似的蛋白质（酶），参与类似的生化代谢途径。由于这个原因，两个人可能有在分类组成上有很大不同的微生物组，但它们的功能可能非常相似。因此，仅仅比较两个人的微生物组中的细菌种类并不能深入了解哪种细菌是最健康的，相反比较它们正在执行的功能更重要（图 7.3）。

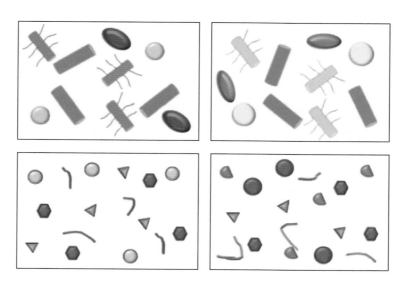

图 7.3
健康的肠道微生物组的特征可由肠道所存在的细菌的数量和类型或者这些微生物所执行的功能的类型来定义（微生物组：微生物组可由现有细菌的数量和类型来表征；功能：微生物组可以通过其所能执行的不同功能来表征）

来自爱尔兰科克大学国际知名肠道微生物学专家科林·希尔（Colin Hill）教授用了一个很好的类比来强调关注细菌功能的重要性，而不是仅仅列出它们的名字。如果你在比较两个国家的人口，如爱尔兰和丹麦，你不会比较这个国家不同人的名字。爱尔兰可能有很多人叫艾米丽、丹尼尔和肖恩，丹麦可能有很多人叫有弗雷加、奥斯卡和马蒂亚斯，但这并不能告诉你这两个国家之间的区别，就像知道微生物群落中不同物种的名字不能告诉你有用的信息一样。比较每个国家不同的人所做的工作，如医生、律师、警察、教师、清洁工、工厂工人等，则会提供更多的信息。同样，也要比较不同细菌在肠道内所发挥的不同功能，如纤维消化者、维生素生产者和免疫调节者等。一般来说，在一个运转良好的现代社会中，人们必须履行一系列核心职能，包括农业、工业、交通、零售、政府、法律、教育和医疗。类似地，一个健康的微生物组应该执行一系列核心的内务管理功能，包括在黏液层上定植、与宿主之间和微生物间彼此沟通、分解食物资源、产生能量、产生营养、战胜外来细菌以及自我繁殖等多方面功能。

另一个有用的类比是比较不同地理区域的生态系统。一个地区可能有狼、鹿、狐狸、鹰、猫头鹰、老鼠和蚱蜢，而另一个地区可能有狮子、羚羊、鬣狗、秃鹫、老鼠和蝗虫。在每个生态系统内动物的数量和种类很重要，它们的功能和相互关系也很重要，有些是捕食者，有些是猎物，一些竞争相同资源，一些受益于彼此（共生），一些受益于他人但却伤害他们（寄生虫），一些受益于他人同时对他人既无益处也无害处（共栖）。因此，不同的动物可以在不同的生态系统中扮演非常相似的角色。例如，在这两种生态系统中，可能都有：以植物为食的昆虫，以昆虫为食的小型捕食者，以小型捕食者为食的大型捕食者。同样，了解微生物组中不同种类细菌的功能和关系，与指明现存物种的数量和种类一样重要。

细菌在特定小环境中所发挥的所有功能都可以通过测量系统的全基因组——微生物组来确定。微生物学家正在开发将特定的基因与它们所执行的特定功能联系起来的数据库。因此，如果他们能够测量微生物组中存在的所有基因，他们就可以确定微生物组所有可能实现的功能。微生物组的总体"质量"可以通过其执行与积极健康结果相关功能的能力来确定。如果我们的微生物组缺乏一种对我们健康至关重要的功能，我们可以采取治疗手段，鼓励产生相应功能的微生物生长，进而弥补机体所缺乏的这种功能。

然而，这种方法有一个重要的限制。那就是微生物的 DNA 中有一种特定的基因，但并不意味着它就一定使用了这种基因。该基因可能无法被表达，因此，可能无法实现预期的功能。因此，基因组学方法必须与其他组学方法相补充，如蛋白质组学和代谢组学，以确定哪些功能实际上真正实现了。

四 | 人类微生物菌群的特征

科学的快速进步往往是由新的鉴定工具的发展推动的，这些工具使我们能够以不同的方式看待世界，从而获得新的信息。对人类微生物群的研究也确实如此。在过去十年左右的时间里，关于这一领域的研究呈爆炸式增长，其主要原因是，人们可以广泛使用先进的工具来描述人类肠道中的微生物，确定它们的功能，并确定它们是如何影响我们健康的[6]。通常情况下，粪便样本是从一个人身上采集的，经过分离以去除非微生物碎片，然后进行分析以确定其中包含的微生物和/或基因的类型。在更前沿的研究中，粪便中蛋白质和代谢物的详细信息也得到了确定。尽管处于科学前沿，但这并不是科学家最具有魅力的研究工作之一。我在一栋经常进行微生物研究的建筑物里工作，在炎热的夏天，走廊里可以闻到相当刺鼻的气味，尤其是微生物在结肠里发酵的时候。

1. 传统方法

我们对肠道微生物组的历史了解进展相对缓慢，这是由于当时可供研究人员使用的医学工具十分有限。一般来讲，在测试样品中细菌的类型通常是通过平皿培养法建立的，这需要分离细菌，然后在良好的条件下培养。从某人的粪便中收集的样本被放置在含有凝胶状物质的培养皿中，这种物质富含微生物生长所需的营养物质。培养皿在有利于微生物生长的环境条件下可被保存几天，这就导致了许多菌落在培养皿上呈现出了明显的小斑点。原始样本中的细菌数量是通过计算在平板上形成的菌落数量来估算的。另一方面，通过在显微镜下观察菌落的独特特征，观察菌落是否与特定的菌斑（如"革兰染色剂"）发生反应，以及确定菌落生长所需的特定营养物质和条件，可以推断出菌落的类型。不同种类的细菌需要不同种类的营养物质才能生长，所以观察谁能茁壮成长、谁不能，是确定细菌种类的一种方法。

许多传统的微生物鉴定方法至今仍在使用，并且有着悠久的历史。正如它的名字所暗示的，微生物是一种微小的生物，小到我们无法用眼睛看到，这就是为什么人类在我们存在的大部分时间里都没有意识到它们存在的原因。直到 17 世纪中叶左右，英国皇家学会（Royal Society）的两位杰出科学家罗伯特·胡克（Robert Hooke）和安东尼·范·列文虎克（Antoni Van Leeuwenhoek）发明了显微镜，人们才真正看到了微生物。胡克在

1665 年出版了一本影响深远的书《微生物学》（*Micrographia*），其中展示了微生物（一种微小的真菌）的第一张图片。几年后，列文虎克使用了一台原始但功能强大的显微镜，观察到环境中发现的许多不同类型的微生物，包括细菌。这些微生物的大小和形状（形态学）以及它们的移动能力（运动性）各不相同。有趣的是，他是第一个研究人类肠道微生物的人，因为他用显微镜研究了他自己粪便中的微生物[7]。

显微镜仍然是一个非常强大的鉴定工具，用于观察和鉴定微生物，一些更先进的显微镜可使科学家获得非常详细的微生物图像（图 7.4）。然而，我们还需要其他类型的信息来更清楚地了解肠道微生物之间的异同。最早的方法之一是通过观察不同种类的微生物在不同的营养物质上的生长能力，或使用平皿培养法在不同添加剂存在下生长的能力来区分不同种类的微生物。这些方法是基于这样一个事实，即每种类型的生物体都有一组最佳生长条件，这取决于其典型的自然栖息地。从宏观上看，我们可以区分牛和海豚，一个生活在陆地上，主要吃草，而另一个生活在水里，主要吃鱼。同样，在微观层面上，我们可以通过细菌对周围环境反应的不同来区分细菌种类。

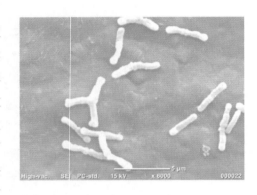

图 7.4
婴儿双歧杆菌 UMA299 扫描电镜图像
图片由马萨诸塞大学 Liv Dedon 和 David Sela 提供

一些需要高氧水平（好氧生物）才能茁壮成长，另一些则需要低氧水平（厌氧菌）。一些在中性条件下茁壮成长，另一些在酸性条件下表现得更好。有些植物可以利用特定类型的糖作为能量来源，而有些则不能。有些是被某些类型的抗生素杀死的，有些则不是。细菌在不同温度下生长的能力差异很大。通过仔细选择合适的营养肉汤和环境条件，科学家能够区分出细菌种类。

另一种简单而有效的细菌分类方法称作革兰染色法，它利用了一些细菌具有将特定染料附着在其表面上的能力。这种方法在一个多世纪前首次被提出，但至今仍被微生物学家广泛使用。1884 年，一位名叫汉斯·克里斯蒂安·格拉姆（Hans Christian Gram）的丹麦科学家发明了这种方法，当时他在柏林的一间停尸房工作，当时他正在寻找一种让细菌可见的方法。直到后来，科学家们才发现，这种方法的染色剂可以根据细菌细胞壁性质的不同来区分细菌。革兰阳性细菌在染料存在下呈紫色，因为它们在细胞壁上附着一层很厚的天然聚合物（肽聚糖），而革兰阴性细菌则没有染色，因为它们含有的这种聚合物少得多。

传统的方法相对费时费力，因为你必须要等待细菌生长，这可能需要几天的时间。而且只有一小部分生活在结肠里的细菌可以用这些方法识别。这是因为大肠杆菌需要厌氧（低氧）条件才能存活，而传统的平皿培养法和染色方法是在好氧（高氧）条件下进行的。因此,人体肠道内的许多细菌无法被培养或检测到。最近,研究人员开发了新的平皿培养法,可以培养厌氧菌,这为了解肠道内的微生物种类提供了更有用的手段。尽管如此,这些传统的方法相对来说仍然更加冗长和费力,因此在很大程度上已经被现代基因测序方法所取代了。

2. 基因测序

现在许多先进方法可以帮助科学家鉴定肠道细菌的类型,同时不需要培养。相反,待测样本中的细菌被简单地打开,释放出其中的遗传物质,然后使用现代高通量基因测序设备对其进行分析。这些设备使研究人员能够以合理的成本快速准确地测序基因,彻底改变了人们对肠道微生物组的研究。每一种微生物都有其独特的基因指纹编码在其 DNA 中,某些区域在漫长的进化过程中被转换,而其他区域的变化相对较晚。这使得研究人员能够确定每个微生物属于微生物家族树的哪个分支(图 7.5)。因此,通过测量从人体粪便中分离出的样本遗传指纹,可以确定生活在人体结肠中的微生物种类。为了节省时间和金钱,通常只检测基因组中有限的序列,而不是整个基因组。这通常是通过解码微生物基因中的"16S rRNA"序列来实现的。这些序列包含保守(缓慢进化)和可变(快速进化)区域。这些保守区域使研究人员能够将 DNA 探针连接到几乎所有类型的细菌都具有的特定基因上,从而利用特殊的放大技术提高它们的水平。另一方面,这些可变区域使研究人员能够准确地确定细菌的种类。整个基因组只有一小部分被分析,这意味着可以相对快速和廉价地获得数据。最近,基因测序技术取得了重大进展,使整个基因组序列能够在相对较短的时间内被读取。这为我们了解居住在人体肠道的微生物提供了一

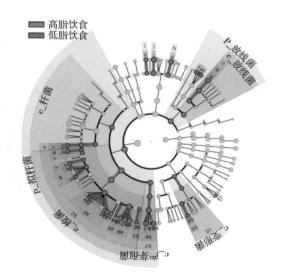

图 7.5

现代遗传学方法使我们能够确定肠道内的微生物属于微生物家族树的哪个分支 [这张图显示了喂食高脂(60%)和低脂(10%)饮食的小鼠肠道内微生物的差异。摄入高脂肪(红色)和低脂肪(绿色)饮食后,细菌类群富集]

个更详细和准确的信息。此外，研究人员已经建立了巨大的数据库，使他们能够将特定的基因与微生物群执行的特定代谢功能联系起来。例如，负责代谢特定饮食成分的基因可以被识别出来。

这一领域最令人兴奋的最新进展之一是元转录组测序，它测量从微生物 DNA 基因转录的所有 RNA 的序列。这为了解肠道微生物群落中哪些基因在起作用提供了重要的线索。转录组是在一种生物体基因组中编码的 RNA 的集合，而元转录组是在特定环境中产生于所有不同生物体的 RNA 的集合。因此，元转录组可有助于我们了解生活在肠道中的微生物的所有不同的功能。

3. 组学技术

从基因测序中获得的信息只提供了肠道细菌功能的部分信息。正如前面所提到的，仅仅验证了细菌有一个特定的基因，但并不意味着细菌真的使用了它。通过补充基因组学分析、蛋白质组学分析和代谢组学分析，我们可以更详细地了解肠道细菌的实际功能。蛋白质组学研究的是细菌基因在自然环境中实际表达的蛋白质（酶），可反映出它们实际参与的活动类型。代谢组学则是研究由细菌活动产生的代谢物类型，发生在结肠内的生化反应的性质信息。这些综合的信息使我们对肠道内发生的代谢过程有了详细了解。这些强大的工具被用来描述不同人的微生物群的差异，以及随着时间的推移它们是如何变化的。此外，当微生物群暴露于特定的成分、食物或饮食中时，如人造甜味剂、膳食纤维、酸奶或高脂肪含量的食物，这些工具可用来测量微生物群的变化。因此，它们构成了饮食、微生物群和人体健康之间关系的研究基础。

4. 生物信息学

基因组学、蛋白质组学和代谢组学工具被用于描述人体的肠道微生物，可以生成大量数据。存储、分析和解释这些数据的强大生物信息学工具的兴起，对该领域的快速发展至关重要。一旦数据被收集起来，系统生物学就可将寄生在人体肠道中的微生物类型与其所表达的基因、其所产生的蛋白质和代谢物的类型以及对人体健康的影响联系起来了。

5. 粪便移植和无菌小鼠

研究肠道微生物的研究人员使用的最强大的工具之一是粪便移植，即将一个人（或动物）的粪便转移到另一个人（或动物）的粪便中，然后测量其微生物组和健康状况的变化[8]。这种研究对于确定特定微生物组和特定健康状况之间的因果关系特别有用。例如，微生物群可能会随着人体健康状况的改变而改变，或者人体健康状况的改变可能导致微生物群的改变。研究表明，当一个瘦人的粪便被转移到一个肥胖者的结肠中时，即使他们吃同样的饮食，后者的生物标志物，如血糖水平和胰岛素抵抗，也会有改善[9]。类似的发现在动物实验中也有报道，尤其是"无菌"小鼠[10]。在这些小鼠出生和成长的环境中，他们的体内没有任何细菌，这使得研究人员能够精确地研究添加不同种类的微生物群对它们肠道的影响[11]。以小鼠为例，粪便移植是从一种小鼠移植到另一种小鼠身上中，甚至是从人类移植到小鼠身上的，以创造所谓的"拟人小鼠"。

总的来说，这些研究表明，微生物组在人们的健康中扮演着重要的角色，为开发新的饮食方案，通过调节肠道微生物来改善人体健康打开了大门。

五 | 微生物组的生命历程

肠道微生物组在人的一生中会不断变化，特别是在早期和晚期[12,13]。因此，科学家们正在使用刚刚描述的现代鉴定工具来监测肠道微生物在人体肠道中的连续波动，并阐明它们形成的历史力量[14]。他们的最终目标是利用这些知识来开发未来的食物，以改变人体内的微生物群，进而改善人体健康。

早期：一些研究表明，发育中的胎儿在子宫内遇到细菌，这些细菌有助于构建新生婴儿最初的微生物组[15]。目前已经在胎盘、羊水、脐带和胎粪中发现了细菌[16]。但是，这一发现仍然存在争议。我们所知道的是，分娩方式，无论是自然分娩还是剖宫产，在决定早期肠道微生物组方面发挥了关键作用[17]。经产道分娩的婴儿与剖宫产的婴儿有明显不同的微生物群。通过产道分娩的婴儿体内充满了来自母亲阴道和胃肠道的各种细菌。相反，通过剖腹产出生的婴儿则暴露在主要来自母亲皮肤和医院环境的细菌中。出生后不久，婴儿将其中的许多细菌内化，这些细菌随后在他们的肠道和其他身体区域定居。最初肠道微生物的差异与日后健康状况的差异有关。顺产婴儿通常比剖宫产婴儿更健康。特别是他们患哮喘、免疫力低下类疾病、白血病和炎症性肠病的风险更低。这主要是因为早期肠道微生物启动了婴儿的免疫系统。正因为如此，一些医院现在正在对剖腹产婴儿进行"阴道洗礼"，他们用从母亲阴道中收集的细菌涂抹新生儿。但这是否真的对健康有益还有待确定。事实上，许多科学家和临床医生都在质疑这种做法的有效性和安全性。

影响婴儿肠道微生物和健康的另一个因素是母乳喂养还是人工喂养，母乳喂养的婴儿通常更健康[18]。这种微生物群的差异可以归因于母乳中含有一些配方奶中不存在的独特成分。特别是母乳中含有人乳寡糖，这是由连接在一起的短链糖分子组成的一种碳水化合物[19]。人乳寡糖不能被人类身体里的酶消化，但可以被婴儿结肠中的某些细菌消化。特别是，当给予婴儿人乳寡糖作为食物来源时，某些类型的双歧杆菌会茁壮成长，并超过生活在婴儿肠道中的其他细菌[14, 20]。因此，母乳喂养的婴儿肠道中这些细菌的含量比那些只喂养配方奶的婴儿高得多。双歧杆菌有许多有益的作用，使得婴儿能更健康地生活。它们产生短链脂肪酸，为生长中的婴儿提供必要的能量来源，同时短链脂肪酸作为抗炎分子可以增强免疫系统的功能。它们还会产生其他分子，使婴儿肠道内的上皮细胞更加紧密地结合在一起，从而为婴儿可能摄入的任何入侵细菌和其他毒素创造更有效的屏障。因此，人乳寡糖是一种天然的益生菌，它能刺激婴儿肠道中"益虫"的生长，并为它们提供重要的健康作用。

此外，人乳寡糖通过"欺骗"进入婴儿肠道的有害微生物来保护婴儿不受感染。人乳寡糖的分子结构与一些通常存在于婴儿消化道表面的分子非常相似。因此，有害微生物会与人乳寡糖结合，并被带出体外，而不是附着在肠道内壁上导致婴儿出现健康问题。最后，在婴儿的肠道中创造条件，以促进这些有益菌的生长，通过与有害菌竞争可用资源，可帮助防止它们定植。

传统的婴儿配方奶粉含有发育中的婴儿所需的所有营养成分，如脂类、蛋白质、碳水化合物、维生素和矿物质，但不含人乳寡糖[21]。这是配方奶喂养的婴儿比母乳喂养的婴儿更容易发生肠道感染的原因之一。尽管如此，一些食品企业现在正在利用人类对肠道微生物的进一步了解来重新设计婴儿配方奶粉，使其含有益生元寡糖，这些寡糖与人类母乳中的天然寡糖相似。下一代配方奶粉将使婴儿拥有更强大的免疫系统，从而更好地防止感染。

新生儿的肠道微生物组不是很多样化的，这并不奇怪，因为他们在整个孕期接触到的营养范围有限[22]。在他们出生的1~2年中，不同婴儿的肠道内微生物存在很大的不同，因为这取决于他们被喂了什么食物，特别是取决于他们是母乳喂养还是人工喂养。此外，婴儿的微生物情况可能在出生的早期就发生改变了，特别是他们的食物类型发生了显著变化，如从母乳变成了固体食物。在两三年后，微生物组趋向于更加多样化和稳定，其组成与成人更加相似。这是因为肠道微生物获得了更广泛的营养源，所以许多不同种类的细菌可以在不同的食物偏好下茁壮成长。

中年：一般来说，成年人的微生物群在20岁出头到60多岁之间保持相对稳定，但当人们进入老年阶段时，微生物群会发生明显的变化。成年人肠道微生物发生变化的主要原因是，如果他们在饮食上做出重大且长期的改变（如成为素食者、怀孕或接受抗生素治疗），他们就会生病。尽管个体的微生物群在整个成年期都趋于稳定，但不同个体和群体的微生物群存在着显著的差异。我们生活的地方以及我们所处的文化，都会影响我们所吃食物的类型，从而影响我们体内的微生物群。生活在发达国家的人吃典型的西方饮食（高脂、高糖、低纤维），与生活在发展中国家吃富含纤维食物的人相比，其微生物群的多样性较少，这表明西方人的微生物群可能不健康[23]。同样，素食倾向者和纯素食者也多食用富含纤维的植物性饮食，他们体内的微生物群也会更加多样化，有益菌的比例也会更高。有益菌的比例高与降低肥胖、糖尿病、炎症、心脏病和高血压等有负相关性。

老年：老年人的肠道菌群通常与年轻人的肠道菌群有很大的不同。特别是，肠道微生物的多样性减少，有益菌较少，有害菌较多。老年人体内短链脂肪酸的产生通常会减少，导致免疫系统较弱，使感染和其他慢性病发生的概率增加。家庭养老的老年人肠道菌群与生活在养老院的老年人肠道菌群存在显著差异。养老院的老年人肠道微生物多样性较低，这可能是由于他们的饮食更有限、身体活动减少和健康状况较差。因此，这给食品企业开发专门的老年产品创造了机会，以促进老年人肠道菌群更加多样化，这可能对老年人身体和心理都有好处。这些个性化的食物可能会添加益生元、益生菌或膳食纤维，因为老年人的消化系统往往功能下降，所以这些产品还必须设计得使蛋白质和脂肪易于被消化。最后，它们的味道可能更重，因为随着年龄的增长，人们的嗅觉和味觉通常会减弱。

六 | 我们知道一个好的微生物组是什么样子吗

如果未来打算设计通过调节肠道微生物来改善人体健康的功能性食品，那么我们就需要知道一个"好的"微生物群是什么样的[23]。换句话说，促进健康所需的最佳微生物平衡是什么样？实践中发现探索这个问题答案的过程是极具挑战性的。事实上，我问过的每一个在这个领域工作的人都说，目前还不可能定义一个好的微生物群是什么样子。最初，研究人员寻找的是所有健康人都有的核心有益菌群，但他们很快发现，这些人的肠道菌群差异巨大。因此，需要另一种可行性办法。研究人员现在正在寻找一套由所有健康肠道内的微生物所执行的共同的核心功能。这些核心功能包括在肠道内生存和繁殖的能力，产生能量、维生素、氨基酸和免疫系统刺激物，以及产生已知的与人体宿主良好沟通的其他物质（图7.6）。如前所述，许多不同的细菌具有相似的功能，因此，根据功能来描述健康的肠道菌群更重要，而不是根据其成员来描述。

目前，判断微生物组"质量"的主要依据是其多样性和稳定性：微生物种类越多，它们对变化的适应能力越强，人们就认为越健康[23]。相反，缺乏多样性被认为是易患慢性疾病的表现，如肥胖、糖尿病和炎症性肠病。有时，特定微生物种类的比例被用来衡量微生物组的质量。正常肠道菌群主要由拟杆菌门（B）和厚壁菌门（F）的细菌组成。一些研究人员认为，拟杆菌门代表"好"菌，而厚壁菌门代表"坏"菌。然后通过拟杆菌门与厚壁菌门的比值（B/F）来判断微生物组的质量。尽管如此，研究发现，对于看似健康的人来说，B/F 比值的差异也有十倍之多。此外，许多被认为是健康微生物的益生菌实际上是厚壁菌门的细菌。

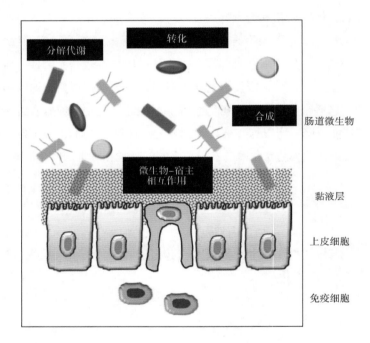

图 7.6
人类肠道中的细菌可以执行各种功能，产生代谢产物，与人体进行交流

正如不同的生存环境促进了各种植物和动物的多样性一样，通过促进微生物的多样性来促进人体肠道内的生物多样性也是可取的。人类活动正在导致许多对维持健康的全球环境至关重要的植物、动物和昆虫的灭绝。同样，我们所食用的食物和其他我们接触到的化学物质，如杀虫剂、抗生素和药，正在改变我们肠道微生物的生物多样性。现有的证据表明，选择一种能促进肠道微生物多样性的饮食是有益的，这种饮食通常包括植物性食物[14]。然而，在我们完全了解一个有益微生物组的特征之前，还需要进行更多的研究。

七 | 微生物组和食物—肠道—大脑轴

人们早就认识到，人类的肠道和大脑相互沟通，通过各种途径传递信息[24-26]。食物的外观、气味或味道的信息可通过眼睛、鼻子和口腔的传感器传递到我们的大脑和消化道，然后大脑和消化道发出信号，让身体为进食做好准备。同样，我们肠道不同区域食物的存在或缺失会产生信息，这些信息被传递到我们的大脑，产生愉悦感、饥饿感或饱腹感，进而使我们调节食物的摄入量。最近，研究者发现肠道微生物组在食物－内脏－大脑轴上发挥着关键作用[22,25]。我们的微生物组通过许多途径直接或间接地与我们的身体相互作用，包括通过我们的激素、神经和免疫系统。一些肠道微生物可产生代谢物，作为化学信使，通过这些途径向我们的大脑发送信号。事实上，我们肠道中的细菌可以产生许多大脑用来传递信号的分子，如血清素、乙酰胆碱和 $\gamma-$ 氨基丁酸。例如，一些肠道微生物产生的短链脂肪酸与肠道表面的受体相互作用，可产生调节能量摄入、脂肪沉积和饱腹感的激素。因此，它们可能在调控暴饮暴食和肥胖倾向以及对其他慢性病的易感性方面发挥关键作用。研究人员正试图了解从肠道到大脑再回到大脑的复杂生物化学通路，并确定肠道微生物是如何影响这些通路和人体健康的。

八 | 肠道微生物如何影响人体健康

肠道微生物对人体健康和幸福感的潜在影响是广泛而复杂的[22,23,27-30]。人体肠道中的微生物将未消化的食物转化为能量和营养物质，这些物质可以被身体吸收和利用，从而促进身体健康。它们可以通过改变人体肠道内的分子结构来提高某些营养药品的效力。相反，它们可以通过将食物中的某些有害物质转化为更有益的物质来降低它们的毒性。此外，它们还可以通过与致病微生物争夺可用资源来阻止它们在人体肠道内的定居。肠道微生物组也可以训练和加强我们的免疫系统,并与身体沟通,以控制食物的摄入量和新陈代谢。当所有这些过程都顺利进行时,微生物组和我们的身体就会和谐相处,从而形成一种健康的共生关系。

相反,当微生物群和身体失衡时,这种关系就会变得异常,我们就更容易生病。科学记者艾德·杨格(Ed Young)最近写了一本关于微生物组的优秀著作,名为《我包含了很多微生物群》(*I Contain Multitudes*),他用一个惊人的类比表达了这种效应。健康的珊瑚礁充满活力,色彩斑斓,生活着各种各样的物种,包括从生活在珊瑚内部和周围的微小微生物到小鱼再到大鲨鱼。通常,在所有这些不同物种的活动之间都有一个平衡,所以珊瑚保持着健康状态。然而,如果由于海洋酸化、变暖或污染的增加,某些微生物种类会变得过于普遍,那么整个生态系统就会陷入生态失调,最终成为一片荒凉的灰色荒原。同样,我们可以把健康的肠道微生物想象成生机勃勃的珊瑚礁,而不健康的肠道微生物就像贫瘠的水下沙漠。微生物群和身体的失调会使我们容易患上各种慢性疾病,包括炎症性肠病、肥胖、心脏病、糖尿病、过敏和心理疾病。

科学家们正在使用许多相同的方法研究饮食、微生物组和健康之间关系,研究营养品对健康的影响,这些方法在前一章已经介绍过。某些食物的潜在影响可以通过观察性(流行病学)研究来调查,研究不同饮食人群的微生物群和健康状况。或者,可以进行随机对照试验,其中一组人采用一种饮食,另一组人采用另一种饮食,然后测量他们的微生物群和健康的变化。最后,通过在实验室中进行研究,建立支持特定食物对微生物群影响的生化机制,以及这种机制是如何影响我们的健康的。任何声称能促进健康肠道微生物的食物或补充剂都应该在精心设计的临床试验中得到证明方可,但目前市场上的产品通常都做不到。

在本节的其余部分中,将介绍有关微生物群落与特定健康结果之间的关系。正如你将看到的,这是一个令人高度兴奋和快速发展的领域,大有希望通过食物来改善人体健康。另外,我们可以看到,科学是如此的复杂,并且更新迅速,目前我们仍然处于早期的开拓阶段。

1. 增强免疫系统

肠道微生物的性质影响着我们免疫系统的发育和功能,影响着我们的身体对外来入侵者("抗原")的反应方式,外来入侵者包括细菌、病毒、毒素和其他有害物质[31]。免疫系统可以识别有害抗原并清除或消灭它们。一个健康的免疫系统经过复杂的运转,可以使我们吃的食物中潜在的有害物质失去活性,包括致病菌,同时还能让肠道微生物群落中的有益细菌茁壮成长。从出生起,免疫系统就通过微生物和人体之间的分子信号交换来识别微生物群中的细菌，从而得到训练和加强。强烈推荐顺产和母乳喂养的原因之一是它们能促进健康的免疫系统的形成。这可能是因为生活在人体这些区域的细菌与我们的免疫系统是共同进化的。

2. 炎症性肠病和肠易激综合征

炎症性肠病是由肠道炎症引起的一系列疾病。溃疡性结肠炎主要发生在一个人的结肠和直肠部分，而克罗恩病可发生在肠道的任何部分[32]。这些疾病的主要症状非常相似，包括腹痛、腹泻、疲劳和体重减轻。肠易激综合征患者的症状包括疼痛和不规则的肠道运动（便秘和／或腹泻），这些症状可能会持续数年，并可导致焦虑、抑郁和慢性疲劳的增加[22]。这些疾病在过去相对较少，但在过去大约 50 年，它们的发病率明显增加。

这种增长的确切原因目前还不清楚，但可能是由于环境和遗传因素的共同作用导致的。通常，我们的内脏和身体内部被一系列保护屏障隔开。第一个屏障是覆盖在我们内脏内部的黏性黏液层。第二个屏障是位于黏液层正下方的紧密结合的上皮细胞层。当这些功能正常时，屏障有助于防止有害的外来物质进入我们的身体，如致病菌或毒素。然而，如果这些屏障失灵并发生渗漏，会导致外来物质进入我们的身体，产生免疫反应进而导致慢性炎症的发生。这些疾病的增加可能是因为人类肠道微生物的组成在过去的半个世纪中发生了变化，肠道微生物的变化可能是由于人们饮食和生活方式的改变或所接触的抗生素和环境毒素的增加所导致的。事实上，研究表明，患有这些炎症性疾病的人的微生物群通常比健康的人多样性差、稳定性也差。人与人之间的基因差异也可能会增加他们对炎症性肠病和肠易激综合征的易感性。那些有基因缺陷的人更容易患上这些炎症性疾病，这些基因缺陷会导致人体失去在肠道内形成强大保护屏障的能力。

我们的微生物群在这些疾病中扮演的重要角色表明，通过改变我们的饮食，鼓励更多样化和更稳定的肠道菌群，可以减轻这些疾病的症状。另外，粪便移植可以用来将从健康人体内收集的肠道菌群转移到不健康的人体内，这比改变饮食方式更快（但不那么令人愉快）。

3. 肥胖

最早发现肠道菌群对肥胖具有重要性的是来自华盛顿大学圣路易斯分校的杰夫·戈登（Jeff Gordon），他在实验室里用无菌小鼠做实验发现了这一点[33]。他发现无菌小鼠可以在进食的情况下不增加体重，但当它们的肠道内移植了其他小鼠的微生物菌群时，它们的体重增加了[34]。这种效果是由于肠道微生物能够分解一些到达小鼠结肠的未经消化的食物成分，如膳食纤维，这为小鼠生长提供了额外的能量来源。有趣的是，研究团队同样发现，当无菌小鼠接种了从肥胖者身上移植的微生物群时，它们的体重比接种从瘦人移植的微生物群时增加得更多。这项开创性的研究明确强调了肠道微生物对体重增加和肥胖的重要性。然而，这种联系的起源仍有待研究，各种可能的解释正在探索之中。

肥胖个体的结肠细菌能更有效地从未经消化的食物中摄取热量。另外，它们可能会向机体和大脑发送不同的信号，改变我们的食欲以及我们处理和储存脂肪的方式。肠道微生物和我们的体重之间的密切联系可能指示治疗肥胖的新方法的开发。研究人员已经发现，当肥胖小鼠接受瘦小鼠的粪便移植时，它们的体重会下降，对糖尿病的易感性也会降低。在人类粪便移植的相关研究中也有类似发现，这说明了这种治疗形式的可行性。然而，大多数人都不希望别人的粪便被移植到自己的身体里。此外，目前还不清楚这种做法的最佳频次以及效果会持续多久。

胖人和瘦人肠道微生物的组成是不同的。通常，肥胖人群的厚壁菌门和拟杆菌门水平高于瘦人群。这可能是因为厚壁菌门能更有效地分解膳食纤维，从而将它们转化为一种额外的能量来源（短链脂肪酸），供我们的身体利用。因此，我们肠道中厚壁菌门的细菌水平高可能意味着我们的食物能被更有效地消化，导致每克食物能提供更高的热量。某些细菌产生的代谢物也可能影响其他生理功能，如刺激食欲、饥饿或愉悦相关的激素分泌，这些生理功能可能会导致暴饮暴食或减少身体活动。

甚至有研究表明，饮食习惯是由肠道微生物控制的，而不是由我们的思维来控制的。我们喜欢吃的食物类型可能取决于我们肠道中特定细菌种类的存在[35]。这些细菌分泌的物质会影响我们的味觉、激素或神经系统，让我们想吃促进它们生长的食物，而不是让我们吃健康的食物。通过保证饮食的多样化和健康，我们有可能克服微生物控制饮食习惯的模式，因为多样化和健康的饮食可以保证我们体内没有过于强势的细菌。

4. 糖尿病

越来越多的证据表明，生活在我们肠道内的微生物种类与糖尿病易感性之间存在联系[16]。肠道微生物的性质影响着免疫系统的发展、肠道屏障的完整性，以及肠道和身体之间的分子信号传导，所有这些都会影响糖尿病的发生。1 型糖尿病是一种自身免疫性疾病，患者的免疫系统攻击并破坏胰腺中的一些细胞，导致胰岛素缺乏。当肠道微生物处于不平衡状态时，我们的肠壁变得更加通透或"渗漏"，这使得毒素和致病菌进入我们的身体，从而促进或加剧 1 型糖尿病的发生和发展[36]。事实上，研究发现，有肠道渗漏的儿童更有可能患上这种衰竭性疾病。我们的肠道微生物也可以通过分子模拟影响 1 型糖尿病的发生[36]。一些细菌制造分子，可模仿糖尿病患者胰腺中产生的自我抗原，从而加剧疾病。换句话说，肠道微生物产生的分子会导致人体攻击自身。然而，这一领域的研究仍处于起步阶段，在开发出基于改变我们肠道微生物的有效疗法之前，还需要做更多的工作。

肠道中的微生物也与 2 型糖尿病的发展有关[37,38]。2 型糖尿病在超重或肥胖的人群中更常见，所以它的许多病因与肥胖的病因相似。例如，导致肥胖的微生物群可能含有较高比例的能更有效地分解膳食纤维的细菌，这类细菌分解膳食纤维可产生更多的能量，或者它可能包括更多能够与我们的身体交流的细菌，增加我们的饥饿感或减少我们的饱腹感。

最近一个中美科学家团队针对膳食纤维对肠道微生物和糖尿病的影响进行了详细研究[39]。他们将一些诊断为 2 型糖尿病的患者分成两组，然后给其中一组喂食常规饮食，另一组喂食高纤维饮食。高纤维饮食组患者的血糖水平明显低于对照组。然后他们进行了实验，通过分析结肠细菌种类的变化来确定膳食纤维是如何工作的。他们发现有一个菌群，这是一群来自不同物种的具有类似功能的细菌，它们发酵膳食纤维并产生短链脂肪酸。其他研究表明，短链脂肪酸可以调节控制血糖水平的激素，从而为糖尿病患者带来更健康的调节。这些研究表明，通过改变饮食，促进微生物群的健康，有可能降低人体对糖尿病的易感性。

5. 心脏病

肠道微生物的特性也可能影响心脏的健康。厚壁菌门与拟杆菌的高比值与患冠心病的风险增加有关[40]，因此，食用降低这一比值的食物可能是有益的。在人体微生物群中，某些细菌已经被发现可以将食物成分转化为已知的促进动脉粥样硬化发生的分子。例如，一些肠道微生物将 L- 肉碱（一种在肉类和其他各种食品中发现的物质）转化为氧化三甲胺，这种物质与心脏疾病有关[41]。因此，通过改变我们的饮食来减少有害菌在人体微生物群落中的含量可能是对身体有利的。有趣的是，有报道称，来自人体结肠中细菌的 DNA，最终可能会在人体动脉壁上形成斑块[42]。这一惊人的发现表明，生活在肠道微生物中的一些细菌可以渗透到我们的血液中，这可能是有害菌破坏我们肠壁并导致"肠道渗漏"的结果。血液中这些微生物的存在是否真的会促进动脉粥样硬化还有待讨论。

肠道微生物的组成也可能影响人体对高血压的易感性，高血压是心脏病的已知危险因素。研究人员发现，患有高血压的实验动物体内的微生物群与血压正常的动物不同。医学研究表明，摄入益生菌可以显著降低血压[42]，从而降低患心脏病的风险。目前还不清楚其确切的作用机制，但人们已经做出了这样的假设，一些细菌产生肽，称为血管紧张素转化酶抑制剂，干扰人体内负责调节血压的酶[43]。

6. 癌症

肠道微生物的性质还与各种癌症有关，包括口腔癌、喉癌、胃癌、胰腺癌和结肠癌[44]。肠道微生物和结肠癌之间的联系是研究焦点之一，因为微生物所在位置与这种类型的癌症实际发生和发展的位置非常接近[45]。结肠癌、直肠癌每年影响超过 25 万人，是导致全球癌症相关主要死亡的病因之一[45]。促进癌细胞在体内的形成、生长和分布需要人体内基因的多种变化。微生物群可能通过改变肠道内的化学环境如产生有害的或保护性的代谢物，来增加或减少这些基因突变发生的趋势。然而，究竟是哪些分子机制导致了结肠癌的发生和传播，目前尚不清楚。

现有研究表明，结肠癌患者和非结肠癌患者的肠道微生物存在差异[45]。一项研究报告称，一种特定的细菌（脆弱拟杆菌属）分泌一种毒素，通过破坏我们肠道内的上皮细胞来促进结肠癌的发生和发展[46]。其他研究表明，某一特定的菌种（如梭杆菌）在结肠癌患者中存在更为普遍[47]。即使如此，在大多数情况下，人们也不可能准确地确定是哪些细菌或菌群造成了这些不良的健康反应。同样，很难说清楚一个人的肠道微生物是因患结肠癌而不同，还是因其肠道微生物不同而患结肠癌。

这类研究很难在人群中开展，原因有很多：让足够多的健康人和病人参与；结肠癌发展的延长期；要考虑其他可能影响结肠癌发生发展的因素，如年龄、健康状况、家族史、药物和饮食习惯。有证据表明，富含饱和脂肪的饮食会促进结肠癌的发生，这可能是结肠细菌活动的结果。当我们吃高脂肪食物时，肠道微生物会代谢我们身体分泌的胆汁酸。现有研究发现这些代谢胆汁酸中的产物会促进癌症，原因可能是通过刺激引起肠道炎症的有害菌的生长。

7. 心理健康

抑郁症是全球人口致残的主要原因。越来越多的证据表明，微生物群影响着人们的心理健康。对猴子的研究表明，压力大的母猴产下的婴儿的肠道菌群与没有压力的母猴产下的婴儿的肠道菌群不同[48]。同样，对小鼠的研究也表明，早期的生活压力（如婴儿出生时与母亲分离）会对它们的肠道微生物产生不利影响，从而增加它们日后对心理健康问题的易感性[22]。对人群的研究表明，一个人的饮食习惯与他们对心理健康问题的易感性有关[48]。那些饮食不健康的人，比如那些高脂肪、高糖、低纤维的人，他们的微生物群多样性更少，而且比那些吃健康食品的人更容易抑郁[49]。

因此，可以通过从不健康的饮食转向健康的饮食或通过补充益生菌或益生元来改善心理健康问题[49]。对心理健康有积极作用的益生元和益生菌被称为"情绪微生物"或"心理生物制剂"[22]。饮食、微生物群和心理健康之间有趣的联系可能会促进治疗心理疾病的新疗法的诞生，但目前仍处于早期阶段，未来还需要开展更多研究。

九 │ 建立更健康的微生物群

随着对肠道微生物和对慢性病的易感性之间关系的理解不断加深，基于饮食预防或治疗慢性病的方案也得到了促进。前面介绍过一种方法是进行粪便移植——从一个健康的人身上收集微生物群，并将其引入患有某种疾病的人体内。在某些情况下，会涉及直肠粪便移植，这当然不是一个令人愉快的做法。相比之下，另一种选择可能更不可取。吃别人的粪便并不是人们对美味功能性食物的梦想。其他更实用的方法包括改变一个人的饮食方式，或食用可以刺激有益细菌生长而抑制有害细菌生长的益生元或益生菌。

1. 优化饮食

改变微生物群最简单的方法就是改变我们的饮食。我们的肠道微生物取决于我们摄入的宏量营养素（脂肪、蛋白质和碳水化合物）和微量营养素（如维生素和矿物质）的相对比例，以及饮食中营养物质和膳食纤维的种类和水平[50]。目前，我们对特定的膳食成分与健康微生物群之间的关系还没有一个详细的了解，但已经获得了一些有趣的发现。

碳水化合物：摄入高水平的糖和易消化的碳水化合物似乎对微生物群有负面影响，而摄入高水平的膳食纤维（尤其是微生物可获得的碳水化合物）则可能会增加微生物群的丰富度和多样性，而这对健康有好处。特别是，它们的微生物消化过程可导致短链脂肪酸的产生，短链脂肪酸作为一种能量来源，可以调控相关分子向我们的身体发送信号，从而调节新陈代谢和减少炎症。

脂肪：摄入高水平的脂肪，尤其是饱和脂肪，对我们的微生物群有负面影响，进而不利于健康。另一方面，欧米伽-3脂肪酸的摄入可能对我们的微生物群有有益的影响，可增加其丰富性和多样性。

蛋白质：蛋白质对我们肠道微生物的影响取决于摄入的蛋白质种类。如前所述，肉类蛋白质中含有高水平的氨基酸（左旋肉碱），我们的肠道微生物可以将其转化为氧化三甲胺——一种与心脏病发生有关的物质[41]。相反，植物蛋白不含有大量的此类氨基酸，因此应该对我们的心脏更好。

　　研究结果还表明，从杂食者向素食者的转变会在短短几天内改变我们肠道微生物的组成。膳食中含有大量水果、蔬菜和全谷物的人往往比主要吃动物性食物的人拥有更丰富、更稳定的微生物群。这主要是由于植物性食品中膳食纤维和营养物质的含量较高。在微生物组水平上，以植物为基础饮食的人通常有较高水平的拟杆菌门细菌和较低水平的厚壁菌门细菌，同时变形杆菌也会作为他们肠道菌群的一部分。将来我们对健康的肠道微生物有了更好的了解之后，也许能够定制个性化的饮食建议来优化生活在我们每个人体内的细菌类型。

2. 食用益生菌和益生元

　　微生物群包含成千上万种不同种类的、相互竞争和合作的细菌，其中一些对我们的健康有益，另一些则有害。益生菌和益生元的作用原理都是改变我们肠道中有益的和有害的细菌种类之间的平衡，使得有益的细菌种类更多，有害的细菌种类更少。特定细菌的生存和生长取决于它们所能获得的营养物质的类型，以及它们所处的环境性质（如酸度）。就像动物喜欢特定的食物和环境一样，生活在人体肠道内的微生物也是如此。有些细菌在某种条件下茁壮成长，另一些则在另一种条件下茁壮成长。

　　益生元是通过小肠到达结肠的食物成分，它们在结肠中可选择性地促进有益菌的生长或抑制有害菌的生长。一些最常用的益生元是碳水化合物，如低聚糖和膳食纤维，它们不被我们自己身体分泌的酶分解，而是由住在结肠里的细菌释放的酶发酵。这种益生元的例子包括菊粉、果寡糖（FOS）、半乳糖（GOS）、木糖寡糖（XOS）和抗性淀粉。益生元可以作为天然食品的一部分，如洋葱、大蒜、韭菜、芦笋或朝鲜蓟，也可以从自然环境中分离出来，用作功能性食品成分。食用益生元已被证明可以改善人们的肠道微生物，并降低人体对癌症[51]、糖尿病、肥胖[3]、心脏病[40]和脑部疾病[22]等疾病的易感性。市场上已经有许多含有益生元的补充剂和功能性食品，它们的功效各不相同。

　　益生菌是一种活菌，当我们摄入足够多的益生菌时可以改善人体健康。这些有益菌存在于某些食物中，包括酸奶、奶酪和泡菜。它们也可以在发酵槽中生长，然后用作食品的原料。有效益生菌中的细菌应该通过口腔、胃和小肠，然后到达我们的结肠，在结肠里进行增殖，进而促进更健康的微生物群的建立。研究表明，饮食中添加益生菌可以改善健康不良结局的发生，如心脏病[42]、肥胖、糖尿病[3]和心理健康[49]。由于这个原因，市场上消费者可以获得的益生菌食品和补充剂的产品数量激增。这些商业产品含有的活性益生菌的数量显著不同，这些活性益生菌数量表示为菌落形成单位（CFU）/每份产品。一般来说，一个产品应该含有大约1万亿个活性微生物（10^9个CFU）才能显示出有益健康的效果，能起效的确切数量可能取决于所使用的细菌种类。商业产品在益生菌从口腔到结肠的艰苦旅程中存活而不被杀死的能力方面也有很大差异。此外，任何益生菌到达结肠，黏附于其表面并定植的能力也不同。一种富含益生菌产品的功效只能通过严格的临床试验来确定。因此，最好购买前在产品标签上看一下这些信息。

目前大多数益生菌是基于相对较少的细菌属，其中乳酸菌和双歧杆菌最为常见。然而，目前社会发展和人民需求的提升，可以推动发展新一代益生菌的附加效益[52]。下一代益生菌可以在自然界中被找到，也可以通过对现有细菌进行基因改造来开发新的功能。其目的是创造一套具有不同功能属性（如膳食纤维消化器、维生素生产者或免疫系统增强剂）的益生菌，这些益生菌可以被植入人体微生物群，以弥补人体微生物群的不足。在每个功能群中选择不同的益生菌很重要，因为不同的细菌在整个微生物群或多或少是在协同工作的。因此，一种益生菌可能在一个人的微生物群中发挥有效的特定功能，但在另一个人的微生物群中可能没有那么有效。这就好比把一头狮子放到只有狼才能生存的环境中，反之亦然。它们虽然都是食肉动物，但需要不同的环境才能茁壮成长。

我们易患的每一种慢性病，如肥胖、心脏病、糖尿病或癌症，都可能与我们的肠道微生物有不同的关系。因此，特定的益生元和／或益生菌鸡尾酒可以实现为每种疾病量身定制。

3. 避免使用某些食物添加剂

我们的食物中有一些成分是抗菌剂，能够选择性地杀死某些类型的细菌。这些成分包括防腐剂、表面活性剂、精油、多肽、植物化学物质和纳米颗粒。如果这些抗菌剂到达结肠，它们可能通过选择性地杀死结肠中的有益菌或有害菌来改变微生物群。因此，它们可能对肠道微生物的组成产生有益或有害的影响，这取决于抗菌剂具体杀死了哪些细菌。因此，许多研究人员正在积极研究不同食物成分对我们肠道微生物和健康的影响。最近的一篇报道称，一些常见的合成食品表面活性剂，如用于冰淇淋和沙拉酱的表面活性剂，会扰乱我们的肠道微生物，对健康产生不利影响[53]。

✝ 微生物美食家：
从口腔到结肠

世界卫生组织将益生菌定义为"拥有足够数量、对宿主健康有益的活微生物"。正如前述，它们通过改变我们肠道中有益菌、有害菌的平衡，促进健康微生物群的建立来达到这一目的。此外，它们可能直接与人体的免疫和肠神经系统以及内分泌细胞相互作用，进而促进健康。食品、补充剂和制药公司基于这一概念开发了一系列益生菌产品，其中包含有益的活菌。因为特定的制作方法，这些益生菌在食物中可能非常丰富，如酸奶、开菲尔奶、泡菜、豆豉、泡菜和酸菜这些食物。另外一种方式，益生菌可以在发酵罐中生长、分离、纯化，然后作为功能性成分添加到其他食品中。益生菌强化的饮料、小吃、口香糖、冰淇淋和巧克力都已经上市了。保健食品店里堆满了以小包、胶囊和片剂形式出现的益生菌补充剂。

为了保证有效性，益生菌需要在食用食物之前存活在食物中，还要在我们食用后存活在我们的肠道中。食品可以储存很长时间，且通常暴露在可以杀死益生菌的条件下，如光、氧、热、冷。因此，这些产品必须通过精心配制和处理，以创造有利条件，保存益生菌的活性。益生菌被食用后，从口腔到结肠的过程中会面临许多挑战，如高酸性胃液、吞噬益生菌的消化酶以及破坏益生菌外壳的胆汁酸。事实上，上消化道的功能特性是随着人类的不断进化而形成的，可以有效地抑制有害细菌存活和导致疾病。因此，即使一种产品中益生菌在我们的消化道起始处有数万亿的活细菌，但真正存活下来并完好无损地到达我们结肠的菌是非常少的，绝大多数在到达结肠之前就被淘汰了，所以他们不能发挥自己的健康功效。

在医学领域，这个问题已经用一些相当令人讨厌的方法解决了，即把有益菌从一个人身上转移到另一个人身上的结肠输注方法，这在中国古代就已经实现了。这种"黄色的汤"是由一个健康人的粪便与水混合而成，然后喂给另一个不健康的人。现代社会，结肠液体可以从一个健康的人身上收集而来，然后通过灌肠或通过插入鼻腔的饲管转移到另一个人的结肠中。很显然，这些方法不适用于食品。在食品工业中，有益菌通常从食物中获得，比如酸奶中发现的保加利亚乳杆菌和嗜热链球菌，但不是从某个人的结肠中得到的。

尽管如此，食品工业中使用的益生菌仍然非常容易在人类上消化道中被破坏。这个问题可以通过选择对酸、酶和胆盐有抗性的天然益生菌菌株来解决。另外，基因工程可以用来改变他们的基因组，使他们更能抵抗这些恶劣的条件。最后，益生菌可以被封装在特殊设计的胶囊中，以保护它们免受严酷的肠道环境的伤害，就像潜水艇里的水手不会溺水，也不会被深海海水的高压压扁一样。在我的实验室里，我们把益生菌装在由膳食纤维制成的胶囊中，以保护它们不受我们肠道中恶劣条件的影响。设计这些胶囊的目的是让益生菌安全地通过口腔、胃和小肠，但最终会被结肠中的酶消化掉，因此益生菌会被释放到结肠中。

在某些情况下，益生菌可能并不一定是活的才有效。有些研究发现，益生菌即使没有在我们的食物或消化道中存活下来，但仍然显示出有益健康的效果。据推测，死亡的益生菌体内含有一些促进健康微生物群生长的物质。因此，在这些情况下，制定保存它们活性的方案可能也不是那么必要。

十一 | 他们到了那里能活下来吗

目前关于益生菌改善人体健康状况的能力仍然存在很大的争议。以色列魏茨曼科学研究所的研究团队最近进行了一项实验，目的是确定人们吃的益生菌是否真的在他们的肠道中定植了[54]。他们给健康的志愿者喝了 1 个月的益生菌鸡尾酒，然后给他们注射镇静剂，并从他们消化道的不同区域取出黏膜样本。然后对这些样本进行分析，以确定是否由于益生菌处理而改变黏膜中的细菌类型。志愿者摄入的大部分益生菌只是通过肠道，最终变成了粪便。然而，有一些益生菌定植在了一些人的肠道中，但是另一些人的肠道中就没有。

作者的结论是，益生菌在胃肠道中的定植能力取决于所使用的益生菌菌株、在肠道中的位置以及食用益生菌的人。我们的肠道抵抗细菌定植不足为奇，因为这个功能是它们为了防止有害的外来细菌入侵而进化出来的。该研究对开发有效的食品益生菌具有重要意义。未来需要更多的研究来明确益生菌在肠道内定植的分子机制。益生菌很有可能必须针对每个人量身定制。这项研究也对目前将粪便细菌作为表征微生物群的一种方法进行分析的做法提出了质疑。我们粪便中的细菌可能仅仅代表那些没有成为人体肠道微生物的一部分细菌，而不能代表那些已经成为我们肠道微生物的一部分细菌。尽管如此，这项研究还是受到了批判，因为研究人员暗示了定植是益生菌的一种理想特性，而事实上可能并非如此。

十二 | 肠道微生物的未来

当我们吃东西的时候，我们不仅喂饱了自己，也喂饱了生活在我们体内的大量微生物。我们对饮食、肠道微生物和健康之间关系的理解正在迅速发展。营养学家和医学专业人士正在利用这些发现为个人或群体量身定制饮食建议，以预防或治疗特定疾病。它们还用于研发功能性食品，通过塑造微生物群来改善人体健康。重新设计的婴儿配方奶粉含有益生元，模仿人类母乳中发现的独特寡糖成分，可刺激人工喂养婴儿建立早期的健康微生物群和免疫系统。另外，旨在调节肠道微生物的食品和饮料正在开发中，目标人群是老年人以及患有某些慢性病的人。基因组在人类的一生中保持相对固定和稳定，与之不同的是，肠道微生物具有很强的可塑性，可以在相对较短的时间内发生很大的变化。因此，开发能够改善微生物群的食品和药物，可能是预防许多疾病的有效手段。

早期对肠道微生物的研究大多集中在特定细菌对人类健康的影响上，但研究人员现在正在研究结肠中发现的其他类型微生物的作用，如病毒、真菌、原生生物和古细菌。早期的研究也倾向于解码人类肠道内微生物的基因组。然而，这种方法只涉及了实际发生的一部分情况。由于这个原因，微生物群的基因数据现在正与转录组、蛋白质组和代谢组数据相结合，以更全面地说明人体肠道中实际发生的代谢过程。这些先进的方法已经被一些企业采用，根据微生物特征数据提供个性化的饮食和生活方式的建议，这部分内容将在下一章中介绍。将来，微生物群检测可能会像我们许多人在每年体检时所做的血液胆固醇检测一样成为常规项目。目前，我们在这一迅速出现的领域还处于早期阶段，因此不可能确切地说这些微生物群在改善个人或人类健康方面究竟有多大的作用。科学是极其复杂的，仍然需要大量的研究。

有趣的是，对微生物群的研究以及对营养品和营养物质的研究也发现了同样的结果——多吃富含膳食纤维的植物性食物对健康有很大作用。也许遵循这个简单的营养建议就可以使我们免于购买昂贵的营养品、益生菌和微生物指标检验，进而节省大量的时间和金钱。

参考文献 ↘

1. Knight, R., C. Callewaert, C. Marotz, E. R. Hyde, J. W. Debelius, D. McDonald, and M. L. Sogin. 2017. The Microbiome and Human Biology. In *Annual Review of Genomics and Human Genetics*, ed. A. Chakravarti and E. D. Green, vol. 18, 65–86. Palo Alto: Annual Reviews.

2. Jandhyala, S. M., R. Talukdar, C. Subramanyam, H. Vuyyuru, M. Sasikala, and D. N. Reddy. 2015. Role of the Normal Gut Microbiota. *World Journal of Gastroenterology* 21 (29): 8787–8803.

3. Katuna-Czaplinska, J., P. Gatarek, M. S. Chartrand, M. Dadar, and G. Bjorklund. 2017. Is There a Relationship Between Intestinal Microbiota, Dietary compounds, and Obesity? *Trends in Food Science & Technology* 70: 105–113.

4. Magnusdottir, S., and I. Thiele. 2018. Modeling Metabolism of the Human Gut Microbiome. *Current Opinion in Biotechnology* 51: 90–96.

5. Rowland, I., G. Gibson, A. Heinken, K. Scott, J. Swann, I. Thiele, and K. Tuohy. 2018. Gut Microbiota Functions: Metabolism of Nutrients and Other Food Components. *European Journal of Nutrition* 57 (1): 1–24.

6. O'Toole, P. W., and B. Flemer. 2016. Studying the Microbiome: "Omics" Made Accessible. *Seminars in Liver Disease* 36 (4): 306–311.

7. Li, D. Y., and W. H. W. Tang. 2017. Gut Microbiota and Atherosclerosis. *Current Atherosclerosis Reports* 19 (10): 39.

8. Carlucci, C., E. O. Petrof, and E. Allen-Vercoe. 2016. Fecal Microbiota-based Therapeutics for Recurrent *Clostridium difficile* Infection, Ulcerative Colitis and Obesity. *Ebiomedicine* 13: 37–45.

9. Gerard, P. 2016. Gut Microbiota and Obesity. *Cellular and Molecular Life Sciences* 73 (1): 147–162.

10. Rosenbaum, M., R. Knight, and R. L. Leibel. 2015. The Gut Microbiota in HumanEnergy Homeostasis and Obesity. *Trends in Endocrinology and Metabolism* 26 (9): 493–501.

11. Bhattarai, Y., and P. C. Kashyap. 2016. Germ-Free Mice Model for Studying Host-Microbial Interactions. In *Mouse Models for Drug Discovery: Methods and Protocols*, ed. G. Proetzel and M. V. Wiles, 2nd ed., 123–135. Totowa: Humana Press Inc.

12. Garcia-Pena, C., T. Alvarez-Cisneros, R. Quiroz-Baez, and R. P. Friedland. 2017. Microbiota and Aging. A Review and Commentary. *Archives of Medical Research* 48 (8): 681–689.

13. van Best, N., M. W. Hornef, P. H. M. Savelkoul, and J. Penders. 2015. On the Origin of Species: Factors Shaping the Establishment of Infant's Gut Microbiota. *Birth Defects Research Part C-Embryo Today-Reviews* 105 (4): 240–251.

14. Kumar, M., P. Babaei, J. Boyang, and J. Nielsen. 2016. Human Gut Microbiota and Healthy

Aging：Recent Developments and Future Prospective. *Nutrition and Health Aging* 4：3–16.

15. Dicks，L. M. T.，J. Geldenhuys，L. S. Mikkelsen，E. Brandsborg，and H. Marcotte. 2018. Our Gut Microbiota：A Long Walk to Homeostasis. *Beneficial Microbes* 9（1）：3–19.

16. Gianchecchi，E.，and A. Fierabracci. 2017. On the Pathogenesis of Insulin–Dependent Diabetes mellitus：The Role of Microbiota. *Immunologic Research* 65（1）：242–256.

17. Thomas，S.，J. Izard，E. Walsh，K. Batich，P. Chongsathidkiet，G. Clarke，D. A. Sela，A. J. Muller，J. M. Mullin，K. Albert，J. P. Gilligan，K. DiGuilio，R. Dilbarova，W. Alexander，and G. C. Prendergast. 2017. The Host Microbiome Regulates and Maintains Human Health：A Primer and Perspective for Non–Microbiologists. *Cancer Research* 77（8）：1783–1812.

18. Le Doare，K.，B. Holder，A. Bassett，and P. S. Pannaraj. 2018. Mother's Milk：A Purposeful Contribution to the Development of the infant Microbiota and immunity. *Frontiers in Immunology* 9.

19. Bode，L. 2015. The Functional Biology of Human Milk Oligosaccharides. *Early Human Development* 91（11）：619–622.

20. German，J. B.，S. L. Freeman，C. B. Lebrilla，and D. A. Mills. 2008. Human Milk Oligosaccharides：Evolution，Structures and Bioselectivity as Substrates for Intestinal Bacteria. In *Personalized Nutrition for the Diverse Needs of Infants and Children*，ed. D. M. Bier，J. B. German，and B. Lonnerdal，205–222.

21. Musilova，S.，V. Rada，E. Vlkova，and V. Bunesova. 2014. Beneficial Effects of Human Milk Oligosaccharides on Gut Microbiota. *Beneficial Microbes* 5（3）：273–283.

22. Dinan，T. G.，and J. F. Cryan. 2017. The Microbiome–Gut–Brain Axis in Health and Disease. *Gastroenterology Clinics of North America* 46（1）：77–89.

23. Lloyd–Price，J.，G. Abu–Ali，and C. Huttenhower. 2016. The Healthy Human Microbiome. *Genome Medicine* 8：51.

24. Schroeder，B.，and F. Backhed. 2016. Signals from the Gut Microbiota to Distant Organs in Physiology and Disease. *Nature Medicine* 22（10）：1079–1089.

25. de Clercq，N. C.，M. N. Frissen，A. K. Groen，and M. Nieuwdorp. 2017. Gut Microbiota and the Gut–Brain Axis：New Insights in the Pathophysiology of Metabolic Syndrome. *Psychosomatic Medicine* 79（8）：874–879.

26. Bauer，P. V.，S. C. Hamr，and F. A. Duca. 2016. Regulation of Energy Balance by a Gut–Brain Axis and Involvement of the Gut Microbiota. *Cellular and Molecular Life Sciences* 73（4）：737–755.

27. Albenberg，L. G.，and G. D. Wu. 2014. Diet and the Intestinal Microbiome：Associations，Functions，and Implications for Health and Disease. *Gastroenterology* 146（6）：1564–1572.

28. Chassaing，B.，M. Vijay–Kumar，and A. T. Gewirtz. 2017. How Diet can Impact Gut Microbiota

to Promote or Endanger Health. *Current Opinion in Gastroenterology* 33（6）：417–421.

29. Kataoka，K. 2016. The Intestinal Microbiota and its Role in Human Health and Disease. *Journal of Medical Investigation* 63（1–2）：27–37.

30. Tuddenham，S.，and C. L. Sears. 2015. The Intestinal Microbiome and Health. *Current Opinion in Infectious Diseases* 28（5）：464–470.

31. Blazquez，A. B.，and M. C. Berin. 2017. Microbiome and Food Allergy. *Translational Research* 179：199–203.

32. Miyoshi，J.，and E. B. Chang. 2017. The Gut Microbiota and Inflammatory Bowel Diseases. *Translational Research 179*：38–48.

33. Young，E. 2016. *I Contain Multitudes：The Microbes Within Us and a Grander View of Life.* New York：Harper Collins.

34. Turnbaugh，P. J.，R. E. Ley，M. A. Mahowald，V. Magrini，E. R. Mardis，and J. I. Gordon. 2006. An Obesity–Associated Gut Microbiome with Increased Capacity for Energy Harvest. *Nature* 444（7122）：1027–1031.

35. Alcock，J.，C. C. Maley，and C. A. Aktipis. 2014. Is Eating Behavior Manipulated by the Gastrointestinal Microbiota？ Evolutionary Pressures and Potential Mechanisms. *BioEssays* 36（10）：940–949.

36. Zheng，P.，Z. Li，and Z. Zhou. 2018. Gut Microbiome in Type 1 Diabetes：A Comprehensive Review. *Diabetes/Metabolism Research and Reviews* 34：e3043.

37. Stefanaki，C.，M. Peppa，G. Mastorakos，and G. P. Chrousos. 2017. Examining the Gut Bacteriome，Virome，and Mycobiome in Glucose Metabolism Disorders：Are we on the Right Track？ *Metabolism-Clinical and Experimental* 73：52–66.

38. Scheithauer，T. P. M.，G. M. Dallinga–Thie，W. M. de Vos，M. Nieuwdorp，and D. H. van Raalte. 2016. Causality of Small and Large Intestinal Microbiota in Weight Regulation and Insulin Resistance. *Molecular Metabolism* 5（9）：759–770.

39. Zhao，L. P.，F. Zhang，X. Y. Ding，G. J. Wu，Y. Y. Lam，X. J. Wang，H. Q. Fu，X. H. Xue，C. H. Lu，J. L. Ma，L. H. Yu，C. M. Xu，Z. Y. Ren，Y. Xu，S. M. Xu，H. L. Shen，X. L. Zhu，Y. Shi，Q. Y. Shen，W. P. Dong，R. Liu，Y. X. Ling，Y. Zeng，X. P. Wang，Q. P. Zhang，J. Wang，L. H. Wang，Y. Q. Wu，B. H. Zeng，H. Wei，M. H. Zhang，Y. D. Peng，and C. H. Zhang. 2018. Gut Bacteria Selectively Promoted by Dietary Fibers Alleviate Type 2 Diabetes. *Science* 359（6380）：1151–1156.

40. Singh，V.，B. S. Yeoh，and M. Vijay–Kumar. 2016. Gut Microbiome as a Novel Cardiovascular Therapeutic Target. *Current Opinion in Pharmacology* 27：8–12.

41. Zeisel，S. H.，and M. Warrier. 2017. Trimethylamine N–oxide，the Microbiome，and Heart

and Kidney Disease. In *Annual Review of Nutrition*, ed. P. J. Stover and R. Balling, vol. 37, 157–181.

42. Tang, W. H. W., T. Kitai, and S. L. Hazen. 2017. Gut Microbiota in Cardiovascular Health and Disease. *Circulation Research* 120 (7): 1183–1196.

43. Mazidi, M., P. Rezaie, A. P. Kengne, M. G. Mobarhan, and G. A. Ferns. 2016. Gut Microbiome and Metabolic Syndrome. *Diabetes & Metabolic Syndrome-Clinical Research & Reviews* 10 (2): S150–S157.

44. Vogtmann, E., and J. J. Goedert. 2016. Epidemiologic Studies of the Human Microbiome and Cancer. *British Journal of Cancer* 114 (3): 237–242.

45. Sears, C. L., and W. S. Garrett. 2014. Microbes, Microbiota, and Colon Cancer. *Cell Host & Microbe* 15 (3): 317–328.

46. Sears, C. L., A. L. Geis, andF. Housseau. 2014. *Bacteroides fragilis* Subverts Mucosal Biology: From Symbiont to Colon Carcinogenesis. *Journal of Clinical Investigation* 124 (10): 4166–4172.

47. Hibberd, A. A., A. Lyra, A. C. Ouwehand, P. Rolny, H. Lindegren, L. Cedgard, and Y. Wettergren. 2017. Intestinal Microbiota is altered in Patients with Colon Cancer and Modified by Probiotic intervention. *BMJ Open Gastroenterology* 4 (1): e000145.

48. Dash, S., G. Clarke, M. Berk, and F. N. Jacka. 2015. The Gut Microbiome and Diet in Psychiatry: Focus on Depression. *Current Opinion in Psychiatry* 28 (1): 1–6.

49. Rieder, R., P. J. Wisniewski, B. L. Alderman, and S. C. Campbell. 2017. Microbes and Mental Health: A Review. *Brain Behavior and Immunity* 66: 9–17.

50. Gentile, C. L., and T. L. Weir. 2018. The Gut Microbiota at the Intersection of Diet and Human Health. *Science* 362 (6416): 776–780.

51. Clark, M. J., K. Robien, and J. L. Slavin. 2012. Effect of Prebiotics on Biomarkers of Colorectal Cancer in Humans: A Systematic Review. *Nutrition Reviews* 70 (8): 436–443.

52. O'Toole, P. W., J. R. Marchesi, and C. Hill. 2017. Next-Generation Probiotics: The Spectrum from Probiotics to Live Biotherapeutics. *Nature Microbiology* 2 (5): 6.

53. Viennois, E., D. Merlin, A. T. Gewirtz, and B. Chassaing. 2017. Dietary Emulsifier-Induced Low-Grade Inflammation Promotes Colon Carcinogenesis. *Cancer Research* 77 (1): 27–40.

54. Zmora, N., G. Zilberman-Schapira, J. Suez, U. Mor, M. Dori-Bachash, S. Bashiardes, E. Kotler, M. Zur, D. Regev-Lehavi, R. B. -Z. Brik, S. Federici, Y. Cohen, R. Linevsky, D. Rothschild, A. E. Moor, S. Ben-Moshe, A. Harmelin, S. Itzkovitz, N. Maharshak, O. Shibolet, H. Shapiro, M. Pevsner-Fischer, I. Sharon, Z. Halpern, E. Segal, and E. Elinav. 2018. Personalized Gut Mucosal Colonization Resistance to Empiric Probiotics Is Associated with Unique Host and Microbiome Features. *Cell* 174 (6): 1388–1405.

08

个性化营养：
定制你的健康饮食

→

Personalized Nutrition:
Customizing Your Diet for Better Health

一 | 不要一概而论

在古希腊神话中，普罗克斯特斯是一个残忍的角色，他邀请路人到他家铁床上睡觉，如果他们太矮，他会把路人拉长来适应床；如果路人太高，他就会削去路人的肉。没有人能完全符合铁床的长度，所以每一位"客人"都感到极度不适。普罗克斯特斯之床已经成为削足适履、强求一致的隐喻。有些人认为现代的营养建议就属于这一类。例如，《美国膳食指南》（*the United States Dietary Guidelines*）只给美国人提供了大致的膳食建议，没有考虑到人与人之间的明显差异。其中一个原因是，营养学家在人群中进行研究和结果跟踪要比在个体中容易得多。此外，通过膳食指南或食品标签向公众传达总体营养信息更为简单。然而最近，人们对开发更加个性化的营养方案越来越感兴趣。

我第一次接触到个性化营养的概念是在一次科学会议上。科学家和企业家们的雄心壮志给我留下了极其深刻的印象。他们使用最先进的分析、计算和机器学习方法构造一个关于人体健康和饮食之间关系的全面研究。该研究建立在来源于多种途径的信息的基础上，这些信息包括我们独特的生化机制及我们多样的生活方式。个性化营养的基本前提是我们每个人都是独一无二的——我们有不同的基因、代谢、微生物群、口味、身体、生活方式和健康状况特征。因此，饮食结构应该根据每个人自己的具体营养需求进行调整，而不是采取一种一劳永逸的方法。饮食需求不仅应因人而异，还会随着年龄增长、生病或参加不同的活动而变化（如备考、跑马拉松或躺在沙滩上）。个性化营养旨在详细了解特定食物如何影响特定个体的新陈代谢，从而给人们制定个性化的饮食建议，以改善他们的健康和身体状态。这种饮食方法在哲学上等同于个人主义，强调个人的独特性和肩负的责任。我们是不同的，必须做出最适合自己的饮食选择。这与科利克主义形成了鲜明对比。科利克主义认为，社会应该为所有人的利益而设计——它们为最多的人带来最大的幸福。

和许多事情一样，个人主义和集体主义方法都有他们宝贵的见解。人们有非常相似的遗传密码（大于 99.9%），因此具有相似的营养需求。我们都需要宏量的营养素（脂肪、蛋白质和碳水化合物）和必需的微量营养素（维生素和矿物质）来提供生长和正常运作所需的材料和热量。然而，基因密码上相对较小的差异，再加上代谢、微生物群和生活方式上更为显著的差异，造成了人们对营养需求的巨大差异。这些差异可能存在于个体水平上或群体的某些特定人群中。婴儿和老人需要不同的营养，运动员和喜欢宅的人有不同的营养需求，糖尿病患者与高血压患者同样对饮食有不同的需求。

我们必须承认，个性化营养需要从大量的个体中收集生物信息——涵盖的人数越多，得到的数据质量就越好。没有这个大数据，就不可能将饮食和健康联系起来，也就没办法给人们提供个性化饮食的选择。一个折中的办法是，政府为所有公民提供个性化营养方案，包括分析他们的DNA，测量他们的生物标志物，评估他们的生活方式和生活目标，然后提供个性化的营养建议。通过不断收集大量个人的详细信息，并将其与他们的长期健康目标联系起来——不管他们是患有心脏病还是癌症——就都有可能为他们提供更精确的饮食建议。然而，一想到政府或大企业对他们的个人信息有如此详细的了解，有些人可能会犹豫。话虽如此，其实我们中的大多数人在每次上网的时候已经向大公司交出了类似的信息，比如我们买的东西、我们读的新闻、我们的娱乐偏好、我们旅行的地方、我们的活动水平以及我们搜索的健康建议。

原则上，个性化营养有潜力改变我们的医疗保健系统。随着对基因组、微生物群、新陈代谢、生活方式和健康之间的关系的了解不断加深，医生可能会根据我们独特的需求，为我们提供量身定制的饮食建议。这将减少饮食相关疾病的发生率或减轻其严重程度，从而给人们带来更健康长寿的生活。此外，它还会减轻与医疗成本和生产效率下降相关的经济负担。当我第一次听到个性化营养的想法时，我认为这是一个非常令人兴奋的科学思想，但就商业应用而言，则有点牵强。然而，正如书中稍后所介绍的那样，在本章中，许多企业已经在销售这一领域的产品了，你将可以了解使个性化营养成为可能的各种前沿科技。

二 | 系统生物学：
分离复杂性

作为一名教授，我做的最有趣的工作之一就是为研究生论文评审委员会服务。这些学生通常是我系其他教授的研究生，他们的研究重点和我的差别很大。研究生们必须就他们的研究写一篇论文，然后再由三四位教授组成的论文答辩评委面前进行论文答辩。我们系的许多教授正在从事十分有趣的工作，研究饮食对炎症、癌症、心脏病和肥胖的影响。他们的研究需要详细了解食物成分是如何进入人体的，如何对维持生命活力的生化过程网络产生影响。这个研究领域与我的研究（应用物理化学）有很大不同，对于一个非专业人士来说，这往往是相当令人生畏的。写这本书给了我一个很好的机会，让我更深入地研究快速发展的营养生物化学领域。

我了解到的最有趣的事情之一是"生物组学"革命，它为个性化营养的发展奠定了基础。这组强大的生物技术能够量化复杂生物样本中不同种类分子的水平，如基因、蛋白质和代谢物。要理解生物组学革命及其与饮食和健康的关系，需要了解发生在人体细胞内的复杂生化过程[1]。人体由数以万亿计的细胞组成，这些细胞彼此连接，相互协调。细胞的功能取决于它们属于身体的哪一部分（如消化系统、循环系统、神经系统、内分泌系统、免疫系统、骨骼系统、肌肉系统或再生系统），不同系统内的细胞功能不同。构成人类身体的众多细胞必须配合身体对不断变化的内外环境做出反应，以维持体内平衡[2]。例如，细胞的化学环境可能会因进食、身体活动、睡眠、环境化学物质、温度变化或阳光照射而改变。我们的细胞通过相互交换信息和物质来协调它们的活动。我们的眼睛看到食物并向大脑发送信息，促进荷尔蒙的释放，使我们想要吃到食物。我们的大脑向手臂和双手的肌肉发送信息，让它们捡起食物，也向嘴巴发送信息，做出咀嚼和吞咽食物的动作。我们的大脑也会发出信号，刺激消化系统分泌消化食物所需的酶和其他成分。然后内脏把食物分解成更小的成分，使食物可以被吸收。这些成分通过血液到达身体的不同部位，在那里它们被用作能源、组成单元、运输工具或传递信息的载体。我们吃的食物中最初存在的分子通过我们体内的生物化学机制转化成大量的其他分子（代谢物），使我们能够执行生存所需的各种功能性任务。我们身体中每个细胞的遗传物质与这些活动的相互配合和表现密切相关。特定的基因会随着特定环境的变化而表达或保持沉默，以指导特定的生化过程，比如分解一种分子，构造一种新型分子，把分子从一个地方转移到另一个地方，或者把分子信号从一个地方发送到另外一个地方。

我们的身体就像一个工业经济体系，它拥有生产不同产品的工厂，储存产品以备需要的存储系统，从一个地方转运到另一个地方的运输系统，从一个位点发送信息到另一个位点的通信系统，使用各种各样产品的消费者，以及协调所有这些活动的物流运作系统。如果你正在研究这套体系，你会想知道它在生产什么类型的商品，在什么水平上生产，在哪里储存，如何运输以及谁在使用这些商品。你还想知道如何调控这个体系才能生产出适合每个消费者需求的商品。正如经济学家很难准确地描述一个经济体中的每一个元素（因为它极其复杂），我们也很难描述构成我们身体的所有不同成分。相反，经济学家使用经济指标，如收入水平、失业率、利率、房价和国内生产总值，来评价经济的整体状况。同样，营养学家传统上使用相对简单的人类健康指标（"生物标志物"），如我们的身体质量指数（BMI）、胆固醇水平或血压。在过去20年左右的时间里，随着现代科技的快速发展，科学家们现在获得关于人体运行体系的更详细的信息。

　　DNA 在身体设计和功能中起着核心作用。它是一种已经进化到可以存储和传输信息的分子。这些信息决定了我们一生中的发展和表现。它让我们从一个受精卵成长为一个复杂的成年人。它让我们的心脏跳动，具有思考能力，能够用眼睛看，用舌头尝，用耳朵听，用皮肤去感受，用内脏进行消化，使细胞再生，以及我们身体能够执行的所有其他功能。然而，DNA 只包含构建和维持生命的指令。其他生物活动是确保生命真正发生所必需的过程。接下来的几节将简要介绍细胞功能所涉及的复杂过程，为新生物组学技术在个性化营养方面表现出的强大功能提供背景知识。

三 ｜ 生物特征数据：
　　　解码我们是谁

　　个性化医疗的基础是能够测量和关联多个来源的详细生物特征信息：食物、基因、新陈代谢、微生物群和健康状况（图 8.1）。核心假设是，我们的基因、微生物群和新陈代谢会影响生产和储存食物的方式，进而影响健康状况。此外，我们所吃的食物会影响基因的

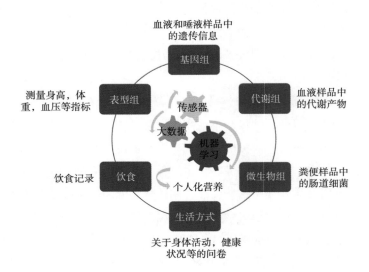

图 8.1

个性化营养涉及多个不同来源数据的整合，包括基因组、代谢物、微生物组、表型组等

表达和新陈代谢功能，这同样会对健康状况造成影响。使个性化营养成为可能的生物组学革命是建立在前沿技术进步的基础上的，这些技术使我们能够获得关于身体和摄入食物的更详细的信息，包括 DNA（基因组）、RNA（转录组）、蛋白质（蛋白质组）、代谢物（代谢物组）、染色质修饰（表观基因组）、肠道微生物（微生物组）、物理特性（表型组）和食物成分（食物组）。

1. 基因组：说明书

基因组包含了构建、运行和复制身体所需的所有遗传信息（图 8.2）。对于一个特定的人来说，他们所有细胞的基因组几乎是相同的。然而由于随机事件，如复制错误和暴露于毒素或辐射等外部胁迫的影响，会产生一些突变。虽然所有的人类都有非常相似的基因组，但决定眼睛和头发的颜色、身高、对某些疾病的易感性以及对饮食的反应等方面的基因却略有不同。个性化营养的目的之一是了解特定基因或基因组合的差异如何导致身体对食物反应的差异以及是如何影响人体健康的。

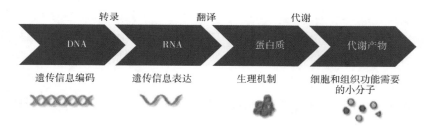

图 8.2
DNA 中编码的信息被转录成 RNA，然后被翻译成能产生各种代谢物的蛋白质

基因、饮食和健康之间关系最早是在一个多世纪以前被发现，那时我们甚至还不知道什么是基因[3]。1902 年，阿奇博尔德·加罗德（Archibald Garrod）在英国著名医学杂志《柳叶刀》上发表了一篇论文，讲的是患有一种俗称"黑尿"或"黑骨双化症"的人（医学上被称为"尿碱症"）。患有这种疾病的人不能代谢两种常见的氨基酸——苯丙氨酸和酪氨酸，这两种氨基酸存在于大多数食物蛋白质中。加罗德发现，这种罕见的疾病往往在家庭中而非普通人群中传播。当一个人患有这种疾病时，他的尿液看起来是黑色的，因为他们的身体不能完全分解这两种氨基酸，从而产生一些黑色的副产物。这些副作用还会对心脏和软骨造成损害，并导致肾结石。加罗德的结论是，人类基础生物学的差异导致了他们代谢方式的差异，这暗示了这种与饮食有关的疾病的遗传起源。直到 20 世纪 90 年代，一个西班牙研究小组才确定了导致这种疾病的突变发生的特定基因。这一发现之所以成为可能，是因为自加罗德最初的工作以来，基因组技术取得了重大进展。

　　要了解基因、饮食和健康之间的联系，就要先了解 DNA。人类基因组是由脱氧核糖核酸（DNA）组成的，脱氧核糖核酸是一种长链（聚合物），由核苷酸组成的基因组。考虑到由于 DNA 编码了我们周围生命的方方面面，只是由四种核苷酸[腺嘌呤（A）、鸟嘌呤（G）、胞嘧啶（C）、胸腺嘧啶（T）] 组成的 DNA 真的十分非凡。地球上大多数生命体的生长、稳定和繁殖都是从 DNA 这四种核苷酸的不同排序中来的。在细胞中，人们发现 DNA 分子是互补对，它们缠绕在一起可形成著名的双螺旋结构，这是沃森（Watson）和克里克（Crick）在 20 世纪 50 年代根据罗莎琳德·富兰克林（Rosalind Franklin）早些时候获得的 X 射线晶体学图像首次提出的。一个 DNA 链上的每一个腺嘌呤都与互补 DNA 链上的胸腺嘧啶（A-T）相连，而每一个鸟嘌呤都与胞嘧啶（G-C）相连。这种互补性意味着，一个 DNA 分子可以几乎完全复制原始的分子，这也是一个母细胞分裂成两个子细胞时，遗传信息传递的方式。这一过程包括解开双螺旋结构，创建两个单独的 DNA 链，然后组装两个新的 DNA 分子与它们配对。新分子是用每一个原始 DNA 分子作为模板，用 A-T 和 C-G 规则组装而成的。

　　我们的基因组包含超过 30 亿个核苷酸。目前人们认为，这些核苷酸中有许多是基因"垃圾"，它们在人类历史上积累下来，现在似乎没有任何功能了；但也许未来的研究可能会得出相反的结论。其余的核苷酸构成了大约 21000 个编码蛋白质的基因，或者是在不同环境和情况下可开启和关闭基因的分子开关。悉达多·慕克吉（Siddhartha Mukherjee）写了一本很棒的书，《基因：亲密的历史》（*The Gene*：*An Intimate History*）讲述遗传学的发现和应用。他用下面这句话作为类比，很好地说明了基因和植入我们 DNA 中的垃圾的作用，这些单词代表功能基因，点代表垃圾："This………is the………str……uc……ture……ofyour.gen……ome……"。

　　人类的全基因组分布在 23 条不同的称为染色体的 DNA 链中。人类细胞通常含有两份染色体，一份来自母亲，另一份来自父亲。因此，共有 46 条染色体。人体里几乎每个细胞都有一个细胞核，里面充满了这 46 条染色体。除了这个核 DNA，人类的基因组还有一个额外的线粒体短链 DNA，顾名思义，它位于线粒体中。线粒体就像一个微型工厂，产生细胞运行所需的大部分能量。线粒体 DNA 只来自母亲，而核 DNA 来自母亲和父亲。人们对食物产生不同反应的原因之一是人们的基因都略有不同。人类遗传密码的改变是各种错误的结果，这些错误会在几代人的时间里潜入人类基因组[3]。在 DNA 链的某个特定核苷酸中可能存在突变（如 C 变成 T），通常称为单核苷酸多态性。一个或多个核苷酸可以插入我们的 DNA（ATG 变成 ATAG）或从我们的 DNA 中被删除（如 ATG 变成 AG）。人类基因组中的某个 DNA 区域还可能会反转（如 ATC 变成 CTA）。另一个常见的错误是，同一基因在我们基因组的不同位置有多个拷贝。所有这些突变组成了我们身体的细胞内产生不同类型和 / 或数量的蛋白质。

特定基因的差异在许多方面影响着人们对与饮食有关的疾病的易感性。我们的基因组包含组装蛋白质的指令，这些蛋白质负责控制我们摄入食物时启动的生物化学通路。有些基因编码调节使我们产生饥饿感、愉悦感和饱腹感的激素，以此来影响我们的饭量。其他基因编码控制我们体内脂肪的燃烧和储存的酶，从而影响我们吃东西后增加的体重。还有，其他基因编码的酶参与我们肠道对营养物质的消化和吸收，从而影响我们如何有效地提取食物的能量。基因差异对我们加工和处理食物方式的影响是非常复杂的，需要多年的艰苦研究才能解开谜底。最终，营养学家希望将特定的基因与特定的生化过程联系起来，这样他们就能更好地理解食物、基因图谱与健康之间的关系。这是一个具有吸引力的前景，人们在实现这一目标方面已经取得了重大进展。然而，必须强调，这一新的营养科学仍处于起步阶段，不应被过分夸大。

基因测试已经可以为人们提供营养建议来改善他们的健康状况了[4]。例如，那些更易患腹腔疾病的人的某些基因发生了突变，而这些基因在免疫系统的正常运行中发挥着至关重要的作用。这是一种自身免疫性疾病，当身体接触小麦蛋白麸质时，会攻击自身，导致肠道发生严重炎症。乳糜泻的症状包括腹泻、营养吸收不良、食欲减退、胃胀、发育不良等。可以进行基因测试来确定某人是否有基因突变，从而判断其是否更易患乳糜泻。如果这些测试表明他们确实患有这种疾病，那么可以建议他们避免食用含有谷蛋白的食物。饮食建议也适用患有其他与饮食有关的病人，这些疾病与单个或几个基因突变有关。

个性化的营养目标是通过这种方法进一步帮助那些还未患病但在未来有较高患病风险（如糖尿病、心脏病或癌症）的人，帮助他们找到基因图谱和饮食响应之间的规律。尽管这种方法前景广阔，但个体基因的差异似乎使得在大多数人对与饮食有关疾病的易感性中起很小的作用。相反，在大多数情况下，基因组合可能更为重要，而且只有在特定的饮食条件下才会如此。例如，一个人可能只有一组基因使他们更容易肥胖，但如果他们生活在一个鼓励暴饮暴食或缺乏体育活动的环境中，他们只会更容易增加体重。这当然可以解释为什么过去肥胖者相对较少，而现在肥胖的人数却迅速增加。因此，营养学家正试图开发遗传风险评分体系，以评估个人对特定饮食相关疾病的易感性。然而，这些研究的初步结果凸显了将遗传学与健康结果联系起来的难度。例如，一项研究发现，我们变胖的易感性与大约100种基因变异有关，但这些变异只占人们身体重量指数差异的不到3%[3]。

2. 转录组：阅读说明书

一个人的基因组提供了关于他们拥有什么样的基因以及他们可能产生什么样的蛋白质的信息。然而，这并不能告诉我们一个特定的基因是否被实际使用了，因为我们身体里几乎所有的细胞都含有相同的一组基因，在不同的组织和不同的时间内一个特定基因的表达是不同的。这很重要，因为我们的细胞必须在不同的器官中发挥不同的功能，如在肌肉、大脑、骨骼或内脏中发挥的功能不同。此外，健康和不健康的人群，他们的基因表达往往是不同的，这意味着测量它可以用来检测和识别疾病状态。

转录组学可提供哪些基因实际在人体的特定细胞或细胞群中表达的信息[5]。它是基于分析基因转录成蛋白质时产生的 RNA 片段。我们基因中编码的信息首先被复制到一种名为信使核糖核酸（mRNA）的分子中，然后 mRNA 离开细胞核，进入位于细胞另一区域的一种名为核糖体的微型分子机器中。核糖体利用 mRNA 作为模板，从其环境中的氨基酸组成单元中组装出蛋白质——使用特定的代码将 mRNA 中的核苷酸序列翻译成蛋白质中的氨基酸序列。因此，测定特定生物样本中 mRNA 的类型和数量，就能知道哪些基因被转录成蛋白质，以及它们的活性有多大——mRNA 越多，基因就越活跃。

整个基因组可以被认为是一个图书馆中所有书籍（基因）的列表，而转录组则是那个真正被取出来阅读的书籍的列表。通过观察不同样本的 mRNA 谱，我们可以知道哪些基因在我们体内不同的位置起作用。通过测量我们进食后 mRNA 谱的变化，科学家可以知道哪些基因在我们的饮食中对不同种类的营养物质做出反应时处于开启或关闭状态。然后，他们可以利用这些信息来阐明哪些生化途径在不同的人身上可被激活，这为了解基因与健康之间的关系提供了一些有用的信息。

基因的开关是由表观遗传学决定的[6]。这是一个过程，我们的 DNA 活性被修改了，但它的序列保持不变。化合物（如甲基）可以附着在我们 DNA 中的单个基因上，以调节它们的活性。我们的基因组包含大量的这些分子开关，它们可以表达信息或保持沉默，以响应 DNA 环境的变化。这些变化是由我们进食或与环境交互时，进入体内的营养物质和其他化学物质所带来的。有趣的是，当细胞分裂时，DNA 的表观遗传变化可以持续进行，因此它们可以代代相传。因此，奶奶或妈妈的饮食可能会改变你的表观遗传特征，从而直接影响你的健康。这些 DNA 的化学修饰很重要，因为它们意味着基因组在不同的环境中可以有不同的功能。一般来说，DNA 的表观遗传学改变因人、组织和细胞而异。

最常见的表观遗传修饰之一被称为甲基化，因为甲基基团附着在 DNA 的特定片段上[4]。甲基的加入会使基因保持沉默，所以它不再能产生由它编码的蛋白质。表观遗传过程中的错误，如表达错误的基因或不表达正确的基因，可导致遗传性疾病，包括与饮食有关的疾病，如肥胖、糖尿病和心脏病。因此，许多科学家正在努力解开我们的饮食、表观遗传学和健康之间的复杂关系。

3. 蛋白质组：分子机器

DNA 包含构建蛋白质的指令，而蛋白质是我们体内分子机制的主要形式。蛋白质是由连接在一起的氨基酸链组成的生物聚合物。蛋白质中氨基酸的数量、类型和序列控制着它精确的三维结构，这就决定了它在我们体内的功能。有些蛋白质在它们的环境中改变了特定的分子；有些蛋白质把分子从一个地方运送到另一个地方；有些蛋白质充当信使，将信息从一个地方传递到另一个地方；还有一些蛋白质充当支架，给我们体内的细胞和组织提供机械强度。核酸序列中的核苷酸序列，用来编码由它构成的蛋白质中氨基酸的序列。DNA 分子包含为特定蛋白质编码的不同部分（基因）。就像一个密码，一排三个核苷酸的特定序列（如 GGU）编码特定的氨基酸种类（如甘氨酸）。令人难以置信的是，这个复杂的系统是由原始地球上的几种化学物质发展而来的，经过千万年的随机波动和竞争选择，成就了我们今天在地球上看到的巨大的生物多样性。

DNA 产生的蛋白质应该有一个特定的氨基酸序列，这样它们才有正确的三维结构来正常工作。就像工厂里的机器必须经过精心设计才能发挥其特殊功能（如机器人给汽车装门）一样，人体内的蛋白质也必须经过精心设计才能发挥其独特的生化功能。如果在遗传密码中有任何突变（"印刷错误"）或任何复制错误，那么所产生的蛋白质的结构和功能可能会发生重大变化。蛋白质在确保机体正常工作的许多生物化学途径中发挥着关键作用，即使是蛋白质结构上的微小改变，也可能对人体健康产生毁灭性的影响。例如，血红蛋白是红细胞中运输氧气的蛋白质，基因突变可导致血红蛋白中单一氨基酸的改变，从而导致镰状细胞贫血。这种遗传性疾病会带来各种健康问题，包括疼痛、贫血、肿胀、感染、中风和寿命缩短。可以想象，如果在我们汽车厂工作的机器人有一颗螺丝松了，它可能就无法准确地把车门装配到汽车上，给整个生产线造成严重破坏。蛋白质机制的结构和功能上的错误可能源于前面提到的各种 DNA 突变，如一个或多个核苷酸的替换、删除、添加、倒置或重复。

遗传和表观遗传特征的差异可导致表达的蛋白质类型和水平出现差异，这致使人体对与饮食相关的疾病（如肥胖、糖尿病、心脏病和癌症）的易感性发生变化。因此，营养学家们正在使用现代测量仪器来测量如血液等生物样本中的所有不同蛋白质。由此产生的"蛋白质组"提供了在特定环境下使用各种分子机制的能力[7]。当一个人接触某些食物时，他的蛋白质组发生的变化是可以测量的。此外，还可以比较具有不同饮食习惯或不同健康状况人群的蛋白质组。通过了解蛋白质组对特定环境条件做出的反应，可以更好地了解哪些分子参与其中，以及它们是如何连接成复杂的生化网络的，以及处理和分配我们的食物。

4. 代谢组：分子产物

通过测量细胞中蛋白质的种类和水平，人们可以对发生的生物化学过程的特性提供有价值的见解，但不能提供全部的情况。仅仅因为有一种蛋白质存在，并不意味着它实际上是活跃的。人体内产生的许多蛋白质都是酶，酶是加速特定生化反应的催化剂。通常，这些生化反应包括将一种分子转化为另一种分子。大分子可以分解，小分子可以结合，或者分子上的某些特征可以改变。这些分子转化的产物被称为"代谢物"，一个特定的生物样本中所有代谢物的集合被称为"代谢物组"。

代谢物类似于制作蔬菜汤的食品厂的各种材料。在任何特定的时间，工厂里都有一些原料（整个的胡萝卜、马铃薯、番茄和韭菜），一些中间产品（马铃薯片、胡萝卜丁、番茄丁、韭菜段），一些最终产品（罐头汤），以及一些废料（果皮、茎和叶子）。评估这些材料是什么，它们放在哪里，以及随着时间的推移它们是如何变化的，这些为汤的制作过程提供了参考价值。同样，了解人体内部产生的各种代谢物是如何随时间变化的，有助于我们了解该如何加工食物，以及它们是如何影响人体健康的。

我们的代谢体包含数千种不同的分子，包括各种类型的氨基酸、多肽、蛋白质、碳水化合物、有机酸、醇、脂肪酸、磷脂、胆盐、维生素、功能因子、矿物质和毒素[2,7,8]。这些不同种类的分子既包括我们生长和生存所需要的分子，也包括我们在环境中接触到的任何不受欢迎的污染物。

代谢组学提供了关于身体不同部位一天中不同时间发生的生化过程的有价值的信息。对生物样本进行代谢组学分析就像对火车站的人们进行调查。车站里，人的类型和人数在一天中都在变化。晚上，车站很安静，常规工作人员在清理，确保一切正常，就像我们睡觉时的身体状况一样。在早上和晚上，随着通勤者去上班，人们的活动激增，就像我们在吃完早餐或晚餐后血液中的代谢物激增一样。除了交通高峰期，来来往往的人要少得多，就像我们两餐之间血液中的代谢物要少得多一样。在一些特殊的场合，比如春运，车站里可能挤满了来自各地的人，就像年夜饭后代谢产物泛滥一样。总之，我们体内代谢物的种类和水平在一天中都在变化，这取决于我们吃的食物的种类和数量、身体活动强度和暴露于环境中的化学物质水平。

对体内代谢物类型的评价提供了正在进行且具有价值的生化过程的信息[2,7,8]。在过去的 20 年里，"代谢组学"领域取得了重大进展，这主要是由于强大的新型测量仪器的出现，使得生物体液复杂分子体系中低水平的代谢产物得到量化[9]。这些技术包括先进的核磁共振、质谱分析方法和色谱工具，这些将在后面介绍。就像在其他科学领域一样，这个领域的进步依赖于使用新的分析仪器来深入研究这个领域，这在以前是不可能的。当强大的望远镜被发明出来时，我们对宇宙的理解就进步了；而当强大的显微镜被发明出来时，我们对生物细胞内部复杂结构的认识就进步了。同样，当强有力的新型测量仪器被开发出来，用来测量生物体液中代谢物的类型和浓度时，我们对体内发生代谢过程的了解也得到了提升（图 8.3）。

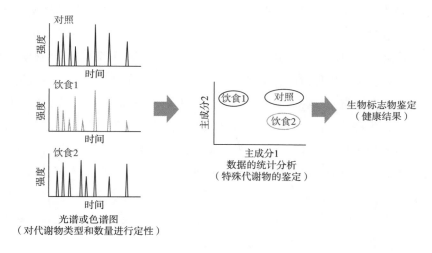

图 8.3
食用不同食物后，人体体液中产生的各种代谢产物可以被量化，并与特定的健康结果相关联

代谢组学的主要目的之一是确定"生物标志物"，这就像为我们健康状况提供的指示灯[2]。例如，血液胆固醇、血压或葡萄糖等生物标志物被用作冠心病、高血压或糖尿病等饮食相关疾病易感性的信息。然而，营养学家正试图寻找更敏感、更可靠的特定健康问题的预测因子，这些健康问题可能是单个代谢物，也可能是同时产生的一系列代谢物。代谢组学的分析通常在如呼吸、尿液、粪便、血液或组织等生物样本上进行。

5. 微生物组：大家庭

肠道微生物对健康的重要性是上一章的主题，所以这里只做一个简要的总结。肠道是一个复杂的环境，在这里不同的微生物物种相互竞争和协作[10-12]。结肠里的细菌依赖于我们吃的食物来生存。有些细菌喜欢一种食物，而另一些则喜欢另一种食物。不同的细菌种类可能对我们的健康有益，也可能有害，这取决于它们产生代谢物的类型以及这些代谢物对我们身体的影响。理想情况下，我们希望刺激有益菌的生长，抑制有害菌的生长。这可以通过建立一个平衡的微生物群识别食物、益生元或益生菌来实现。前面介绍的各种组学方法可用于测量当我们吃不同食物或生病时结肠中细菌、蛋白质和代谢物的种类和水平的变化。这些知识可以用来推荐那些能够促进健康的微生物群饮食。

6. 表型组：个人特征

表型组代表了人体所有的生理和行为特征。在个人营养方面，最重要的特征是诸如身高、体重、身体质量指数、身体脂肪分布、肌肉含量、腰围、体育运动情况、健康状况和情绪等特征[4]。其中一些特征是由基因决定的，另一些是由环境因素决定的，还有一些是由基因和环境之间的相互作用决定的。最终，人的一生中基因都在特定的环境中发挥作用。一些营养学家正在突破以传统的方式描述一个人的表现型的生理特征，寻找能更好地区别不同人的特征差异的描述方法。由于内脏脂肪（包裹在内脏周围）比皮下脂肪（在皮肤下）对健康更有害，先进的测量仪器被用来成像人们体内脂肪的准确位置。这些测量仪器包括X射线、超声波和磁共振成像技术，这些技术类似于医生用来检测大脑肿瘤或子宫胎儿的技术。先进的表型工具显示，一些肥胖者的代谢水平比正常体重的人更健康，这是归因于他们身体脂肪分布的差异[4]。深入的表型分析方法可能是设计个性化饮食以改善健康状况的比较有效的方法，因为它可以精准识别那些有特定疾病或营养需求的人。然而，收集的信息越多，测试就越昂贵、越耗费时间并令人产生不适。

7. 食品组：盘子里的分子

如果我们想要了解饮食是如何影响我们的健康的，那么了解我们所吃的食物中含有哪些成分至关重要。这些可能是蛋白质、碳水化合物和脂肪等宏量营养素，维生素和矿物质等微量营养素，或活性成分、微生物和毒素等其他微量成分。理想情况下，我们想知道食物中所有成分的种类和含量，这样就能了解它们是如何与身体互动并影响我们的健康的。"食品经济学"一词首次出现在2009年，用来描述使用先进的组学技术，如基因组学、蛋白质组学和代谢组学，来改善人们的食品供应[13]。在这里，严格意义上指的是食物中所有不同成分的集合。大多数用来鉴定我们体内分子和微生物类型的测量仪器也可以用来分析食物中的分子和微生物。

8. 大数据分析

随着强大的计算机出现和能够处理大量数据的数学算法的发展，才能使人们利用组学技术来增强人类健康[4]。人类是极其复杂的有机体，食物是极其复杂的材料。因此，理解食物与人类之间的相互作用以及它们对健康的影响并非易事。用来测量食物和身体成分的测量仪器可产生大量的数据，这需要专门的计算机工具来分析。个性化营养发展的另一个重要因素是建立大量的数据库，这其中包括食物和身体中可能存在的各种不同物质的综合数据。现在，将特定样本的测量数据与数据库中的已知物质进行比较变得容易得多，从而可以更快速地进行识别。这一过程类似于公安机关的破案过程，在犯罪现场发现的指纹可以与数据库中的指纹进行比对，从而确定罪犯。数据库越大，找到坏人的机会就越大。

四 | 生物传感器：
自我评估

从传统意义上，人们的生物特征数据是使用复杂的测量仪器测量的，如基因测序、色谱法测量、质谱法测量和稍后介绍的核磁共振测量。这些仪器通常非常昂贵，并且需要高度熟练的工作人员来操作运行。因此，它们仅在那些有购买和维护设备资金来源的专业学术机构、政府或公司实验室中使用。为了使个性化营养方案在普通人群中（尤其是在发展中国家）更加切实可行，必须有一种更简单、更便宜的方式来测量个体的生物标记。然后可以将这些设备连接到人体上或放置在家里，以持续性地检查人们的健康状况，并对饮食方案调整给出建议。

包含"芯片实验室"的生物传感器开发工作是一个把食品研发人员、营养学家、工程师和计算机科学家聚集在一起的令人兴奋的研究领域[15]。这些传感器通常被嵌入微型设备中，该微型设备包含微小的通道、阀门和检测器，以对生物样品（如食物、血液、唾液、汗液、乳汁、尿液或粪便）中的生物标志物进行分类、引导和测量。芯片实验室传感器已经被开发并应用于测量生物流体中的各种常量营养素、维生素、矿物质和代谢产物中。这些传感器对于筛查发展中国家人民的营养状况以及确定他们是否缺乏可能影响身体健康的微量营养素方面效果显著。例如，维生素 A 缺乏可能导致失明，维生素 B_{12} 缺乏可能导致认知障碍（尤其是老年人），维生素 D 缺乏可能导致患骨科疾病、心脏病并使患病的风险增加。及时发现并推荐人们摄入含有所需营养素的食物，可降低人群患有相应缺乏症的风险。

目前许多此类芯片实验室设备都由小型电池供电，并使用手机来记录和编译检测到生物标记物时产生的信号。但是，研究人员现在正在开发基于试纸的更便宜、更简单的设备，这些试纸类似用于中学化学课中测量 pH（酸碱性）的变色石蕊试纸，或类似于妊娠测试中使用的验孕棒。这些设备通常包含注入化学物质的纸条，这些化学物质会与生物标记物发生反应并引起颜色变化。如果要量化存在的生物标记物的数量，可以用眼睛或使用智能手机读取颜色变化的程度。

　　最终目标是在不收集和分析任何生物样本的前提下测量人体内的生物标记。为此，研究人员正在开发小型可穿戴设备，以使连续测量某人的生物特征数据并将其无线发送到移动设备上。这些设备可能像智能手表一样甚至嵌入衣服当中。一些公司已经开发出了生物传感器来连续无痛地测量血糖水平[16]。血糖指标以屏幕方式显示，因此糖尿病前期或糖尿病患者可以监测饮食对血糖水平的影响。如果血糖水平过高，该设备会发出警告，并就应该或不应该吃什么来保持健康提供营养学建议。考虑到发达国家和发展中国家糖尿病患病率增加惊人，监测血糖水平的能力显得尤为重要。如果这些设备可以集成到所有的移动设备中，它们可能会对人体健康和生活质量产生巨大影响。目前，许多连续式血糖监测仪都需要将传感器插入到皮肤下，不过并不需要刺破手指。但是一些公司正在开发可以非损伤性地测量血糖水平的设备，从而减轻监测血糖水平时的痛苦。可以连续监控血压的可穿戴设备业已问世，高血压患者可以使用它来控制饮食，如避免食用高盐食物[17, 18]。研究人员最近开发了通过皮肤反射光来确定类胡萝卜素水平的光谱方法，这些方法可以为体内健康代谢物的水平提供可信的监测数据[19]。如果类胡萝卜素水平太低，则可以使用来自此类传感器的信息鼓励人们多吃水果和蔬菜。研究人员甚至开发了可食用的传感器来提供有关肠道健康的信息[20]。这些传感器被包含在小胶囊中，这些小胶囊看起来像药丸，可以被吞下，然后以无线方式将数据发送到智能手机上，以便人们评估其健康状况。这些微型胶囊探测器可提供有关 pH、电解质水平、氧气浓度、酶活力、激素水平、代谢物、气体和其他可以显示消化道健康状况的信息。

　　这些传感器甚至可以装载微型摄像机，以拍摄胃肠道中的健康状况。例如，他们可以检测到病变、溃疡、息肉或肿瘤的存在。如果观察到任何不利的肠道生物标志物迹象，就可以建议目标人群采取特定的饮食计划。经过人体消化道之后，这些传感器最终会被人体排出，我们可以将它们收集、清洁并再次使用。如今数字秤已经被广泛应用，用以提供有关体脂率以及体重的信息。同样，我们可以购买可穿戴式运动计来监控全天的运动量，从而估算消耗的热量值。这些设备可以连接手机，以持续反馈饮食和身体活动情况对健康的影响。

五 ｜ 人工智能和机器学习：模式识别

　　将食品组学作为改善人们健康、福祉和效率的工具来使用，需要依靠智能软件为我们提供饮食建议。软件基于我们的生物特征、生活方式、个人目标和饮食偏好等相关信息来制订饮食计划。该计划告诉我们吃什么食物才能获得适宜的热量摄入量、最佳的必需营养素平衡（脂肪、蛋白质、碳水化合物）以及健康的微量营养素水平（维生素、矿物质、功能性食品）。这些诉求可以通过多种食物来满足。由于每个人都有自己的口味，因此该软件会开发个性化定制的用餐计划。人工智能软件对于实现此目标至关重要。该软件提出满足人们饮食需求的食物组合建议，由目标人群选择自己想吃的食物和不想吃的食物。然后，软件会根据这些首选项提供一个新的菜单。该计算机程序最终可以掌握每个人的饮食习惯，并且不仅推荐他们想吃的食物，同时还满足他们的饮食目标。

　　人工智能软件还被用于预测不同人对相同食物的反应，从而实现个性化饮食设计。在个性化营养方面的开创性研究中，以色列研究人员在 7 天内连续监测了约 800 人的血糖水平，在此期间，他们总共提供了约 47000 份食物[21]。他们发现，不同的人在吃同样的食物后会有不同的代谢反应。特别是进餐后血糖水平的峰值变化会很大。该团队的营养学家与计算机科学家合作，开发了一种人工智能算法来预测特定个体的血糖反应，从而使他们能够为每个人推荐量身定制的饮食。这项全面的研究整合了问卷、表型数据、食品样本、微生物组分析和血液检测的信息，由于它突出展现了个性化营养方法的巨大潜力，目前已成为该领域前沿工作的典范。

六 | 饮食与疾病

　　个性化营养的基础是每个人都有独特的基因组和表观基因组。此外，基因在独特的生化环境中运行，这取决于身体组成（如胖与瘦）、健康状况（如不健康与健康）以及身体活动量（如久坐与常运动）。因此，先天和后天都决定着我们每个人如何消化食物以及食物如何影响我们的健康和表现。

　　人们正在使用各种方法来探明将基因组、转录组、代谢组、表观基因组、微生物组与健康状况之间的复杂关系。一组样本人群可能会被施加干预，如给予他们特定的食物、饮食或运动方式，然后测其生物特征数据的变化。例如，将特级初榨橄榄油提供给测试组，将玉米油提供给对照组。然后测量并比较所有个体的血液、呼吸、尿液或粪便中存在的生物标记。这可以在急性研究（单餐后）或慢性研究（在长期食用后）中完成，并可分析生物标记物类型和水平的差异与目标饮食成分之间的对应关系。另一种方法是，研究人员可从饮食习惯不同的人群中收集生物度量数据，例如，一些人的饮食习惯是典型的西方饮食，另一些人是地中海式饮食。还有一种方法是，研究人员可测量具有不同健康状况的人的生物特征。在这种情况下，可以将健康人体的生物标志物与糖尿病、心脏病或癌症的患者的生物标志物进行比较。随后可以使用大数据分析来确定饮食、生物标志物和健康状况之间的联系，并可以通过机理研究和临床试验来追踪任何有趣的线索。

目前已经确定了将饮食与健康联系起来的某些类型的生物标志物。例如，据报道食用富含初榨油饮食的人群体内的支链氨基酸水平较高，这可能对慢性疾病如心血管疾病具有预防保护作用[22]。因此，可以通过测试血液中支链脂肪酸水平来提供饮食建议：如果水平太低，则应多吃橄榄油。营养学家正在积极寻找将饮食与健康联系起来的其他可靠的生物标记。

2016 年，时任美国总统奥巴马发起了"精准医学计划"，其宏伟目标是收集一百万美国人的一生的个人数据。该计划的目的是研究每个人对特定药物的使用和反应，以期将来调整药物干预措施。如此可以根据每个人的独特情况提高药物疗效，改善健康状况并减少药物的不良副作用。将来有益于开展食物与健康之间关系的相关研究。

七 | 组学分析：
生物统计学的力量

个性化营养的出现主要是由检测工具的快速发展推动的，这些检测工具可以测量食物和体液中许多不同种类的分子[23]。在这里，您将了解一些强大的工具，这些工具已经改变了营养科学的研究方式。

1. 基因测序：读取 DNA

基因测序可提供有关构成人类基因组 DNA 链中核苷酸排列的信息。人类基因组包含约 30 亿个核苷酸，这些核苷酸连接在一起构成了 23 个不同的 DNA 对，从而构成了人类的染色体。因此，要分离出基因中大量核苷酸的精确序列并不容易。直到最近，这还是一项昂贵、费力且耗时的任务（图 8.4）。的确，整个人类基因组分析的第一个序列于 2000

年完成，估计耗资 5 亿~10 亿美元，是由世界各地的众多科学家花十年时间完成的。现在，许多实验室可以轻松负担得起强大的基因测序仪器，这些仪器能够在几个小时内以不到 1000 美元的价格提供高质量的基因组草图。这些现代基因测序工具的应用推动了个性化营

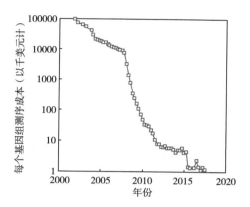

图 8.4

与人类基因组测序相关的成本在过去 20 年里大幅下降

数据来源：www.genome.gov/sequencingcosts/

养的革命，因为人们现在可以以相对低廉的成本对基因组进行快速测序。

测序基因组的方法与破译生活在肠道中微生物的遗传密码的方法相同（上一章中已介绍）。最常见的方法称为"鸟枪法"，包括将大的 DNA 分子切成较小的片段，然后读取每个片段的序列。这是通过用不同颜色的染料标记每个核苷酸（A、T、G 或 C）来完成的，因此通过测定添加每种染料后颜色的变化可以一次读出一个序列。读取所有单个片段的序列后，通过将它们排成一行并寻找重叠部分来推导整个 DNA 分子的序列。这里使用句子中的单词来简单地比喻这个过程。尝试从已知片段构造完整的句子：

a Huma

man geno

enome contain

ntains lots of inf

formation

即人类基因组包含许多信息（A Human genome contains lots of information）。因为确定整个基因组的序列要比将一个短的句子串在一起（如上面的句子）要复杂得多。的确，解密人类基因组就像试图从数以百万计的只有几百个字母长的短语中拼凑出约 6000 部小说。通常，是使用计算机算法将 DNA 分子的整体序列与单个片段的序列组合在一起。最近，此过程已大大加快，因为现在有包含参考序列的大型数据库，这些参考序列可用于与

未知片段比较,用来帮助将未知片段拟合在一起。这就像在拼图盒的正面放置参考图片一样,可以帮助拼凑碎片。

目前,已知整个人类基因组中只有一小部分(约 1.5%)编码构成运行人体的分子机制的蛋白质,即"外显子组"。这意味着可以使用更具针对性的检测工具对人类基因组的这些区域进行测序,从而大大降低了成本和时间。这就是为什么基于基因组分析的个性化营养计划的公司只需几百美元就可以提供服务的原因了。

2. 色谱:分而治之

色谱法是一种分离和分析方法,可以根据分子的共同特征(如分子大小、极性、电荷或相互作用)将复杂的分子混合物分为不同组,然后使用合适的分析方法测量每组中的分子数。在这个过程中会生成色谱图,色谱图显示了对应于不同类型分子的一系列峰(图 8.5)。峰的位置提供有关每组中分子种类的信息,峰的面积与每组中分子的数量有关。因此,色谱图可以用作样品的指纹图谱。色谱用于区分小分子(如代谢产物)或大分子(如蛋白质或 DNA),因此,色谱法是营养学家最常用和最有力的检测工具之一。

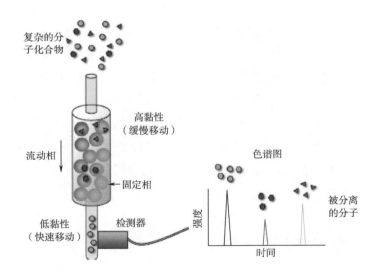

图 8.5
色谱原理[这种方法通常用于测量复杂样品(如食物、血液、尿液或粪便)中分子的类型和浓度,或者它也可以用于在进行质谱或核磁共振分析前分离分子]

色谱一词实际上在拉丁语中意为"颜色书写",源于该技术的最早应用之一是分离植物中的色素这一事实。20 世纪初,意大利 – 俄罗斯植物学家米哈伊尔·茨维特(Mikhail

Tsvet）在研究赋予植物独特颜色的色素时观察到从植物中提取色素的能力取决于其分子特征。为了研究这种现象，他收集了植物色素并将其滴在一张纸上，然后将其部分浸入装有溶剂的烧杯中。当溶剂由于毛细作用力爬到纸上时，它会拖拽颜料。但是，颜料以不同的速度移动，因为它们或多或少地被纸中的纤维所吸附，吸附能力越强，移动得越慢。因此，原始颜料分离为多种颜色，分别对应于不同种类的分子，如黄色、红色和橙色的类胡萝卜素或绿色的叶绿素。他在学校科学课中进行相同的实验，以证明色谱的原理。

自茨维特的开创性工作以来，开发出的一系列其他色谱方法都是基于同一原理——某个介质对流经分子的不同吸附能力（图 8.5）。液相色谱法将样品中的分子溶解在液体中，然后将其流过包含聚合物或颗粒的色谱柱，该聚合物或颗粒的表面经过精心设计以区分具有不同特征的分子，从而使样品分离。在气相色谱法中，首先将样品中的分子通过加热转化为气体，然后使该气体通过一根细管，该细管上涂有能够区分目标分析物的一种表面亲和力不同的材料。特定类型色谱的选择取决于所测试分子的性质。挥发性较小的分子通常通过气相色谱分析，而挥发性较小的较大分子则通过液相色谱分析。

在组学研究中，分析的样品（如食物、血液、尿液、唾液或粪便）通常包含多种不同种类的分子，最初存在的分子类型尚不清楚。因此，首先使用色谱法将不同类型的分子分为具有共同特征的组，然后使用另一种检测工具对其进行识别，如质谱法或核磁共振法。

3. 质谱：粉碎与图形

质谱仪是用于获取有关样品中分子类型和浓度信息的极其强大（且设备昂贵）的检测工具。它们与用于研究原子基本结构的大粒子加速器具有相似的原理。基本上，生物样品被电子束包围着，这使其中的分子变得碎片化和离子化。通过此过程产生的分子片段通常带有正电荷，因为向它们发射的电子束会敲除一些电子。产生的带正电的分子碎片云会变成离子束，使用一系列磁体使离子束穿过强大的电磁场。当离子束穿过该场时，它的偏转量取决于分子碎片的质量和电荷：碎片越重或电荷越小，偏转就越小。测量偏转程度可以用来确定当原始分子被轰击成碎片时形成片段的性质。然后可以从产生的离子化片段的性质推论出母体分子的身份。质谱技术的其中一项是将原始分子裂解成适当的数量。例如，如果用锤子轻轻敲打咖啡杯，使其破碎成几个大块，你就可以很容易地看出它是咖啡杯；但是，如果打得太厉害，就不大可能由大量小碎片判断出它是咖啡杯而不是盘子或碟子。质谱通常与色谱结合使用，以创建功能强大的双重分析工具，如气质联用色谱或液质联用谱。色谱法首先分离出复杂的分子混合物并将其分为不同的组（图 8.5），然后质谱法去确定每个组中分子的身份。并且，某些现代质谱仪可以单独使用，以提供有关样品分子组成的详细信息。因此，质谱分析是食品科学家武器库中最强大的检测工具之一，广泛用于分析确定人的生物特征数据的生物样品。

4. 核磁共振：陀螺

核磁共振是通常用于表征生物样品中分子类型和浓度的另一种分析工具。但是，它基于与质谱法完全不同的物理原理。某些原子（最重要的是氢）的原子核具有称为"自旋"的特性，这意味着它们的作用就像微小的磁体（图8.6）。当在包含此类原子的样品上施加强静电磁场时，微小的核磁体会与磁场一致。这种现象是该过程的惯用做法，通过这种过程，可以使用磁铁将随机散布在一张纸上的铁填充物对齐。如果之后在同一样品上从静态磁场垂直的方向上施加强大但短时的磁场，则微小的核磁体会将自己与这个新磁场对齐。当临时磁场关闭时，小磁铁将移回其原始排列位置，因为材料中核磁铁的移动会产生可检测到的电信号而导致这一过程可以被跟踪观测到。核磁体返回其原始位置的速度方式取决于其精确的分子环境。分子中的大多数氢原子连接至不同的化学基团，因此周围环境略有不同。例如，—OH基团中的氢原子与—CH$_3$基团中的氢原子具有不同的分子环境。使用核磁共振分析样品时，会获得一个光谱，其中包含与不同分子环境中的氢原子相对应的峰。这些光谱可用于提供有关样品中分子类型和浓度的详细信息，如食物或生物流体中的代谢产物。像质谱分析法一样，在组学研究中使用的核磁共振仪器往往非常昂贵（通常超过百万美元），因此只能在特定的研究机构中使用。

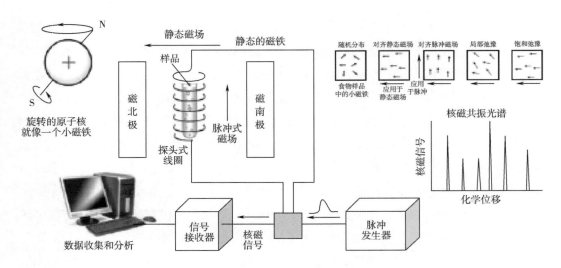

图 8.6

核磁共振通常用于确定生物样本中分子的类型和浓度。它是基于某些原子（如氢）表现得像小磁铁，其弛豫时间取决于其精确的分子环境

八 | 个性化营养的挑战

个性化营养具有巨大的潜力，可以微调我们的饮食结构，从而改善人体健康。尽管如此，我们要证明个性化营养确实有效仍存在许多困难，这主要由于食物和人的极端复杂性所致。

1. 个体差异

通常的方法是在从大量人群中收集信息的基础上提出饮食建议。在这些研究中，通常将所有生物统计数据汇总在一起，而不是链接到特定个人。例如，可以安排一大群人摄入富含膳食纤维的饮食，并测量其体重和血糖水平的变化。然后计算并比较研究前后人群的平均体重和血糖水平。通常这些研究的结果没有定论，因为它们没有考虑人与人之间的差异。有些人对饮食干预反应敏感，而另一些人则完全没有反应，因此可能很难看到平均值在统计学上的显著变化。

由于人们对相同食物的反应不同，因此可能会出现许多不确定的结果。人们可能会吃同一顿饭，但是之后人们体内发现的代谢物的类型和水平将有所不同。此外，根据进食的时间、身体活动的水平和健康状况，人们对同一种食物的反应可能不同。因此，如果人们刚睡醒后吃一碗谷物，它可能会产生与刚睡前吃的谷物不同的代谢产物。由于人们的基因、表观基因组、微生物群和新陈代谢的差异造成了上述影响，而另一些是由昼夜节律和生活方式的差异造成的。确实，一些研究表明，人们的肥胖倾向与调节生物钟的基因之间存在相关性[4]。从寿命营养学的角度说，某些饮食成分与生物钟相互作用，并影响人体消化和吸收食物的方式，从而影响人们对肥胖或糖尿病等慢性疾病的抵抗力。具有某些基因的人似乎更容易变得肥胖，但这仅在他们处于致肥胖环境中时才会发生。当然，我们对相同食物因为个体差异而表现出的不同反应是个性化营养的重点。但是它们确实意味着，个性化的营养建议不能基于从传统营养研究中获得的信息，因为传统营养研究中并未考虑到每个人的个性化生物特征。

2. 饮食差异

要了解我们每个人如何应对不同的饮食，重要的是要知道我们实际吃了什么。这通常是通过让人们保留饮食日记或通过填写食物调查问卷（通常在几天或几周之后）来完成的，这产生了高度不可靠的数据。人们告诉研究人员所吃的东西通常与实际吃的东西有很大不同。这可能是由于记忆力差（很容易忘记几周前吃的东西）以及社会和心理压力（人们常常不想说他们吃得过多，尤其是超重的情况下）造成的。因此，我们摄入的食物量通常明显高于我们在食物日记和调查问卷中所报告的数量。这被广泛认为是营养科学中的重要问题，因此研究人员正在开发更复杂的方法来解决它。

现已开发出的饮食监控器通常由一个带有内置天平的桌子组成，用来称量食物，可以准确记录一个人在用餐时的饮食量[4]。自动摄入监测器是一种可穿戴的设备，如同智能手机或手表，它通过使用监视下巴运动、手势和身体运动的传感器来记录全天的食物摄入情况。因此，该设备可用于检测某人是否正在吃零食或偷吃夜宵。或者通过指导人们对他们要吃的食物以及吃完后剩下的所有残渣进行拍照。然后对这些照片进行分析，以确定实际食用的食物的类型和数量。然后，该信息将用于计算一天中消耗的热量、必需营养素和微量营养素的摄入水平。另一种方法是测量一个人体液中的代谢物，并用它们来推断监测对象吃了哪种食物[3]。营养学家可以不必分析准确的食物摄入量，而通过分析他们的尿液、汗液或血液来构建更可靠、更准确的食物日记。但是，这确实需要人们保留其收集的体液样本并真正做了分析和寄送样本。

美国耶鲁大学预防研究中心主任大卫·卡兹（David Katz）教授是营养、体重管理和慢性疾病预防方向的专家。他最近开发了一种创新方法来检测人们实际吃了什么。他的方法是让人们看一系列食物的图像。这种被称为饮食质量照片导航的技术类似于配镜师用来测试视力的方法。它将显示两种典型饮食的图像，每种饮食均包含一系列食物，然后受试者必须选择最接近当前饮食的图像。然后，计算机将使用此信息为受试者显示另外两个图像，然后再次选择，并重复此过程，直到最终达到与受试者的典型饮食相似的水平。举一个极端的例子，最初可以看到一张包含很多水果、蔬菜、全谷类和水的图片，另一张显示很多汉堡包、薯条、蛋糕、饼干和软饮料。每个图像的营养成分都是已知的，故计算机可以快速计算出饮食的成分，从而识别出任何潜在的缺陷。整个过程可以在一分钟之内完成。这项创新的新技术具有提供饮食信息的潜力，这对于个性化营养的成功至关重要。此外，根据受试者通常吃的食物，它可以建议一些方法来改变饮食结构以使目标人群更健康。

过去很难准确估计一个人的身体活动情况，这是决定自己减肥或增重趋势的能量平衡中的另一个关键因素。但是，营养学家现在正在使用运动激活的智能手表来记录人们一整天的身体活动情况，然后计算他们所消耗的热量。然后将该信息无线发送到软件程序上进行分析。一些公司已经开发了这些传感器的成本低廉的版本，人们可以用来监测自己的身体情况。实际上，大多数智能手机现在都带有免费的应用程序，可以持续监测自身的身体活动情况。

3. 食物基质效应

在个性化营养研究中经常被忽视的重要因素是食物基质效应的影响。重要的不仅是食物中营养成分的类型和数量，还包括食物基质的性质[24]。这些食物基质效应会影响食物的消化速度以及营养物质如何被人体释放、代谢和吸收。因此，特定营养素的背景对于确定其对人体健康的潜在影响至关重要。例如，煮熟的胡萝卜中的类胡萝卜素比生胡萝卜中的类胡萝卜素具有更高的生物利用度，特别是再加上一点食用油[25]。这些食物基质效应使得它们很难仅将食物的成分与其健康效应联系起来。因此，在了解不同饮食对健康的影响时，应考虑食物消化率、营养生物利用度的差异。

九 | 个性化营养的未来

个性化营养已然在这里。越来越多的公司直接向消费者提供综合的个人饮食计划。通常，你订阅一个应用程序，然后收到一套包含收集生物特征样本（如唾液、血液或粪便）的工具包，再将这些样本寄回公司，由公司进行分析以获取有关你的基因组、微生物组和代谢组的信息，此外可能还会要求你提供有关身高、体重、腰围、饮食习惯、体育锻炼情况和健康状况的信息。该公司使用复杂的组学技术分析你的样品。例如，分析基因组，以确定你是否有与饮食相关疾病（如肥胖症、糖尿病、心脏病或癌症）有关的单个基因或基因簇。同样，他们分析肠道微生物组，以建立多样性和组成结构。复杂的计算机算法通常基于机器学习，然后通过将其与饮食、生物识别和健康状况的数据库进行比对来分析你的数据。然后通过智能手机上的应用程序为你提供有关最佳饮食和锻炼计划的信息，以改善你的健康状况。许多公司已经提供了这些服务，这些服务在收集的信息类型、分析方式以及支持依据方面有所不同。

未来，随着收集和分析生物特征数据方面的进步，这些个性化营养方法可能会变得越来越准确。尤其是，不断完善的可穿戴设备或皮下植入物的开发，将持续监控人的一生中的各种生物标志物，这可为人们提供健康状况的信息，并告诉我们如何通过饮食和生活方式的改变来改善健康状况。在不久的将来，我们每次看医生时，都可能会进行一系列全面的生物识别测试。作为年度体检的一部分，我们将获得个性化的营养建议，这有助于我们防止患慢性病，让我们不必在发病后才进行治疗。个性化营养仍处于起步阶段，但它具有改变人们生活的惊人潜力。例如，如果我们的生物标志物提示我们罹患心脏病的风险较高时，那么我们应采取低饱和脂肪、低胆固醇的饮食。同样，如果它们表明你罹患癌症的风险很高，那么会建议你食用富含植物来源性的食物。

食品行业肯定会向着个性化营养方向发展，许多大型食品企业已经在专门从事该领域的初创公司中投入了大量资金。例如，金宝汤公司（Campbell's Soup）在habit网（habit.com）上投资了3200万美元。定制化饮食的实现已经近在眼前。

要取得成功，个性化的营养计划必须以良好的科学为基础，它们应为人们带来一些显而易见的益处，并且应为人们提供改变饮食习惯以改善健康的动力和指导。目前，这些程序需要花费几百美元，因此仅适用于相对富裕的人群。但是将来如果可以证明它们提供的健康作用超过成本，个性化营养计划可能会得到政府、企业或健康保险业的支持，因为健康人群需要更少的医疗保健资源，并且生产力更高。一种情况是，销售这些应用程序的公司将根据可证明的健康作用获得补偿，例如，降低体重指数、胆固醇、血糖或血压水平。但是对于政府官员来说，制定适当的政策来保护个人隐私将非常重要。确实，许多人都会对如何使用、共享和存储信息有伦理上的担忧。当前，个性化营养的伦理问题引起了科学家、监管机构和消费者的广泛关注和争论。

最后，作为个性化营养领域的外行，我的感觉是它似乎具有改变人们生活的巨大潜力。用于收集生物特征数据的检测工具以及用于分析此数据的计算方法是最新技术，用于收集来自许多不同来源的知识的系统生物学方法正在提供有关饮食与健康之间关系的更详细的图景。已有例子表明，个性化营养方法已帮助人们识别健康问题并通过改变饮食来纠正。在我参加的一次学术会议上，一位医生对患者的生物特征数据进行了分析，发现患者的血液中汞含量很高，他意识到这是因为患者经常食用海鱼中的多脂鱼，而多脂鱼经常被这种有毒金属污染造成的。因此，他让患者改变了饮食习惯，吃了更多农场饲养的鱼，使汞含量得到了降低。这是个性化营养功能的一个典型案例。但是当前我们仍处于这种新技术的初始阶段。个性化营养中使用的所有信息都非常复杂，而且经常变化很大，我们目前对饮食、遗传学、新陈代谢、微生物组和健康之间的关系还没有足够的了解。这是一项具有巨大潜力的技术，但仍需要通过科学来证实。

对我们大多数人来说，迈克尔·波伦提出的简单饮食建议略作修改仍然是很恰当的：丰富食物多样性，减少饭量，多吃植物源食物。无论如何，我们大多数人都知道这一点，但仍然不遵循这一建议。研究表明，当根据有关生物特征的可靠数据为人们提供个性化的营养建议时，他们更有可能改变饮食习惯以改善健康状况。因此，为了激励我们做出改变，为这些个性化的营养计划投资可能是值得的。

参考文献 ↘

1. Badimon，L.，G. Vilahur，and T. Padro. 2017. Systems Biology Approaches to Understand the Effects of Nutrition and Promote Health. *British Journal of Clinical Pharmacology* 83（1）：38–45.

2. Suarez，M.，A. Caimari，J. M. del Bas，and L. Arola. 2017. Metabolomics：An Emerging Tool to Evaluate the Impact of Nutritional and Physiological Challenges. *Trac-Trends in Analytical Chemistry* 96：79–88.

3. Mathers，J. C. 2017. Nutrigenomics in the Modern Era. *Proceedings of the Nutrition Society* 76（3）：265–275.

4. de Toro–Martin，J.，B. J. Arsenault，J. P. Despres，and M. C. Vohl. 2017. Precision Nutrition：A Review of Personalized Nutritional Approaches for the Prevention and Management of Metabolic Syndrome. *Nutrients* 9（8）：28.

5. Braconi，D.，G. Bernardini，L. Millucci，and A. Santucci. 2018. Foodomics for Human Health：Current Status and Perspectives. *Expert Review of Proteomics* 15（2）：153–164.

6. Shankar，S.，D. Kumar，and R. K. Srivastava. 2013. Epigenetic Modifications by Dietary Phytochemicals：Implications for Personalized Nutrition. *Pharmacology & Therapeutics* 138（1）：1–17.

7. Rezzi，S.，Z. Ramadan，L. B. Fay，and S. Kochhar. 2007. Nutritional Metabonomics：Applications and Perspectives. *Journal of Proteome Research* 6（2）：513–525.

8. Puiggros，F.，N. Canela，and L. Arola. 2015. Metabolome Responses to Physiological and Nutritional Challenges. *Current Opinion in Food Science* 4：111–115.

9. Wishart，D. S. 2008. Metabolomics：Applications to Food Science and Nutrition Research. *Trends in Food Science & Technology* 19（9）：482–493.

10. Kataoka，K. 2016. The Intestinal Microbiota and its Role in Human Health and Disease. *Journal of Medical Investigation* 63（1–2）：27–37.

11. Lloyd–Price，J.，G. Abu–Ali，and C. Huttenhower. 2016. The Healthy Human Microbiome. *Genome Medicine* 8：51.

12. Young，V. B. 2017. The Role of the Microbiome in Human Health and Disease：An Introduction for Clinicians. *BMJ-British Medical Journal* 356.

13. Cifuentes，A. 2017. Foodomics，Foodome and Modern Food Analysis. *Trac-Trends in Analytical Chemistry* 96：1–1.

14. Ozdemir，V.，and E. Kolker. 2016. Precision Nutrition 4. 0：A Big Data and Ethics Foresight Analysis–Convergence of Agrigenomics，Nutrigenomics，Nutriproteomics，and Nutrimetabolomics. *Omics-a Journal of Integrative Biology* 20（2）：69–75.

15. Lee，S.，B. Srinivasan，S. Vemulapati，S. Mehta，and D. Erickson. 2016. Personalized

Nutrition Diagnostics at the Point-of-Need. *Lab on a Chip* 16（13）: 2408-2417.

16. Boscari, F. , S. Galasso, A. Facchinetti, M. C. Marescotti, V. Vallone, A. M. L. Amato, A. Avogaro, and D. Bruttomesso. 2018. FreeStyle Libre and Dexcom G4 Platinum sensors: Accuracy Comparisons During Two Weeks of Home Use and Use During Experimentally Induced Glucose Excursions. *Nutrition Metabolism and Cardiovascular Diseases* 28（2）: 180-186.

17. Mukkamala, R. , J. O. Hahn, O. T. Inan, L. K. Mestha, C. S. Kim, H. Toreyin, and S. Kyal. 2015. Toward Ubiquitous Blood Pressure Monitoring via Pulse Transit Time: Theory and Practice. *IEEE Transactions on Biomedical Engineering* 62（8）: 1879-1901.

18. Mukherjee, R. , S. Ghosh, B. Gupta, and T. Chakravarty. 2018. A Literature Review on Current and Proposed Technologies of Noninvasive Blood Pressure Measurement. *Telemedicine and E-Health* 24（3）: 185-193.

19. Meinke, M. C. , S. B. Lohan, W. Kocher, B. Magnussen, M. E. Darvin, and J. Lademann. 2017. Multiple Spatially Resolved Reflection Spectroscopy to Monitor Cutaneous Carotenoids During Supplementation of Fruit and Vegetable Extracts in Vivo. *Skin Research and Technology* 23（4）: 459-462.

20. Kalantar-Zadeh, K. , N. Ha, J. Z. Ou, and K. J. Berean. 2017. Ingestible Sensors. *Acs Sensors* 2（4）: 468-483.

21. Zeevi, D. , T. Korem, N. Zmora, D. Israeli, D. Rothschild, A. Weinberger, O. Ben-Yacov, D. Lador, T. Avnit-Sagi, M. Lotan-Pompan, J. Suez, J. A. Mahdi, E. Matot, G. Malka, N. Kosower, M. Rein, G. Zilberman-Schapira, L. Dohnalova, M. Pevsner-Fischer, R. Bikovsky, Z. Halpern, E. Elinav, and E. Segal. 2015. Personalized Nutrition by Prediction of Glycemic Responses. *Cell* 163（5）: 1079-1094.

22. Martinez-Gonzalez, M. A. , M. Ruiz-Canela, A. Hruby, L. Liang, A. Trichopoulou, and F. B. Hu. 2016. Intervention Trials with the Mediterranean Diet in Cardiovascular Prevention: Understanding Potential Mechanisms through Metabolomic Profiling. *Journal of Nutrition* 146（4）: 913S-919S.

23. Valdes, A. , A. Cifuentes, and C. Leon. 2017. Foodomics Evaluation of Bioactive Compounds in Foods. *Trac-Trends in Analytical Chemistry* 96: 2-13.

24. McClements, D. J. 2015. Enhancing Nutraceutical Bioavailability Through Food Matrix Design. *Current Opinion in Food Science* 4: 1-6.

25. Zhang, R. , Z. Zhang, L. Zou, H. Xiao, G. Zhang, E. A. Decker, and D. J. McClements. 2015. Enhancing Nutraceutical Bioavailability from Raw and CookedVegetables Using Excipient Emulsions: Influence of Lipid Type on Carotenoid Bioaccessibility from Carrots. *Journal of Agricultural and Food Chemistry* 63（48）: 10508-10517.

09

食品生物技术：
以基因工程塑造基因

$\rightarrow$

Food Biotechnology:
Sculpting Genes with Genetic Engineering

一 | 基因编辑纳米机器人的兴起

　　随着科学的进步，新技术的出现极大地改变了人们的生活。这些技术包括之前的各种创造发明，如蒸汽机、飞机、汽车、电灯、冰箱、起搏器、疫苗、牙膏、杀虫剂、化肥、罐头食品、微波食品、电话、镇静剂、电视和计算机。当它们走进人们的生活时，大家对其中的许多技术既好奇又恐惧，有时甚至充满敌意。玛丽·雪莱（Mary Shelley）的《弗兰肯斯坦》（*Frankenstein*）出版于近两个世纪前（1818 年）。和现在一样，那个时期的科技也在飞速发展着，尤其在物理、化学和生物领域。雪莱这部意义深远的哥特式小说戏剧化描述了社会对过分应用这些前沿科技的恐惧。时至今日，这些担忧依旧存在。因此，本章将介绍历史上一些相关的例子，以供参考。

　　1798 年，爱德华·詹纳（Edward Jenner）首次发明了天花疫苗。天花在当时是一种常见而可怕的疾病，会造成严重的毁容，并常常导致死亡。因此，我们能够理解为什么这种挽救生命的治疗手段的发现会引起如此大的振奋，也可以理解为什么人们对它的使用感到十分焦虑。最初的疫苗接种是从牛痘水疱中取出脓液，并将其注入人体皮肤上的一个小切口中的。许多人担心患病动物的致病成分会感染自己或家人。接种疫苗也有风险，但这些风险通常很小。事实上，历史已经证明，接种疫苗的好处远远大于风险，因此，这项曾经具有革命性的技术现在已被推广使用，挽救了数百万人的生命。

　　一个对比鲜明的例子是滴滴涕等合成化学品的工业化生产和广泛的使用。瑞士化学家保罗·赫尔曼·穆勒（Paul Hermann Müller）在 1939 年发现滴滴涕是一种高效杀虫剂。由于这个原因，它被发展为商业产品，以控制害虫侵扰家庭、损坏作物或感染人，如疟疾或斑疹伤寒。事实上，这种杀虫剂带来了巨大的健康效益，穆勒因此于 1948 年获得了诺贝尔生理学／医学奖。然而，人们后来发现滴滴涕和许多其他常用杀虫剂一样，对环境有许多副作用，会给土地、水、空气、植物、昆虫、动物和人类造成损害。现代环境运动的先驱雷切尔·卡森（Rachel Carson）在其颇具影响力的著作《寂静的春天》（*Silent Spring*）中生动地强调了这些问题，揭露了这些合成农药给环境造成的可怕的破坏作用，并呼吁个人和政府采取行动。她的努力最终促成了环境保护署的成立，该机构的工作为人类带来了更健康的空气、水和土地。

滴滴涕和许多其他合成杀虫剂带来诸多健康问题和环境污染，使其弊大于利，最终被禁用。目前，我们仍然在广泛地使用其他类型的农药，因为它们有助于提高农业产量，减少食物浪费。它们的应用提高了世界各地许多人的生活质量，提供了更多的热量和微量营养素，减少了饥饿和营养不良的人口数。此外，它们还减少了作物的损失，提高了农业生产效率，减少了粮食浪费。这些杀虫剂已根据环境保护署和其他政府机构制定的安全性和有效性准则进行了严格的监测，从而可以在不造成明显环境损害的情况下使用它们。再次强调，我们必须保持警惕并继续监测这些化学品的安全性，以确保它们不会产生任何意外的副作用，这一点始终是很重要的。例如，草甘膦是目前世界上使用最广泛的除草剂之一，其健康风险存在着激烈的争论。值得注意的是，尽管卡森强调了使用合成农药的危害，但她并不完全反对使用它们。相反，她希望人们充分认识到其中的风险和好处，并理智地使用这些新技术。

本章综合探讨了基因工程（特别是新开发的基因编辑技术）改善食物供应的巨大潜力及其潜在的风险。对食品来说，考虑这些新基因技术的风险和好处尤其重要。地球上有超过70亿的人都必须通过食物维持生命，食物供应中的一个微小变化都可能对人类健康产生巨大影响。反式脂肪事件尤其证明，在不清楚风险的情况下采用一种食品新技术可能会造成危害。正如前一章所讨论的，这些脂肪的引入使不健康的动物脂肪（如猪油）被所谓更健康的植物脂肪（如棕榈油）取代成为可能。植物性油脂部分氢化产生了固体脂肪，这些固体脂肪可以用来在食物中创造出令人满意的口感，还可以减少腐臭并延长食物的保质期。因此，反式脂肪的广泛使用使食品供应更符合伦理（减少动物死亡）、更可持续（更多植物源食品）。然而，事实证明，长期食用反式脂肪对我们的健康极其有害，会增加患冠心病和心脏病的风险。据世界卫生组织估计，全球每年可能有多达50万人因食用反式脂肪而过早死亡。这一事实让学术界、工业界和政府的科学家们警醒，在推广使用任何全新技术之前，应进行充分的论证。另一方面，我们不应过于谨慎，否则可能改善生命的技术将不会被使用。任何食品新技术的风险和益处都应该由所有的利益相关者进行严格的辩论，包括研究人员、监管机构、行业以及最重要的公众。

二 基因塑造

1. 勇敢的新世界

在美国马萨诸塞州一个美丽的春日，我参加了在波士顿设计大楼（Design Building）举行的食品边界（FoodEdge）会议。这是一个巨大的废弃码头，它被改造成创新技术和设计公司的中心。波士顿正迅速崛起成为高科技食品公司的先驱中心，这在很大程度上是因为那里有许多世界级的学术机构和生物技术公司。作为访问的一部分，我参观了银杏生物工程公司（Gingko Bioworks）。这是一家令人印象深刻的尖端生物技术公司，创始人是来自麻省理工学院的汤姆·奈特（Tom Knight）教授和他的四名博士生。

我们的向导基特（Kit）是一位充满激情、能言善辩的年轻科学家，她对自己正在从事的工作及其改变世界的潜力表现出极大的热情。我们进入工厂时经过了一群坐在电脑前的程序员，那里看起来像一家时髦的高档咖啡馆。基特解释说，这些人正使用复杂的软件在电脑上设计和测试 DNA 分子，他们从自然界已经存在的微生物（如酵母和细菌）的全部遗传密码开始，在 DNA 特定区域进行改造（图 9.1）。计算机程序模拟了微生物的内部生

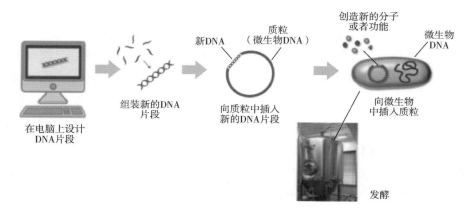

图 9.1

现代基因工程公司可以在计算机上设计 DNA，将其组装，插入微生物中，然后产生新的物质（如药物、维生素、营养物质、色素、酒精和香精）或改善其功能（如更高的产量和更好的复原能力）（图中为实际操作的流程）

化反应，并预测这些基因变化如何改变微生物产生的酶和代谢物的种类以及数量。程序员们试图对微生物的生化机制进行重新编辑，让它们变成专门生产目标物质的小工厂，如药物、营养药品、益生菌、香精、抗菌剂、蛋白质和疫苗。此外，他们还尝试优化酶的性能，比如那些已经用来生产奶酪和啤酒的酶，提高它们的工作效率。

接下来，我们进入了一个实验室，里面摆满了最新的生物技术设备和分析鉴别仪器，这些仪器的购置费用达到了数百万美元。其中，部分仪器是由机器人运行的，使用高通量方法自动进行数百个样本的测试，而不需要任何人工干预。这使得该公司可快速筛选不同遗传特性的微生物，并确定哪种菌株更适合特定的商业应用。

程序设计人员首先设计好目标基因图谱，重组微生物基因组，使其具有目标特征，如可以产生特定的维生素或营养物质；其中一台机器基于核苷酸构建 DNA 序列（图 9.1），另一台机器则将新的 DNA 链注入微生物细胞，然后，在优化的发酵条件下培养这些微生物，使其繁殖并开始生产酶和代谢物。使用现代分析方法（如质谱法和色谱法）测定所有的酶和代谢产物，并验证微生物的功能是否符合计算机程序的预期。对基因略有不同的数百种微生物进行分析，以确定能提供所需功能或代谢物的最佳微生物。系统地研究营养配比、培养温度和氧气浓度对微生物生存和性能的影响，以寻找最佳发酵条件。这一过程类似于酿酒行业确定特定酵母发酵啤酒所需的最佳条件。事实上，从银杏生物工程大楼的窗户可以看到波士顿著名的鱼叉啤酒厂。在午休时间，我利用这个机会品尝了他们的清爽小麦啤酒，还欣赏了港口的景色。

基特十分感兴趣的一个项目是该公司正在研究基因工程细菌，该工程细菌能够在农作物的根部生存，并自然地产生植物生长所需的氮。这些转基因细菌可以减少维持土壤健康所需的合成肥料的数量，带来重大的环境效益。我们访问团中的一个人问了我们许多人想问的问题：这些新的转基因生物安全吗？公司能准确预测如果将它们释放到环境中会发生什么吗？我们的向导解释说，该公司不想犯一些转基因技术商业先驱（如孟山都）所犯的错误。特别是，他们想让公众完全了解采用这些现代生物技术方法的潜在风险和好处。

基因工程的潜在好处是显而易见的：可以增加产量，减少农作物的损失；可以提高食品的营养价值和质量；可以创造新的药物和其他有用的物质；可以用来减少人类对环境的影响。然而，我们很难准确预测基因工程带来的任何意外后果的风险。大多数转基因生物需要非常特殊的条件才能生存和茁壮成长，比如特定的营养物质、氧气浓度和温度。这些条件很容易在实验室或工厂中维持，但在自然环境中很少能实现这些条件。因此，如果转基因生物被释放到生态系统中将很快灭绝。然而，情况并非总是如此。因此，这些公司的计算机程序员正在进行模拟，以确定微生物中每种基因突变可能产生的不同酶和代谢物，从而对它们在自然环境中的潜在行为提供一些建议。即便如此，仍然需要对每个案例进行仔细的测试。

参观完银杏生物工程公司后，我们都收到了写有"我爱转基因"的贴纸。作为一名科学迷，我喜欢上了这家公司的科学家、技术人员和程序员的惊人成就，他们对生命的遗传密码有着深刻的理解，并建立了一家能够将这些知识转化为重要问题解决方案的企业。作为一名消费者，我对基因工程的未来持乐观态度，但仍需保持谨慎，需要更深入地研究、了解这项可能改变世界的技术。

2. 黑箱基因工程：早期的研究

人类进行传统基因工程操作的历史已有数万年（图 9.2）。人类选育具有理想性状的动植物（如体积更大、适应性更强或更美味）进行驯养。最终，驯养的动植物更能满足我们的需求：高产的奶牛、高产的小麦、相对温顺的猫和狗。在早期，进行这种基因工程操作的人并不知道基因是什么。这种形式的选择育种基于生物自然发生的 DNA 随机变异。这些变化有时几乎没有影响，但有时是有利的影响，有时是不利的影响。我们的祖先选择了有益特性，却无意中塑造了植物和动物的基因。后来，人类学会了如何进行杂交，即繁殖两个具有不同性状的相关物种，以获得具有两种有益性状的子代，如更高产量或更强生存能力。最近，他们开发了可替代的方法加快基因突变的速度。这种形式的黑匣子基因工程包括将植物种子置于化学物质或辐射下，以诱导其基因的随机变化的过程，这一过程被称为诱变。然后从处理过的种子中生长出植物，人们选出具有最理想性状的种子供将来使用。

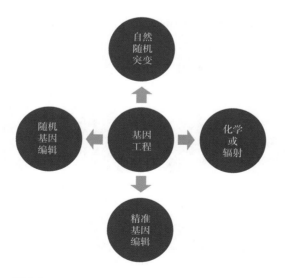

图 9.2

可以通过多种方式改变植物、动物或微生物的基因（从自然的随机突变，到化学或辐射导致的诱变，到随机的基因编辑，再到精准的基因编辑）

随着在过去一百年对分子层面生命机制理解的重大进展，我们现在可以有意识更准确、更精确地进行基因工程操作。这赋予了人类非凡的能力，可创造出性状更优良的粮食作物和牲畜，以满足不断增长的全球人口的营养需求。如果应用得当，它们可以为更健康、更强适应性、更可持续、更环保和更廉价的食品供应做出贡献。然而，使用这些新基因技术也有风险，必须仔细考虑、辩论和减轻这些风险。接下来的章节将介绍现代基因工程的原理，评估其风险和收益，并关注其改善人类粮食供应的潜力。

3. 什么是现代基因工程

从根本上说，基因工程是生物体的 DNA 以某种方式发生改变的过程（图 9.3）。如前所述，DNA 分子由一长串连接在一起的核苷酸组成，核苷酸的特定序列编码构建了分子机器（主要是蛋白质）所需的遗传信息，使生物能够正常工作。值得注意的是，DNA 只由四种核苷酸构成：腺嘌呤脱氧核糖核苷酸（A），胸腺嘧啶脱氧核糖核苷酸（T）、胞嘧啶脱氧核糖核苷酸（C）和鸟嘌呤脱氧核糖核苷酸（G）。因此，我们周围所有生物的复杂性和多样性主要是由这四类核苷酸在 DNA 链中排布的不同造成的。可以使用各种手段来改变 DNA 编码的遗传信息，用一个核苷酸替换另一个核苷酸（如用 C 替换 G），敲除一个或多个核苷酸（如将 ACG 变成 AG），或者插入一个或多个核苷酸（如将 AA 变成 ACA）（图 9.3）。因此，基因工程可以用来插入、敲除或替换一个或多个编码特定蛋白的基因，从而改变生物体内的生化反应网络。另外，一个生物体的 DNA 全序列可以被拼接到另一个生物体的 DNA 中。人们可以在食物供应中的任何有机体（包括微生物、植物和动物）中应用这些技术。

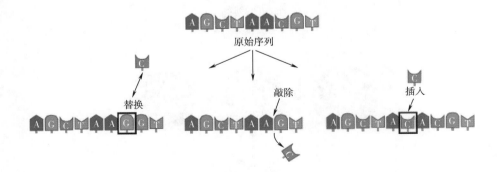

图 9.3
单核苷酸多态性可能导致基因组发生变化，涉及单核苷酸的替换、敲除或插入。即使基因组中的这一微小变化也会对生物体的功能产生深远的影响

生物体的基因工程通常包括几个步骤，下面以胰岛素的产生为例加以介绍。胰岛素是一种调节我们血糖水平的小蛋白质，帮助我们控制食物的摄入和储存。患有 1 型糖尿病的

人由于无法产生足够数量的胰岛素，必须定期注射胰岛素。从健康人群中分离胰岛素是不现实的，因此需要另一种可靠的来源。这就是基因工程的用武之地，使用特定类型的酵母或细菌进行微生物发酵，可生产大量胰岛素（图9.1）。从微生物中分离出一小段环状DNA（称为质粒），然后用分子剪刀（称为限制性内切酶）将质粒的一部分剪下来，并将编码人类胰岛素的基因插入所创建的开口中。将修改后的质粒插入活的微生物（酵母或细菌）中，这些微生物开始分裂繁殖并能在正常生理活动中产生胰岛素。使用大发酵罐培养这些微生物，发酵罐能为它们提供生长和繁殖所需的营养物质和环境条件，发酵过程中微生物越多，产生的胰岛素就越多。发酵结束后，过滤发酵罐内的发酵液，可将胰岛素从微生物中分离出来，然后纯化胰岛素并将其转化成适合开发治疗糖尿病药物的形式。

这个过程和我在银杏生物工程看到的非常相似，可以用来生产各种目标物质，包括疫苗、药物、蛋白质、维生素、营养物质、香精和色素。所生产的物质通常与自然界或化学合成所生产的物质具有完全相同的分子结构，因此，如何对它们进行标记就成了有趣的问题。产生这些物质的微生物是经过基因工程改造的，但这些物质本身与天然的或合成的物质没有什么区别。因此，它们在人体内和环境中的表现也是完全一样的。

植物或动物的基因工程（GE）使用许多与微生物基因工程相同的方法，从植物或动物细胞中提取DNA进行基因改造。插入植物或动物基因组的新DNA有多种来源，可以来自相同的物种（*cis*-GE），也可以来自不同的物种（*trans*-GE）。例如，可以通过添加来自另一马铃薯（*cis*-）或鱼（*trans*-）的基因来改变马铃薯的遗传物质。或者，可以在实验室合成自然界中根本不存在的新DNA。研究人员现在有能力将核苷酸按他们希望的任何顺序连接在一起，来创造全新的基因序列。原则上，他们可以利用微生物、植物或动物来生产全新的蛋白质和代谢物。然而，任何新合成的基因组都必须是安全的，且必须能够在活细胞内发挥作用，但情况并非总是如此。因此，每一个新创建的基因组在使用之前都必须经过严格的测试。

最终，遗传物质必须转入通常只有几微米大小的微生物、植物或动物细胞的内部。其中，植物和动物的案例更具有挑战性，因为遗传物质必须进入只有几百纳米大小的细胞核中。因此，人们已经开发出专门将基因从一个有机体转移到另一个有机体的方法。另一个潜在的困难是，敲除、插入或替换生物体特定位置（即目标区域）的特定基因片段，而不改变其他可能产生副作用的片段（即目标外区域）。大部分困难都是通过强大的基因编辑新工具来解决的。

4. 基因编辑革命

我很高兴与罗道夫·巴兰古（Rodolphe Barrangou）合作。罗道夫是美国北卡罗来纳州立大学的食品科学教授，是一位极富创造力和魅力的法国科学家。他的工作对基因编辑新技术 CRISPR 的发现极其重要，使许多科学领域发生了颠覆性的变革（图 9.4）。我们都在华盛顿特区的一家科学杂志社当编委，在我们从饭店走回酒店的途中，我曾问他这个重大突破是如何发现的。令人惊讶的是，这个技术始于一个非常实用的食品科学问题：如何制作更好的酸奶。当时，罗道夫在一家丹麦跨国公司丹尼斯克（Danisco）工作，丹尼斯克是酸奶发酵剂的全球领导者。要想生产出一款味道和口感都令人满意的酸奶，就必须充分利用发酵剂中有益细菌的力量，如嗜热链球菌和保加利亚乳杆菌。这些细菌将牛奶中的乳糖转化为乳酸，使酸奶变得微酸，从而导致牛奶蛋白失去了电荷并连接在一起，形成了一个微妙的蛋白质网络，充满整个酸奶，最终产生理想的口感。此外，发酵剂中的细菌分解酸奶中的牛奶脂肪和蛋白质，可产生其特有的风味。

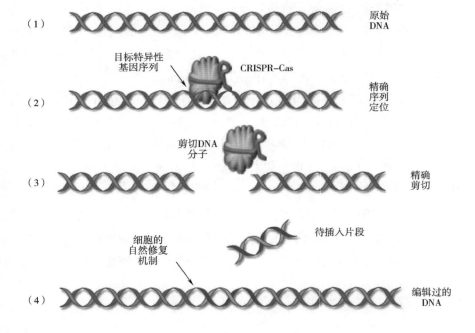

图 9.4

CRISPR 是一种功能强大的新型基因编辑工具，可以用来精确地改变 DNA（图中展示的是一个新的基因被转入的过程）

然而，发酵剂中有益细菌容易受到噬菌体的攻击，噬菌体是专门针对细菌的病毒，在牛奶中非常普遍。事实上，一滴生奶含有大约 100 个噬菌体，这使得奶制品行业几乎不可能用传统的卫生方法来预防这一问题[1]。发酵剂中有益菌的噬菌体感染正在毁灭性地影响着酸奶和其他奶制品的商业化生产。因此，罗道夫和他的同事们试图研究酸奶中的细菌是如何抵御污染牛奶的大量噬菌体的[2]。

根据前人研究总结得到的结果以及他们自己开创性的研究结果，丹尼斯克公司的团队确定细菌已经形成了一种独特的防御机制，被称为 CRISPR，这是一种有规律间隔的短回文重复聚集的意思。这个令人生畏的名字指的是，防御机制以包含噬菌体信息的短序列的形式编码到细菌 DNA 的特定区域，这些短序列由其他具有回文结构的短序列（如 "wet stew"，但用遗传密码编写）分隔。罗道夫和他的同事将酸奶细菌与噬菌体一起放在试管中过夜培养。几乎所有的细菌都被杀死了，只有一小部分存活了下来。当对存活下来的细菌的 DNA 进行测序时，人们发现它获得了与攻击菌落的病毒相对应的片段。因此，在病毒攻击中存活下来的细菌对随后的攻击具有抵抗力，实际上它们已经免疫了。最终，他们研究出了细菌产生这种适应性免疫系统的机制，发现该系统由三个阶段组成：适应阶段、表达阶段和干扰阶段[3]。

在适应阶段，细菌将攻击病毒的 DNA 片段整合到自己的 DNA 中，以便在未来"记住"它。这相当于一种基因"疫苗接种"，通过这种方法，细菌可以获取它们接触过的每一种病毒感染的基因记录。病毒附着在细菌细胞表面并将 DNA 注入细胞内。然后，细菌细胞内的遗传机制开始工作，产生一种称为 Cas 的分子复合物，是 CRISPR 连接蛋白的缩写。来自细菌的 Cas 复合物与入侵病毒的 DNA 结合，像一把分子剪刀复制和粘贴病毒的 DNA 片段，将它们整合到细菌自己的 DNA 中。一旦这些病毒基因信息片段被整合到细菌的基因中，它们将被用来识别入侵的噬菌体，并将捕获的序列作为查询工具，保护细菌免受随后的攻击。

在表达阶段，微生物利用其染色体中编码的病毒信息来表达 RNA 的小片段，这些小片段被称为 CRISPR-RNAs（crRNAs），能够识别并与入侵病毒结合。在干扰阶段，目标分子（crRNAs）与分子剪刀（Cas）结合，形成一个致命的归巢装置，与入侵病毒的 DNA 结合并将其切割，从而保护宿主细菌免受病毒攻击。罗道夫和他的同事利用他们对这种基因防御机制的了解，为酸奶细菌接种了对抗商业发酵剂中常见病毒的疫苗。该技术在工业上的应用，使酸奶的生产质量更加稳定可靠。利用发酵剂生产食品的产业高达数十亿美元，所以从商业角度来看，这个发现非常重要。然而，这种实际应用只是一场科学革命的开始，这场变革改变了生物技术，并对农业和粮食生产产生了广泛的影响。

基于对细菌防御机制的理解，研究人员开发了一种功能极其强大的基因编辑工具，称为 CRISPR/Cas9，它可以让科学家在高度特定的位置切割任何 DNA 分子，让他们精确控制植物、动物和微生物的基因组。接下来将介绍发现这种全新技术的历程。

5.CRISPR 简史

CRISPR 的发现是过去几十年生物技术领域最具突破性的进展之一，它的强大、简单和多功能性有可能深刻改变我们的世界。它的发现为我们提供了一些关于科学进程的有趣见解，也给我们如何实现转变创新提供了借鉴[4]。

故事始于 20 世纪 90 年代初，当时西班牙阿利坎特大学（University of Alicante）教授弗朗西斯科·莫希卡（Francisco Mojica）正在研究他从当地盐沼中收集的一种细菌。当他仔细检查这些细菌的 DNA 时，他注意到它们含有特定的重复多次的序列，并伴有规律的间隔，这是现在已知的 CRISPR 的一个特征基序。许多生物学家可能会忽视这一发现，重复序列在 DNA 中很常见，通常被认为是在物种进化过程中积累的遗传"垃圾"。然而，在好奇心的驱使下，莫希卡教授花了接下来的十年时间，试图弄清楚这些重复序列到底是什么，以及它们为什么会出现在那里。

最终，他注意到重复的 DNA 序列与其他 DNA 序列相邻，这些 DNA 序列与已知攻击细菌的病毒中发现的 DNA 序列完全匹配。他推测，这些细菌将病毒 DNA 序列整合到自己的基因组中，作为一种防御机制，与我们自己的免疫系统没有什么不同。这种外来 DNA 使它们能够在病毒再次攻击时识别出病毒。有趣的是，当他向他所在领域的顶级科学杂志《自然》（*Nature*）提交一篇基于他开创性观察的论文时，编辑们甚至没有将其提交给专家评审，就拒绝了他。随后，这篇论文又被另外四家期刊拒绝，最后才被接受发表。尽管莫希卡教授的研究极具原创性，也极具吸引力，但它只是假设了一种细菌保护自己免受病毒攻击的机制，还不是一种强大的基因编辑工具。

生物信息学、进化生物学和微生物学专家亚历山大·布洛汀（Alexander Bolotin）在法国国家农业研究所（National Institute for Agricultural Research）工作，研究嗜热链球菌，它是一种在酸奶和奶酪中常见的细菌。这些奶制品是法国人日常饮食中不可或缺的一部分，同时也具有巨大的经济价值，因此法国政府支持加强奶制品生产的科学研究。在研究这种微生物的基因组时，布洛汀和他的团队表明细菌的 CRISPR 序列和感染它们的噬菌体之间是相匹配的。他们还发现，这种细菌拥有一种编码了一种能够切割 DNA 的酶的基因，这种酶后来被称为 Cas9。美国国立卫生研究院（National Institutes of Health）的科学家尤金·库宁（Eugene Koonin）随后提出了一种机制：细菌可以利用 CRISPR 和 Cas 系统的组合实现其对病毒的自我防御。菲利普·霍瓦斯（Philippe Horvath）、罗道夫·巴兰古（Rodolphe Barrangou）和他们的同事随后通过实验证明了这一机制。如前所述，研究的动机非常实际：如何保护酸奶和奶酪中的嗜热链球菌免受病毒攻击的破坏。随后，主要位于北美和欧洲的不同研究小组的科学家们研究出来了 CRISPR-Cas9 系统保护细菌的具体分子机制。

开发这种强大的基因编辑工具的下一步是证明 CRISPR-Cas9 系统可以用来修改其他类型的细菌以及修改植物和动物的遗传物质。许多研究人员也参与了这项工作。美国加州大学伯克利分校（University of California, Berkley）的艾曼纽·卡彭特（Emmanuelle Charpentier）和珍妮佛·杜德娜（Jennifer Doudna）领导的团队取得了最关键的进展之一。他们发现，引导用于切割 DNA 的分子剪刀的一些关键部分可以融合在一起，形成一个相对简单的单元，用作基因编辑工具。不久之后，麻省理工学院布罗德研究所（Broad Institute of MIT）和哈佛大学张锋（Feng Zhang）教授率先证明，CRISPR-Cas9 系统可以用来编辑真核细胞，其中包括在人类、动物、植物和生命树上的许多其他生物体中发现的细胞。在所有这些工作之后，一种极其强大的新基因编辑工具出现了，它可以用来精确地编辑和重写生命系统中 DNA 的不同区域，允许研究者插入、敲除或修改几乎任何他们想要的基因序列。

研究者很快意识到 CRISPR-Cas9 系统的巨大商业潜力，导致人们疯狂地申请专利保护他们的发明。虽然卡彭特和杜德娜在 CRISPR 基因编辑应用方面申请了一些最早的专利，但这些专利主要针对的是原核细胞，如细菌和古生菌。张锋和他的团队首次申请了 CRISPR 在真核细胞上的应用专利，因此涵盖了动植物，这是一个巨大的商业市场。美国加州研究小组对马萨诸塞州研究小组的专利提出了质疑，声称根据他们自己的论文和专利中报道的发现，对真核生物基因的编辑是显而易见的。这导致了两所学术机构之间激烈的法律斗争，并持续了数年。然而，2018 年 9 月，美国上诉法院将知识产权授予了马萨诸塞州布罗德研究所的科学家团队。这一决定的基础是，法院认为 CRISPR 在真核细胞中的应用是一个重要的问题，它代表了对其在原核细胞中的应用知识的重大进步。这一裁决可能在短期内对 CRISPR 的应用产生重大影响，但在长期内不太可能产生太大影响。其他研究人员已经有了新的发现，增加了基因编辑的能力和通用性，这可能提高未来更强大的基因编辑工具的实用性。

来自波士顿麻省理工学院的埃里克·兰德（Eric Lander）教授就这项革命性的技术是如何被发现的给出了一些有趣的见解[4]。首先，许多早期的研究人员并没有试图创建一个基因编辑工具。他们在研究更普通的问题，并试图开发解决这些问题所需的科学研究和分析工具。例如，罗道夫和他在丹尼斯克公司的同事们正试图做出更好的酸奶和奶酪，而其他研究人员正试图了解盐沼细菌的不同寻常的基因序列。其次，这一领域的许多先驱者都是年轻科学家，他们刚开始一般都在不太前沿的机构工作。这可能让他们不会陷入现有的模式，并给了他们自由度和灵活性去追求科学。第三，关于 CRISPR 起源的一些最重要的想法并非来自传统的科学方法"假设驱动"研究。研究人员提出了一个假设，然后设计实验来证明或反驳它。相反，它们来自数据挖掘，使用强大的计算机算法搜索大量的遗传数据库，以发现特定的遗传序列和功能之间的联系。第四，CRISPR 的发现和应用涉及在世界各地不同实验室工作的许多科学家，他们在彼此的工作基础上进行研究，而不是依靠一个具有革命性突破的个人天才。由于所处理问题的极端复杂性，以及来自不同学科的人们需要合作来解决这些问题，现代科学正变得越来越具有合作性。

三 | 我们能通过基因工程创造出更健康、更可持续的食物吗

基因工程在食品和农业中潜在应用的范围和多样性确实令人瞩目。它可以改造动物、植物和微生物的遗传物质，并改变它们正常运作的方式，赋予人类不可思议的力量来改变我们的未来。然而，伴随着这种能力而来的是明智地使用它的巨大责任。基因编辑是如此具有革命性，它的用途是如此的深远，以至于整个社会必须仔细考虑如何使用它。基因工程在食品和农业领域的应用范围确实令人敬畏、鼓舞人心，而且发展如此之快，我只能在这里略述一下，首先介绍基因工程的潜在好处，然后强调必须考虑的一些风险。

1. 生物强化：解决微量营养素缺乏

作为一名非基因工程专家的食品科学家，我对这一领域所取得的进展及其改变我们生活的巨大潜力感到震惊。全球约有 20 亿人患有这样或那样的微量营养素缺乏，这导致引发衰弱性疾病和早亡[5]。基因工程正被用来提高传统作物中缺乏的基本维生素和矿物质的水平。对农作物进行铁、锌和维生素 A 的生物强化一直是这一领域科学家的研究重点，因为这些是许多发展中国家人们缺乏的最常见的微量营养素。理想情况下，选择的生物强化作物应该是廉价的主食。此外，它们应该含有微量营养素，在食品储存和制备过程中保持稳定，并在食用后具有生物可利用性。这些微量营养素的含量也应足以满足目标人口的营养需求。最近认识到生物强化对改善全球健康的巨大潜在影响。2016 年,世界粮食奖(World Food Prize)授予霍华德·布瓦 (Howard Bouis) 和他的同事，以表彰他们在主食生物强化方面的开创性工作[5]。

缺铁是目前世界上最常见的微量营养素缺乏症，最终可导致贫血[6]。这种情况在发展中国家的贫困人口中最为常见，特别是在撒哈拉沙漠以南的非洲地区，那里获得富含铁的食物是有限的。缺铁会导致各种各样的症状，包括疲劳、易怒、虚弱和认知障碍，这些通常会阻碍人们的工作和生活效率。适宜于目标地区的主食作物的生物强化提供了一种可持续和经济的治疗和预防缺铁的手段。主要农作物的基因正在被调整，这样植物就能自然地保留更多的铁，这需要很好地理解负责铁吸收和储存的生化途径。这种形式的铁生物强化可以通过传统育种或现代基因工程方法来实现。选择主食是为了给人们提供他们已经熟悉

的富含铁的饮食。在菲律宾、印度和卢旺达的临床试验表明，多种主食作物的铁元素生物强化改善了目标人群的健康状况，证明了方法的有效性[6]。

还有其他许多利用基因工程使食物营养丰富的例子。在乌干达，烹饪香蕉（也称为matoke）是一种主食，它为人们提供了大部分的热量。然而，对这种食物来源的过度依赖导致了微量营养素的缺乏。特别是，许多乌干达人缺乏维生素 A，这可能导致失明。通过基因工程手段来增加 matoke 中的维生素 A 前体（β- 胡萝卜素），可以使人们轻松摄入这个至关重要的微量元素。另一个主食是金大米，转基因产生更高水平的 β- 胡萝卜素用来治疗维生素 A 缺乏症。它是由瑞士教授英戈·波特里库斯（Ingo Potrykus）和彼得·拜尔（Peter Beyer）研发的，目的是创造一种营养丰富的主食，价格将与白米饭一样。然而，在其发明数十年后，由于商业和监管方面的原因，这种可能拯救生命的食品仍未上市。

用专门为对抗衰竭性疾病而设计的微量营养素强化主食作物似乎是基因工程的潜在利益大于风险的一个明显例子。在过去，生物强化主要是通过传统的植物育种进行的。然而，基因编辑提供了比传统方法更快和更精确的速度，这意味着可以在更短的时间内挽救更多的生命。

2. 优化营养配比

基因工程还可以用来改变常见作物的宏量营养素含量，如水稻、玉米、小麦、木薯和马铃薯[7]。这些食物中的脂肪、蛋白质和碳水化合物的种类和数量是可以控制的。在发展中国家，饥饿仍然是一大问题，这项技术可以用来制造更多的高能量和营养的食物。发达国家则存在暴饮暴食的问题，基因工程可以用来降低热量，改变宏量营养素的平衡，或降低食物的消化率，使它们更健康。

正如前一章所介绍的，经常食用富含欧米伽 -3 脂肪酸的食物，如富含脂肪的鱼类，可能对健康有明显的好处。然而，大多数国家的消费者并没有摄入足够的有益的高脂肪食物，要么是因为它们太贵，要么是因为他们不喜欢鱼。就我个人而言，尽管我是在离海洋很近的地方长大的，但我从来都不喜欢海产品的味道和质地。此外，由于过度捕捞和鱼类资源枯竭，从鱼类中获取我们所有的欧米伽 -3 脂肪酸在生态方面可能是不可持续的。

由于这些原因，一些生物技术公司已经对大豆和油菜籽等农作物进行了基因改造，使其产生高水平的欧米伽 -3 脂肪酸[8]。这些作物将提供一种廉价、丰富且可持续的植物性脂肪来源，这些健康脂肪很容易被纳入人们的饮食，尤其是素食者。此外，使用这些油将减少过度捕捞的压力，从而改善我们河流、湖泊和海洋的生态可持续性。美国陶氏化学（Dow Chemical）公司和荷兰帝斯曼（DSM）营养产品公司的研究人员最近采用了一种转基因方法，从微藻中培育出一组基因，刺激油菜籽油中产生健康的欧米伽 -3（EPA 和 DHA）[9]。

他们能够在不降低油总产量的情况下生产出对健康有益的高水平的欧米伽 −3，使这种方法在经济上可行。

3. 消除食物中潜在的有害物质

除了在我们的食物中添加营养成分外，基因工程还可以用来去除不健康的成分，如过敏源、抗营养物质和毒素。基因工程已经被用来制造一种新型小麦，这种小麦含有更低水平的谷蛋白（醇溶蛋白），这种蛋白质会引发腹腔疾病[10]。这种自身免疫性疾病损害了相当一部分人的肠道内壁，导致腹泻、呕吐和营养不良，并增加了他们对胃肠道癌症的易感性。创造低谷蛋白小麦的研究人员使用先进的基因编辑方法，敲除了大部分负责生产醇溶蛋白的基因。然而，这样做会对小麦的食品功能产生一些负面影响。醇溶蛋白通常在决定面包和其他烘焙产品的质量上起着至关重要的作用，因为它与其他蛋白质结合可形成一个 3D 网络，赋予面包独特的质地。因此，去除醇溶蛋白可以改善面包的健康，不过也会降低面包的质量。尽管如此，负责创造这种新型小麦的团队报告说，它仍然可以用来生产某些类型的面包，具有可接受的质量属性，如长棍面包[11]。转基因长棍面包的供应对于那些喜欢面包但通常不得不避免吃面包的人来说是非常好的，因为传统面包会使有腹腔疾病的人变得身体虚弱。

4. 改善食物可持续性

联合国预测，到 2050 年全球人口将达到 100 亿左右。据估计，我们需要比目前多生产 60%~70% 的粮食来满足日益增长的粮食需求[12]。基因工程有潜力通过提高农作物和牲畜的产量、恢复力和多功能性来创造更可持续的粮食供应。其中一些改进可以通过传统的植物育种方法来实现，但另一些改进将从最近出现的强大的新基因工程工具的使用中大大受益。

基因工程最早的一些农业应用集中在提高大豆、棉花、玉米和油菜等主要作物的除草剂和害虫抗性方面[13]。这些转基因作物目前占全球产量的 83%、78%、29% 和 24% 左右，凸显出农民对基因工程的迅速接受情况。研究人员仔细分析了这些转基因作物对农业影响的研究，得出的结论是，它们的使用具有压倒性的积极作用[14,15]。基因工程提高了产量，同时降低了成本、杀虫剂的使用和毒素水平。此外，采用这些新技术提高了农业的易用性、效率和盈利能力。尽管这些新技术给种子生产者和农民带来了巨大的好处，但并不是每个人都会感到开心。转基因食品的潜在好处受到非政府组织的激烈争论，如"绿色和平组织"和"地球之友"，这些组织将在稍后进行介绍。

基因工程最成功、也是最具争议的应用之一，是大量减少了每年由虫害导致的农作物损失。这是通过将细菌的遗传物质转移到农作物上实现的。一种天然土壤细菌，苏云金芽孢杆菌，可以产生晶体蛋白，杀死特定类型的昆虫。食用后，这些蛋白质被昆虫肠道内的天然消化酶分解，生成对昆虫有毒的蛋白质片段。这些片段附着在虫子的内脏上，并使它们破裂。因此，有害的细菌和其他物质由它们的肠道内渗透到它们的身体中，并最终杀死它们。苏云金芽孢杆菌是一种很好的杀虫剂，原因之一是它产生的晶体蛋白对特定的昆虫（如科罗拉多马铃薯甲虫或欧洲玉米螟）有很高的毒性，而对其他昆虫、植物或动物几乎不会造成伤害。基因工程已经被用来从细菌中剪切苏云金芽孢杆菌基因并将其整合到农作物的 DNA 中。因此，随着作物的生长，它们自然会产生这种有效的杀虫剂，保护它们免受虫害，从而减少农业损失。对苏云金芽孢杆菌作物商业化使用的科学回顾表明，它们是安全的，可以提高产量、减少农药的使用[15]。

抗除草剂作物是另一类在商业上取得巨大成功的转基因作物。这些作物是用转基因方法生产的，使植物对一种特殊的除草剂草甘膦产生抗性。草甘膦以多种商品名销售，包括 *Roundup* 和 *RangerPro*[16]。当在田间施用这种除草剂时，它能杀死杂草，同时又能使庄稼生长。据美国农业部农业研究服务处的科学家称，自 20 世纪 90 年代中期引进转基因作物以来，由于其相对于传统杂草控制方法具有优势，转基因作物的使用在世界范围内被迅速推广。事实上，现在美国种植的大多数大豆和玉米都是基因工程培育的抗除草剂品种。美国农业部的科学家强调了使用抗除草剂作物的一系列环境收益。尽管草甘膦本身的使用量有所增加，但农药的总体使用量却有所下降。此外，还大幅度减少了控制田间杂草所需的耕作量，从而减少了温室气体排放并改善了土壤质量。

尽管美国农业部的科学家指出了转基因作物的好处，但它们的种植也有一些缺点。杂草可能对目前使用的除草剂产生抗药性。因此，研究人员正在开发更复杂的综合杂草管理方案来解决这个问题。此外，他们正在开发新一代的基因工程作物，通过不同的机制发挥作用，从而使杂草更难产生抗药性。另一个问题是，转基因作物的基因转移到其他植物（尤其是杂草）上的可能性很小，但却是真实存在的，从而使它们对除草剂产生抗药性。

使用草甘膦作为除草剂最大的担忧之一是它可能对我们的健康产生负面影响。2015年，世界卫生组织将草甘膦列为"一种可能导致人类癌症的物质"。这一主张引起了大量的新闻报道，并导致了许多针对孟山都公司的诉讼。事实上，在撰写本文时，来自美国各地的 9000 多名原告对该公司已经提出了诉讼。此外，在 2018 年底，美国加利福尼亚州的一个陪审团裁定，草甘膦导致了德韦恩·约翰逊（Dewayne Johnson）患上癌症。约翰逊曾是一名草场管理员，负责在学校和运动场喷洒除草剂。结果，法院判给约翰逊 2.89 亿美元的赔偿金，后来减到了 7850 万美元。孟山都公司对这一裁决提出质疑，声称科学证据不支持草甘膦暴露与癌症之间存在联系。然而，在科学文献中发表的关于这种除草剂安全性的声明受到了一些审查。2018 年，曾发表过大量关于草甘膦具有潜在毒性的文章的科学期刊《毒理学评论》（*Critical Reviews in Toxicology*）发出了"关注性"评论，因为其中一些研究的作者没有充分披露农业化学工业在资助和撰写论文方面的作用。这并不一定意味着所报道的研究是错误的，但它确实对所得出结论的独立性提出了质疑。

尽管如此，在对动物和人类的毒理学证据进行全面审查之后，粮农组织／世卫组织在2016年关于农药残留的联合会议上指出，"草甘膦不太可能通过饮食对人类造成致癌风险"。这份报告表明，作物上残留的除草剂水平不足以对食用它们的消费者构成重大风险。尽管如此，经常接触高水平草甘膦的人，如农民、园丁和负责施用草甘膦的园林工人，仍然有增加风险的可能。围绕草甘膦安全性的不确定性，已导致许多化工企业的股价大幅下跌，原因是市场担心政府监管力度加大，以及消费者对草甘膦和其他农用化学品的抵制[17]。值得注意的是，造成这一问题的不是转基因植物，而是用于治疗它们的除草剂。即使草甘膦能致癌，这也不能作为基因工程危险的证据。

基因工程对农业生产做出积极贡献的巨大潜力在美国夏威夷州得到了证明。在20世纪90年代末，环斑病毒摧毁了美丽的热带岛屿上的木瓜作物。事实证明，在预防这种病毒的传播方面，传统的植物育种方法是无效的。然而，纽约州康奈尔大学的丹尼斯·贡萨尔维斯（Dennis Gonsalves）教授开发了一种转基因方法，使木瓜对病毒免疫。他将病毒本身的一个基因转移到木瓜的DNA中。这种基因改造挽救了木瓜产业，尽管非政府组织强烈反对农业使用基因工程。然而，毒性研究并没有发现转基因木瓜与非转基因木瓜在健康影响方面有任何差异[18]。世界上还有其他一些重要的农作物有被害虫消灭的危险。在某些情况下，基因工程可能是唯一能够拯救它们以及依赖它们的方法。

伊利诺伊大学植物生物学和作物科学系的斯蒂芬·隆（Stephen Long）教授领导的一个国际研究小组最近表明，基因工程可以用来减少作物对水约25%的需求量[19]。他的团队在作物中引入了一种光合蛋白，这导致作物部分控制二氧化碳吸收和水分释放的植物叶片上的气孔关闭。在全球范围内，农业用水是水资源的主要消耗之一，约占人类淡水利用的90%。在世界许多地方，水是稀缺的，因此，能够大大提高水利用效率的方法值得期待。

5. 提高食物质量

许多早期转基因作物的商业应用主要受益者是生物技术公司和农民，而不是普通人。然而，下一代转基因食品的目的是通过提高食品质量来造福消费者的。例如，人们正在编辑植物的遗传密码以创造出颜色更鲜艳、味道更浓、质地更强、保质期更长的水果和蔬菜。同样的技术也可以用来创造"威利·旺卡（Willy Wonka）"水果和蔬菜，它们的颜色和味道都是前所未有的，比如尝起来像棉花糖的粉色香蕉，或者尝起来像巧克力的摩卡棕色苹果。这些产品是否安全、经济上是否可行可取则是另一回事。为了让大家了解它的潜力，下面举几个例子，说明基因工程已经成功地用于提高某些食品的质量。

最近，农业生物技术公司加拿大奥卡纳根特色水果公司向美国市场推出了一种新型的不褐变苹果，在商业上被称为 Artic®Apple。这些苹果被碰伤、咬伤或切成薄片时不会变成棕色，因为它们经过基因工程处理，可以降低通常导致褐变的酶——多酚氧化酶的水平。这项技术可以减少食物浪费，因为很多水果在变成棕色时就被扔掉了，尽管它们仍然适合食用。该公司声称，这些新水果经过严格测试，以确保其营养成分和安全性与普通苹果相似。

另一家生物技术公司辛普洛特植物科学公司也对马铃薯进行了类似的研究。产品 Innate®Potato 利用基因工程来增强马铃薯抵抗褐变和黑斑的能力，减少目前大量的马铃薯浪费。这些转基因马铃薯含有较低量的天冬酰胺，天冬酰胺是一种氨基酸，在马铃薯煮熟时可转化为丙烯酰胺（一种已知的毒素）。因此，基因工程也可能改善这些马铃薯对人体的危害。Innate®Potato 是 cis 基因工程的一个例子，因为新插入的基因来自其他马铃薯，这可能使它们更容易被消费者接受。

人们已经通过基因改造改变了菠萝的外观和营养价值，使其产生更多的番茄红素（类胡萝卜素家族中的一员）。番茄红素是一种天然色素，具有明亮的红色，存在于许多植物中，包括番茄、西瓜和红辣椒。据称，它还具有多种健康功效，包括抗氧化、抗癌和心脏保护功能。因此，提高菠萝中的番茄红素水平，可以提高菠萝的外观和营养价值。Del Monte 食品公司已经在销售这种粉色菠萝了。

最后，使用转基因酵母进行发酵过程的精酿啤酒正在创造新的口味。这些酵母不用真正的啤酒花就能产生类似啤酒花的味道。这可能会使啤酒酿造更便宜，更可持续，但肯定会有来自啤酒纯粹主义者的批评。

6. 牲畜改良

基因工程不仅适用于农作物，还可用于家畜的改良。2018 年，爱丁堡罗斯林研究所（Roslin Institute）所长埃莉诺·莱利（Eleanor Riley）教授报告称，那里的科学家正在利用基因编辑技术培育出抗病猪[20]。这项技术的应用可以减少动物的病死数量，减少饲料浪费，从而提高动物的生活质量，减少经济损失，提高食物的可持续性。基因工程的快速发展可能会生产出 CRISPR 培根——素食者最难放弃的食物之一。正如前面提到的，CRISPR 是现代基因工程师的装备中最令人兴奋和最强大的新工具之一，它允许他们对动物、植物和微生物的基因进行更精确的改变，包括牛、绵羊、山羊和鸡在内的其他家畜也通过基因工程提高了对常见疾病的抵抗力。

除了降低它们对疾病的易感性，基因工程还可以用其他方式改良家畜[1]。它可用来提高动物的生长速度——在更短的时间内生产体型更大的动物，而不损害它们的健康。它被用来增加动物组织中瘦肉与脂肪的比例，从而提高它们的营养价值。它甚至被用来改变产生的脂肪和蛋白质的类型。例如，肉类、鸡蛋或牛奶中的欧米伽﹣3脂肪酸含量已经通过基因工程得到了提高。牲畜的DNA也被编辑，以去除产生过敏蛋白的基因，从而让更多的人吃鸡蛋或牛奶。基因编辑也被用来创造没有角的奶牛、长毛山羊和不同毛色的绵羊。经过基因改造，在牛和羊的奶中生产药物、维生素或营养物质，然后进行分离、纯化，并用于预防或治疗疾病。

尽管将这些新技术应用于动物有巨大的潜力，但在广泛应用之前，仍需要仔细考虑和讨论各种风险和伦理问题。本章后面会介绍一些最重要的问题。

7. 优化传统选育

基因工程的一个农业应用似乎争议较少，那就是促进正常的选择性育种过程。传统上，选择育种包括选择两个具有理想表型的亲本植物或动物，如产量提高、适应性强或营养质量好，然后将它们育种产生具有这些理想性状的后代。利用现代基因工具，研究人员可以对父母双方的DNA进行测序，以确定他们究竟拥有哪些基因。然后他们可以查看数据库，精确地找出每个基因在生物体中的作用。这使他们能够确定哪些基因编码了他们正在培育的植物或动物的理想性状。这些知识可以用来更理性地选择那些能够在后代身上产生最理想特征的父本和母本。人们已经应用这些技术达到与传统基因工程相同的目的，如生物强化、提高营养状况、提高复原力、清除毒素和减少废物。然而，最终的食品并没有应用"基因工程"，尽管它的基因结构已经被更智能的选择性育种改变了。因此，使用基因组工具来实现这一目的似乎会带来巨大的好处。

尽管如此，《卫报》(*The Guardian*)强调了使用这些基因组工具选择特定的牛来繁殖，所带来的一些不可预见的危险[21]。育种人员正在使用基因组测序技术来鉴定那些与理想性状相关的基因，如增加牛奶或肉类产量。因整个兽群中只有少数动物具有这些特征，所以它们是用来繁殖的。这一过程的一个意想不到的后果是，整个牛群的遗传多样性的下降，导致了牛对疾病和气候变化影响的抵抗力下降了。在未来，这个问题可以通过使用相同的基因组测序工具来解决，以识别那些与增强复原力有关的基因，这样就可以选择既高产又健壮的牛。

8. 创造实验室动物

基因工程的另一项应用已经使营养学家受益，那就是创造新一代实验室动物，如线虫、果蝇、老鼠、大鼠和猪，这些动物都有特定的基因改变。人们可以制造出易患肥胖症、糖尿病、心脏病或癌症的动物，这样就可以在对新食品进行人体测试之前，对其进行测试，以确定新食品的安全性和有效性。例如，像姜黄素这样的营养物质抑制癌症的能力可以在经过基因工程改造的老鼠身上进行测试，这些老鼠对癌症非常敏感。

四 ｜ 基因工程安全吗

在为写本书而做研究之前，我对转基因食品有相当负面的看法。我在欧洲长大，那里一直对转基因生物有着强烈的抵制，后来我住在美国马萨诸塞州西部一个崇尚自由主义的小镇上，那里有很多人喜爱寻找当地的有机食品。当我开始写作时，我问自己：我的负面观点是基于什么？我是一名研究型科学家，我的工作依赖于根据我面前的经验证据得出结论。因此，对于我来说，这是一个很好的探索科学文献和发现更多关于转基因生物潜在危险的机会。

许多非政府组织，如绿色和平组织和地球之友，强烈反对将基因工程应用于农业和食品领域的动植物改良。他们认为，我们没有足够的知识来理解所涉及的复杂科学，以确保转基因生物是安全的。作为他们论点的一部分，他们强调了与转基因食品相关的许多风险，包括生物多样性减少、存在物种间的基因转移、对非目标物种的影响、大公司对农民的控制以及潜在有害农药使用的增加。非政府组织在提醒公众注意新农业技术的潜在风险方面发挥了关键作用，这督促政府制定更强有力的监管框架，并迫使行业改变其商业和营销做法。就我个人而言，我同意非政府组织的许多担忧，并认为基因工程食品在广泛应用前必须经过仔细的监管和测试，在它们被引入后也必须经过仔细的监测，以确保不会出现意料之外的副作用。我也支持给转基因食品贴标签的想法。政府、学术界和产业界应明确强调这些新技术的好处和风险，并就如何监管、测试和营销这些新技术建立一个清晰和透明的流程。消费者可以决定是否购买。

尽管如此，在阅读了支持和反对转基因食品的证据后，我现在坚定地认为转基因食品可以在改善人们的食品供应和环境方面发挥关键作用。许多与它们的使用有关的潜在问题可以通过改进科学和管理的方式加以克服。生物多样性可以通过精心设计的农业实践得到改善，如种植多种转基因作物并进行轮作。大公司控制转基因食品的问题不仅存在于这一领域，对向我们出售传统食品、服装、个人护理产品、汽车、电脑、手机和家庭的公司也是如此。大型企业已经对农业产生了重大影响——向农民出售拖拉机和其他设备及用品。改变我们社会和经济的组织方式与决定是否使用基因工程是不同的问题。

关于种植转基因作物所使用的农药和化肥的水平，似乎存在相互矛盾的证据，一些研究报告说有所下降，而另一些研究报告说有所上升。例如，草甘膦的使用量在过去 20 年里有大幅增加，因为它是专为转基因作物设计的除草剂，但总体使用的农药水平已经降低[16]。尽管如此，仍有一些重要问题需要解决，如转基因作物造成的杂草和害虫对除草剂和杀虫剂抗性的提高，基因从转基因作物流向其他植物或动物环境的潜在危险，以及植物被设计得可抵抗一些杀虫剂的潜在毒性。

2016 年，100 多位诺贝尔奖得主联名写信，敦促绿色和平组织停止公开反对转基因生物。诺贝尔奖获得者之一的兰迪·谢克曼（Randy Schekman）教授是美国加州大学伯克利分校的细胞生物学家，他曾经说："我觉得很奇怪，这些组织在涉及全球气候变化时非常支持科学，或者甚至在大多数情况下，他们对预防人类疾病的疫苗应用也持赞赏态度，但当提及对世界农业未来影响深远的事情时，他们却对大部分科学家的观点如此不屑一顾。"我当然支持这种观点。我们不可能说所有的转基因食品都是十分安全的，但是仅仅因为一种食品经过了转基因就认为它不安全的说法也是错误的。转基因食品应该在个案的基础上被仔细评估，如果证明它们是安全有效的，就应该允许它们存在。随着人们对一系列不同的转基因食品获得更多的知识和经验，这一过程将会加快。

最后，值得注意的是，一些极具权威的科学组织大力支持在过去几十年积累的大量科学文献的基础上，在食品和农业基础方面使用基因工程，这些组织包括美国国家科学院、世界卫生组织、欧盟委员会和医学研究所（美国）。有人会认为，这种水平的科学支持将促使公众接受基因工程，但还有许多其他因素在发挥作用。尤其是，许多人对政府、行业和学术界的不信任程度似乎越来越高。此外，许多人决定吃什么是基于情感，而不是理性。科学家和其他公民公开谈论这项强大的技术，可能有助于改变社会对这项技术的态度。多年来一直为绿色和平组织积极倡导反转基因的马克·莱玛斯（Mark Lymas），现在改变了他对基因工程的看法，写了一本很有影响力的书，名为《科学的种子：为什么我们在转基因生物上犯了这么大的错误》（*Seeds of Science：Why We Got It So Wrong on GMOs*）[22]。在他的书中，他权衡了基因工程的风险和好处，仔细审查了科学证据，并得出结论，好处远远大于风险。鉴于目前对转基因生物的敌对气氛，这是一个勇敢的立场。

五 | 基因工程符合社会伦理吗

有些人反对基因工程是出于伦理原因，而不是出于安全或环境原因。那些有特定宗教或社会信仰的人认为，我们不应该扮演上帝的角色，对生命的基本要素进行修修补补，创造出全新的有机体。作为一个不信教的人，我不认为这个论点有说服力，因为我们已经在许多其他方面改变了自然的进程了。人们利用选择性繁殖来创造以前从未存在过的新物种，如来自狼的家养狗。此外，简单地烹饪一种食物就会引起 DNA 分子的巨大变化，使它们分解成碎片。这些变化往往比基因工程带来的变化要大得多。对我来说，反对转基因最有力的论据之一，至少在动物身上是这样的，是基因工程被用来制造转基因动物，这些动物被有意地强加于使人衰弱的疾病，如癌症、糖尿病、肥胖或心血管疾病。这些动物是专门为研究人员创造的，这样人们就能更好地研究和理解影响人类疾病的因素，人们也在开发新的诊断测试和治疗方面取得了重要的进展。同时，大部分实验动物生活在某种形式的痛苦或不适中。动物，如大鼠和老鼠，已经在研究实验室中使用了很多年，但是故意制造患病的动物是新出现的现象。作为个人和社会，我们必须决定，研究这些动物所带来的好处是否足以抵消由此带来的痛苦。

就我个人而言，我对这个问题非常矛盾。我是素食主义者，部分原因是出于与畜牧业有关的伦理原因。另一方面，作为一名从事营养相关研究的科学家，我可以通过对转基因动物的研究，看到改善后代健康的好处。为了至少部分地解决这个问题，科学家们正在开发另一种方法来进行营养研究，以尽量减少动物的痛苦。用微小的蠕虫（秀丽隐杆线虫）或果蝇（黑腹果蝇）而不是老鼠和大鼠代替人类。这些生物的全基因组已经测序，它们与我们有很多相同的基因和生化过程。虽然这些生物是非常有用的筛选工具，可以为特定基因的功能提供有价值的信息，但它们与我们这样更复杂的动物还有很大差距。因此，在对人类进行测试之前，使用较大的动物进行测试，以确保任何新的治疗方法都是安全的，这一点仍然很重要。由于这些伦理上的考虑，大多数国家对基因工程在动植物上的应用都有严格的规定，其中包括对实验室动物的护理和治疗的指南。

利用基因工程改善我们的粮食供应显然有许多可以想象的好处，包括增加产量、减少浪费和提高复原力。不把基因工程用于上述许多目的是否不道德？它们有潜力提高粮食的可持续性和减少环境破坏，同时也为需要它们的人提供重要的热量和微量营养素来源。可以对农作物进行改造，使它们能够在目前不可行的地区或气候条件下生长，如干旱、炎热、沼泽或盐碱地。发达国家消费者对基因工程的排斥可能会伤害到发展中国家那些最能从中受益的人，在发展中国家，粮食不安全仍然是一个主要问题。澳大利亚科学家最近对该国禁止使用转基因油菜籽的后果进行的一项分析显示，禁用的转基因油菜籽已导致环境和健康问题严重增加[23]。由于没有用转基因作物取代传统作物，土地上施用了更多的农药和化肥，使用了更多的化石燃料，产生了更多的温室气体，给农民造成了重大的经济损失。这项分析强调了与不采用基因工程相关的一些潜在的环境和伦理问题。

六 │ 转基因食品应该被贴上标签吗

考虑到转基因生物的争议性，关于转基因食品应该如何标签的激烈争论就不足为奇了。标签是用来向消费者提供食物的信息的，这样消费者就可以在知情的情况下决定吃什么或不吃什么。世界不同地区对转基因食品的监管和标识采取了非常不同的方法。例如，传统上，欧盟对标识的要求要比美国严格得多[24]。如果在食品生产的任何阶段使用基因工程技术，那么欧洲的食品必须贴上"转基因"的标签。相反，在美国，只有当食品的特性（如营养成分或过敏性）与传统食品有显著不同时，才需要对其进行标识。然而，这种情况可能正在改变。2016 年，奥巴马总统签署了一项法案，要求在美国大多数转基因食品上贴上标签。在反转基因运动人士和亲转基因生物技术代表进行了大量辩论之后，美国农业部公布了一些转基因标签的原型。美国农业部决定使用"BE"（即生物工程）一词来表示含有生物工程成分的食品，而不是使用对许多人有负面含义的"转基因"一词。转基因生物的反对者批评了这种方法，因为许多消费者不熟悉这个术语，它可能使人们对他们实际购买的东西感到困惑。另一方面，这为在食品和农业中使用基因工程的风险和好处展开一场新的辩论提供了机会。有趣的是，使用新的基因编辑工具（如 CRISPR）生产的食品，可能不需要根据这项法律进行标记，因为 BE 的名称可能仅指经过转基因改造的食品。

七 │ 基因工程的未来

基因工程在食品和农业中的未来是什么？这项技术已经被世界上许多生物技术公司和农民所接受，并且已经对我们生产食物的方式产生了巨大的影响。然而，它仍然被许多国家的消费者拒绝，特别是欧洲消费者对转基因生物有强烈的负面印象，这种负面印象可能很难被改变[24]。在美国，人们已经食用转基因食品几十年了，消费者并没有强烈的抵触情绪，部分原因是大多数人并不知道自己正在食用转基因食品。随着新的标签要求的实施，在未来这种情况可能会发生变化。如果要充分实现这些强大的新基因技术的好处并减轻任何潜在风险，充分吸引消费者是十分重要的。生物技术行业必须提供关于其产品的透明信息，政府必须继续开发严格的测试协议，以减少与转基因生物相关的任何风险，同时又不阻碍它们的发展。

基因工程已经被用来提高产量，减少浪费，改善食物的营养状况了。新的基因编辑工具，如 CRISPR 的出现，为许多新的应用开辟了可能，也为现有的应用带来了更快的发展。这些工具对基因组的修改提供了比以前更精确的控制，从而减少了任何不良副作用的可能性。基因工程并不是应对我们严峻的农业挑战的唯一途径。有机农业、传统农业和其他方法也将是必不可少的。从社会角度出发，我们应该能够从现有的选项中选择最好的解决方案。在学习了更多关于基因工程的知识后，我对它改善我们世界的潜力非常乐观，但也对任何不可预见的风险保持谨慎态度。其实，人们做的每件事都有风险，如过马路、坐飞机或生吃生菜。要从任何新技术中受益，人们必须学会尽可能地理解和管理这些风险，否则人类永远不会取得进步。

参考文献 ↘

1. Doudna, J. A., and S. J. Sternberg. 2017. *A Crack in Creation: Gene Editing and The Unthinkable Power to Control Evolution*. Boston: Houghton Mifflin Harcourt.

2. Barrangou, R., and P. Horvath. 2012. CRISPR. New Horizons in Phage Resistance and Strain Identification. In *Annual Review of Food Science and Technology*, ed. M. P. Doyle and T. R. Klaenhammer, vol. 3, 143–162. Palo Alto: Annual Reviews.

3. Donohoue, P. D., R. Barrangou, and A. P. May. 2018. Advances in Industrial Biotechnology Using CRISPR–Cas Systems. *Trends in Biotechnology* 36（2）: 134–146.

4. Lander, E. S. 2016. The Heroes of CRISPR. *Cell* 164（1–2）: 18–28.

5. Bouis, H. E., and A. Saltzman. 2017. Improving Nutrition Through Biofortification: A Review of Evidence from Harvestplus, 2003 Through 2016. *Global Food Security-Agriculture Policy Economics and Environment* 12: 49–58.

6. Finkelstein, J. L., J. D. Haas, and S. Mehta. 2017. Iron–Biofortified Staple Food Crops for Improving Iron Status: A Review of the Current Evidence. *Current Opinion in Biotechnology* 44: 138–145.

7. Kamthan, A., A. Chaudhuri, M. Kamthan, and A. Datta. 2016. Genetically Modified（GM）Crops: Milestones and New Advances in Crop Improvement. *Theoretical and Applied Genetics* 129（9）: 1639–1655.

8. Savadi, S., N. Lambani, P. L. Kashyap, and D. S. Bisht. 2017. Genetic Engineering Approaches to Enhance Oil Content in Oilseed Crops. *Plant Growth Regulation* 83（2）: 207–222.

9. Walsh, T. A., S. A. Bevan, D. J. Gachotte, C. M. Larsen, W. A. Moskal, P. A. O. Merlo, L. V. Sidorenko, R. E. Hampton, V. Stoltz, D. Pareddy, G. I. Anthony, P. B. Bhaskar, P. R. Marri, L. M. Clark, W. Chen, P. S. Adu–Peasah, S. T. Wensing, R. Zirkle, and J. G. Metz. 2016. Canola Engineered with a Microalgal Polyketide Synthase–like System Produces Oil Enriched in Docosahexaenoic Acid. *Nature Biotechnology* 34（8）: 881–887.

10. Sanchez–Leon, S., J. Gil–Humanes, C. V. Ozuna, M. J. Gimenez, C. Sousa, D. F. Voytas, and F. Barro. 2018. Low–Gluten, Nontransgenic Wheat Engineered with CRISPR/Cas9. *Plant Biotechnology Journal* 16（4）: 902–910.

11. Le Page, M. 2017. Modified Wheat for Gluten–Free Bread. *New Scientist* 235（3145）: 12–12.

12. Hoy, A. Q. 2018. Agricultural Advances Draw Opposition that Blunts Innovation. *Science* 360（6396）: 1413–1414.

13. Paul, M. J., M. L. Nuccio, and S. S. Basu. 2018. Are GM Crops for Yield and Resilience Possible? *Trends in Plant Science* 23（1）: 10–16.

14. Klumper, W., and M. Qaim. 2014. A Meta-Analysis of the Impacts of Genetically Modified Crops. *PLoS One* 9（11）: e111629.

15. Pellegrino, E., S. Bedini, M. Nuti, and L. Ercoli. 2018. Impact of Genetically Engineered Maize on Agronomic, Environmental and Toxicological Traits: A Meta-Analysis of 21 Years of Field Data. *Scientific Reports* 8: 12.

16. Reddy, K. N., and V. K. Nandula. 2012. Herbicide Resistant Crops: History, Development and Current Technologies. *Indian Journal of Agronomy* 57: 1-7.

17. Anonymous. 2018. The Chemicals Industry: Harzard Signs. In *The Economist*, 65-67. New York: The Economist Newspaper Limited.

18. Lin, H. T., G. C. Yen, T. T. Huang, L. F. Chan, Y. H. Cheng, J. H. Wu, S. D. Yeh, S. Y. Wang, and J. W. Liao. 2013. Toxicity Assessment of Transgenic Papaya Ringspot Virus of 823-2210 Line Papaya Fruits. *Journal of Agricultural and Food Chemistry* 61（7）: 1585-1596.

19. Glowacka, K., J. Kromdijk, K. Kucera, J. Xie, A. P. Cavanagh, L. Leonelli, A. D. B. Leakey, D. R. Ort, N. K. Niyogi, and S. P. Long. 2018. Photosystem II Subunit S Overexpression Increases the Efficiency of Water Use in a Field-Grown Crop. *Nature Communications* 9（868）: 1-9.

20. Devlin, H. 2018. *Gene Editing to Transform Pig Farming*, in *Guardian Weekly*., The Guardian.

21. Cox, D. 2018. Bad milk: The Dangers of Inbred Dairy Cows. In *The Guardian Weekly*, 30-31. Manchester: Guardian.

22. Lymas, M. 2018. *Seeds of Science*: *Why we Got it so Wrong on GMOs*. Bloomsbury: Sigma.

23. Biden, S., S. J. Smyth, and D. Hudson. 2018. The Economic and Environmental Cost of Delayed GM Crop Adoption: The Case of Australia's GM Canola Moratorium. *GM Crops & Food* 9（1）: 13-20.

24. Lucht, J. M. 2015. Public Acceptance of Plant Biotechnology and GM Crops. *Viruses-Basel* 7（8）: 4254-4281.

10

食品纳米技术：
利用食品中微观世界的力量

$\rightarrow$

Food Nanotechnology:
Harnessing the Power of the
Miniature World Inside Our Foods

一 | 亲爱的，我缩小了食物

　　与基因工程一样，纳米技术是一门快速发展的科学，具有改善我们食物供应的巨大潜力，但也存在一些需要被清楚认知和谨慎管理的风险。纳米技术涉及创造和使用微小尺寸的结构，该尺寸通常小于 100 纳米，约为人的头发丝的千分之一细。与基因工程一样，公众强烈反对在食品中应用这种新技术。我本人有过此类经历：当我在《波士顿环球报》上发表了一篇关于使用纳米乳液来提高食品中维生素和营养因子生物利用率的研究后，许多网民回复称这些纳米增强型产品为"食品怪物"[1]。若想充分实现这项激动人心的新技术潜力，则需重点解决这些疑虑，并清楚地阐明所涉及的风险和利益，以便人们做出更明智的决策。

　　经典科幻电影，如《不可思议的收缩人》(*The Incredible Shrinking Man*) 和《奇妙旅程》(*Fantastic Voyage*)，以及最近的电影《亲爱的，我把孩子缩小了》(*Honey, I Shrunk the Kids*) 和《蚁人》(*Ant Man*)，曾经探讨了人体缩小到微观层面的后果。一个微小的人可以进入一个普通人无法进入的地方，如爬过钥匙孔或穿过受伤科学家的静脉来修复他的大脑。另一方面，他们面临着正常人没有遇到过的风险，如被"巨型"蜘蛛袭击或被尘埃粒子击倒。在某些情况下，非常小是显著的优势，而在另一些情况下，这却是一个明显的劣势。食品纳米技术也是如此。

二 | 什么是纳米技术

　　纳米技术经常被大众媒体描述为一种革命性的新技术，它将改变我们的世界，或者作为威胁人类生命的尖端技术的恐怖范例。那么，什么是纳米技术？这些观点的基础是什么？纳米技术是一门关于构建、操控、表征和应用尺寸范围在 1~100 纳米的纳米材料的科学[2]。纳米是十亿分之一（10^{-9}）米，因此纳米材料的尺寸非常小，远低于肉眼可见的尺寸。事实上，人眼只能辨别比这至少大一千倍的物体。

100 纳米是科学家经常用来定义纳米级范围的上限，在某种程度上这种认知是比较随意的，因为当材料的尺寸从 101 纳米减小到 99 纳米时，材料的性质并没有显著变化。即便如此，在纳米尺寸范围内的确会发生一些有趣的变化。特别是当材料的尺寸变得非常小时，材料的光学、机械、电学、表面和生物学性质会发生显著变化。例如，纳米颗粒太小，不会散射光线，因此它们看起来很透明；或者它们非常小，以至于可以穿透生物屏障，如穿过覆盖和保护我们肠道的黏膜。因此，通过长度尺寸控制材料的结构和性质，可以使材料具有对许多商业应用有价值的新颖特征。同时，这些新特性也可能会对我们的健康和环境产生意想不到的影响。

纳米技术已经在以下方面发挥了重要作用：用于计算机和智能手机的更小、更快的存储芯片的开发，更有效药物的设计、汽车和飞机以及许多其他商业应用中强度更高和更轻的材料的创造。纳米技术在食品和农业领域也有越来越多的应用，可用于改善食品的质量、健康特性、可持续性和安全性。本章将介绍一些已经在食品工业中应用的以及可能在未来应用的纳米材料。

三 | 纳米技术简史

尽管纳米技术学科在 20 世纪 80 年代才刚刚形成，但纳米级材料已经被人类使用了数千年。如墨水含有微小的碳颗粒，这些碳颗粒被天然聚合物稳定于墨水中；用于装饰古代陶器的闪闪发光的表面涂层包含微小颗粒，这些微小颗粒可散射光并呈现特征图案；Lycurgus 杯是罗马宝物，起源于公元 5 世纪左右，由嵌入金、银纳米颗粒的玻璃制成，透过光时呈红色，反射光时变为绿色。当然，制造这些材料的工匠们并不知道它们含有纳米颗粒。

自 19 世纪以来，科学家一直在有意识地研究纳米颗粒，但多数情况下，它们被称为胶体而非纳米颗粒。今天，许多公司仍然广泛使用术语“胶体”，因为他们不希望消费者对其产品含有纳米颗粒这一事实有关注，并引起消费者的负面反应。

　　许多科学大师都曾在胶体科学领域工作，这有助于我们对纳米技术的理解。在 19 世纪中叶，乔治·加布里埃尔·斯托克斯爵士（Sir George Gabriel Stokes）开创了一种理论来预测胶体颗粒在液体中上升或下沉的速度。食品科学家仍然使用这一理论来预测牛乳、奶油、软饮料或调料等产品的保质期。在 19 世纪后期，瑞利勋爵（又名约翰威廉斯特拉特，瑞利男爵三世）发明了一个数学方程式，描述了光波如何被胶体粒子散射。食品科学家在设计食物外观时仍然使用这一理论。例如，我的研究小组已经用它来了解营养强化饮料中的维生素颗粒必须有多小才能使产品整体看起来呈现光学透明了（图 10.1）。一旦维生素颗粒的大小低于临界水平，大部分光线可直接穿透它们，并且视觉上不可见。

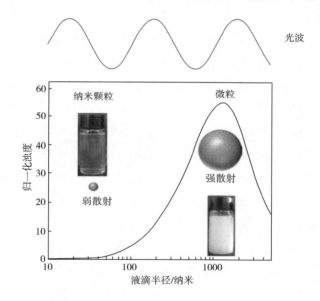

图 10.1
颗粒对光的散射取决于它们相对于光波长的大小（当纳米颗粒远小于光的波长时，它们会微弱地散射光并且看起来光学透明）

　　阿尔伯特·爱因斯坦（Albert Einstein）在 20 世纪初写了一些关于胶体的开创性论文，同时他也在研究量子理论和相对论。他使用简单的方程式（$\eta_R = 1 + 2.5\varphi$）来描述加入少量的胶体颗粒（φ）导致相对黏度增加的情况，该公式仍被广泛使用。这个公式可能不如 $E = mc^2$ 那么著名，但它对于试图控制食物流动方式的食品科学家来说至关重要。例如，我们是否希望产品具有低黏度（如牛奶）或高黏度（如沙拉酱）。尽管他们对该领域做出了重大贡献，但过去曾研究微小颗粒应用的科学家从未认为自己是纳米技术专家。

　　诺贝尔奖得主理查德·费曼（Richard Feynman）通常被认为是现代纳米技术之父。1959 年，他在南加利福尼亚举行的美国物理学会会议上发表了题为"巨型的微观世界"的开创性讲座。在这次讲座中，他介绍了通过在原子和分子水平上构建物质以创造新特性材料的想法。他提议创造新一代高灵敏度显微镜、微型电子电路和微型机器。作为讲座的一部分，他问道："为什么我们不能把整本 24 卷的不列颠百科全书写在一个针头上？"他在这次讲座中介绍的许多创新想法都已经实现了。然而，费曼的谈话在当时基本上没有引起人们注意，直到后来它被重新发现并被认为是纳米技术史上的关键时刻。

1974 年，日本东京科学大学的谷口纪男（Norio Taniguchi）教授首次使用了"纳米技术"一词。这个术语被用来描述制造过程，这些过程可以创造出具有纳米尺度结构特征的材料。然而，现代纳米技术的真正推广是由当时正在波士顿麻省理工学院工作的美国工程师艾瑞克·德雷克斯勒（Eric Drexler）完成的，他撰写了许多有关这一主题的有影响力的科学论文和开创性著作。最著名的著作于 1986 年出版，名为《创造的引擎：即将到来的纳米技术时代》（*Engines of Creation：The Coming Era of Nanotechnology*），其中他描述了可以在原子和分子水平上操纵物质以创造新功能装置的微型机器的发展。

德雷克斯勒的著作受到了纳米技术领域其他杰出科学家的强烈批评，因为它给人们塑造了纳米技术不切实际和可怕的印象。事实上，该书中的一个示例是创造一种"灰色黏性物质"，由可统治世界的微小的可自我复制的纳米机器组成，这是迈克尔·克雷顿（Michael Creighton）小说《猎物》（*Prey*）的主题。另一位诺贝尔奖获得者理查德·斯马利（Richard Smalley）是德雷克斯勒最严厉的批评者之一。德雷克斯勒和斯马利之间激烈的争论引起了人们对纳米技术风险和利益的关注。

德雷克斯勒利用工程原理创造微型机器来制造新一代材料的想法令人兴奋。但是，现存或正在开发的纳米技术离商业应用还有很长的路要走。这些应用通常使用相对简单的制备方法来制造具有成本较低且经济可行的纳米材料[3]。现代工业中使用最广泛的纳米材料之一是碳纳米管。碳纳米管被用于制造极其坚固但非常轻的商品，如棒球棒、自行车车身、高尔夫球杆、汽车、轮船和飞机部件。它们由碳原子组成，这些碳原子连接在一起形成了一个长空心管，这成为迄今发现的最强和最硬的材料之一。无机纳米颗粒（如二氧化钛和氧化锌）用于防晒霜和化妆品中，因为它们会散射大多数光波，从而保护我们的皮肤免受紫外线辐射的伤害。纳米级组件正在用于减小尺寸、减少能量消耗，以提高微电子的性能等用途。各类有机纳米颗粒被用于控制人体内药物的释放或对肿瘤的靶向作用[4]。

纳米技术已经取得了商业上的成功，并且是一个数十亿美元的产业，随着科学家在如何创造和制造这些微小材料方面取得更多发现，这个产业将继续增长。然而，我们距离能够制造商业可行的纳米机器并以德雷克斯勒和费曼设想的方式操控原子或分子这一目标还有很长的路要走。即便如此，科学家们已经证明可以创造出各种小型机器。2017 年春季，在法国南部的图卢兹举行了第一次纳米赛车比赛，共有来自三大洲的六支球队参加比赛。纳米赛车由微小"机器"组成，每台机器由单分子组成，并经由在特制显微镜下提供的电子来驱动。汽车必须沿着 100 纳米金色轨道比赛，请记住这仅为人类头发丝的千分之一，并使用上述显微镜来跟踪沿着轨道的微小汽车的进展。瑞士队在黄金赛道上赢得了比赛，平均时速约为每小时 4.6 纳米。为了让您了解这有多慢，举例来说，纳米车通过我正在写字的桌子最快需要大约 2.5 万年。参与竞赛的科学家并没有尝试开发新的显微传输系统，但正尝试强化纳米技术的应用潜力。在未来，有可能创造出可为我们提供有用功能的微型机器，如进入我们的血液，检查我们的血管系统，然后修复任何堵塞的动脉。然而，我们距离这种类型的未来纳米手术还有一段距离。

四 食品纳米技术的诞生

纳米材料对食品来说并不陌生。我们许多人在婴儿时食用的最早期食物之一是装载了数以万亿级的纳米颗粒。母乳含有酪蛋白胶束的纳米颗粒，它们可以作为婴幼儿生长必需成分（如高生物利用度的蛋白质、钙和磷）的微小包装。因此，像我们这样的哺乳动物在无意识状态下使用天然纳米技术已达到数百万年之久。尽管历史悠久，但第一批将"食品"和"纳米技术"结合起来的科学论文仅在 2000 年初发表。然而，许多食品科学家在此之前几十年来一直在使用胶体颗粒，其中包括我在英国利兹大学的两位导师。埃里克·迪金森（Eric Dickinson）和乔治·斯坦斯比（George Stainsby）教授于 1980 年初发表了食品胶体的"圣经"，总结了几十年来对我们所吃食物中发现的微小颗粒性质的研究，如脂滴、气泡和冰晶。

当我应邀合著一篇食品科学杂志的综述文章时，我才开始认真思考食品纳米技术。我的第一印象是，纳米技术只不过是传统的胶体科学正在被重新包装，并赋予了它更适宜的名称。通过将我们的研究称为"纳米技术"而不是"胶体科学"，我们的著作将更容易得到资助和出版。然而我越来越认为纳米技术有一些独特之处。对我来说，材料的小尺寸不是最关键的方面，而是通过有意地操纵其结构元素来设计具有新颖功能特性的材料的概念。传统的胶体科学主要关注的是微观粒子在我们食物中的表现，而纳米技术则专注于设计、制作和应用新型纳米颗粒和其他创新的纳米材料。

越来越多的科学论文发表了包含"食品"和"纳米技术"的文章，可以看出人们对食品纳米技术学术兴趣的迅速增长。自 2002 年首次发表以来，已有 1400 多篇关于食品纳米技术的论文，并且数量每年稳步增加。令人感兴趣的是，大多数食品企业（特别是位于欧洲的食品企业）正在避免使用"纳米技术"或"纳米颗粒"这两个术语，因为它们对于某些消费者具有负面含义。正如本章开头所提到的，有些人反对在食品中应用纳米技术，因为他们担心潜在的健康风险。这意味着支持食品纳米技术研究的企业基金已基本枯竭，特别是在那些将纳米颗粒嵌入食品本身的应用方面。这不是一个好现象，因为仍然需要大量的研究来充分探索在食品中应用纳米技术的益处和风险。

纳米技术可以通过多种方式被利用，以增加人类的食物供应。举几个例子，它可用于制造微粒，增加维生素的生物利用度；制造纳米结构的过滤器可净化饮用水；制造微型传感器，以追踪作物的营养状况；或创造智能包装材料，以保护和监控食物质量。关于食品中使用纳米技术的潜在利益和风险，有许多夸张的说法。本章余下部分将重点介绍食品中使用的纳米材料的类型、如何使用以及潜在风险。

五 | 食品纳米材料

食物含有多种肉眼看不见的微小物体，包括牛奶中的脂肪球、黄油中的脂肪晶体、搅打奶油中的气泡和酱汁中的淀粉颗粒（图10.2）。然而，即便是这些微小的物体，仍然因体积太大而不能被认为是纳米材料。纳米材料非常小，通常至少有一个尺寸在1~100纳米范围内。在食品中可以发现各种各样的纳米结构材料，包括纳米颗粒、纳米纤维、纳米管和纳米海绵。这些纳米材料可能是天然存在的、有意添加的或无意中留下来的。

纳米颗粒天然存在于许多食物中，包括牛奶中的酪蛋白胶束，坚果、种子、豆类中的油，以及蛋中的脂蛋白[5-8]。人类食用这些食物已经几千年了，而它们对人类健康没有任何不利影响，这说明了这样一个事实：并没有因为某种东西是纳米颗粒，而使它本身具有危险性。我们所食用的纳米颗粒的性质如大小、形状、电荷和成分等，决定了纳米颗粒是否具有潜在危害性。纳米颗粒也可以通过工业过程制造。这些人工纳米颗粒可以有意添加到我们的食物中以改善其质量，或者也有可能在食品加工或储存过程中无意中进入我们的食物[9-11]。人工纳米颗粒旨在为食品创造理想的特殊效果，如增强外观、质地、稳定性或营养。这种类型的纳米颗粒通常用于包埋营养素、营养因子、色素、香料和防腐剂，或改变食物的外观、质地或味道。

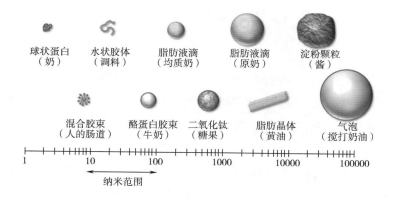

图 10.2

食品中常见的某些类型颗粒的典型尺寸（纳米范围通常为 10~100 纳米，但有时上限向上拉伸）

由于诸如均质化、研磨或烹饪等常用的食品加工操作，而使纳米颗粒存在于食品中[12,13]。在这些情况下，食品企业并不打算在他们的产品中使用纳米颗粒，他们甚至并不知道它们在哪里，这只是生产食品的正常生产操作的自然结果。纳米颗粒也可以通过其他途径无意中进入食物，还可以通过纳米包装材料迁移入食物或者通过环境进入食物，如喷洒在农作物上的纳米农药。因此，科学家必须准确了解我们的食物中存在哪种纳米颗粒，它们是如何到达的以及它们的作用方式。

食品中发现的纳米颗粒以许多不同的方式影响其功效和潜在的毒性。它们的组成成分、形状、电荷、聚合倾向以及许多其他特征可能有所不同（图 10.3）。首先，基于它们的成分（有机／无机）和消化率（可消化／难消化）对食物中的纳米颗粒进行分类是有用的，因为这是影响它们在肠道的命运以及潜在毒性的两个最关键因素[14]。通常，难消化的无机纳米颗粒（如银纳米颗粒）比可消化的有机纳米颗粒（如脂肪纳米颗粒）更成问题，但这仍然需要具体情况具体分析。

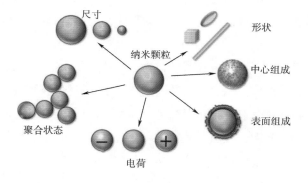

图 10.3

应用于食品和农业的纳米颗粒（具有各种尺寸、形状、结合形式、表面性质、聚合状态和电荷）

1. 无机纳米材料

您可能会惊讶地发现，食品和农业中使用的许多纳米颗粒都是由无机物质组成的，如银、金、铜、铁、钛、硅、锌及其氧化物[15]。氢氧化铜纳米颗粒用作农药来处理农作物。银纳米颗粒可以被嵌入包装材料中或喷洒在我们的作物上以杀死可能导致食物变质或疾病的微生物。二氧化钛纳米颗粒可用于为食品和饮料增白增亮。在一项广为引用的研究中，美国亚利桑那州立大学的保罗·韦斯特霍夫（Paul Westerhoff）教授及其同事表示，从超市购买的一系列商品中二氧化钛含量高，这些商品包括糖果、口香糖、粉状甜甜圈、酸奶、调味品和奶粉[16]。该研究还发现，由于其食用产品类型如糖果和蛋糕的特殊性，儿童对这些纳米颗粒的暴露量比成人高。

在2018年夏天，我参加了一个纳米技术方面的会议，会上宣布法国政府计划禁止在食品中使用二氧化钛。该决定是基于几项研究做出的，这些研究表明微小二氧化钛颗粒可能会对我们的健康产生不利影响。此外，它们存在于食物中只是为了更好看，因此它们的去除不会给产品营销造成重大困难。这种类型的纳米颗粒用于食品的主要原因是它特别强烈地散射光线，可导致明亮的白色外观。这与将二氧化钛纳米颗粒掺入许多涂料中的原因是一致的。由于对其安全性的担忧，许多法国食品企业已经重新调整产品配方以去除二氧化钛。同样，美国食品企业唐恩都乐（Dunkin Donuts）公司已经从撒在甜甜圈上的白色粉末中去除了二氧化钛。值得注意的是，美国和欧洲的监管机构已经审查了二氧化钛的安全性数据，并得出了没有健康问题的结论。即便如此，一旦消费者对特定成分产生了不满，食品企业通常会重新调整产品配方。食品科学家面临的挑战是寻找具有相同美学性质的其他物质，但这些物质必须是安全的、价格合理的，并且不会对食品质量产生负面影响。存在于黑板粉笔、石灰石和大理石中的碳酸钙粉末是替代二氧化钛成分之一。当它被制成微小颗粒时，非常强烈地散射光线可使它们呈现亮白色。一些公司甚至开发了可用于替代二氧化钛的全天然植物颗粒，这些成分尤为重要，因为消费者更认同标签上成分安全的产品。

二氧化硅纳米颗粒，基本上是微小的砂粒，用作抗结块剂，使咖啡奶精和香料等食品粉末的流动性更好。在过度惊慌之前，应该注意的是二氧化硅颗粒在一些植物性食物中天然存在，也可以起到促进骨骼生长和提高骨骼强度的作用。然而，关于对纳米形式二氧化硅的担忧仍然存在。事实上，欧洲食品安全局最近宣布，由于缺乏对这种微小二氧化硅的系统毒性研究，无法肯定地说这种类型的纳米颗粒是安全的。食品中也使用了各种其他类型的无机纳米颗粒以产生特殊效果，这部分将在后面介绍。

2. 有机纳米材料

有机纳米颗粒由碳基材料制成，可以是天然的或合成的[14]。在食品中，用于制造可食用纳米颗粒的最常见的有机材料是脂肪、蛋白质和碳水化合物。许多使我们的食物味道鲜美的风味物质不易溶于水，如橙子、柠檬、酸橙、大蒜或生姜。因此，它们必须包裹在微小的脂滴中，然后才能加入到我们的食品和饮料中。这些脂肪液滴涂外包覆着一层极薄的乳化剂分子，以防止它们相互碰撞时融合在一起。均质奶充满了涂有乳蛋白的脂肪微球。牛奶还含有由蛋白质、钙和磷酸盐组成的天然纳米颗粒，称为酪蛋白胶束。来自牛奶和其他来源的蛋白质分子可组装成尺寸在纳米级的微球或长毛状结构。来自木材和植物的纤维素以及来自蘑菇和蟹壳的壳多糖是碳水化合物，通过强酸处理，可以转化成纳米纤维或纳米颗粒。食品科学家正在寻找创造性的新方法，以将不同种类的食品成分组装成具有新颖功能特性的纳米材料。关键是使用商业可行的方法制作，以确保它们一旦被掺入食物也能稳定存在，并能保证其食用安全。

3. 如何制备纳米颗粒

如何制备为食物提供增强或特殊效果的微小颗粒呢？现在已经有许多组装方法来制备食品级纳米颗粒了，目前还有更多的方法正在开发中。总体来说，纳米颗粒可以使用两种方法制备：结合法和分解法[17]。对于分解法，可通过使用专用机器施加强大的机械力，将较大的颗粒击碎为较小的颗粒。在我自己的研究中，利用高压微射流均质机施加高压，可迫使脂肪、水和乳化剂的混合物通过一系列微通道来制备脂肪纳米颗粒。两股混合物流体相互碰撞，可使脂肪破碎成微小的碎片。有时，我们还使用类似高能量超声波扬声器的方法将极强声波施加到脂肪－水－乳化剂混合物中。这些超声波的频率高于人耳的范围，因此即使它们非常强烈，但由于频率过高，反而人体听不到。超声波会导致脂肪颗粒猛烈地震动和破碎，就像玻璃可能会在一个有强大声音的歌剧歌手面前破碎一样。人们可以使用专用研磨设备在极高压力和速度下，将糖粉、可可粉或巧克力等固体材料磨成成非常细的颗粒。

在结合法中，通过创造条件将一组分子聚集在一起并相互结合产生纳米颗粒。这些分子能够组装成纳米颗粒，因为它们比周围的其他分子更容易相互吸引。

同理，可以使用结合法制备纳米颗粒。通常先将物质溶解在合适的溶剂中，然后改变环境条件，使物质的分子自发地相互结合并形成纳米颗粒。人们已经开始使用这种方法形成维生素 E 纳米颗粒的悬浮液了，它们非常小，不会强烈散射光线，因此看起来显现为光学透明（图 10.1）。这些含维生素的纳米颗粒可用于透明的强化饮料，如富含维生素的水或软饮料。

类似的结合法可以制造金属纳米颗粒，如由金、银或铜组装的金属纳米颗粒，可用于食品和农业中作为抗菌剂、传感器、化肥或杀虫剂。然而，许多用于制备金属纳米颗粒的传统方法被使用于相当苛刻的环境条件以及合成化学品。出于这个原因，研究人员正在开发"绿色化学"方法来生产它们，其中合成化学品被天然的化学品取代，例如茶、咖啡、香蕉或葡萄酒的提取物[18]。此外，某些类型的微生物，如一些细菌、酵母和病毒，可被诱导用于从天然材料生产纳米颗粒。这些绿色化学方法可促进开发更可持续和环保的方法来制备食品纳米材料。

通过选择不同的成分和制造方法来制备具有不同成分、尺寸和形状的纳米颗粒。不同功能特性的纳米颗粒可适合于不同的特定应用。例如，小的可消化脂肪纳米颗粒可用来增加维生素的生物利用度，而大的难消化的银纳米颗粒可用来持续杀死水果和蔬菜上的细菌。在过去十年左右的时间里，研究人员进行了越来越多的研究，发现了更具创造性的方法来生产具有可调功能特性的食品级纳米颗粒。

4. 我们如何观察和测量纳米材料

纳米材料具有极其细小的结构，这是我们用肉眼或传统显微镜无法看到的。那么我们怎么知道它们的样子和由什么制成的呢？可使用专门的分析工具来表征这些微小的颗粒[19]。在 20 世纪 80 年代，促成纳米技术快速发展的最重要的事情之一就是引入了强大的新型的原子力显微镜，能够提供分子水平的材料图像。原子力显微镜使研究人员有能力拍摄纳米材料细小结构的三维快照，看到他们正在制造的东西，设计和微调具有新颖特性的各种创新纳米材料。

我的研究小组主要用蛋白质、脂肪和碳水化合物制造食品级纳米颗粒。然后，我们使用一系列复杂的分析工具来表征这些颗粒的特征。我们最常用于测量食品纳米颗粒尺寸的工具为动态光散射，激光束在纳米颗粒的悬浮液上被发射，并且测量反射光束强度随时间而波动：波动越快，颗粒移动得越快，因此它们的尺寸越小。然后使用数学理论根据测量的波动强度计算粒度。我们使用相同的仪器通过测量施加电场时它们移动的方向和速度来计算纳米颗粒上的电荷（正、负或中性）。这些信息非常重要，因为它可以深入了解纳米颗粒的表面特征，以及它们彼此黏附或黏附到其他表面（如我们身体内部）的倾向。最后，我们使用强大的电子显微镜来观测纳米颗粒的大小、形状和相互作用。一些现代电子显微镜甚至可以告诉你纳米颗粒是由什么制成的。这些知识非常重要，因为纳米颗粒的性质决定了它们在我们食物中的表现，以及它们是如何与我们的身体和环境相互作用的[14]。我已经使用这些微小颗粒如此长时间，以至于我已经忘记表征是苍蝇眼睛千分之一大小的东西是多么令人震惊！

5. 为什么纳米材料具有独特的性质

　　一些人对食品纳米技术存在很高的热情并对其高度关注的原因在于纳米材料具有非常精细的结构且具有一些独特的性质。那么，当材料变得非常小时会发生什么变化呢？我将通过图10.3所示食品中最常用纳米材料为例来阐述这一点。

　　（1）尺寸小　纳米颗粒比我们食物中常见的许多其他粒子小得多，如气泡、脂滴或冰晶。因此，相对于传统食物颗粒，它们可以穿过更小的孔。1957年科幻电影《不可思议的收缩人》（*The Incredible Shrinking Man*）中，当主人公的船通过神秘雾气时，他的身材开始缩小。结果，他可以进入人体正常身材无法进入的地方，如火柴盒或玩具屋。在为特定应用场景设计食品纳米颗粒时经常使用该特性。纳米肥料由微小颗粒组成，可以通过植物表面的孔隙，从而为内部提供营养[20]。抗菌纳米颗粒非常小，可以穿过微生物细胞的外层防线并杀死它们[21]。微量营养素输送系统含有微小的维生素或营养功能因子，可以穿透肠道黏性黏膜层的细孔，从而增加其生物利用度[22]。

　　纳米颗粒的小尺寸也意味着它们比大尺寸颗粒的聚集和沉降稳定性更佳[23]。这是因为它们会更强烈地受到周围分子不规则效应的影响。想象房间里被一群苍蝇困扰的大象和乒乓球。苍蝇不断地嗡嗡作响，经常碰到房间里的物体，就像液体中的分子碰到任何分散在液体中的颗粒一样。大象是如此之大，以至于它被苍蝇击中时不会移动，但是乒乓球会胡乱地前后反弹。同理，纳米颗粒也可以这种方式被环绕它们的液体中的其他分子稳定地簇拥着，而较大的颗粒不会。这种效应被称为布朗运动，由英国植物学家罗伯特·布朗（Robert Brown）首次发现。1827年，布朗通过显微镜观察到悬浮在水中的一些花粉在杂乱无章地移动着。阿尔伯特·爱因斯坦（Albert Einstein）是为这种混沌运动的数学描述做出贡献的科学家之一，并将其作为证明原子和分子存在的重要证据。这种现象对于饮料企业试图制作具有长保质期的软饮料至关重要。当风味物质的脂肪液滴足够小时，布朗运动的随机化效应克服了重力的拉力。因此，饮料将保持其所需的外观更长时间，产品的顶部或底部不会有难看的浮渣。正如稍后介绍的，小尺寸的纳米颗粒也可用于生产光学透明的食品和饮料产品，因为小颗粒仅非常弱地散射光。

　　（2）表面积大　当物体被分成越来越小的颗粒时，其总表面积越来越大。卷成球的1克脂肪的表面积约为5平方厘米，大约与我的拇指指纹一样大。然而，如果将其分成数以万亿计的微小纳米颗粒（10纳米），其总表面积约为600平方米，则其表面积大约是双打网球场面积的两倍。纳米颗粒的大表面积对于它们的许多应用是至关重要的。纳米过滤器需要大的表面积来过滤掉流过它们的水中的污染物。纳米传感器需要较大的表面积来增加目标分子与其结合时产生的信号强度。许多化学反应发生在颗粒表面，因此表面积的增加使它们反应更加迅速。

（3）更高的反应性　由于量子效应，当颗粒内部物质变得非常小时，物质的性质会发生明显变化[3]。这意味着纳米颗粒的光学、电子、磁性、物理和化学性质通常与大尺寸的同一物质不同。例如，金块呈黄色，但纳米级金颗粒的悬浮液依其尺寸大小可能会出现红色或紫色，因为它们与光波的相互作用不同。这些现象使得纳米材料具有新颖的光学性质或能成为更有效的催化剂。然而，在纳米尺度上出现独特性质的事实也意味着在评估纳米材料的潜在毒性时，我们必须特别谨慎，因为它们的表现与传统材料完全不同。

六 │ 农业纳米技术

正如本书其他部分所述，现代食品体系面临着众多挑战。全球人口继续增长，意味着我们必须生产更多的食物，但不能对我们的环境造成进一步的破坏。因此，农业实践必须增加生产力和提高生产效率。我们需要增加产量、改善营养品质、减少浪费、降低污染，同时应强调生物多样性和经济可持续性。纳米技术有潜力解决一些这样的挑战[24]，下面将要介绍纳米技术在农业中的一些重要应用，如图 10.4 所示。

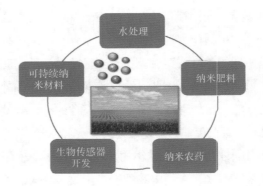

图 10.4
纳米技术在农业领域具有多种潜在应用包括农药和化肥的包埋和输送、水处理以及生物传感器的开发

1. 纳米水处理

大规模的食物生产正在破坏人类有限的水资源。在全球范围内，超过 70% 的可用水目前用于食物生产，这一数量随着人口的增长还会增加[25]。因此，认真管理我们的水资源对于确保可持续的食物供应至关重要。农业用水经常被农药和化肥污染，进而污染我们的环境。从食品工厂排出的废水通常含有营养物质，如蛋白质、脂肪、碳水化合物、维生素和矿物质，本可以用来为我们提供营养，但目前都流失了，并且还在危害环境。用于生产或清洁食物的水有可能被病原微生物污染而让人生病。

正在开发新型纳米技术来解决这些与水有关的问题。正如后面所讨论的那样，纳米传感器的设计旨在通过更准确地了解植物何时需要浇水来减少灌溉农作物的耗水量。用金属、碳或聚合物制成的纳米纤维组装成过滤器，以吸附水中的营养物或污染物。这些纳米过滤器可以清除农场、工厂和家庭排水中的有机和无机污染物，如农药、化肥、药物、抗生素、金属或微生物污染[18]。在某些情况下，这些被去除的物质可进行净化和再利用，以减少环境污染和浪费，提高可持续性。科学家正在开发一种纳米过滤器，以期可以选择性地从排出工厂的废水流中提取物质，并将其转化为有价值的产品。例如，可收集蛋白质、膳食纤维或营养保健品，并将其转化为功能性食品成分。某些制造纳米过滤器的材料也可以杀死污染了病原微生物的饮用水，如银纳米颗粒和碳纳米管在杀死有害细菌方面特别有效。

随着我们消耗越来越多的淡水资源，从咸水中提取纯净水的需求越来越迫切，因为海洋中都是咸水[18]。常规的盐析方法（如反渗透法），是有效的，但是能耗高。一些有潜力的中试研究表明，纳米材料可能提供低能耗的替代品。当咸水流经由纳米纤维编织而成的膜时，只允许水通过，而盐不能通过。尽管这些早期发现是可喜的，但还需要做更多的工作才能创造出具有经济可行性的纳米级海水淡化装置。

2. 用纳米杀虫剂保护作物

世界上目前种植的大部分食物都会因为微生物、昆虫和动物等害虫造成损失[26]。如果我们要解决全球人口日益增长的食物需求，就必须减少这些损失。

农药的发明是我们抗击害虫的重大突破。自古以来，我们一直使用天然和合成杀虫剂来保护我们的作物[27]。例如，有证据表明，古人曾使用诸如稻草、木头或骨头等废弃物燃烧产生的烟雾、熏作物，以驱走或杀死害虫。烟雾通常含有碳基纳米颗粒，这可能是最早使用纳米农药的例子之一。现代农药大规模生产和应用始于 20 世纪 40 年代，这导致农业生产力的大幅提高和食物成本的降低，但也引起了前一章讨论的严重的环境问题。

发达国家的消费者经常对农药有不好的看法，但通过农药的使用来减少作物损失和提高作物产量以确保食物的可持续供应至关重要。当然，必须理智使用虫害控制系统。现代农业大量地使用农药造成了土壤、水和空气的污染，有时甚至污染了我们的食物。食物中某些农药的高残留可能会造成某些慢性病发病，如癌症、肥胖和哮喘，尽管很难确定两者之间存在必然的联系[28]。农药的过度使用导致虫害抗性，会降低常规农药的功效。因此，需要减少农药的使用量，设计更环保，对自然资源产生更小的负面影响的替代物。纳米技术有可能创造出新一代更有效的杀虫剂，从而降低使用水平，以减少对环境的破坏。

通过将杀虫剂包埋在纳米颗粒中可以增加杀虫剂的效力，对纳米颗粒进行大小、形状和电荷的精准调整可提高其有效性[29,30]。例如，来自美国康涅狄格农业实验站的杰森·怀特（Jason White）博士及其同事已经证明，纳米级氧化铜在保护西瓜免受微生物损害方面比传统方式更有效（图 10.5）。该研究清楚地证明了纳米农药在提高植物产量方面的潜力。许多使作物枯萎的病原菌通过其根、茎和叶中的微小孔隙进入植物内部。因此，不能使用仅在植物表面累积的常规杀虫剂杀死这些害虫。包埋农药的纳米颗粒非常小，可以穿透孔隙并进入致病细菌所在的植物内部，释放有效物质并杀死细菌，使植物茁壮成长。

图 10.5
纳米颗粒形式的铜比传统的铜溶液更有效地保护西瓜免受微生物
（镰刀菌）感染。
康涅狄格州农业实验站杰森怀特博士提供的照片

为达到这一目的，现已有包括由钛、银和铜等制成的多种抗菌纳米颗粒投入使用。这些金属纳米颗粒可非常有效地杀死感染农作物的常见细菌和真菌。然而，必须详细了解纳米颗粒的最终去向[31]，是留在植物中还是被释放到环境中？如果它们被释放，可能会影响周围的水和土壤中的微生物群落，对生态环境产生不利影响。相反，如果它们留在植物内，则可能被动物和人类食用，对健康产生潜在的有害影响[32]。例如，纳米颗粒可以穿过我们的肠道并选择性地杀死生活在那里的某些类型的细菌。肠道微生物群的这种变化可能对我们的健康产生有益或不利的影响，这取决于哪些细菌被选择性地除掉。

常规农药的问题之一是它们很容易从植物表面被洗掉，然后污染环境[20]。事实上，施用于农作物的大部分农药也会由于这个原因而流失。纳米杀虫剂可设计成能够黏附在目标物表面，如作物的叶子或昆虫的身体。可以使纳米颗粒带正电，而植物和昆虫的表面带负电，从而通过电荷吸引力黏合在一起。因此，纳米颗粒的功效通常远高于传统的农药，使用较低的剂量也可以产生相同的效果，从而降低农药使用量，减少污染和环境破坏。

纳米尺寸上构建材料的发展可促进控制或触发农药释放过程的创新。这些复杂的输送系统可做到农药的缓释，而不是一次性释放它们，这可以减少浪费以及减少整个生长季节的处理次数。或者通过它们对环境中的特定触发因素如温度、pH 或湿度的变化进行响应，从而更有针对性地使用杀虫剂。例如，纳米杀虫剂可以在胶囊内被捕获，当温度升高超过一定水平时，胶囊释放纳米杀虫剂，这可能是植物最容易受到虫害侵袭的时候。

3. 使用纳米肥料为植物施肥

植物可从空气中吸入二氧化碳并将其转化为糖。糖可以作为能量存储的结构形式，该过程可使用太阳光提供动力和能量[33]。就像人类一样，它们也需要从环境中吸收水分和营养素，这样他们才能生长和繁茂。

自然环境无法提供农作物所需的所有营养成分，因此我们必须为它们提供所需的以及相对平衡的宏量营养素和微量营养素。始于 19 世纪的大规模工业化生产氮、磷和钾等肥料，为农业生产带来了变革，这使我们能够从同等规模的土地上获得更高的农业产量。另一方面，化肥的广泛使用也会带来许多负面的环境后果，如污染水和土壤。

我之前提到的杰森·怀特博士研究纳米颗粒与农作物的相互作用。在 2018 年春天，杰森在马萨诸塞大学的研讨会上展示了他的一些开创性研究成果。杰森是一名毒理学家，十多年前他开始工作时主要关注的是纳米颗粒对环境造成的潜在破坏。然而，研究发现：在大多数情况下，纳米肥料基本没有不良影响。相反，他经常发现它们具有有益的作用，如提高作物产量，促进作物恢复和减少环境破坏。因此，现在他同时研究在农业应用中使用纳米肥料的风险和益处，并认为如果合理地使用纳米技术，它将在提高食物供应的生产力和可持续性方面发挥重要作用。下面重点介绍这个快速发展领域的一些最新发现，以了解纳米肥料的潜力。

肥料是天然或合成的物质，通过提供生长和生存所需的能量和营养来促进农作物的生长[33]。这些物质可以是宏量营养素如氮、磷和钾，或微量营养素如锌、铜和锰。受纳米技术用于增强杀虫剂功效的启发，纳米技术也可用于肥料。研究表明，纳米形式的植物营养素的表现与传统形式不同[34]。纳米肥料可以产生有益效果，如促生长、减少损失和提高植物的营养品质。但是，它们也会产生相反的效果。因此，纳米颗粒对农作物健康的影响取决于纳米颗粒的性质、植物的特性以及环境条件[20]。所以，应根据具体情况确定其对特定作物的应用。此外，许多纳米肥料在低水平使用时具有有利效果，但在高水平使用时会产生不利影响，因此需要仔细确定最佳剂量。

纳米肥料是如何工作的？由于它们的体积极小，纳米肥料可以穿透作物根、茎或叶中的微孔，到达植物内最需要营养的地方[34]。此外，纳米肥料可以牢固地黏附在植物表面，从而减少肥料流入环境并污染周围环境的可能。该领域仍处于起步阶段，研究人员正努力准确了解不同种类的纳米颗粒应用于植物时的作用机制。研究表明纳米肥料的表现相当复杂，它们可能被完整地吸收，也可能在溶解后被植物吸收。在某些情况下，它们甚至可能先溶解，然后被运输到植物中，最后在植物内部进行沉淀回到纳米颗粒的状态。

如果证明纳米肥料安全有效，那么其商业应用的另一个重大挑战是增加成本。传统的肥料大量使用低成本材料，更换它们可能并不总是经济可行的。由于这个原因，在科研实验室开发的许多纳米肥料并不适合在现实生活中使用。然而，在计算成本时，除考虑与传统肥料相比纳米肥料的价格较高外，还需要考虑减少作物损失和提高生产率所带来的收益因素。例如，有研究表明，纳米肥料每英亩（约 4047 平方米）将额外花费 26 美元，但每英亩西瓜产量增加了约 4600 美元[20]。

我们已经强调了推进纳米农药、化肥开发和应用所需的关键步骤[25]，但仍需要进行详细的生命周期分析，包括纳米颗粒是如何从土壤转移到根部、叶子、昆虫、动物、人类和环境的；需要更好地了解食用含有纳米颗粒的植物的潜在毒理学效应；还需要了解将纳米颗粒从一代植物转移到另一代植物（如亲代、子代、子二代）的可能性；应研究纳米颗粒在我们的环境中的持久性及其对植物和土壤中微生物组群的影响。有许多未解决的问题，显然需要更多的研究。

4. 精准农业：纳米监控

通过采用更好的方法监测作物在整个生命周期中的成熟度、营养需求或健康状况，可以提高产量、减少损失和提高作物的品质。然后，可以使用自动化系统在需要的时间和地点精准灌溉、施肥或洒药，或者在合适的时间收获作物。但是这些系统需要数据来有效地执行他们的任务[35]。

传统来说，农民只能通过收集样品并将其送到专门分析实验室来获得有关其作物状况的详细信息，这是一个耗时且昂贵的过程，所以很少有人进行这些测试。现在，农民正在使用廉价的手持设备（有时被称为"芯片上的实验室"设备）来快速获取有关其作物的信息[36,37]。许多这些纳米设备类似于药店提供的验孕棒。收集植物组织样品，与水混合，切碎，然后将其放入微型测试室中。如果样品含有受测成分，如植物健康的生物标志物，则传感器会指示这一点。这些测试的结果与我们看病时所获得的检测结果相似。

下一代传感器将位于植物或土壤中，它们将不断向远程计算机发送数据，从而可以更精确地控制作物的生产[38]。许多科学家正致力于使这类传感器更便宜、更坚固、更可靠，以便推广使用。这些装置可用于检测作物上是否存在病原体，如有害微生物或有毒化学物质，从而改善植物健康和食品安全。更快的虫害检测可使农民在农作物损失之前使用杀虫剂，从而减少浪费并提高可持续性。研究人员已经证明，当农作物被农药污染时，由碳纳米管制成的传感器可被植物吸收并向智能手机发送信号[39]。这类精准农业技术未来可能会兴起。然而，用碳纳米管传感器处理田地中的所有植物在商业上不太可行，因为它们的价格昂贵。但人们不得不吃这些作物，所以某些植物可以作为所有作物的指示物。

5. 可持续纳米材料

通过将农业和粮食生产中的废弃物转化为有价值的材料，可以提高食物供应的效率和可持续性[25,40]。从木材、棉花和食物垃圾中提取纤维素，然后将其转化为纳米纤维，已在各种食品和非食品上应用。将这种纳米材料添加到食品中可减缓淀粉和脂肪的消化，防止血糖或血脂水平的飙升，从而对健康有益。它还可以模仿脂肪的质地和口感，用于降低脂肪类食物（如汉堡包、调味品或饼干）的热量。另一个非常特殊的应用是将纳米纤维素应用于食品包装，以制作环境友好型的塑料替代品。纳米纤维素作为超级吸收剂的应用正在探索中，以期取代卫生棉条、尿布和失禁垫中的合成聚合物[41]。在这种情况下，纤维素纳米纤维组装成干燥的垫，可以吸收更大量的血液或尿液。因此，无论纳米纤维素用于汉堡包、混凝土还是尿布，它都是将大量的废弃物转化为高价值产品的一个很好的例子，它可以更好地利用自然资源，创造新的产业和就业机会。

生物质炭是纳米结构材料的另一个例子，因其可作为增值功能材料的潜力而得到积极研究。生物质炭是一种通过在低氧水平下燃烧农业废弃物而产生的物质[42,43]。它含有高含量的碳和矿物质，因此可以用作提高作物产量的营养源，以防止碳释放到环境中，减少温室气体的排放，以及可以使废物转化为有价值的肥料。研究表明，生物质炭还可以通过帮助保持水分来改善土壤质量。现在科学家们正在解决的问题是生物质炭能否低成本生产，以养护大片耕地？

6. 食品生产中的纳米技术

纳米技术也正被用于改善我们所吃食物的品质、健康和安全[2,44,45]。尽管在这个领域工作了十多年，我仍然对纳米技术可以解决的各种问题感到惊讶。它是一种高度通用的技术，实现起来非常简单（图10.6）。

7. 纳米控制致病因素：提高安全性并减少浪费

我们进食是因为食物是丰富的营养来源，可以帮助我们成长和生存。然而，环境中的

图 10.6
纳米技术在食品领域有许多不同的应用,包括有效成分
的包封和输送、质地和光学性质的改变、增强生物活性、
改善稳定性和开发传感器

大量微生物也是一样的(如果他们有大脑也会这样想)。有些细菌会破坏我们的食物,因为它们会消化食物并排出废物,缩短保质期导致食物浪费。其他微生物使用我们的食物作为载体进入我们的身体并使我们生病。因此,人类正在与这些腐败和致病微生物进行持续斗争。纵观历史,人类已经创新了限制这些不良微生物对食物污染的方法。传统上,诸如干燥、盐腌、冷冻或烹饪的方法被用于杀死微生物或将其生长限制在不会造成问题的水平。最近,我们开发了一系列化学抗菌剂来控制这些微小的害虫,如有机酸、苯甲酸、二氧化硫和硝酸盐。然而,随着微生物产生抗性,许多化学试剂正在失效。此外,食品行业目前正尝试使用更加对消费者友好的物质替代其产品中令人讨厌的化学品。由于这些原因,人们一直在寻找更有效的新型抗菌剂,特别是全天然抗菌剂。纳米技术作为抗菌武器库中正在探索的新武器,初步展示了良好的应用前景[21]。

由金、银、铜和钛等制成的金属纳米颗粒,已被证明是特别有效的抗菌剂[21]。这些微小的颗粒穿透微生物的外层并将其刺出孔洞,导致了其重要的细胞器的流出。有些纳米颗粒还会产生活性氧,破坏维持微生物存活的细胞机器,如 DNA、酶和脂质。虽然它们通常是非常有效的抗菌剂,但金属纳米颗粒不是很友好的物质,因此仍需推动天然替代品的开发。

我的同事食品微生物学家林恩·麦克兰茨伯勒(Lynne McLandsborough)教授和我正在开发全天然可食用的抗菌纳米颗粒。这些纳米颗粒富含从食用植物中提取的精油,这些食用植物包括百里香、大蒜、丁香、薄荷、柠檬或肉桂等。精油由植物分泌,使用天然防御机制对抗虫害如细菌、酵母、真菌和昆虫[46]。不断改进使得它们对广谱害虫控制非常有效。已经证明，抗菌纳米颗粒可以通过破坏外层涂层并使其内部生理机制失效而渗透到微生物中杀死它们[47]。研究还表明它们在控制新鲜农产品细菌水平方面非常有效，如绿豆、苜蓿种子和萝卜种子[48,49]。因此，天然来源的纳米颗粒可用于替代目前商业化的粗暴处理手段，如使用浓缩次氯酸钙溶液处理即将上市的新鲜农产品。由于我们被鼓励吃更多的新鲜水果和蔬菜，因此患食源性疾病的风险有所增加，因为没有热处理来杀死可能造成污染的微生物。因此，开发有效方法确保它们安全至关重要。

菲利普·德莫克里托（Philip Demokritou）教授是领导哈佛大学公共卫生学院纳米技术和纳米毒理学中心的非常活跃的科学家。菲利普提出了一种利用纳米技术杀死食物中细菌的新方法，即使用纳米水喷洒它们[50,51]。他的团队创造了一种特殊的装置，将水转化为极细的纳米雾滴，其中充满了活性氧。如前所述，活性氧对细菌非常致命，当纳米水接触到它们的表面时，就会致死。菲利普已经在水果和蔬菜上做过应用。

通常，抗微生物纳米颗粒可通过多种方式处理食物中的微生物。它们可用于厨房和食品生产车间接触面的消毒，也可用于清洁食品的外表面；它们可以嵌入食品包装中以杀死与它们接触的任何微生物。只要它们是安全可食用的，甚至可以加入食品内部。将抗菌纳米颗粒引入食物的一个问题是它们可能穿过我们的肠道并干扰我们的肠道菌群，从而改变我们的肠道微生物组。正如前一章所述，这可能对人们的健康和幸福产生破坏性影响。

8. 进入基质：改善成分相容性

食品企业在食品中加入了许多不同种类的成分，以提高其品质、安全性和营养价值，包括色素、调味剂、维生素、营养功能因子和防腐剂。许多食品成分彼此不相容，这使得设计食品具有挑战性。例如，尝试在厨房中将油和水混合在一起，它们会迅速分离，因为油和水分子更喜欢与类似的分子（油与油、水与水）待在一起，而不是油和水混合在一起。纳米技术可用于克服许多成分不相容的问题。

我的研究团队经常使用纳米乳液将疏水性分子掺入含水食物中，如软饮料、调味品和酱[52,53]。这些纳米乳液由漂浮在水中的微小油滴组成，每个油滴都涂有一层薄薄的乳化剂，阻止它们分离。我们使用这些纳米乳液将疏水性维生素、香料、色素和营养功能因子加入到食品中。我们还将这些纳米乳液转化为粉末，以便在面包、谷物和零食等干燥食品中使用。

9. 从内到外提高食品品质

许多业外人士会认为成为食品科学家能做的一件很酷的事就是可以吃掉实验品。但在实践中，这种情况很少发生，因为我们使用的许多模型食品都是不可食用的，有时甚至是有毒的。然而，实验室开发的任何成功的新技术最终都应该进入商业食品或饮料中。如前几章所述，如果我们想要创造一种更健康、更可持续的食品，重要的是我们要制作外观、质感和口感都良好以及有长保质期的食品，否则消费者不会买它们。本节介绍一些纳米技术用于提高食品品质的方法。

（1）风味调制 小时候我喜欢读罗尔德·达尔（Roald Dahl）的儿童书籍，尤其是《查理和巧克力工厂》（*Charlie and the Chocolate Factory*）。威利·旺卡创造的野生和奇怪的食物是我职业生涯的早期灵感。这本书中瓦奥莱特·博雷加德的"三道菜晚餐口香糖"特别鼓舞人心，当你咀嚼它时，味道从番茄汤变成烤牛肉，然后再变成蓝莓派。现在，借助纳米技术，我们可以量身定制旺卡风味食品了[17]。将香料包裹在微小的脂肪滴中，可以在口中快速释放香气分子，从而产生强烈的香味。相反，也可以将它们捕获在大的生物聚合物内，其内部具有复杂的纳米结构，可以减缓芳香分子的逸出，维持味道的持久。制作随时间改变香味的食物，则可以通过将部分香料包封在快速释放的脂肪滴中，而其他香料包封在缓释生物高分子聚合物包珠中来实现（图10.7）。虽然我们还没有使用这些技术来制作三种风味的口香糖，但我们已经用它们来控制其他食物的味道释放了，如让汤类在整个煲制过程中保持明显的蒜香。

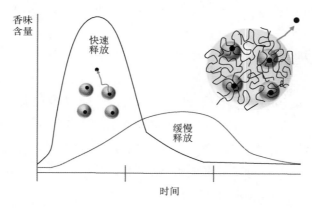

图10.7
通过使用纳米技术设计包埋体系可以控制食品中香味的释放

（2）光学效应 纳米技术也可用于创造食品新颖的光学特性。当光波遇到食物时，它们要么穿过它们，要么从表面反弹。食物中的细小颗粒会向所有方向散射光波，就像云中微小的水滴一样。散射光波的强度取决于颗粒的大小，并决定食物是否看起来清澈（图10.1）。当颗粒比光的波长（约500纳米）大得多时，它们可以被视为单独的物体。当它们大小相同时，它们会非常强烈地散射光线，使食物看起来不透明。相反，当颗粒远小于光波波长时，它们只会非常微弱地散射光波，使食物看起来很清澈。牛奶是白色的原因是因为它含有与光波大致相同的脂肪球，因此它们在所有方向上强烈散射光线。有时，我们希望将疏水性物质（如脂溶性香料、维生素或营养功能因子）加入光学上透明的如软饮料或营养强化水等水性产品中。我们可以通过将脂肪物质转化为尺寸小于约50纳米的极细纳米颗粒来实现这一目标。相反，如果我们想要一种明亮的白色产品（如口香糖或糖果等），我们应该使用尺寸类似于光波长的几百纳米的颗粒。这就是为什么食品（以及油漆和防晒霜）中发现的大多数二氧化钛颗粒的尺寸都是几百纳米的原因了。

（3）质构设计　我们还可以通过控制食品所含微小颗粒的相互作用来调节食品的质地和口感。酸奶质地柔软细腻，是由于其中存在交错的蛋白质纳米颗粒（酪蛋白胶束）的3D网络，从而提供了机械强度。黄油和人造黄油的延展性能也归因于该网络的形成，只不过这种情况的构成要素是微小的脂肪晶体[54]。食品科学家正在利用他们对如何构建这些网络的理解来创造出新颖的纳米结构，从而制造出新颖而理想的产品质地。加拿大圭尔夫大学食品化学和物理学教授亚历杭德罗·马兰戈尼（Alejandro Marangoni）率先开发了健康的纳米结构脂肪，即油凝胶，以取代食品中的饱和脂肪和反式脂肪[55]。将疏水性纳米纤维添加到液体油中可形成半固体油凝胶，该油凝胶与固体脂肪的许多特性相似，如巧克力、人造黄油或起酥油。这些纳米纤维链接在一起可构建3D网络，该网络具有类似于常规脂肪晶体的机械性能。

（4）延长保质期　创造长期保持安全和理想状态的食品可减少食物的浪费、提高可持续性。食物由于被微生物污染可能变质，或者因为一些成分被分离出来而变得不宜食用，例如巧克力饮料底部形成的难看的浑浊沉积物。一些食品成分在储存过程中会发生化学降解，从而失去功效或变质。欧米伽-3脂肪酸极易被氧化，导致腐臭气味和潜在的毒性反应产物。天然色素如螺旋藻、类胡萝卜素和姜黄素等褪色快，限制了它们在商业产品中的使用。

纳米技术可用于克服许多问题。抗菌纳米颗粒，可用于保护农作物的纳米颗粒，也可用于杀死污染我们食物的微生物[46]。将食物中的颗粒制备得非常小，也可以防止它们分离出来，因为微小的颗粒受重力的影响要小得多[17]。因此，它们不太可能产生油层或沉淀物，并在产品的顶部或底部形成分层。最后，食品成分的化学降解可以通过将它们包埋在微小颗粒中来减缓，这些颗粒可以隔离并保护它们免受环境影响，就像一件好雨衣可以防雨一样[56]。研究人员已经使用这些方法和其他方法来制造富含维生素和营养功能因子的功能性食品了[17]。

10. 纳米结构食品，控制消化

过去几十年中，肥胖和糖尿病患病率上升的一个潜在原因是我们在吃过度加工的食品。

这些食物在我们的内脏中迅速被消化，导致血糖和血脂处于不健康的水平，并减少饱腹感，导致了人闪有过度饮食的倾向。因此，需要制定减缓肠道内食物消化的策略。正在开发的基于纳米技术的方法可实现这一目标。

美国哈佛大学德莫克里图（Demokritou）教授和我在马萨诸塞大学的研究团队已经证明，将纳米纤维素与食物混合可以降低宏量营养素消化的速度和程度[57,58]。这种形式的纤维素可用于创造功能性食品，以延缓肠道中加工食品的消化，这对于预防肥胖和糖尿病可能是有价值的。然而，还需要进一步研究证明纳米纤维素的添加是安全的，且不会对食品预期风味或质地产生不利影响。

11. 通过纳米技术提高生物活性

纳米技术还可用于提高天然和加工食品中有益的健康营养素和营养因子的生物利用度[17]。食物成分的生物利用度代表以活性成分存在的，并被我们身体真正吸收的那部分成分。最近开发了两种纳米相关方法提高生物活性食品成分的生物利用度——输送系统和辅料系统。输送系统由装载有生物活性物质的纳米颗粒组成。这些纳米颗粒在肠道中分解并释放生物活性物质，从而被身体吸收（图 10.8）。在某些情况下，纳米颗粒被用于胃肠液中创造纳米结构环境以促进生物活性剂的摄取。辅料系统本身没有任何生物活性，但它们提高了天然食物（如水果和蔬菜）中维生素和营养保健品的生物利用度[59]。例如，当仅食用胡萝卜、辣椒和羽衣甘蓝时，类胡萝卜素的吸收水平非常低。然而，当它们与辅料纳米

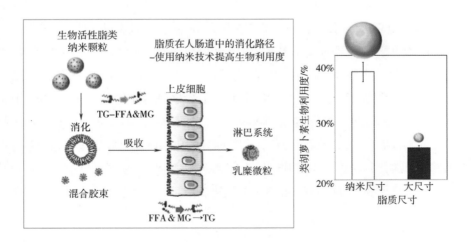

图 10.8

可以通过纳入脂质纳米颗粒，提高脂质营养素和营养功能因子的生物利用度（脂质纳米颗粒中的甘油三酯（TG）被分解为游离脂肪酸（FFA）和甘油单酯（MG），其与生物活性剂一起填充到混合胶束中并转运至上皮细胞。然后将它们重新组装成甘油三酯，装入乳糜微粒中，并通过淋巴系统输送到体内）

乳剂一起被食用时，其生物利用度则会大大增加。这些辅料纳米乳剂可以掺入乳油、酱或调味品中，以增加新鲜水果或熟食蔬菜中功能成分的生物利用度。

2017 年，我参加了由美国国际开发署组织的拉斯维加斯会议，讨论如何提高向饥饿问题严重的发展中国家提供的紧急食品的营养价值。由于缺乏热量和微量营养素，这些目标受援国的许多儿童和成人都患有急性营养不良。使用纳米技术来提高其食物中营养素的生物利用度，可以更有效地利用稀缺资源并更好地改善健康状况。

2018 年，我参加了在马萨诸塞州西部霍利奥克山学院举办的另一场关于食品纳米技术的会议。中国浙江工商大学的饶平凡教授就淡水蛤蜊汤的健康作用作了非常精彩的报告。几个世纪以来，中国东部地区的人们一直使用这种汤作为传统药物来预防或治疗一系列疾病，包括肝病。最近的研究表明，淡水蛤蜊提取物可以改善肝脏损伤，加速伤口愈合，抗炎，改善血脂水平[60,61]。使用现代分析工具（如动态光散射和电子显微镜）对汤进行的研究发现，当以传统方式烹饪时，其含有特定大小的纳米颗粒。据称这些纳米颗粒在体内具有抗氧化特性，可以改善健康。如果汤煮的时间太长或太短，纳米颗粒的大小不合适，它们的健康作用就会丧失。这个案例表明，许多中国传统疗法可能具有强大的科学基础，只不过最近才被现代科学发现。尽管如此，仍需要更严格的临床研究来验证这一点。

12. 正确的时间处于正确的位置：受控的和有针对性的输送

在 20 世纪 60 年代末和 70 年代初，电视和电影院都有很多科幻电影。我印象最深的是《神奇航行》（*Fantastic Voyage*），它讲述的是将科学家团队缩小到一个微型尺寸，这样他们就可以被注入患者体内，从患者大脑中清除血凝块。患者是唯一知道微缩过程的人，但是他被有预谋地暗杀了。科学家是通过微型化潜艇得到保护，从而免受了患者体内恶劣环境影响。

同样，益生菌可以被包裹在微小的颗粒中，保护它们免受我们上消化道严苛条件的影响（如强酸性的胃液），并将它们释放到结肠中，在那里发挥其有益的功能。这些益生菌输送系统应该足够大以容纳大量益生菌，但不能太大以至于对食品的外观、质感和味道产生不利影响。输送系统还可以包含确保益生菌在输送过程中存活的所有营养物质，如蛋白质、脂质、碳水化合物和矿物质。而且重要的是，它们应该被设计成保护益生菌免受通过消化道时被酸、酶和胆汁盐侵害的制剂。我的研究小组开发了一种微小的珠子，类似于珍珠奶茶中的珍珠，但尺寸要小得多，可以在肠道中包裹和保护益生菌[62]。这些微珠是由膳食纤维制成的，它们不会在我们的上消化道被消化，而是被我们肠道中的细菌消化，从而释放出益生菌。创造既有效又具有商业可行性的益生菌输送载体是非常具有挑战性的，目前进展迅速。

13. 特殊效果

拉斐尔·梅曾加（Raffaele Mezzenga）是苏黎世联邦理工学院（瑞士领先的学术机构）的食品和软材料教授。他曾在欧洲和美国接受过材料科学家培训，并在美国国家航空航天局工作，研究外太空聚合物的性能。他也是一位对食品充满激情的意大利人，他将在材料和聚合物科学方面的丰富经验应用于食品领域。2017年底，我们都参加了在新西兰奥克兰市举办的食品设计会议，他在会上对食品蛋白质纳米纤维制备金气凝胶进行了非常有趣的介绍[63]。气凝胶是非常轻的固体，含有99%以上的空气。拉斐尔表示他可以生产20克拉的金气凝胶，其密度是普通黄金的千分之一。这些精致的金色气凝胶位于卡布奇诺泡沫的顶部，这是纳米技术极其异类地应用于食品的例子。拉斐尔解释说，在他撰写的数百篇科学论文中，这是最受关注的论文。

14. 纳米传感器

食品行业需要了解整个供应链有关食品特性的详细信息，以创造高品质、安全和可持续的产品。消费者也需要获得有关其食物状况的更多信息，这样可以让他们做出更明智的决定。现如今，我们常由于食物过了保质期而将其丢弃，尽管它或许还可以食用。商店和消费者需要有关食物新鲜度的更准确信息来减少食物的浪费。同样，有关我们的食物是否被有害微生物污染的信息可用于改善我们供应食物的安全性。

传统上，有关食品特性的信息可以通过将它们带到专业的实验室，并通过训练有素的科学家使用复杂的分析工具测量其性质而获得。然而，纳米技术现在被用于制作微型分析装置，在无须任何专业化培训的前提下，可以廉价而快速地提供有关食品特性的信息[64]。这些设备正在开发中，以便农民、食品企业、超市和消费者可以快速地检测食物的状态。例如，纳米传感器被集成到食品包装中或连接到移动设备上，消费者可以快速评估他们即将食用的食物的特性。这些传感器可提供有关污染、新鲜度、成分以及其他可能对消费者有用的各种属性的信息。鉴于其良好的应用前景，人们正在进行大量的技术开发，这里仅介绍本领域应用的几个例子。为说明这些设备是如何工作的，图10.9展示了使用纳米颗粒作为香味传感器的微型电子鼻。

何莉莉（He Li-li）是我系的教授，她的研究专长是食品鉴证学。莉莉的专长之一是使用纳米技术创造新的分析工具来探测食物特性。她开发了纳米传感器，以确认食物中是否存在人工色素、杀虫剂和毒素（如蓖麻毒素）[65]。这些传感器含有金纳米颗粒，其表面经过特殊设计，可捕获目标物质。基于拉曼光谱的原理，该传感器在金纳米颗粒上发射光束并测量散射波的特性，用于检测与颗粒表面结合的任何物质。最近，她开发了一种检测

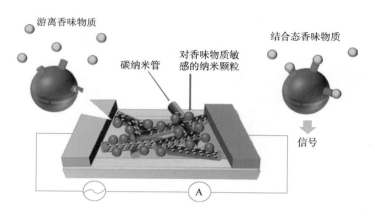

图 10.9

基于纳米技术的电子鼻的设计可以检测空气中的香味物质（当香味物质与
香气敏感的纳米颗粒结合时，产生由碳纳米管传导至电测量装置的信号）

图片由马萨诸塞大学的查曼·具（Charmaine Koo）博士提供

植物内农药残留的方法[66]。将金纳米颗粒施加到植物的表面并允许其渗透到内部，如果遇到任何杀虫剂，它们会发回信号，并能通过光谱仪检测到。

另一个完全不同的纳米技术应用是制作手持设备来"闻到"口臭[67]。该装置原理如下：在硫化氢（一种特别恶臭的口臭成分）存在下，醋酸铅会变成褐色。研究人员在其设备内部使用醋酸铅纳米纤维来增加硫化氢气体与之相互作用的表面积。当有人在设备上呼吸时，可以在非常低的水平（千万分之几）检测到这种有毒气体的存在。对于那些有重要工作会议或约会对象的人来说，这个设备非常有用，特别是如果他们前一天食用了过多的大蒜或洋葱时。

15. 新一代食品包装

食品包装对于保持食品的品质和安全以及减少食物浪费至关重要。包装应该保护食品免受损坏、腐败和污染且方便打开，并且可以传达所包装食物的信息。包装材料还必须具有合适的光学和机械性能，如透明度、强度、柔韧度和耐久度。根据需要设计成使进出食物的气体和水分的流动性可控。水果和蔬菜需要呼吸才能保持新鲜，因此需要能够透气的包装。另一方面，许多食品含有对氧化反应高度敏感的成分，因此需要不透气包装进行保护。

合适的包装在欠发达国家尤为重要，因为在这些国家缺乏比较现代化的储存和分销设施（如可控的储存环境、冷库和冷链车）[68]。此外，在天气炎热潮湿、阳光强烈以及虫害严重的国家，食物会更快变质，因此保存食物会面临更多的挑战。

包装在确保安全、健康和可持续的食品供应方面发挥着关键作用。然而，食品工业使用的大部分包装都是由石油基塑料制成的，它的使用和处理会导致全球变暖和污染。实际上，包装行业是世界上最大的塑料用户之一[69]。因此,尽可能减少塑料包装的使用至关重要,这也促进了环保替代品的开发。另外,许多传统的包装材料不具有所需的机械或阻断性能,因此,需要对其进行改进。纳米技术在创造新型功能特性食品包装材料方面具有较大潜力[44,49,70]。

通过在其内部创建纳米结构,可以改善常规包装的机械和阻断性能。它不是用单一材料制造包装的,而是将多层超薄材料夹在一起来进行组装的。这种纳米层压包装结合了不同材料的优质特性,一层提供机械强度,一层提供气体控制,另一层则提供避光保护。或者,纳米颗粒可以被包含在包装材料中,以增加其强度或调节其渗透性。由黏土制成的纳米级薄片可使塑料包装的强度提高100~1000倍[44]。采用类似的方法也用于提高建筑施工用的混凝土强度,只不过颗粒尺寸要大得多。通过在包装介质中添加纳米颗粒,增加气体分子穿过包装材料的距离,从而降低食品包装的渗透性。这与以下情况类似,相对于开阔的田野,你需要花更长的时间才能穿过茂密的森林,因为你必须在树间绕行。

纳米技术还可用于制造具有新功能特性的食品包装材料,如提高抗菌活性、氧气吸收和紫外线防护。可以将抗菌纳米颗粒掺入包装中以抑制微生物的生长。由银、铜、锌或钛制成的金属纳米颗粒都可用于实现这一目的。研究人员正在使用纳米光刻技术来蚀刻材料表面上的微小构造,此技术可用于阻止微生物的黏附。

目前,人们正在研究蛋白质和多糖等天然聚合物是否具有成为环保包装材料以取代塑料的潜力。然而,这些包装材料的机械强度、阻断性能或外观性能通常不合适。将纳米颗粒掺入天然包装材料中通常可以解决这些问题。这是一个活跃的研究领域,许多公司正在努力开发经济上可行且环保的材料,这将改变我们未来包装食品的方式。

七 | 纳米毒理学:
纳米技术的潜在风险

我们食品中使用纳米颗粒的主要原因是,当材料的尺寸达到纳米范围(小于100纳米)时,材料的性质会发生变化。正如已经看到的,减小颗粒的尺寸可以改变它们穿过生物屏障的能力以及化学反应的活性。这些改变通常被用于在食物中产生一些想要的特殊效果,但也可能产生不可预见的健康问题[71]。因此,科学家必须意识到在食品中使用纳米颗粒的益处和风险，并与监管机构及公众进行有效沟通。本节将介绍在食品中使用纳米颗粒的一些潜在风险。

理论上，含有纳米颗粒的食物消费可能导致急性（短期）或慢性（长期）毒性。迄今为止，几乎没有证据表明目前在食品中发现的纳米颗粒会引起急性毒性作用，这可能是因为它们的含量相对较低。然而，如果长时间少量持续摄入，某些种类的纳米颗粒可能会引发慢性毒性。话虽如此，但由于难以对人们进行长期研究，目前尚无足够的证据表明是否存在这种情况。一般来说，摄入纳米颗粒的毒性取决于它们破坏我们体内细胞或器官的能力，从而对人体健康产生不利影响[72]。纳米颗粒穿过人体时，会对肠道造成伤害；如果被吸收则会对身体的一些部位造成伤害。此外，到达结肠的纳米颗粒可能会改变肠道微生物群组，从而直接影响人体健康[73]。目前，实验室和动物实验的证据表明某些食品级纳米颗粒可能有毒，但这些实验往往并非是在实际条件下进行的。例如，他们使用的纳米颗粒浓度远远超过了食物中的浓度范围。

在参加马萨诸塞州西部的食品纳米技术会议时，桑吉塔·哈雷（Sangeeta Khare）博士就纳米颗粒对肠道微生物组和人类健康的影响作了精彩的报告。桑吉塔在美国食品与药物管理局（主要负责监管美国食品配料的政府机构之一）工作。她使用了令人印象深刻的前沿分析工具，结合使用基因组学、转录组学和代谢组学研究食品纳米颗粒对受试者的肠道微生物群和健康的影响。她的研究结果表明，部分纳米颗粒对受试者的肠道微生物群和健康具有显著影响，而部分纳米颗粒几乎没有影响或完全没影响。

从迄今为止进行的研究可以清楚地看出，纳米颗粒的潜在毒性大小主要依赖于化学成分、物理化学性质以及化学成分的尺寸[74]。由银、铁、硅或钛等制成的无机纳米颗粒，可能比由蛋白质、脂质或碳水化合物制成的有机纳米颗粒更有害。这是因为许多有机纳米颗粒在我们的肠道内被快速消化，并产生了类似于正常食物产生的消化产物。其中，有机纳米颗粒的消化速度通常更快，但并非总是如此。在某些情况下，有机纳米颗粒可能是有毒的。例如，我们的研究表明，脂质纳米颗粒包埋的维生素 E 的生物利用度被大大提高了[75]。通常情况下这是一个有利的因素，可以让更多的必需营养素吸收到体内。然而，研究表明，维生素 E 的高摄入量会增加某些人群（如吸烟者）患癌症的风险[76]，提高这类维生素的生物利用度对于这群人来说就是一个问题。

因此，必须确保食品中使用的新纳米技术都是安全的。哈佛大学公共卫生学院德莫克里图（Demokritou）教授和他的团队正在强调"设计安全"的概念，在设计开始时仔细考虑纳米颗粒的任何潜在不利影响，然后制定有效策略将其削弱。这种方法取决于我们对肠道和环境中纳米颗粒复杂表现的透彻理解。菲利普（Philips）和他的团队正在开发一系列标准化测试，食品企业可以使用这些测试来确保他们在产品中加入的纳米材料的安全性。

八 | 了解和管理风险

我们的社会将继续开发兼具风险和益处的新技术。当人们发现我从事食品纳米技术研究时，他们会问我是否会吃含有纳米颗粒的食物？我认为更好的问题是，你是否会给女儿吃含有纳米颗粒的食物？这个问题确实引起了人们的注意。我不得不提到这取决于是什么样的纳米颗粒。当我为女儿准备牛奶或酸奶当早餐时，我已经给她准备了纳米颗粒。我对这种类型的纳米颗粒没有任何担心，因为这种纳米颗粒已经被亿万人长期食用而没有造成任何伤害。这些食物中的蛋白质和脂质纳米颗粒会在我们体内迅速被分解，产生无害的消化产物。同样，食品科学家开发的许多其他类型的可消化纳米颗粒也不太可能有害，并可能会带来一些重要的作用。即便这样，我们也需要对可能发生的、任何潜在的以及不可预见的影响保持警惕。

由于大家并不了解消费其他类型食品纳米颗粒存在的潜在风险，因此这些问题更加引起了我的关注。例如，我有时会购买将二氧化钛作为增白剂的口香糖。在过去，我不认为这是一个问题。然而，我在马萨诸塞大学的同事肖航（Xiao Hang）教授最近进行的一些研究表明，这种纳米颗粒可能会改变实验动物的肠道微生物组和健康状况，尤其是当纳米颗粒作为高脂饮食的一部分时。该研究表明，无机纳米颗粒的潜在毒性取决于摄入人群所食用的食物类型，这是一个目前尚需研究的领域。此外，正如我前面提到的，法国政府正在考虑根据它可能会造成人体伤害的研究结论，禁止在食品中使用二氧化钛。相反，美国和欧洲的监管机构目前并不认可现有证据支持商业二氧化钛成分在允许的食用添加水平下有害的观点。基于这些原因，我对选择含有二氧化钛的口香糖会更加谨慎，但仍然不相信它们会造成很大的伤害。如果将来有更坚实的具有潜在毒性的证据，政府可能会限制其使用。

这种情况凸显了风险管理的困难。作为一名科学家，你很难说某些事情是完全安全的，应视具体情况而定。毫无疑问，纳米技术以及许多其他技术也都是如此。一盘炸薯条本身没有毒性，但如果你每天吃十盘并坚持一年，肯定会有很多副作用，包括肥胖、心脏病和糖尿病等风险的增加。因此，科学家们必须确定摄入纳米颗粒的种类和饮食情况对我们健康的影响。

九 │ 食品纳米技术的未来

纳米技术作为一项突破性的创新，将使人们的食品发生变革，但同时也被认为是会毒害人类并破坏环境的恶势力。当然，事实也许并没有这么极端而是介于这两者之间。纳米技术有望改善食品和农业，如果理智地使用它，则可以提高农业产量，减少损失，减少环境损害，以及创造更健康、更安全、更美味的食物。然而，有些类型的纳米材料存在风险，尤其是有意或无意地存在于食品中的无机纳米颗粒。因此，许多纳米材料仍然需要仔细研究，以确保它们的使用不会产生意外的不良后果。

纳米技术的潜在好处只有在实际使用时才能实现，这取决于消费者是否接受。与基因工程一样，许多消费者，特别是欧洲的消费者，已经形成了对纳米技术的消极认识，并认为不应该将其用于食品中，我认为这种态度是被误导了。消费者对于任何影响他们及其家人所吃食物的新技术采取谨慎的态度，这肯定是正确的。然而，纳米技术在食品中的应用很多，这些应用有些是有益的，并且几乎没有或完全没有健康风险。如前所述，牛奶是我们大多数人遇到含有纳米颗粒的第一种食物，其中含有婴儿生长所需的营养素如蛋白质、钙和磷酸盐等。实际上，这些天然纳米颗粒已不断被改进，可提高必需营养素的生物利用度，从而使婴儿能够轻松消化和利用它们。即使食品行业决定不公开使用纳米技术，我们的食品仍将充满纳米颗粒，因为在制备食品时，由于成分本身或是加工工艺的原因，也会自然产生很多纳米颗粒。我的信念是，我们应该继续研究食品纳米技术的益处和风险。这些信息将使我们的政府能够制定基于事实证据的法规，进行食品中纳米物质检测和使用的监管，从而提高消费者的信心。此外，学术界、工业界和政府需要更好地将他们的研究结果传达给媒体和公众，以便消费者做出更明智的决定。

总之，纳米技术在食品中被广泛使用之前，必须克服三个主要障碍。首先，它必须具有经济可行性，任何纳米技术创新都必须比竞争技术更有效，成本更低；其次，必须证明新技术没有任何健康或环境风险；第三，新技术必须得到公众的接受。如果可以克服这些障碍，那么纳米技术可能会对我们的食物供应产生深远影响，从而改善人体健康和生态环境。

参考文献 ↘

1. Johnson，C. Y. 2009. Food Scientists are Hoping for Big Things From Small Particles. In *Boston Globe*. Boston.

2. Chaudhry，Q.，M. Scotter，J. Blackburn，B. Ross，A. Boxall，L. Castle，R. Aitken，and R. Watkins. 2008. Applications and Implications of Nanotechnologies for the Food Sector. *Food Additives and Contaminants Part a-Chemistry Analysis Control Exposure & Risk Assessment* 25（3）：241–258.

3. Hornyak，G. L.，J. Dutta，H. F. Tibbals，and A. K. Rao. 2008. *Introduction to Nanoscience*. Boca Raton：CRC Press.

4. Ragelle，H.，F. Danhier，V. Preat，R. Langer，and D. G. Anderson. 2017. Nanoparticle–Based Drug Delivery Systems：A Commercial and Regulatory Outlook as the Field Matures. *Expert Opinion on Drug Delivery* 14（7）：851–864.

5. Livney，Y. D. 2010. Milk Proteins as Vehicles for Bioactives. *Current Opinion in Colloid & Interface Science* 15（1–2）：73–83.

6. Holt，C.，C. G. de Kruif，R. Tuinier，and P. A. Timmins. 2003. Substructure of Bovine Casein Micelles by Small–Angle X–Ray and Neutron Scattering. *Colloids and Surfaces a-Physicochemical and Engineering Aspects* 213（2–3）：275–284.

7. Iwanaga，D.，D. A. Gray，I. D. Fisk，E. A. Decker，J. Weiss，and D. J. McClements. 2007. Extraction and Characterization of Oil Bodies from Soy Beans：A Natural Source of Pre– Emulsified Soybean Oil. *Journal of Agricultural and Food Chemistry* 55（21）：8711–8716.

8. Naderi，N.，J. D. House，Y. Pouliot，and A. Doyen. 2017. Effects of High Hydrostatic Pressure Processing on Hen Egg Compounds and Egg Products. *Comprehensive Reviews in Food Science and Food Safety* 16（4）：707–720.

9. Bellmann，S.，D. Carlander，A. Fasano，D. Momcilovic，J. A. Scimeca，W. J. Waldman，L. Gombau，L. Tsytsikova，R. Canady，D. I. A. Pereira，and D. E. Lefebvre. 2015. Mammalian Gastrointestinal Tract Parameters Modulating the Integrity，Surface Properties，and Absorption of Food–Relevant Nanomaterials. *Wiley Interdisciplinary Reviews-Nanomedicine and Nanobiotechnology* 7（5）：609–622.

10. Szakal，C.，S. M. Roberts，P. Westerhoff，A. Bartholomaeus，N. Buck，I. Illuminato，R. Canady，and M. Rogers. 2014. Measurement of Nanomaterials in Foods：Integrative Consideration of Challenges and Future Prospects. *ACS Nano* 8（4）：3128–3135.

11. Yada，R. Y.，N. Buck，R. Canady，C. DeMerlis，T. Duncan，G. Janer，L. Juneja，M. Lin，D. J. McClements，G. Noonan，J. Oxley，C. Sabliov，L. Tsytsikova，S. Vazquez–Campos，J. Yourick，

Q. Zhong, and S. Thurmond. 2014. Engineered Nanoscale Food Ingredients: Evaluation of Current Knowledge on Material Characteristics Relevant to Uptake from the Gastrointestinal Tract. *Comprehensive Reviews in Food Science and Food Safety* 13（4）: 730–744.

12. Gupta, A., H. B. Eral, T. A. Hatton, and P. S. Doyle. 2016. Nanoemulsions: Formation, Properties and Applications. *Soft Matter* 12（11）: 2826–2841.

13. Fellows, P. J. 2017. *Food Processing Technology*. 4th ed. Cambridge, MA: Woodhead Publishing.

14. McClements, D. J., H. Xiao, and P. Demokritou. 2017. Physicochemical and Colloidal Aspects of Food Matrix Effects on Gastrointestinal Fate of Ingested Inorganic Nanoparticles. *Advances in Colloid and Interface Science* 246: 165–180.

15. Pietroiusti, A., A. Magrini, and L. Campagnolo. 2016. New Frontiers in Nanotoxicology: Gut Microbiota/Microbiome–Mediated Effects of Engineered Nanomaterials. *Toxicology and Applied Pharmacology* 299: 90–95.

16. Weir, A., P. Westerhoff, L. Fabricius, K. Hristovski, and N. von Goetz. 2012. Titanium Dioxide Nanoparticles in Food and Personal Care Products. *Environmental Science & Technology* 46（4）: 2242–2250.

17. McClements, D. J. 2015. *Nanoparticle- and Microparticle-Based Delivery Systems*. Boca Raton: CRC Press.

18. Villasenor, M. J., and A. Rios. 2018. Nanomaterials forWater Cleaning and Desalination, Energy Production, Disinfection, Agriculture and Green Chemistry. *Environmental Chemistry Letters* 16（1）: 11–34.

19. McClements, J., and D. J. McClements. 2016. Standardization of Nanoparticle Characterization: Methods for Testing Properties, Stability, and Functionality of Edible Nanoparticles. *Critical Reviews in Food Science and Nutrition* 56（8）: 1334–1362.

20. Dimkpa, C. O., and P. S. Bindraban. 2017. Nanofertilizers: New Products for the Industry ? *Journal of Agricultural and Food Chemistry* 66（26）: 6462–6473.

21. Wang, L. L., C. Hu, and L. Q. Shao. 2017. The Antimicrobial Activity of Nanoparticles: Present Situation and Prospects for the Future. *International Journal of Nanomedicine* 12: 1227–1249.

22. Braithwaite, M. C., C. Tyagi, L. K. Tomar, P. Kumar, Y. E. Choonara, and V. Pillay. 2014. Nutraceutical–Based Therapeutics and Formulation Strategies Augmenting their Efficiency to Complement Modern Medicine: An Overview. *Journal of Functional Foods* 6: 82–99.

23. McClements, D. J. 2015. *Food Emulsions: Principles, Practice and Techniques*, 1–30. Boca

Raton：CRC Press.

24. Kim，D. Y.，A. Kadam，S. Shinde，R. G. Saratale，J. Patra，and G. Ghodake. 2018. Recent Developments in Nanotechnology Transforming the Agricultural Sector：A Transition Replete with Opportunities. *Journal of the Science of Food and Agriculture* 98（3）：849–864.

25. Rodrigues，S. M.，P. Demokritou，N. Dokoozlian，C. O. Hendren，B. Karn，M. S. Mauter，O. A. Sadik，M. Safarpour，J. M. Unrine，J. Viers，P. Welle，J. C. White，M. R. Wiesner，and G. V. Lowry. 2017. Nanotechnology for Sustainable Food Production：Promising Opportunities and Scientific Challenges. *Environmental Science-Nano* 4（4）：767–781.

26. Alexander，P.，C. Brown，A. Arneth，J. Finnigan，D. Moran，and M. D. A. Rounsevell. 2017. Losses，Inefficiencies and Waste in the Global Food System. *Agricultural Systems* 153：190–200.

27. Unsworth，J. 2010. *History of Pesticide Use*.［cited 2018 June 2018］；Available from：https：// agrochemicals. iupac. org/index. php？ option=com_sobi2&sobi2Task=sobi2Details&catid=3& sobi2Id=31.

28. Kim，K. H.，E. Kabir，and S. A. Jahan. 2017. Exposure to Pesticides and the Associated Human Health Effects. *Science of the Total Environment* 575：525–535.

29. Pestovsky，Y. S.，and A. Martinez-Antonio. 2017. The Use of Nanoparticles and Nanoformulations in Agriculture. *Journal of Nanoscience and Nanotechnology* 17（12）：8699–8730.

30. Servin，A.，W. Elmer，A. Mukherjee，R. De la Torre-Roche，H. Hamdi，J. C. White，P. Bindraban，and C. Dimkpa. 2015. A Review of the Use of Engineered Nanomaterials to Suppress Plant Disease and Enhance Crop Yield. *Journal of Nanoparticle Research* 17（2）.

31. Tripathi，D. K.，Shweta，S. Singh，S. Singh，R. Pandey，V. P. Singh，N. C. Sharma，S. M. Prasad，N. K. Dubey，and D. K. Chauhan. 2017. An Overview on Manufactured Nanoparticles in Plants：Uptake，Translocation，Accumulation and Phytotoxicity. *Plant Physiology and Biochemistry* 110：2–12.

32. Karimi，M.，R. Sadeghi，and J. Kokini. 2018. Human Exposure to Nanoparticles Through Trophic Transfer and the Biosafety Concerns that Nanoparticle-Contaminated Foods Pose to Consumers. *Trends in Food Science & Technology* 75：129–145.

33. Halvin，J. L.，S. L. Tisdale，W. L. Nelson，and J. D. Beaton. 2016. *Soil Fertility and Fertilizers*. 8th ed. Boston：Pearson.

34. Ma，C. X.，J. C. White，J. Zhao，Q. Zhao，and B. S. Xing. 2018. Uptake of Engineered Nanoparticles by Food Crops：Characterization，Mechanisms，and Implications. In *Annual Review of Food Science and Technology*，ed. M. P. Doyle and T. R. Klaenhammer，vol. 9，129–153. Palo Alto：Annual Reviews.

35. Wang, P., E. Lombi, F. J. Zhao, and P. M. Kopittke. 2016. Nanotechnology: A New Opportunity in Plant Sciences. *Trends in Plant Science* 21（8）: 699–712.

36. Kwak, S. Y., M. H. Wong, T. T. S. Lew, G. Bisker, M. A. Lee, A. Kaplan, J. Y. Dong, A. T. Liu, V. B. Koman, R. Sinclair, C. Hamann, and M. S. Strano. 2017. Nanosensor Technology Applied to Living Plant Systems. In *Annual Review of Analytical Chemistry*, ed. R. G. Cooks and J. E. Pemberton, vol. 10, 113–140.

37. Yoon, J. Y., and B. Kim. 2012. Lab-on-a-Chip Pathogen Sensors for Food Safety. *Sensors* 12（8）: 10713–10741.

38. Atzberger, C. 2013. Advances in Remote Sensing of Agriculture: Context Description, Existing Operational Monitoring Systems and Major Information Needs. *Remote Sensing* 5（2）: 949–981.

39. Wong, M. H., J. P. Giraldo, S. Y. Kwak, V. B. Koman, R. Sinclair, T. T. S. Lew, G. Bisker, P. W. Liu, and M. S. Strano. 2017. Nitroaromatic Detection and Infrared Communication from Wild–Type Plants Using Plant Nanobionics. *Nature Materials* 16（2）: 264–272.

40. Rajinipriya, M., M. Nagalakshmaiah, M. Robert, and S. Elkoun. 2018. Importanceof Agricultural and Industrial Waste in the Field of Nanocellulose and Recent Industrial Developments of Wood Based Nanocellulose: A Review. *ACS Sustainable Chemistry & Engineering* 6（3）: 2807–2828.

41. Miller, J. 2017. *Cellulose Nanomaterials: State of the Industry The Road to Commercialization*, in *PAPER DAYS* 2017. University of Maine, Maine.

42. Barrow, C. J. 2012. Biochar: Potential for Countering Land Degradation and for Improving Agriculture. *Applied Geography* 34: 21–28.

43. Sohi, S. P., E. Krull, E. Lopez–Capel, and R. Bol. 2010. A Review of Biochar and its Use and Function in Soil. In *Advances in Agronomy*, ed. D. L. Sparks, vol. 105, 47–82.

44. Duncan, T. V. 2011. Applications of Nanotechnology in Food Packaging and Food Safety: Barrier Materials, Antimicrobials and Sensors. *Journal of Colloid and Interface Science* 363（1）: 1–24.

45. Sadeghi, R., R. J. Rodriguez, Y. Yao, and J. L. Kokini. 2017. Advances in Nanotechnology as They Pertain to Food and Agriculture: Benefits and Risks. In *Annual Review of Food Science and Technology*, ed. M. P. Doyle and T. R. Klaenhammer, vol. 8, 467–492.

46. Donsi, F., M. Annunziata, M. Sessa, and G. Ferrari. 2011. Nanoencapsulation of Essential Oils to Enhance their Antimicrobial Activity in Foods. *Lwt-Food Science and Technology* 44（9）: 1908–1914.

47. Chang, Y., L. McLandsborough, and D. J. McClements. 2013. Physicochemical Properties and Antimicrobial Efficacy of Carvacrol Nanoemulsions Formed by Spontaneous Emulsification. *Journal of Agricultural and Food Chemistry* 61（37）: 8906–8913.

48. Landry, K. S., Y. Chang, D. J. McClements, and L. McLandsborough. 2014. Effectiveness of a Novel Spontaneous Carvacrol Nanoemulsion Against *Salmonella enterica* Enteritidis and *Escherichia coli* O157: H7 on, Contaminated Mung Bean and Alfalfa Seeds. *International Journal of Food Microbiology* 187: 15–21.

49. Landry, K. S., S. Micheli, D. J. McClements, and L. McLandsborough. 2015. Effectiveness of a Spontaneous Carvacrol Nanoemulsion Against *Salmonella enterica* Enteritidis and *Escherichia coli* O157: H7 on Contaminated Broccoli and Radish Seeds. *Food Microbiology* 51: 10–17.

50. Eleftheriadou, M., G. Pyrgiotakis, andP. Demokritou. 2017. Nanotechnology to the Rescue: Using Nano-Enabled Approaches in Microbiological Food Safety and Quality. *Current Opinion in Biotechnology* 44: 87–93.

51. Pyrgiotakis, G., P. Vedantam, C. Cirenza, J. McDevitt, M. Eleftheriadou, S. S. Leonard, and P. Demokritou. 2016. Optimization of a Nanotechnology Based Antimicrobial Platform for Food Safety Applications Using Engineered Water Nanostructures（EWNS）. *Scientific Reports* 6.

52. McClements, D. J., and J. Rao. 2011. Food-Grade Nanoemulsions: Formulation, Fabrication, Properties, Performance, Biological Fate, and Potential Toxicity. *Critical Reviews in Food Science and Nutrition* 51（4）: 285–330.

53. Yao, M., H. Xiao, and D. J. McClements. 2014. Delivery of Lipophilic Bioactives: Assembly, Disassembly, and Reassembly of Lipid Nanoparticles. In *Annual Review of Food Science and Technology*, ed. M. P. Doyle and T. R. Klaenhammer, vol. 5, 53–81.

54. Marangoni, A. G., N. Acevedo, F. Maleky, E. Co, F. Peyronel, G. Mazzanti, B. Quinn, and D. Pink. 2012. Structure and Functionality of Edible Fats. *Soft Matter* 8（5）: 1275–1300.

55. Wang, F. C., A. J. Gravelle, A. I. Blake, and A. G. Marangoni. 2016. Novel Trans Fat Replacement Strategies. *Current Opinion in Food Science* 7: 27–34.

56. Walker, R., E. A. Decker, and D. J. McClements. 2015. Development of Food-Grade Nanoemulsions and Emulsions for Delivery of Omega-3 Fatty Acids: Opportunities and Obstacles in the Food Industry. *Food & Function* 6（1）: 42–55.

57. DeLoid, G. M., I. S. Sohal, L. R. Lorente, R. M. Molina, G. Pyrgiotakis, A. Stevanovic, R. Zhang, D. J. McClements, N. K. Geitner, D. W. Bousfield, K. W. Ng, S. C. J. Loo, D. C. Bell, J. Brain, and P. Demokritou. 2018. Reducing Intestinal Digestion and Absorption of Fat Using a Nature-Derived Biopolymer: Interference of Triglyceride Hydrolysis by Nanocellulose. *ACS Nano* 12（7）: 6469–6479.

58. Winuprasith, T., P. Khomein, W. Mitbumrung, M. Suphantharika, A. Nitithamyong, and D. J. McClements. 2018. Encapsulation of Vitamin D-3 in Pickering Emulsions Stabilized by Nanofibrillated

Mangosteen Cellulose： Impact on in Vitro Digestion and Bioaccessibility. *Food Hydrocolloids* 83： 153–164.

59. Aboalnaja, K. O., S. Yaghmoor, T. A. Kumosani, and D. J. McClements. 2016. Utilization of Nanoemulsions to Enhance Bioactivity of Pharmaceuticals, Supplements, and Nutraceuticals： Nanoemulsion Delivery Systems and Nanoemulsion Excipient Systems. *Expert Opinion on Drug Delivery* 13 （9）： 1327–1336.

60. Hsieh, C. C., M. S. Lin, K. F. Hua, W. J. Chen, and C. C. Lin. 2017. Neuroprotection by Freshwater Clam Extract Against the Neurotoxin MPTP in C57BL/6 Mice. *Neuroscience Letters* 642： 51–58.

61. Peng, Y. C., F. L. Yang, Y. M. Subeq, C. C. Tien, and R. P. Lee. 2017. Freshwater Clam Extract Supplementation Improves Wound Healing by Decreasing the Tumor Necrosis Factor Alpha Level in Blood. *Journal of the Science of Food and Agriculture* 97 （4）： 1193–1199.

62. Yao, M. F., B. Li, H. W. Ye, W. H. Huang, Q. X. Luo, H. Xiao, D. J. McClements, and L. J. Li. 2018. Enhanced Viability of Probiotics （*Pediococcus pentosaceus* Li05）by Encapsulation in Microgels Doped with Inorganic Nanoparticles. *Food Hydrocolloids* 83： 246–252.

63. Nystrom, G., M. P. Fernandez–Ronco, S. Bolisetty, M. Mazzotti, and R. Mezzenga. 2016. Amyloid Templated Gold Aerogels. *Advanced Materials* 28 （3）： 472–478.

64. Wang, Y., and T. V. Duncan. 2017. Nanoscale Sensors for Assuring the Safety of Food Products. *Current Opinion in Biotechnology* 44： 74–86.

65. Zheng, J. K., and L. L. He. 2014. Surface–Enhanced Raman Spectroscopy for the Chemical Analysis of Food. *Comprehensive Reviews in Food Science and Food Safety* 13 （3）： 317–328.

66. Zhang, Z. Y., H. Y. Guo, Y. Q. Deng, B. S. Xing, and L. L. He. 2016. Mapping Gold Nanoparticles on and in Edible Leaves in Situ Using Surface Enhanced Raman Spectroscopy. *RSC Advances* 6 （65）： 60152–60159.

67. Cha, J. –H., D. –H. Kim, S. –J. Choi, W. –T. Koo, and I. –D. Kim. 2018. Sub–Parts–per–Million Hydrogen Sulfide Colorimetric Sensor： Lead Acetate Anchored Nanofibers toward Halitosis Diagnosis. *Analytical Chemistry* 90： 8769–8775.

68. Bradley, E. L., L. Castle, and Q. Chaudhry. 2011. Applications of Nanomaterials in Food Packaging with a Consideration of Opportunities for Developing Countries. *Trends in Food Science & Technology* 22 （11）： 604–610.

69. Mihindukulasuriya, S. D. F., andL. T. Lim. 2014. Nanotechnology Development in Food Packaging： A Review. *Trends in Food Science & Technology* 40 （2）： 149–167.

70. Imran, M., A. M. Revol–Junelles, A. Martyn, E. A. Tehrany, M. Jacquot, M. Linder, and S. Desobry. 2010. Active Food Packaging Evolution： Transformation from Micro– to Nanotechnology.

Critical Reviews in Food Science and Nutrition 50（9）：799–821.

71. Sharifi, S., S. Behzadi, S. Laurent, M. L. Forrest, P. Stroeve, and M. Mahmoudi. 2012. Toxicity of Nanomaterials. *Chemical Society Reviews* 41（6）：2323–2343.

72. Buzea, C., I. I. Pacheco, and K. Robbie. 2007. Nanomaterials and Nanoparticles：Sources and Toxicity. *Biointerphases* 2（4）：MR17–MR71.

73. Frohlich, E. E., and E. Frohlich. 2016. Cytotoxicity of Nanoparticles Contained in Foodon Intestinal Cells and the Gut Microbiota. *International Journal of Molecular Sciences* 17（4）.

74. Jain, A., S. Ranjan, N. Dasgupta, and C. Ramalingam. 2018. Nanomaterials in Foodand Agriculture：An Overview on Their Safety Concerns and Regulatory Issues. *Critical Reviews in Food Science and Nutrition* 58（2）：297–317.

75. Xu, F., J. K. Pandya, C. Chung, D. J. McClements, and A. J. Kinchla. 2018. Emulsions as Delivery Systems for Gamma and Delta Tocotrienols：Formation, Properties and Simulated Gastrointestinal Fate. *Food Research International* 105：570–579.

76. Heinonen, O. P., J. K. Huttunen, D. Albanes, J. Haapakoski, J. Palmgren, P. Pietinen, J. Pikkarainen, M. Rautalahti, J. Virtamo, B. K. Edwards, P. Greenwald, A. M. Hartman, P. R. Taylor, J. Haukka, P. Jarvinen, N. Malila, S. Rapola, P. Jokinen, J. Karjalainen, J. Lauronen, J. Mutikainen, M. Sarjakoski, A. Suorsa, M. Tiainen, M. Verkasalo, M. Barrett, G. Alfthan, C. Ehnholm, C. G. Gref, J. Sundvall, E. Haapa, M. L. Ovaskainen, M. Palvaalhola, E. Roos, E. Pukkala, L. Teppo, H. Frick, A. Pasternack, B. W. Brown, D. L. Demets, K. Kokkola, E. Tala, E. Aalto, V. Maenpaa, L. Tienhaara, M. Jarvinen, I. Kuuliala, L. Linko, E. Mikkola, J. Nyrhinen, A. Ronkanen, A. Vuorela, S. Koskinen, P. Lohela, T. Viljanen, K. Godenhjelm, T. Kallio, M. Kaskinen, M. Havu, P. Kirves, K. Taubert, H. Alkio, R. Koskinen, K. Laine, K. Makitalo, S. Rastas, P. Tani, M. Niemisto, T. L. Sellergren, C. Aikas, P. S. Pekkanen, R. Tarvala, K. Alanko, K. Makipaja, S. Vaara, H. Siuko, V. Tuominen, L. Alaketola, A. Haapanen, M. Haveri, L. Keskinisula, E. Kokko, M. Koskenkari, P. Linden, A. Nurmenniemi, R. Raninen, T. Raudaskoski, S. K. Toivakka, H. Vierola, S. Kyronpalokauppinen, E. Schoultz, M. Jaakkola, E. Lehtinen, K. Rautaseppa, M. Saarikoski, K. Liippo, K. Reunanen, E. R. Salomaa, D. Ettinger, P. Hietanen, H. Maenpaa, L. Teerenhovi, G. Prout, E. Taskinen, F. Askin, Y. Erozan, S. Nordling, M. Virolainen, L. Koss, P. Sipponen, K. Lewin, K. Franssila, P. Karkkainen, M. Heinonen, L. Hyvonen, P. Koivistoinen, V. Ollilainen, V. Piironen, P. Varo, W. Bilhuber, R. Salkeld, W. Schalch, and R. Speiser. 1994. Effect of Vitamin–E and Beta–Carotene on the Incidence of Lung–Cancer and Other Cancers in Male Smokers. *New England Journal of Medicine* 330（15）：1029–1035.

11

迈向更加合乎伦理和
可持续的未来：
一餐只吃一个汉堡包

$\longrightarrow$

Towards a More Ethical and Sustainable
Edible Future:
One Burger at a Time

一 | 养活这个世界

自 18 世纪以来，人们逐渐认识到养活日益增长的世界人口是个艰巨的任务。托马斯·马尔萨斯（Thomas Malthus）于 1798 年出版了《人口论》（*An Essay on the Principle of Population*）论述了这个问题[1]。马尔萨斯担心地球上的食物只能呈算数级增长（如 1、2、3、4…），而人口却呈几何级增长（如 1、2、4、8…）。后一种假设据说是根据本杰明·富兰克林（Benjamin Franklin）在 1751 年的预测,即美国人口每隔 20~25 年将翻一番。这样，人类将最终达到一个没有足够的食物来养活所有人的地步，那时只有战争、疾病和饥荒可以帮助控制人口。尽管马尔萨斯的理论是基于一些不可靠的假设，但它确实凸显了人类要面对的一个严峻问题。由于地球有限的规模和资源，人口的增长要有一定的限制。一旦增长过度，我们将无法养活所有人，并导致极大的困难和社会动荡。

自 19 世纪以来，全球人口持续增长，但处于严重饥饿中的人数实际上在减少（第一章）。部分原因是因为农业、食品技术和社会的进步得以提高产量、减少浪费和改善分配。此外，社会政策、教育、卫生、医疗和财富的变化减少了平均家庭人口数。然而，全球人口预计在接下来的几十年里将继续扩张，到 2050 年预计达到近 100 亿[2]。

我们必须通过生产足够的食物来满足每个人的生存需要，然后确保它们被适当地存储和分配。同时，我们必须力争不对我们的环境造成不可弥补的损害，包括土地、水和空气，这些都是我们赖以维持生计的因素。但是，我们目前的农业耕作正在对我们星球上的其他物种造成毁灭性的影响。据世界野生动物基金会估计,自 1970 年以来,有超过 60% 的哺乳动物、鸟类、鱼类和爬行动物被人类灭绝，而粮食的生产是主要的罪魁祸首之一。因此，确定最有效的和可持续的方法来进行生产、储存和分配我们的食物对我们的未来至关重要[3]。

饲养家畜作为食物来源是人类造成的自然资源的主要负担之一[3]。因此，本章的重点是寻找传统动物食品的替代品。在发达国家中，人们消费动物产品（如肉、蛋和牛奶）不仅是因为它们具有丰富的口感和多样性，更由于它们是蛋白质、维生素和矿物质的主要来源。近年来，许多发展中国家由于人口增长、城市化发展和财富增加，对动物产品的消费量也在迅速增长。然而，与许多其他方法相比，饲养动物是一种低效的生产热量和营养素的方法[4]（图 11.1）。它还会造成更多的环境问题，包括土地和水资源消耗、森林砍伐、污染和温室气体的排放（图 11.2）[5,6]。此外，饲养和屠宰动物来获取肉、蛋和奶引发了与虐待动物相关的伦理问题[7]以及诸如抗生素耐药性问题，还有从动物到人类的疾病转移等健康问题，如不久前禽流感和猪流感的全球传播[8,9]。最后，某些肉制品的过度消费可以提

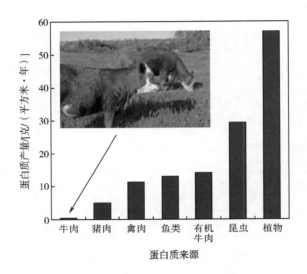

图 11.1
不同来源的单位土地面积年产蛋白质产量的比较[3]

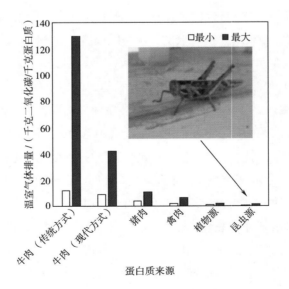

图 11.2
温室气体排量对不同蛋白质来源的依赖关系
数据来源：Nijdam et al.（2012）.Food Policy，37，760–770

高冠心病和癌症等慢性病的发病率[10]。因此，迫切需要确定经济上可行的、对环境友好的、安全的动物产品替代品，这些替代品可以满足消费者的口味，同时兼顾产品的便利性和成本[11]。

为了应对消费者对肉类替代品的需求，许多食品公司正在开发创新无肉产品，如素食汉堡包或香肠，这些产品具有与肉类产品相似的特性；或者开发其他富含蛋白质的产品，如豆腐或豆豉。这一章将关注肉类替代品开发背后的科学。首先，我们必须考虑什么是真正的肉的特性。通过进一步研究肉，我们才能有更好的条件来建立更健康、更道德、更可持续的好吃的肉类替代品。本章将汉堡包作为例子，看一看科学家和企业家是如何用创新方法来解决这个问题的。

二 | 汉堡包：
大众的食物

汉堡包是美国典型的大众食品。《赫芬顿邮报》报道说，美国人每年吃大约 500 亿个汉堡包，相当于每个美国人每周吃 3 个汉堡包。在征服美国之后，汉堡包迅速占领了世界其他许多地区[12]。汉堡包这个名字可能会让人困惑，因为你可能会认为它是由火腿（猪肉）做成的。但实际上，它大多是由绞碎的牛肉做成的。这种碎肉制品是以德国港口城市汉堡命名的，尽管从罗马时代开始就有类似于汉堡包的食品出现[13]，但人们仍普遍认为它起源于汉堡。据说，汉堡包在美国变得流行，是因为 19 世纪美国有大量来自德国和其他北欧地区的移民。对一个英国人来说，"肉饼"这个词也会让人困惑。在美国，肉饼通常指包有盘状肉制品的圆面包；而在英国，"汉堡"这个词更常用。然而，根据美国法律，汉堡包和肉饼是有区别的。

1. 肉饼对比汉堡包：法律条款

像大多数其他食物一样，汉堡包有一个由美国联邦政府定义的"身份标准"。如果食品制造商要给其产品贴上"汉堡包"的标签，就必须严格遵守这一定义。《联邦法规法典》是一本包含美国所有法律的巨著，该法典规定"汉堡包应由切碎的新鲜和／或冷冻牛肉组成，添加或不添加牛肉脂肪和／或调味料，脂肪含量不得超过 30%，且不得添加水、磷酸盐、黏合剂或填充剂"。修剪过的牛腮帮肉可用于制备汉堡包（含量可达 25%）。所以，汉堡包应该是用纯牛肉制备的，即使有一部分肉可能来自牛脸。"肉饼"的定义与汉堡包相当相似，然而它可以包含机械分离的肉、水、黏合物和填充物（如谷类食品），这意味着它确实是汉堡包的"表亲"。如果汉堡包是凯迪拉克，那么肉饼就是福特。然而，肉饼可以含有植物成分，这意味着它们具备成为更可持续生产的食物的条件。一个既含肉又含植物的"弹性"肉饼更像是丰田普锐斯——一款既使用汽油又使用电力的混合动力汽车。

2. 把牛变成汉堡包

汉堡包爱好者用优质绞碎牛肉和一些简单的原料在家里就能制作新鲜的汉堡包。鲍比·弗莱（Bobby Flay），一位经常出现在美国电视上的厨师，有一个"完美汉堡包"的食谱，就是用粗盐和新鲜的胡椒粉给绞碎的牛肉馅（80% 的瘦肉）调味，用菜籽油涂刷表面，然后在烤架下烹饪汉堡包，直到其成为金棕色。当我是一个肉食者时，我妈妈自制的汉堡包总是比我们从当地超市买的那些经过高度加工的汉堡包更嫩、更多汁、更美味。当时，我手里的汉堡包和田里的牛（或者更可能是工厂农场）之间有很大的距离。

将牛产业化为汉堡包和肉饼是一项大产业。据美国肉类研究所统计，2016 年，美国牛肉业库存约为 9200 万头成牛和小牛，约 1/3 的小母牛被用于肉类生产。牛在被屠宰前要经过许多有组织的饲养阶段，包括最后一个饲养阶段，即给牛喂高能量的饲料，以帮助它们迅速增加体重。一般来说，大约需要 7 千克的饲料才能产生 1 千克的肌肉。牛也可能被喂食含有合成代谢类固醇和激素的混合物，以促进其快速生长。在饲养阶段结束时，牛重约 590 千克，并被运往屠宰场。之后，需要进行大规模的肉类加工作业，以将这些动物转化为每天消费的大量肉类产品。

汉堡包的主要成分是新鲜或冷冻的牛肉"片条"，这是从动物尸体上切下的肉，如烤肉、牛排或排骨。一到屠宰场，牛就因大脑被压缩空气装置插入钢制螺栓而昏迷[7]。在失去知觉后，工人用一条链子拴住牛后腿将其挂起。然后，割开牛的颈动脉，排血后尸体被拉走，并被切成碎片。

肉类工业可以充分利用动物的每一部分制作人类或宠物的食物，甚至皮肤、骨头和蹄子也会被转化成有价值的产品，比如在医药、化妆品和食品工业中被用作功能性成分的明胶。这是一个如何利用技术减少食物浪费和提高可持续性的例子，即通过将废物转化为具有商业价值的材料。即使是最可怕的过程也可以用更环保的方式进行。撇开明胶不谈，我女儿曾经让我在她小学的课堂上发言，因为她认为让她的朋友们学习一些她父亲正在研究的很酷的科学知识感觉很棒。我拿了一罐草莓酸奶，问孩子们："酸奶里不含哪些成分：牛蹄、海藻还是草莓？"你可能已经猜到了，答案是草莓。明胶来自牛蹄，卡拉胶来自海藻，而草莓味是化学合成的。

肉条被保持在一定的温度（"回火"）以确保其在下一个加工步骤中具有正确的稠度。然后经过一系列的研磨和搅拌，将肉加工成肉末，并加入香料、调味料、黏合物和填充物。这是一个具有高水平科学研究基础的研磨和混合过程，许多肉类科学家花了多年时间研究此过程。肉末要磨碎，不能太细，也不能太粗糙，否则会导致汉堡包丧失好的口感。此外，研磨可以从肉中提取可溶性蛋白质，因为它们是一种分子黏合物，能将汉堡包中的肉块黏合在一起，从而获得理想的质地和口感。最后，绞碎的牛肉在包装和运输前需要用专门的机器将其冷冻成所需的形状。一家现代化的肉类加工厂每天要生产上百吨肉。一个汉堡包里的肉可能来自几十或几百种不同的动物，如果处理不当，会加剧与微生物污染有关的问题。

在肉类生产、储存和分配设施方面需要进行大量的资本投入，许多工人的生计也依赖于这些产业。如果我们真的不再食用肉类，那么对这些肉类生产设施要进行重组，使它们能够加工肉类替代品，如培养肉类、昆虫源或植物源食品。一些素食主义者可能对食用以前肉类工厂生产的食品感到不安。但从长远来看，这将导致肉类替代品的更快和更广泛的应用。此外，这将意味着现有资源以及投资于这些资源的资本不会被浪费。

3. 解析汉堡包

尽管普通汉堡包表面上很简单，但它的外观、味道和感觉的背后却有很多科学依据[14, 15]。肉类科学家需要了解用于制作汉堡包的各种成分的特性，以及它们是如何相互作用的，从而能形成我们期望的最终产品所需的物理化学和感官特性。

在烹调之前，汉堡包是一种软质固体，由蛋白质胶黏合在一起的肉碎片的复杂混合物组成。是什么让一个熟汉堡包有它理想的风味，如多汁、柔嫩和肉香？一般来说，所有的汉堡包都有一些相似之处，因为它们都是由煮碎牛肉制成的。然而，特定汉堡包的独特特性取决于牛的饲养方式（草饲料还是谷物饲料）、所用肉类的类型（瘦肉还是肥肉）、牛肉的切碎方式（细还是粗）以及所用的烹饪方法。这些差异在一定程度上解释了汉堡包在价格的巨大差异，从快餐店的几美元到一些高档餐厅的几百美元不等。

要理解汉堡包的味道就需要对肉的结构，包括其基本物理特性和化学特性有所了解。整个肉有一个非常复杂的结构（图 11.3），由三个主要的结构元素组成：肌肉纤维、结缔组织和脂肪组织。每一种成分都蕴含了与食用一个好汉堡包相关的多感官体验[16]。而且，了解它们的特性对于创造可行的肉类替代品至关重要。

在活体动物中，肌肉纤维主要负责肌肉的收缩和扩张（图 11.4）。它们由成束的细丝组成，这些细丝赋予了肌肉机械强度和灵活性，肉制品则具有其特有的质地和口感。这些纤维主要由两种蛋白质构成，肌动蛋白和肌球蛋白，它们共同促使肌肉运动。肉纤维排列

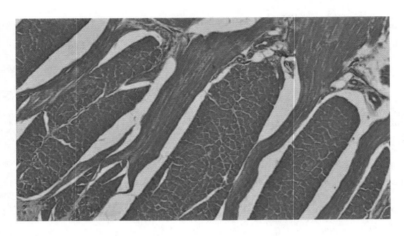

图 11.3

为了找到一个好的肉类替代品，有必要了解肉的结构组织特性（这张照片显示了整个骨骼肌的横截面）

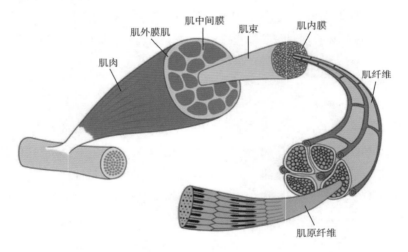

图 11.4

动物的肌肉具有复杂的结构，这是由其运动功能所决定，用植物蛋白很难模拟这种结构

在一个特定的方向，这一事实为肉提供了许多独特的结构属性，比如在我们吃肉的时候，肉在我们嘴里的分解方式。用于制作汉堡包的机械操作和热过程，如切割、切碎和烹饪，改变了肌肉纤维的结构和组织，从而形成其独特的质地和风味[17, 18]。

顾名思义，结缔组织负责将肌肉中的不同成分连接在一起。结缔组织在肌肉纤维周围形成了一层薄片，并在肌肉内成束地固定它们。随着动物年龄的增长，它的肌肉会生长，也会产生更强壮和更丰富的结缔组织，从而影响肉的品质。结缔组织中最重要的蛋白质是胶原蛋白，它以三个相互缠绕的胶原蛋白分子组成的三螺旋形式存在[19]。在体温下，这种分子相当坚硬，就像一根坚硬的杆，给结缔组织提供机械强度。然而，当它被加热时，它会被分解并形成一种称作明胶的蛋白质，这种蛋白质的结构更加灵活。因此，当肉煮足够长的时间后，结缔组织会变得柔软。

在活体动物中，脂肪组织储存脂肪，当肌肉运动时，脂肪可以作为能量来源为肌肉提供能量。脂肪组织可以分布在肉的不同部位，包括皮肤下方和肌肉内的不同区域（"似大理石花纹"）。脂肪组织的数量和类型有助于提高汉堡包的外观、感觉和风味。例如，英国《精细烹饪》（*Fine Cooking*）杂志报道称，熟食汉堡包的脂肪含量低于 10% 时，往往会被人们视为不好吃的干汉堡包；脂肪含量在 10%~15% 时，会被视为瘦肉多汁汉堡包；脂肪含量在 15%~20% 时，会被视为肥肉丰满的汉堡包；脂肪含量超过 20% 时，会被视为肥美的汉堡包[20]。

4. 烤汉堡包

美国人夏天的乐趣之一是和家人、朋友在露台上吃烧烤、喝啤酒。这与我童年在英格兰北部度过的夏天不同，在美国，提前几天或几周计划烧烤是可行的，而且很有可能天气会很好。在英国，提前几个小时计划都很困难——强风和暴雨总突如其来。在大多数夏天的周末，无数的美国人在烤架上烤新鲜或冷冻的汉堡包。制作汉堡包是一门艺术和技能，也是对领导能力和自信的考验。有些人喜欢烧烤并炫耀他们的烹饪技巧，而另一些人则选择回避。一个好的汉堡包是按照个人的口味烹制的（生的、中熟或全熟），没有夹生或过火的说法。如果汉堡包烹制得不够熟，里面的一些有害微生物可能会存活下来，引发食物中毒。另一方面，如果烹调过度，它会燃烧，导致如杂环胺和多环芳烃等致癌物质的形成[21]。一个好的汉堡包不仅能挑逗人们的味蕾，还能使人们保持健康。

5. 肉饼科学

如果我们要创造出与传统肉制品具有相同的外观、感觉和味道的肉类替代品，我们需要了解形成汉堡包美味的原理。在这项研究中，食品技术专家在精心控制的条件下测量汉堡包的物理、化学和感官特性[22,23]。例如，汉堡包的高度、直径、重量、孔隙率、微观结构、颜色、多汁性、嘶嘶声和质地的变化都是由不同的配料或制备方法形成的，然后用复杂的物理理论和复杂的数学模型来解释结果。在这里，我介绍一些最先进的科学知识，一个好的汉堡包由什么组成。

（1）烹调损失和质地　最重要的参数之一是"烹调损失"，这是由于烹调过程中肉类液体流失导致的汉堡包体积和重量的减少。这些液体是水、脂肪、蛋白质和矿物质的混合物，它们的流失是不利的，因为它会导致汉堡包产生明显的收缩以及汁感和嫩度的降低。汉堡包在烹调时会变得更结实，这是因为它们所含蛋白质分子的结构和相互作用发生了变化，以及烹调过程中的损耗。一个美味的汉堡包很不简单，这涉及对烹调过程中肉类内部分子和结构变化详细研究的成果[14]。液体损失和组织变化主要是由肌肉纤维受热时的转变所引起的[24]。肉煮熟后，肌肉纤维内的蛋白质逐渐分解，首先是肌球蛋白，然后是肌动蛋白，使得纤维变得不那么坚硬了。这导致肌肉纤维在宽度上收缩（50~65℃），然后在长度上收缩（70~75℃），导致其中的一些液体被挤出，并使肉变硬。另一方面，结缔组织中胶原的刚性三螺旋结构在 60~70℃的温度下分解，导致肉变软。整体效果使汉堡包是从生汉堡包的糊状凝胶状结构转变为熟汉堡包坚硬但多汁的结构状态。

（2）外观　汉堡包烹调后的外观也取决于其内部在分子水平上发生的变化。在烹调之前，汉堡包通常有一个闪亮的、奶油般的粉红色外观。这种光泽是由于光波从生肉相对光滑的湿表面反射的结果，就像从镜子反射的一样；而奶油光泽是光波从肉片表面的脂肪和蛋白质颗粒散射的结果。生汉堡包的粉红色是由一种称作肌红蛋白的蛋白质引起的，肌红蛋白内含有一个"血红素"基团。位于这个血红素基团中心的是一个铁原子，它可以失去两个电子（Fe^{2+}）或三个电子（Fe^{3+}），这取决于它所处环境的性质。在活体动物中，肌红蛋白结合氧气并将其储存在肌肉组织中，可用作肌肉的燃料。在肉组织中，肌红蛋白的颜色（红色、紫色或棕色）取决于血红素基团是否与氧结合，以及铁失去的电子数量。在室温下，肌红蛋白与氧结合强烈，可产生红色，但当它被加热到临界温度（约60℃）以上时，它会经历一种促进氧释放的结构转变。同时，铁原子失去一个电子，从 Fe^{2+} 变成 Fe^{3+}。肌红蛋白在纳米尺度结构上的这些变化是导致汉堡包在烹调时由粉红色变成棕色的原因。

这种颜色的变化可以作为汉堡包是否可以安全食用的一个指标，因为微生物生存所需的生化系统也在大致这个温度受到破坏。因此，如果肉变到合适的色泽，我们就知道它是熟的，应该是安全可食用的。热量需要更长的时间到达汉堡包的中心，所以在中心部分检查汉堡包的颜色总是很重要的。与牛排不同的是，吃汉堡包不能火候太轻，因为细菌可以在绞肉过程中进入汉堡包的内部。肉类的外观也取决于加热过程中光散射的变化。当肌肉纤维被加热到临界温度以上时，它们的厚度和致密性会发生变化，从而导致它们向各个方向散射光波的能力增强。这就是为什么煮熟的汉堡包比生的汉堡包外观更无光泽和不透明的原因。

最后，熟透的汉堡包的一个理想的光学属性和结构属性是其深脆的棕色外壳。这种棕色是食品科学中最具代表性的化学反应之一：美拉德反应的结果。这种反应是以法国化学家路易斯·卡米尔·美拉德命名的，他在 20 世纪初首次发表了对这种反应的详细描述。在足够高的烹调温度（约140℃）下，肉中的蛋白质和糖相互作用，形成许多新分子。这些新分子中的一部分形成了深棕色，而另一部分则形成了熟肉特有的气味和味道。当肉的含水量降低时，美拉德反应会加快，这就是为什么一个做得好的汉堡包表面是深棕色，而中心是粉红色或灰棕色的原因了。在加热过程中，一些水分从汉堡包表面蒸发，因此美拉德反应在那里进行得更快。然而，烹调太久会产生对我们健康有害的致癌物[21]。

（3）风味 优质汉堡包的一个显著特点是它特有的风味，即多汁、鲜嫩和肉质[25]。汉堡包的风味是由原始肉中自然存在的分子、烹调产生的分子以及烹调前、烹调中或烹调后添加的分子（如盐、胡椒、香草和香料）决定的。和其他食物一样，汉堡包的整体风味特征是香气、味道和口感的结合。香气和味道是我们鼻子或嘴巴里的化学传感器检测到的小的挥发性或非挥发性分子的结果。另一方面，口感是咀嚼过程中与肉存在于口中有关的物理感觉的结果，如多汁、嫩度、粒度和平滑度[26, 27]。一个好汉堡包的特色风味主要来自于烹调过程中由肌肉纤维和脂肪组织生成的分子。

肉类的许多主要成分，如蛋白质和脂肪，由于它们太大，无法与我们鼻子和嘴巴中的受体相互作用，因此天然就没有强烈的风味。这就是为什么生肉比熟肉味道更淡的原因。烹调会引起肉类中蛋白质、脂肪和其他分子的化学变化，导致风味分子的特异性混合。蛋白质和糖在高温下的美拉德反应产生了无数的挥发性和非挥发性分子，这些分子在汉堡包中产生了特有的香味和味道，如咸味和肉味。肉类中的血红素蛋白在汉堡包独特风味的形成过程中尤为重要。汉堡包的口感，特别是多汁性，取决于它们在烹调过程中保留了多少水分和脂肪。通常情况下，汉堡包烹制的越久越热，汁液就越少，因为流失的水分越多。

通过改变烹调时间和温度，我们可以在分子水平上进行调控，从而使我们能够根据自己的口味制造出个性化的汉堡包——火候轻的、中等的或熟透的。此外，汉堡包可以用不同的方法烹制，如油炸、烧烤或烘烤，可导致明显不同的感官属性[26]。汉堡包独特的多功能性是任何非肉类替代品需要模仿的一个重要方面。

6. 汉堡包的感官评价

与其他类型的食物一样，科学家们已经开发出一套专门的词汇术语来描述汉堡包的感官特征。通常，一群人聚在一起品尝具有不同属性的汉堡包，然后他们可以用一个共同的词汇术语表来描述汉堡包的感官特征，并以此来比较不同的配方或烹饪方法。例如，品尝者被要求根据汉堡包的回味、棕色色泽、干燥程度、颗粒状态、均质情况、是否多汁、肉香、肉味、坚果味、异味、咸味和软质属性对汉堡包进行排序，以比较肉、植物和昆虫为原料制作的汉堡包[28]。然后使用雷达图来表示每个汉堡包的独特感官指纹（图11.5）。昆虫汉堡包主要含有干性和颗粒状成分，而肉类汉堡包（鸡肉和猪肉）含有主要的软性和多汁状成分。食品科学家正试图揭示汉堡包的分子和结构特征，这些特征会导致汉堡包令人满意或不满意的感官特征，并影响我们在食用汉堡包时的行为。

这是特别具有挑战性的，因为当食物分解并与我们的牙齿和舌头相互作用时，在我们嘴里发生的动态过程是非常复杂的。

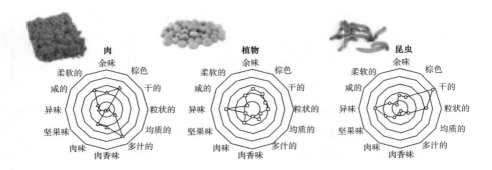

图 11.5

汉堡包类型（以肉、植物或昆虫为原料）对其感官特征的影响

资料来源：Schouteten et al.2016 "Emotional and sensory profiling of insect-，plant-，and meat-based burgers under blind，expected and informed conditions"，Food Quality and Perference 52：27-31

7. 营养汉堡包：强化汉堡包的营养

汉堡包通常不被认为是健康食品的选择。尽管它们是蛋白质、维生素和矿物质的良好来源，但也含有高水平的饱和脂肪和热量。因此，研究人员一直在研究如何通过去除一些脂肪或添加健康成分来改善传统汉堡包的营养品质，比如添加欧米伽－3脂肪酸、维生素、矿物质、膳食纤维等。就像所有食品一样，风味是消费者在选择食品时最重要的考虑因素，因此任何重新设计的汉堡包都必须感官及口味良好，而且更健康。

8. 杂食者的困境：肉食问题

越来越多的消费者正在考虑吃肉对健康、环境和道德的影响，但这在整个人口中所占的比例仍然相对较小。例如，瑞士研究人员最近的一项研究发现，绝大多数消费者要么不知道肉类消费对环境的影响，要么不愿意改变饮食习惯以减少肉类消费[29]。这可能是肉类需求持续增长的原因之一。此外，由于人口增长、收入增加和城市化程度的提高，肉类消费正在增加，这种情况在发展中国家更为明显[30]。

这是因为肉是一种重要的宏量营养素（蛋白质和脂肪）和微量营养素（维生素和矿物质）的来源，它的味道很好，而且往往与较高的社会地位有关。如前所述，畜牧业生产是导致土地利用、水资源利用、污染和温室气体排放变化的主要因素之一[31]。据估计，肉类仅占全球人口能源需求的15%左右，但却要占用80%左右的农业用地用于放牧或生产饲料[32]。根据联合国的数据，畜牧业的温室气体排放量比整个运输系统（包括汽车、飞机、轮船和火车）多 40%。因此，减少畜牧业对环境的影响是科学家和决策者的一个关键目标。解决这个问题的一个方法是鼓励人们改变饮食习惯，可以用其他来源的蛋白质替代动物产品，如从植物中提取蛋白质。数据显示，杂食者排放的温室气体是素食者的 7 倍左右。

还应注意的是，不同种类的肉类对环境的影响有明显不同，牛肉生产比猪肉、禽肉、鱼肉生产对环境的破坏要大得多[31]。因此，鼓励人们以其他动物来源的蛋白质代替牛肉也有助于环境保护。有趣的是，一些研究表明，使用现代畜牧体系（工厂化养殖）而不是传统的畜牧体系，可以降低环境破坏，特别是在牛肉生产中[31]。现代畜牧体系在精心控制的条件下，在大型设施中饲养动物，采用营养优化的饮食和先进的兽医技术，以确保动物的健康和高产。相比之下，传统的畜牧体系通常允许动物在开阔的田野里自由采食。因此，现代方法能在更短时间内饲养出体积更大的动物，导致温室气体排放更少，土地占用更少。因此，使用更现代化的畜牧体系，而不是传统的畜牧体系，可能对环境更有利。据最近的一些研究表明，可以通过改变传统的耕作方式，在土壤中固碳以减少温室气体排放，从而克服这一问题[33]。此外，还有一些重要的伦理问题和其他与大规模动物生产有关的问题，包括虐待动物、抗药性和污染。总的来说，我们可能有必要在伦理问题和环境问题之间做出一些妥协，因为它们并不总是同时存在的。

还有一些经济障碍必须克服，例如是否有资金购买和经营大型生产设施，并有机会让其进入全球肉类市场。此外，必须考虑给予动物的食物（饲料）是否可以用作人类的食物，以及用于种植动物饲料的土地是否可以用于生产人类食物。据估计，目前用于饲料生产的地区有一半以上（约 57%）不适合粮食生产[30]。因此，动物仍然可以在可持续发展和保护环境的食物供应方面发挥作用。特别是，它们能够生活在不适合耕种粮食的土地上，并将废物转化为宝贵的粮食资源。例如，它们可以将草、树叶、谷壳、果壳和稻草转化为高质量的蛋白质、维生素和矿物质来源。与食品相关的许多问题一样，这些问题往往没有明确的答案，因此必须根据许多相互矛盾的因素做出妥协。

生产一个汉堡包所需的环境投入大到令人震惊。根据《体外肉类食谱》（*In Vitro Meat Cookbook*）估计，生产一个 200 克的汉堡包需要 3000 克谷物和饲料来喂养牛（相当于大约 100 碗谷类食品），200 升水来灌溉土地和给牛补充水分（大约 3 个浴缸），超过 100 万焦耳的石油能源来生长和运输饲料（足够冰箱使用 6 个月）和大约 7 平方米的土地来喂养和寄养动物。这是生产同等植物汉堡包所需水平的许多倍。事实上，最近的一项研究表明，用植物性汉堡包取代美国一半的汉堡包将导致温室气体排放量（6%）、水资源利用率（10.4%）和土地利用率（12.1%）的显著减少[34]。这相当于减少了 800 万人出行、7500 万人的用水量，并腾出了内华达州（美国西部的一个州）周边地区的土地。

三 ｜ 洁净的汉堡包：
培养肉

牛肉、猪肉、鸡肉或鱼肉可以在实验室或工厂里从动物身上提取活细胞来培养，而不必再杀死它们[35]。这种肉制品被委婉地称为"洁净肉"或"培养肉"，有可能是一种更符合伦理和可持续的肉类生产方式。构成真正肉类的细胞，如肌肉、脂肪和结缔组织中的细胞，可以在实验室中生长，以创造出与传统肉类具有相似感官和营养特性的产品。这项技术来源于生物医学研究人员所取得的进步。他们研究细胞在构成我们身体的各种器官中的行为，特别是，他们试图在实验室里培育器官，以取代人类有缺陷的器官，如人造心脏、肝脏或肾脏。然而，同样的方法也可以用来制造可食用的器官。制造一块美味的肉要比一个能在人体内运行多年的肾脏容易得多。这可能就是为什么最近人们对培养肉的兴趣激增的原因——由于这项令人兴奋的技术在医学上的应用还没有完全被实现，生物医学科学家已经在开始寻找新的应用技术了。

1. 培养肉的优势

培养肉类的优势在于这是一种更加符合伦理、可持续、安全和环保的食品供应[35]。培养肉是在精心控制的条件下生长的，因此不需要抗生素，微生物污染的概率也比真正的肉要小。工厂的环境比农场的环境要干净得多。2018年，《卫报》披露了一份未公开的政府报告的调查结果，该报告称，动物内脏、变质肉和受污染肉与工厂生产线上的其他肉接触。在对这一做法的一次令人难忘的谴责中，有报道称"在人类食物链中发现的肉中充满了粪便和脓液的脓肿。"这类事件的发生，是因为有人试图使工业规模的屠宰更快更高效。培养肉不会出现这些问题，因为它们没有肛门或脓疱。事实上，培养肉不易受到粪便和微生物污染，这意味着它有较长的保质期，因此较少有食物浪费。

养殖的肉类不需要饲料动物所需的谷物或草，这就腾出了目前用来饲养牲畜的土地，以便可以用来为人类种植庄稼。动物需要消耗比细胞培养更多的能量来产生肌肉组织，因为它们必须保持体温，四处走动，生长骨骼、皮肤和软骨等。目前的估计表明，培养的肉比传统家畜消耗更少的水和土地并且能减少温室气体的排放[4,5]。然而，一些计算结果表明，由于维持细胞培养所需的高能量消耗，它比昆虫或植物性食物能消耗更多的燃料[36]。随着技术的成熟和产业规模的扩大，这个问题可能会被解决。培养肉也可能改善抗生素的耐药性，因为目前很多抗生素的使用都是在畜牧业中，而培养肉不需要。最后，培养肉不涉及大规模养殖、饲养和屠宰动物，这一事实使其比传统肉更加合乎伦理。

2. 工厂培养肉：组织工程科学

培养肉的生产可分为一系列的工艺流程[37]。在收集阶段，从活体动物中提取单个细胞或细胞簇（图11.6）。一旦这些供体细胞被收集，它们就可以被储存起来，并从中获得新的细胞，而无须从活的动物身上获取新鲜细胞。事实上，据估计全世界目前食用的牛肉只需要150头牛就可以生产出来。科学家甚至提出，人们可以在自家后院养一只动物，如猪、鸡或羊，偶尔从中收集细胞，然后在家里培养成肉[38]。

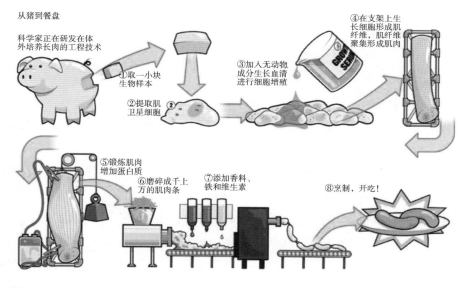

图11.6
通过从活动物身上提取细胞，肉可以在实验室中培养长肉。获得施普林格自然出版社的转载许可

在增殖阶段，收集的细胞被放置在一个鼓励它们分裂和繁殖的环境中。这需要仔细控制细胞周围肉汤中的营养物质和生长因子，以及它们所处的温度，以刺激它们的生长。这个阶段类似于找到提高农作物产量所需的正确肥料、杀虫剂和环境条件的过程。

在成熟阶段，环境条件改变使细胞转变为所需类型，如肌肉、脂肪或结缔组织细胞，然后聚合在一起形成肉样组织。研究人员目前正试图找出最合适的细胞类型和营养液来优化这些过程。此外，除非鼓励细胞在特殊设计的支架上生长，否则细胞不会自然地聚集成与真肉相似的大小和形状，就像葡萄藤需要一个支架来支撑它们的生长一样。

被称为生物反应器的大型容器将细胞和营养液保持在优化的生长条件下，以生产具有商业可行性所需数量的培养肉。考虑到美国人在 2016 年消费了大约 1179 万吨牛肉，可以估算出替代真正肉类所需的培养肉的水平。这一生产规模对培养肉类行业来说，在短期内将面临极大的挑战，需要建造大型工厂和相关的加工设施。传统肉类行业已经投入了大量资金支持培养肉类的初创公司，这表明他们清楚地看到了这种新的蛋白质来源的光明前景。这个行业已经为今天生产的大量肉类建立了加工和分销网络，其中许多设施和物流操作可以简单地用于培养肉类。

还有其他挑战也需要克服。寻找合适的培养基来培养肉细胞一直是这项技术发展的主要障碍之一。在传统组织工程中使用的许多关键营养素和生长因子来自动物，如胎牛血清。这种血清是从胎牛血液中提取的[39]。显然，如果依赖于胎牛血清，干净的肉不会吸引很多有伦理顾虑的消费者。因此，该行业正在积极研究从植物中分离或由基因工程微生物生产的非动物替代品。以合理的成本提供大量的这种培养基对清洁肉类工业的成功至关重要。此外，必须确保用于生产培养肉的大型发酵罐不会受到污染，因为这会导致食品安全问题。

3. 培养肉简史

美国宇航局在 20 世纪 90 年代对培养肉（实际上是鱼肉）的一些最早研究是将其作为宇航员长期太空任务的蛋白质来源。21 世纪初，荷兰政府资助马斯特里赫特大学的马克·波斯特（Mark Post）教授进行培养肉的研究，最终形成了第一个实验室培育的培养肉汉堡包。据估计，生产这种汉堡包的总成本约为 33 万美元[37]！

从那时起，这项技术得到了长足的发展，现在有许多企业正积极地致力于这些产品的商业化。这些企业很可能会在未来几年开始销售清洁肉类产品，可能会首先瞄准高端餐厅，因为它们的利润率较高。首次面世的可能是结构和质地最简单的肉类产品，如汉堡包、肉末或香肠，而更复杂的产品可能会在稍后推出，如牛排、羊排和鸡胸肉。一些企业已经在展会上展示了他们的培养肉制品，预计这些产品的成本在不久的将来会与真正的肉类竞争。例如，旧金山佳食特（原汉普顿克里克）公司计划很快推出一系列清洁肉类产品。那里的科学家们从一只鸡的羽毛（被称为"伊恩"）上采集的单个细胞培养出了肉。一段在线视频显示，该公司的一些员工一边吃着用"伊恩"做的鸡肉卷，一边围着他们的桌子闲逛。

另一家初创公司成功获得投资，支持其产品的进一步开发，可见培养肉的商业可行性。根据在线贸易杂志《食品导航仪》的报道，孟菲斯肉类公司从包括比尔·盖茨（Bill Gates）和理查德·布兰森（Richard Branson）在内的大型食品公司和投资者那里获得了超过 2000 万美元的融资。许多支持培养肉类的公司都是传统肉类的大型生产商，如泰森食品和嘉吉公司。据推测，这些企业看到许多传统肉类会被培养肉类所取代的未来，并希望利用这项新技术为自己定位。孟菲斯肉食公司已经生产出了养殖的鸡块和肉丸产品，并正在开发各种其他产品（图11.7）。

图11.7

孟菲斯肉食公司正在生产各种培养肉类产品以取代传统肉类，包括肉丸和肉排

资料来源：图片由孟菲斯肉食公司提供

4. 名人汉堡包

据推测，养殖汉堡包与传统肉类具有相似的烹饪和感官特性，因为它们都由相似的肌肉成分组成。关于这项新技术的一个大胆设想是从人肉中生产培养肉，即从一个活着或刚刚去世的人身上提取的细胞生产人的肉，但不会对任何人造成伤害。理论上，人们也可以培养从自己身体上收集的细胞，因此可以吃自己的肉做的汉堡包。或者，人们可以预订名人汉堡包，在那里人们吃自己最喜欢的电影明星、体育明星或歌唱家的"肉"。事实上，这一想法最近被列入了"体外肉类食谱"，其中一个"名人肉块"的食谱使用明星或皇室成员的干细胞来制作一系列肉类产品，如上榜的流行歌手。但这需要从伦理等多个方面去考量可行性。

5. 素食者应该吃自己吗

许多素食主义者不吃肉是因为伦理上的原因，他们认为在非自然条件下饲养动物，然后宰杀它们以获取肉类的做法是错误的。另一方面，这些人中的许多人仍然喜欢真正的肉的味道——脆培根片、美味的羊腿或丰盛的炖牛肉。以植物为原料的替代品很少能够模仿传统肉制品的理想外观、口感和味道。解决这个问题的一个办法是素食主义者吃自己的培养肉。它们肉中的一些细胞可以被收集起来，生长在营养液中形成肌肉组织，然后用作肉制品的原料。同样，这种情况的可行性也是非常令人怀疑的。

6. 培养肉艺术

瑞典隆德大学人文地理学系的埃里克·琼森（Eric Jönsson）在他最近的一篇文章《论复活的鸡块和括约肌：漫谈培养肉和艺术》（*On Resurrected Nuggets and Sphincter Windows*：*Cultured Meat*，*Art*，*and the Discursive Subsumption of Nature*）中仔细研究了基于培养肉的艺术、设计和产品。他采用《体外肉类食谱》作为未来肉类主题艺术和设计项目的例子。除了名人肉块之外，这本书还包括由培养肉制成的其他膳食的假设食谱，包括肉花、折纸肉、针织肉和用已灭绝的渡渡鸟细胞制成的肉块。它还包含了一个"工艺肉制品厂"的提议，这将是一个小型的独立餐厅，在大型发酵罐中培植自己定制的培养肉制品，就像微酿酒厂酿造自己独特的工艺啤酒一样。

琼森教授还讨论了由位于布鲁克林的非营利建筑和设计公司地球一号（Terreform One）创建的体外肉类栖息地。这个项目的目的是创建一个使用3D打印机将猪细胞挤压入的一个有机结构，用食品防腐剂保护构成养殖动物的"皮肤"，避免微生物生长，并通过添加增稠剂、水胶和色素等其他食品添加剂控制其质地和颜色。目前，一个小型的不易腐烂的原型已经被制造出来了[40]，但是用3D打印的肉来建造未来城市的计划仍然有很长的路要走。琼森强调了构建和展示这项技术的方式对于它是否为大众所接受是非常重要的。至少我认为他是想这么做的。对于没有接受过这方面培训的人来说，解释社会科学家所写的句子是很困难的，如"强调这些愿景和对话，使我能够强调在对工业生产过程的研究中，对话语动力学的某些忽视"。

7. 迪斯科汉堡包

科学家最近对老鼠和其他动物进行了基因改造，以表达一种荧光蛋白，这种蛋白能使它们像水母一样在黑暗中发光。这可能是迪斯科汉堡包的开始吗？迪斯科汉堡包是一种肉制品，当光线照射到上面时会出现红色、绿色或黄色荧光。如果汉堡包能够呈现当地运动队或本国国旗的颜色，这就是一个有文化含义的汉堡包了。这些物品在世界杯等赛事上可能会特别畅销。

8. 虫肉汉堡包：昆虫肉

昆虫肉是一种有营养和环境友好的肉类替代品，前提是西方国家的人们能够克服目前对食用昆虫的厌恶感[4, 32]。过去，我们试图让昆虫远离我们的食物——也许现在我们应该鼓励这种做法了。

9. 传统昆虫消费

各种各样的虫子适合人类食用。事实上，数千种不同种类的昆虫已经在全球范围内被食用。食用昆虫的行为被称为"昆虫吞噬"，这是一个相对较新的词。这可能是因为传统上食用昆虫的文化与食用其他种类的食物相比，不需要用不同的词来描述。值得注意的是，昆虫也是有生命的生物，尽管它们的自我意识比大型动物要低。因此，一些素食主义者会对食用这些小动物感到不安。然而，人们注意到，大多数可食用的虫子没有中枢神经系统，因此不会感到疼痛，这应该会使饲养它们更加合乎伦理。

昆虫有潜力创造出比肉更可持续的食物来源，因为它们可以比家畜更高效、更可持续地被生产。它们是脂肪、蛋白质和微量营养素的良好来源，并且能比动物更有效地将饲料转化为食物（图 11.1）。此外，饲养昆虫作为食物可以减少温室气体排放，减少污染，减少用水。利用昆虫生产食品的高能效有许多原因。首先，通常可以吃掉所有的昆虫，而普通动物通常只有不到一半会被吃掉。其次，昆虫不会像普通动物一样浪费能量资源来保持体温恒定，因此它们会更有效地将饲料转化为体重。最后，它们比普通动物繁殖和成熟的速度更快。

昆虫作为人类饮食的一个组成部分已经有好几万年了[41]。世界许多地方仍然普遍食用昆虫，并且超过 20 亿人定期食用昆虫[42]。在非洲、亚洲、中美洲和南美洲，它们因其味道和营养价值独特而经常被食用。这些昆虫可以从自然环境中采集，在小农场饲养，或在大型工业设施中生产[32]。每种可食用的昆虫都有其独特的食用特性。在澳大利亚，巫婆幼虫是一种蛾子的幼虫，传统上被土著人认为是非常珍贵的美食。有报道称（但我个人并没有证实），烤制后的虫皮会变得像烤鸡一样脆，而虫肉则有杏仁或花生酱的味道。

10. 发达国家昆虫消费：学会食用昆虫

在许多肉类消费最为普遍的经济发达地区，如美国和欧洲，昆虫消费并不常见。这些地区的许多消费者认为吃昆虫的想法令人反感，即感觉"恶心"。然而，由于对环境的好处，人们对食用昆虫越来越感兴趣。一些勇敢的早期收养者已经适应并喜欢这种虫子了。在发达国家,许多种类的昆虫因其具有作为肉类替代品的潜力而成为目标,包括蟋蟀、蚱蜢、蚂蚁、蜡虫和粉虱(图11.8)。粉虱实际上是面粉甲虫的幼虫,由于其相对容易繁殖和转化为食物,正成为食用昆虫的流行来源。

图11.8
正在研究的以昆虫作为肉类替代蛋白质来源的粉虱

对于好奇虫子的人来说,网站上有很多以虫子为主题的食谱,比如大卫·戈登(David Gordon)的《虫子食谱:40种烹调蟋蟀、蚱蜢、蚂蚁、水虫、蜘蛛、蜈蚣和它们同类的方法》(*The Eat-a-Bug Cookbook:40 Ways to Cook Crickets,Grasshoppers,Ants,Water Bugs,Spiders,Centipedes,and Their Kin*)。这本书包含了"奶油蟊斯汤""白蚁大餐"和"芥末蜡虫"这样的食谱。对于喜欢冒险的食客来说,虫子可以是全须全尾的整体,有完整的眼睛(蟋蟀)或者胖身体上顶着个小脑袋(蛴螬)。或者,对于更容易吱吱作响的虫子,它们可以被烘干并磨成面粉,作为蛋白质来源来丰富饼干、蛋糕或能量棒。昆虫饲料网站由可持续生产和食用昆虫的倡导者运营,是食用昆虫食谱的良好来源。"洛林与地虫"是一种含有培根、干酪和蚯蚓的乳蛋饼;"蚕丝吐司"由腌制蛹和带薄荷的橄榄芝麻吐司组成;"燕麦片蜡虫曲奇"和普通的燕麦片曲奇一样,但是葡萄干被蜂蜜和肉桂上的蜡虫代替。美国《时代》杂志邀请了20位厨师和昆虫爱好者为食用昆虫设计出美味的食谱,其中包括"油炸狼蛛""蚱蜢大杂烩""麦斯卡蠕虫玉米卷"和"腌制臭虫"[43]。这些美味的虫子食物的食谱,以及许多其他的都可以在网上找到,任何有兴趣为他们的家人和朋友准备食用昆虫的人都可以在网上找到上述美味的虫子食谱及其他一些同类食谱。

在欧洲,许多食品企业已经开始销售可食用昆虫作为肉类的替代品了。瑞士埃森托公司将粉虱与蔬菜、草药和香料混合,制成了虫子汉堡包和虫子"肉"球,目前在瑞士大超市出售。据称,这些粉状虫在烘烤时有坚果味。昆虫肉丸子是制作意大利肉酱面的理想之选,也可以被打包成像法拉费一样的皮塔面包。在比利时,"本司昆虫"提供的虫子汉堡包含有超过 30% 的粉虫。在英国，"蛆厨房"是一家在许多菜肴中使用昆虫的餐厅。标志性的虫子汉堡包含"烤蟋蟀、麦片虫、蚱蜢、菠菜、番茄和调味品的混合物。"其他的食物包括蟋蟀和鹰嘴豆沙拉和带肉桂麦片虫的威尔士蛋糕。

2018 年底，塞恩斯伯里（Sainsbury's）超市成为英国第一家出售可食用昆虫——烟熏烤肉味蟋蟀的大型超市[44]。超市正在将其作为一种可持续和营养的蛋白质来源进行销售，这种蛋白质比一袋薯片更令人兴奋。我的侄子杰克（Jack）刚刚在苏格兰读完物理学博士学位，所以有点时间，我让他为我做一个"脆蟋蟀"味觉测试。他买了一包，有一帮朋友来一起尝试。他朋友的一句话是"看起来像一只死虫子，你会在地板上或花园的岩石下发现它"，而另一句话则认为它们看起来"令人讨厌"而且"不太开胃"。这不是个好的开端。在品尝时，杰克和他的朋友们认为他们的口感是"有点干""有灰尘"和"空气"，他们的口味是"坚果""木质"和"泥土"。普遍的共识是它们味道不算差，但也好到哪儿去。把它们放在一片比萨饼的脆面饼上似乎是提高它们适口性的一个办法（图 11.9）。

图 11.9
我勇敢的侄子杰克·麦克伦茨尝试制作蟋蟀饼（蟋蟀最近作为零食和配料被引入英国主流超市）

有趣的是，杰克说他所有的年轻朋友（20 多岁）都很乐意尝试，并意识到吃肉替代品的重要性。但年长的父母（50 多岁）却"完全厌恶"，即使知道这样做有利于环境，也不会去碰它们。与其把昆虫全部吃掉，还不如把它们"藏"在其他食品中。昆虫面粉可以通过干燥和研磨虫子来制备。这些面粉可以用来生产强化病菌的产品，如面包、蛋糕、饼干和能量棒。在这种情况下，你不必面对面地吃昆虫。这类似于肉类消费，当你狼吞虎咽地吃牛肉馅饼或汉堡包时，很容易忘记你在吃牛。将昆虫粉成功地掺入食物中常常是一个挑战，需要对食物化学有很强的了解。昆虫粉不能改变最终产品的愉悦的外观、口感和味道，而且应该是安全的。

各国政府越来越多地支持对食用昆虫的研究，这刺激了这一领域的进步。事实上，"食用昆虫"领域的科学出版物数量激增，导致人们对它们在食物和口腔中的行为有了更好的了解。

11. 虫子汉堡包的科学

与真正的肉不同，昆虫的"肉"不能简单地碾碎用来制作美味的虫子汉堡包。取而代之的是，这些虫子必须与肉或谷类混合，才能形成一个虫肉营养强化的汉堡包。因为这类食品是一种新食品，所以在制备虫子汉堡包过程中发生的分子、结构和物理化学事件方面的科学研究很少。一个韩国科学家小组在研究家蚕对肉面糊的富集作用时，很好地强调了这个问题，他们说"添加了蚕蛹粉的肉制品没有得到充分的检测"[45]。研究小组通过添加粉状蛹进而提高肉面糊的蛋白质和矿物质含量，部分地解决了这个问题。蛹成分还提高了肉糜的黏性、硬度和咀嚼性，同时减少了烹调损失。其他研究人员报告说，在乳化香肠中加入一种由粉虫幼虫和蚕蛹制成的面粉，也会增加香肠的黏性、硬度和咀嚼性[46]。我不完全确定在虫子汉堡包中是否需要增加黏性。

目前，我们对昆虫食材在烹饪过程中分子水平上的行为还知之甚少。一项研究报道，从黄粉虫幼虫中分离出的蛋白质在加热时形成软凝胶[47]，这可能是导致烹饪过的汉堡包产生黏性的因素之一。另一项研究表明，从粉虱中分离出来的蛋白质在乳状液中的微小脂肪滴周围形成了一层保护膜[48]，这可能有助于提高昆虫汉堡包的脂肪味和口感。

12. 但你会吃吗

虫子汉堡包想要获得成功，面临的一个挑战是人们对自己不熟悉或认为不合适的食物的自然厌恶心理。在昆虫消费不常见的美国和欧洲尤其如此。因此，许多食品学家和营销学家已经研究了影响我们对基于昆虫的食品的反应因素。

（1）期待的力量　在一项有趣的研究中，来自荷兰瓦赫宁根大学的斯蒂格（Stieger）教授和他的同事调查了人们对昆虫的成见对他们评估汉堡包质量的影响[49]。在感官测试中，科学家们给一大群人喂食了相似形状的汉堡包，但其中一些人被告知汉堡包中只含有牛肉，而另一些人被告知其中既有麦片虫、青蛙肉，也有羊脑。实际上，没有一个汉堡包含有这些不寻常的成分。相反，研究人员在一些汉堡包中添加了常见的植物性成分，如面包屑、豆腐或榛子，这样人们就能在嘴里感觉到它们之间的不同。然后，实验组随机分为四种汉堡包，因此汉堡包的性质和它应该含有的不寻常成分之间没有相关性。然后，品尝者被要求在吃汉堡包之前和之后根据他们的"食物适宜性"和"总体喜好"对汉堡包进行排名。在吃汉堡包之前，"虫子"汉堡包在适宜性和喜好上都远远低于普通汉堡包。然而据报道，这些虫子汉堡包在食用后的总体喜好与对照汉堡包相似，但在食物适宜性方面的排名仍然要低得多。作者的结论是，一个积极的味觉体验对于决定消费者是否会再次尝试一种不寻常的食物起着至关重要的作用：如果第一次尝起来不好，他们就不太可能再次尝试。

在最近的另一项研究中，研究人员使用消费者的视频来测量他们在食用含有"蛋白质"或"昆虫蛋白"的产品时的面部表情，但实际上这些产品只是薯片[50]。那些被告知薯片含有昆虫蛋白的人比对照组呈现更长时间的难看的面部表情。在进食过程中，录像显示食用"虫子"薯片的人面部表情不那么积极。然而，在测试结束时，消费者报告说他们喜欢所有的产品，无论它们是否含有昆虫蛋白。目前尚不清楚，人们对于含有真实或假想昆虫蛋白的汉堡包，是否会观察到同样的效果。这可能取决于其他因素，如是否可以看到身体的部分或整个昆虫，以及它们对汉堡包质地和口感的影响：在汉堡包中，无论是糊状的还是松脆的，通常都不被认为是理想的特征。因此，为汉堡包选择最合适的虫子类型是很重要的。

（2）虫子汉堡包味道测试　刚刚报道的研究是针对那些实际上不含任何昆虫的食品，因此只是测试人们的期望对他们消费意愿和喜欢不寻常食品的影响。这些研究并没有真正测量当我们食用不同种类的虫子时，它们是如何被感知的。软而多汁的蛴螬和硬而脆的蟋蟀在我们嘴里的分解方式不同，它们释放出的体液和身体部位在我们舌头上的感觉也不同。幸运的是，真的有一些关于含有虫子的食物的感官分析的研究，包括对汉堡包的研究。

在一项最全面的研究中，比利时根特大学的约阿希姆·肖特滕（Joachim Schouteten）教授和他的团队对食用虫子汉堡包、植物汉堡包或肉类汉堡包的人进行了情感和感官测试[28]。汉堡包有三种不同的食用方式。

①盲试：一个人不知道他们吃的是哪种汉堡包；

②预期：一个人被告知是哪种汉堡包，并要求在食用前对其进行排序；

③知情：一个人被告知是哪种汉堡包，以及吃过后就排序。消费者对每个汉堡包的整体喜好、感知质量和营养价值进行评分（图11.10）。

肉汉堡包比虫子汉堡包和植物汉堡包更受欢迎，可能是因为品尝者最熟悉这类产品，所以认为这是一个好汉堡包应该具有的味道。有趣的是，人们在吃了虫子汉堡包后，当他们知道里面有虫子的时候，比不知道的时候更喜欢它。这表明，人们除了考虑味道之外，还考虑了其他因素，如食用昆虫可能带来的伦理和环境效益。在盲尝测试中，虫子汉堡包的排名相对较低，说明它的质量不是很高。未来，食品企业将不得不开发出外观和口感都很好的虫子食品，否则消费者不太可能克服对食用昆虫的天然厌恶感。虫子汉堡包的营养价值排名明显高于常规肉汉堡包，这可能有助于政府和食品企业在未来销售这些产品。对这三种产品的感官特性，包括棕色、多汁、肉味、坚果味、粒度和柔软度的详细分析表明，

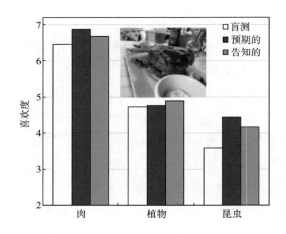

图 11.10

汉堡包类型（肉、植物或昆虫）对相似性排序的影响[28]
（使用 9 分制评价，1= 强烈不喜欢，9= 强烈喜欢）

它们都有自己独特的风味特征（图 11.5）。我们应该注意不要从这项研究的结果中外推太多，因为它只代表了在有限受试者（比利时的年轻人）上测试的少数产品。

意大利和丹麦的研究人员一直致力于找出为什么西方国家的许多人对吃昆虫有强烈的反感[51]。他们的反感归因于两个关键因素：恐新症——害怕吃新的或新奇的食物；厌恶症——与某些食物相关的消极情绪反应。恐新症和厌恶症都可能通过进化的方式被植入人类的大脑，因为它们保护人类的祖先免受环境中潜在有害食物的侵害。区分恐新症和厌恶症是很重要的，因为它们不是一回事。有些食物很熟悉，但我们仍然觉得它们很恶心，如我就会讨厌龙虾。其他食物看起来并不恶心，但我们仍然害怕吃它们。在泰国的一次旅行中，我在一个看起来很好吃的当地市场上遇到了一些奇怪但看起来很漂亮的水果，但我不愿意尝试，因为我不知道它们是什么，如何吃，或者是否安全。我更爱冒险的德国朋友乔森·韦斯（Jochen Weiss）教授，他确实尝试了，结果拉了肚子。

对某种食物的恐惧和厌恶程度因人而异，但也取决于文化。亚洲、非洲和中美洲国家的许多人喜欢昆虫食物，而西方国家的大多数人却觉得昆虫食物令人厌恶。这可能是因为这些地区的人从小就把昆虫与粪便、腐烂的物质和疾病联系在一起了[51]。研究人员采访了一些大学生，他们是学术喂养研究的实验对象，以确定他们对吃昆虫食物的感觉。他们发现，厌恶症和恐新症是独立的现象，而厌恶是导致人们厌恶昆虫食物的一个更重要的因素。即使人们越来越熟悉基于虫子的食物，他们可能仍然不想食用它们。科学家们建议，政府和工业界必须改变人们对昆虫的消极态度（最好是在年轻的时候），这样才能使昆虫食品的消费水平对我们的环境产生有益的影响。

（3）我们要克服厌恶　历史记录表明，我们对吃虫子的强烈厌恶是可以克服的。在过去，很多人已经学会了喜欢他们以前拒绝的一种食物。在新英格兰，龙虾是东海岸丰富的自然资源，但被认为是农民的食物，只适合穷人食用或作为肥料。现在，龙虾被认为是美味佳肴，它们的收获、加工和销售是一个价值数百万美元的产业。就我个人而言，我一直讨厌海鲜，认为龙虾是巨大的海蟑螂。如果人们能吃到并享受这些看起来令人震惊的海虫，那么它们最终可能会变成昆虫食物。我对牡蛎、蛾螺、小虾和大虾的感觉是相似的，如果现在把它们当作美味，那以后为什么不吃蛴螬、蚱蜢和蝗虫呢？

最后，需要注意的是，我们中的许多人已经有意识或无意识地消费了昆虫或含有它们的产品。如蜂蜜是蜜蜂收集、反刍、消化后将花蜜储存在蜂巢中制成的；胭脂虫是一种红色食用染料，从一种高色素昆虫中提取，用于一些糖果、酸奶和饮料产品中[48]。我们还经常吃昆虫，但不知道，如果你仔细查看食品包装，你会发现大量的昆虫成分。食品科学专业的学生经常在他们的实验课上这样做——他们用显微镜寻找和描述普通食品中的虫子。事实上，美国食物与药物管理局允许某些种类的食品中含有一定数量的昆虫成分：每 100克蘑菇最多 20 只蛆虫，每 230 克黄金葡萄干最多 35 个果蝇卵，每 500 克布鲁塞尔芽菜最多 4 个幼虫，每 50 克胡椒粉最多 475 个昆虫碎片。看来我们都已经是食虫者了。

13. 昆虫养殖：可食用昆虫的商业化生产

如果可食用昆虫要与家畜竞争，成为可持续能源、蛋白质和微量营养素的来源，那么它们必须在经济上可行[4, 32, 52]。如前所述，仅在美国，每年的牛肉消费量就高达 1179万吨。食用昆虫产业将不得不规模化生产以昆虫为基础的食品，在肉类市场上造成可观的影响。此外，在昆虫养殖场饲养的可食用昆虫必须具有一贯的高质量和可靠的品质，具有经济竞争力和安全性。目前，新一代的昆虫食品通常比传统的肉类食品更贵，这可能会阻碍它们在未来的广泛应用。这在一定程度上是因为这是一个新兴行业，企业仍在优化配方和生产设施。此外，它们还需要更大的市场，才能从与规模经济相关的成本削减中获益。

一些估计表明，与传统的畜牧设施相比，维持昆虫生产设施需要更多的能源。这主要是因为昆虫无法控制自己的体温，因此必须将设施保持在相对温暖的温度以促进它们的生长。然而，与保持昆虫温暖相关的更高的能源成本被这样一个事实所抵消，即昆虫需要更少的饲料来产生相同数量的蛋白质（图 11.1）。昆虫更高的饲料转换效率是因为它们不需要像动物那样花费那么多的能量来维持体内温度。此外，像粉虱和蟋蟀这样的昆虫需要更少的土地和水来生产与鸡肉和牛肉等家畜肉相同数量的蛋白质，并且产生的温室气体也少得多[32]。通过优化昆虫日粮或利用遗传选择产生更高效的昆虫品系，可以提高饲料转化率。

使用昆虫的另一个潜在优势是，它们可以被其他农业或食品加工过程中产生的废物喂养，并将其转化为美味的基于昆虫的食物，如蔬菜、水果、面包、啤酒或葡萄酒生产过程中产生的废物可以被喂养给可食用昆虫。2014 年，《经济学人》（*The Economist*）杂志报道说，农业废弃物价值约为每年 7500 亿美元，因此利用昆虫将这种物质转化为有价值的富含蛋白质的食物来源具有巨大潜力。

14. 吃虫子对健康有好处吗

可食用昆虫代替传统的肉类也许对我们的环境更有利，但对我们的健康有好处吗？食物的健康取决于它所含或不含的成分，如脂肪、蛋白质、碳水化合物、纤维、维生素和矿物质以及它们的生物利用度。其中一些成分对人体健康有益，而另一些则有害。因此，对比传统肉类（如牛肉、猪肉、羊肉和鸡肉）和昆虫的营养成分是有用的。传统肉类是优质蛋白质[42] 以及必需的微量营养素［如维生素和矿物质（特别是铁）］的良好来源。另一方面，某些真肉含有高水平的饱和脂肪，过量食用对人体健康有害。昆虫的组成和消化率因种类和加工方法的不同而有很大差异。许多昆虫含有高水平的蛋白质、维生素和矿物质，因此可能是肉类的高营养替代品（表 11.1）。事实上，最近对一些最常食用的可食用昆虫与传统肉类的比较发现，许多可食用昆虫具有相似或更好的营养特征，如蟋蟀、棕榈象鼻虫和粉虫[53]。一些昆虫，如棕榈象甲，脂肪含量比传统肉类高很多，因此在肥胖问题严重的发达国家，过度食用这些昆虫可能是个问题。另一方面，棕榈象鼻虫替代高脂肪肉类可能会因为"恶心"的因素限制西方国家许多人的食物消费总量。总的来说，与消耗昆虫相关的主要健康功效似乎很少，但这会被对环境产生的积极影响所抵消。

表 11.1
每 100 克动物、植物和昆虫来源的主要营养成分比较

食物	蛋白 / 克	脂肪 / 克	钙 / 毫克	铁 / 毫克
牛肉	31.2	3.7	6	2.0
猪肉	19	7.2	4	0.6
鸡肉	26	1.0	20	0.6
大豆	36.5	10.9	277	15.7
蟋蟀	12.9	5.5	75.8	9.5
蚕蛹	9.6	5.6	41.7	1.8
白蚁	14.2	n/a	0.05	33.5
蚱蜢	20.6	6.1	35.2	5

15. 昆虫养殖面临的挑战

使用昆虫作为食物有一些潜在的环境风险。可食用昆虫的商业化生产仍然会导致温室气体和其他污染物的释放，但这些排放量通常低于家畜的排放量[32]。因此，用食用昆虫代替肉类将对我们的环境产生净效益。一些昆虫资源的可持续性也令人担忧。在许多发展中国家，由于对昆虫资源的过度开发、昆虫栖息地的改变和污染，使得以昆虫作为食物来源的利用受到了威胁。例如，由于生态旅游者和专业餐厅的过度消费，澳大利亚作为食物来源的蜜蚂蚁的供应受到威胁，而从墨西哥中部湖泊收集的食用水生昆虫数量也受到污染的威胁[32]。如果昆虫要被用作其他蛋白质来源的可行替代品，这些问题就必须得到解决。

每种昆虫都有自己独特的环境，因此每种昆虫都需要量身定做的方法。一个特别有趣的想法是捕获和食用通常对人类农作物有害的食用昆虫，如蚱蜢或蝗虫，而不是用化学杀虫剂处理作物，昆虫将被收集并用作食物。与目前的做法相比，这将具有环境、经济和营养方面的优势，还必须确保食用昆虫不会对它们所处的环境造成危险。例如，这些虫子可能会逃跑、繁殖，并吃掉附近的作物或敏感的植物物种，以及妨碍人类的生活。

确保食用昆虫的食用安全也是至关重要的。用虫子代替肉会改变人们摄入的必需氨基酸、维生素和矿物质水平，这可能会对人们的健康产生长期影响。此外，吃虫子可能会通过改变肠道微生物群的组成来影响人体健康，而目前还不清楚这一点。最后，一些可食用的虫子可能含有毒素，在人们食用它们之前必须将其清除或禁止食用。尽管有这些担忧，欧洲食品安全局最近审查了食用昆虫的证据，并得出结论认为，只要正确处理和加工以确保其安全，食用昆虫风险不会比食用其他形式的食品的风险更大[51]。此外，他们还表示，如果食用的昆虫在其他国家安全食用至少 25 年，它们可以在欧洲销售。有关食用昆虫的生长、分布和消费规则的这些变化，正刺激着蓬勃发展的昆虫食品工业的扩张。

四 | 细菌汉堡包：微生物肉

未来肉类替代品的另一个重要来源是产生蛋白质的微生物，如藻类、酵母和细菌[54]。这些微生物是微小的活生物体，它们可以在营养丰富的发酵液中生长，在精心控制的条件下，创造出富含蛋白质的食物来源。随着它们的生长，微生物变得富含蛋白质、脂肪、碳水化合物、维生素、矿物质和营养因子。我们可以利用微生物本身作为食物来源，也可以将它们分解，释放其中宝贵的营养物质。利用微生物作为可食用蛋白质的来源有许多潜在的优势。它们可以通过将来自食品加工厂的废物流转化为富含蛋白质的有价值的食物来源来减少食物浪费。与肉类生产相比，它们需要更少的土地，产生更少的温室气体排放，造成更少的污染，因此，它们也更加环保和具有可持续性。

基于微生物发酵的最成功的商业肉类替代品之一是阔恩素肉，这是一种由名为威尼斯镰刀菌的真菌产生的分支蛋白制作的。这种真菌生长在大型发酵罐中，利用碳水化合物废物作为能源，以及氮和微量营养素的混合物。然后可以将支原体蛋白提取、干燥，并与鸡蛋蛋白（用于素食产品）或马铃薯蛋白（用于素食产品）混合作为黏合剂。用于生产阔恩素肉的丝状真菌具有与许多肉制品相似的纤维结构。我和我的家人经常吃由阔恩素肉和辣酱制成的无肉肉饼，它们的味道和鸡肉非常相似。最早生产阔恩素肉的工厂之一在我的家乡英格兰东北部的比林汉姆，当时由帝国化学公司经营。据称，使用该工艺生产蛋白质的碳消耗比从动物身上生产等量蛋白质所需的要少 80% 左右。

最近，太阳能食品在微生物养殖领域取得了令人振奋的进展。一家创新的芬兰公司发现了一种方法，可以诱使微生物（自养细菌）利用空气、阳光和少量矿物质生产出营养丰富的食用蛋白质。把食物从空气中变出来似乎有些牵强，但实际上是植物在光合作用过程中一直在做的事情。事实上，该公司声称他们的过程比自然光合作用更有效地从阳光中获取能量。太阳能食品利用空气中的二氧化碳和太阳能电池板的电能作为微生物在微咸肉汤中游泳的燃料。当细菌生长时，它们利用这些能量来源产生蛋白质、脂肪、碳水化合物、维生素、矿物质和体内的营养物质。

发酵过程是在含有大型不锈钢生物反应器罐的工厂进行的，这些罐是微生物的生存地。这些富含营养的微生物在生长后被分离、纯化，然后转化成粉末，可以用作食品配料。该公司声称，这一过程所需土地仅为传统农业的十分之一，温室气体排放量是肉类生产的百分之一，而且由于采用封闭系统，不会造成污染。这些微生物农场可以分布在不同的地方，包括沙漠。因此，这项技术可以成为减少现代粮食生产造成的土地利用和环境破坏的重要途径。该公司希望到 2021 年建成并运营第一家商业规模的工厂。挑战将是使这些过程在经济上大规模可行，并能够将富含蛋白质的成分转化为人们想吃的食品。其他形式的微生物蛋白，如阔恩素肉，已经在商业上取得了成功，这表明这种新方法是可行的。

2018 年底，太阳能食品公司与欧洲航天局建立了合作关系，以创建在长途太空任务和火星殖民地生产食品的可持续方式。这颗红色星球上的情况明显不同于地球上的情况，但它的大气中仍然有阳光和二氧化碳，这使得用这种方法为未来的火星殖民者创造食物成为一种明显的可能性。

微生物农业（或细胞农业）正被用于创造更健康、更可持续的食物供应，还有其他一些有趣的方式。基因工程正被用来诱使微生物利用微生物发酵生产其他动物蛋白。例如，"完美日"和"克拉拉食品"是以旧金山为基础的生物技术公司，分别使用这种方法生产牛奶和鸡蛋蛋白。同样，一家美国加州的一家公司盖尔托也在利用微生物发酵生产明胶，明胶是一种重要的动物性食品添加剂，用于口香糖、果冻和甜点等。然后分离产生的蛋白质，并用于制造乳制品、鸡蛋或肉类替代品，它们具有与我们更熟悉的传统动物产品相同的理想感官特性。这意味着我们可以吃动物蛋白，而无须饲养、寄养或杀死任何动物。用来制造这些富含蛋白质成分的微生物也可以通过基因工程来增加它们的维生素或营养成分，或者优化它们的氨基酸或脂肪酸组成，从而使它们更健康。特别是，它们可以被设计成含有那些我们通常从动物产品中获得但更难从植物中获得的维生素和矿物质（如维生素 B_{12}、维生素 D、铁和钙）。然而，这些新的基因工程产品只有在被证明是安全的、经济上可行的，并获得消费者的认可的情况下才会成功。

五 | 豆汉堡包：
植物性肉类替代品

　　以植物为基础的肉类替代品已经存在多年，市场上已经有一系列高质量的蔬菜产品。而且，随着越来越多的人成为素食主义者或间断性素食者，这些产品的种类和质量不断增加。不吃肉的人通常属于两种哲学流派，其中一派想要得到可以模仿他们成长过程中熟悉的肉类产品的植物性产品，如培根、汉堡包、香肠或馅饼；另一派想要的是不含肉类的植物性食品。后者的部分理由是要合乎伦理。他们认为，模拟涉及屠宰动物的食品是不合适的。当然，许多前一派的人也很乐意食用没有肉的植物性食物，如豆腐、豆豉或麸质。

　　植物性食品，如素食汉堡包、培根和肉末，通常出现在超市的保健食品区。在我家附近的超市，它们是摆在商店最远的角落里的，那里只有刻意注重健康的人才会留意。然而，有的企业正打算将他们的产品放在超市的普通汉堡包旁边，以便吸引肉食者购买他们的产品。从商业上讲，这是有道理的，因为食肉者比素食主义者多得多。此外，从伦理和环境的角度来看，这种方法将产生更大的影响，因为素食主义者或素食者已经不吃肉了。然而，至关重要的是，这些蔬菜产品的外观和味道都很好，而且价格实惠，否则人们会尝试一次，便再也不会购买了。从我自己对不可思议的汉堡包的体验来看，我相信这肯定是可以实现的。目前的产品已经非常优秀，未来可能会有所改进。

1. 组装成肉的样子

把植物转化成类似肉的东西的最简单的方法是把它喂给动物，然后宰了动物。然而，这挫败了使食品供应更具可持续性和伦理性的目标。因此，学术和工业实验室正在进行研究，利用植物材料制造类似肉类的食品[55]。

在发达国家，大多数人都是吃肉长大的，对其特有的外观、质地和风味都很熟悉。事实上，许多人对某些肉制品有着强烈的文化和个人依恋。一个肉饼的好味道能带我回到英国北约克郡的酒吧，那是我徒步经过美丽荒原后驻足的地方。当有一系列美味的植物替代品时，放弃这些熟悉的食物就容易多了。这通常涉及以植物为基础的产品的研发，其特性与真实的肉产品要非常相似。科学研发美味的汉堡包替代品需要了解是什么赋予了肉独特的外观、口感和味道。正是因为这个原因，肉类科学家往往是最有资格开发肉类替代品的人。事实上，德国霍亨海姆大学生物物理学和肉类科学教授乔森·韦斯（Jochen Weiss）正利用物理学和化学的基本原理，创造出高质量的以植物为基础的肉类产品替代品。几年前的一个夏天我参观他的实验室时，他的学生给我展示的一些产品给我留下了非常深刻的印象。特别是，他们做了一个非常棒的素食血香肠（Blutwurst）——一个红黑色的圆柱体，上面点缀着白色大块的脂肪。他们开创性研究的下一步是设计这些产品吃在嘴里时的行为，这样它们的味道就和看上去一样好。

在最近的一次柏林之行中，我惊讶地看到当地一家超市里有一个专门售卖植物性冷盘和香肠的区域（图11.11）。在同一次旅行中，我曾在素肉店吃饭，这是一家出售多种植物肉替代品的连锁餐厅。尽管德国以其丰富的肉制品而闻名，但它似乎在朝着更可持续的植

图 11.11
德国柏林一家超市中肉类产品的植物替代品种类
作者于 2018 年 8 月拍摄

物性饮食方向发展道路上走得更早。

如前所述，汉堡包的理想外观、质地、口感和风味取决于绞肉生产和烹饪过程中发生的分子和结构变化。对肉的生物物理学的透彻理解可以用来创造更好的素食汉堡包。

从植物中分离出来的成分，如大豆、豌豆、绿豆或扁豆蛋白，可以被组装成类似肌肉纤维、结缔组织和脂肪细胞的结构。植物含有多种成分，可作为构建肉类类似物的基石。这些成分可用于提供颜色、风味、质地、口感或风味。例如，一些植物产生含有血红素的蛋白质，这种物质使鲜肉呈现出理想的红色。如后文所述，食品公司正利用这一知识来构建像肉一样"流血"的植物汉堡包。植物含有其他蛋白质，这些蛋白质可以连接成长丝，模拟肌肉纤维的特征。专门的加工方法，如控制相分离、剪切和加热，正在被用来将植物中发现的小球形蛋白质转化为肉中发现的长纤维结构。植物也含有脂肪，可以与植物蛋白质乳化，形成类似脂肪组织中脂肪细胞的素食脂肪小球。通过选择最合适的成分和加工操作组合，可以创造出成分、结构与真正肉类非常相似的植物性食品。

英国联合利华研究实验室的皮特·利尔福德（Peter Lillford）博士和他的团队对我们吃东西时嘴里肉制品的行为进行了一些开创性的研究[56]。他们发现肉中的肌肉纤维对其口感有着深远的影响。尤其是，肉的韧性或嫩度取决于牙齿破坏肌肉纤维所需的力。他们使用物理测试机和法医显微镜检查咀嚼过程中肉类的分解情况。一个味觉小组被要求食用一种肉制品，然后在不同时间吐出口中残留的部分咀嚼物质。肉在口中的行为相当复杂。首先，肌肉纤维束部分分离，但随后它们重新组合成一团——我们实际吞下的黏性物质团。研究人员测试了具有纹理的植物性产品，发现它们可以模拟肉的初始外观和第一口咬入后给人的感觉，但不能模拟咀嚼过程中发生的复杂的结构、纹理变化。这项研究表明，植物性产品必须经过精心设计，使其在我们的嘴里，而不仅仅是在我们的盘子里，有我们想要的表现行为。了解这些动态过程绝非易事，需要多年的系统研究。

科学在植物性肉类替代品开发中的应用以硅谷(加利福尼亚)的一家公司"不可能食品"为例。这家公司是由帕特里克·布朗（Patrick Brown）于2011年创办的，他是一位同时拥有医学博士和博士学位的科学家和企业家，旨在生产更可持续的食品供应。该公司的一组科学家和厨师共同努力，以了解使绞肉看起来、味道、声音和感觉与烹调和食用时一样的基本科学。然后，他们利用这些知识来选择可以用来生产替代绞肉的素食食品的植物性配料和加工工序。研究和开发小组使用了一系列复杂的法医工具来量化传统汉堡包和植物汉堡包在烹调前、烹调中和烹调后的特性。然后，这些信息被用来将不可能的汉堡包的表现行为与普通汉堡包的表现行为尽可能地匹配起来。

他们最重要的发现之一是肌红蛋白（一种与氧结合的含血红素蛋白质），它在决定肉的独特颜色和风味方面起着至关重要的作用。该公司的科学家们发现了一种以植物为基础的肌红蛋白替代品，称为勒格海姆，它来自大豆的根瘤。这种分子给生的汉堡包一个血淋淋的红色肉样的外观，当被烹制熟时可以变为灰褐色，并且具有独特的肉味。大豆中的勒格海姆水平相对较低，使用成本效益高且可持续的方法很难大规模分离。由于这个原因，该公司使用基因工程酵母培养物生产勒格海姆，可以大规模生产他们的产品。此外，"不可能食品"的科学家们在他们的植物汉堡包中添加了许多在肉制品中发现的维生素和矿物质（如锌和维生素 B），而素食主义者在饮食中往往缺乏这些维生素和矿物质。

我有机会在佛罗里达州迈阿密南部的海滩上品尝了一个"不可能汉堡包"（图 11.12），它看起来非常像一个真正的汉堡包，表面呈深棕色，内部呈浅棕色，多汁。吃它的第一口令人印象深刻，有特有的面包皮味道，质地非常像肉。我唯一的保留意见是，咀嚼过程中口感变得有点像糊状，这表明需要更多的研究来控制植物蛋白质结构在口腔内的分解过程。尽管如此，该公司的科学家们在构建一种与真汉堡包非常相似的植物汉堡包方面做了一项值得称道的工作。这类产品的需求因其在美国各地的供应量迅速增加而突出。就连我所居住的小镇上的时髦快餐店（"本地汉堡包"）现在也以与菜单上其他商品相当的价格出售。实际上，该公司在 2019 年某个时候开始在选定的超市销售其产品。

图 11.12
作者在佛罗里达州迈阿密的南海滩吃到一个"不可能汉堡包"（这是一种以植物为基础的汉堡包，含有血红素蛋白质，具有独特的肉味颜色和味道）

我做素食主义者刚刚几年，但我已经看到了以植物为基础的肉类替代品的质量和多样性显著提升。而且我家附近的超市也有很多美味的素食汉堡包、香肠、肉末和肉丸，其中许多产品的外观、质地和口味与真正的肉类产品十分相似，或者至少具有可接受的质量属性。其中一些产品的设计更多是通过艺术和工艺手段实现的，而不是科学，而另一些则依赖于我们对植物性产品在形成、烹饪和食用过程中发生的复杂的分子和结构机制的不断了解。

2. 弹性素食汉堡包：杂食者的解决方案

由于伦理、可持续性或环境方面的原因，许多人希望减少肉类的消费量，但不愿意完全放弃，因为他们仍然喜欢肉类的味道。由于这个原因，研究人员正在测试一类产品，特点是只有一部分肉被植物性材料替代了。这些产品的材料经过特别挑选，以保持汉堡包令人满意的烹调特性、外观和风味，但会减少肉的总量。一部分肉可以被各种植物源性材料所替代，包括谷类、谷物、水果、坚果和蘑菇。这些类型的产品适合理想的间断性素食主义者，他们既想减少肉的消费，又不完全牺牲吃肉的享受。

3. 植物性饮食更有益于健康吗

从以肉类为基础的饮食转变为以植物为基础的饮食有许多潜在的健康作用，这是越来越多的人成为素食主义者的一个重要动机。素食者比肉食者更不容易超重或肥胖，也更不容易患上心脏病、糖尿病、高血压和癌症等慢性病。这些有益效果的起源主要是由于素食和杂食饮食的成分不同[57]。素食者倾向于少吃那些与不良健康影响相关的食物成分，如饱和脂肪和胆固醇，以及更多与有益健康相关的食物成分，如膳食纤维、营养素、镁、钾和维生素 C、维生素 E。

不吃肉的人可能也会更健康，因为他们不会接触到一些肉制品中发现的潜在致癌物质，如腌肉（培根、意大利腊肠、火腿和热狗）中的硝酸盐和亚硝酸盐，或烤肉中的杂环胺和多环芳烃。2015 年，世界卫生组织报告说，高消费（每天超过 50 克）此类加工肉制品与癌症（特别是结肠癌）的易感性增加有关。与许多食品问题一样，很难给出明确的答案——食品基质的性质也可能影响加工肉制品潜在的致癌作用。把这些产品与富含维生素和营养的蔬菜一起食用，可能会改善它们的一些负面影响，这种作用可能是因为它们干扰了这些毒素与我们身体的相互作用。

吃植物性食物也有一些健康风险。素食主义者和素食者如果不做计划的话，他们可能会患上营养缺乏症。他们的饮食需要很谨慎。尤其是不吃牛奶、奶酪和鸡蛋的素食者，这可能会使他们缺乏维生素 B_{12}、维生素 D、钙、锌和欧米伽 -3 脂肪酸，因此可能需要补充营养以保持健康。说到这里，许多生产植物性食品的公司都在强化素食主义者所需的微量营养素，这样可以避免这个问题。总的来说，食用新鲜水果和蔬菜有关的食源性疾病往往多于熟肉制品，然而与食肉有关的疫情往往更为严重，这导致了更高的住院率和死亡率。此外，植物汉堡包是烹制熟的，这大大缓解了这个问题。因此，改用植物性饮食，除了对环境有利外，似乎还有许多健康作用[58]。即便如此，植物性食品仍必须精心生产、处理和准备，以确保其安全和营养。

六 │ 畜牧业还有前途吗

如果本章中介绍的各种技术真的取代了肉类，那么人类目前生产肉类所需的所有农场动物将会发生什么？据联合国粮食及农业组织估计，目前全球约有 190 亿只鸡、14 亿头牛和 10 亿只绵羊及猪被用作牲畜饲养。我们是要宰杀所有的农场动物，还是仅仅对现存的动物进行消毒，让物种灭绝？我们能养几只动物做培养肉，其余的给动物园吗？一些动物可能会被饲养在农场里，供那些仍然想要"真肉"的消费者食用，但绝大多数是不需要的。这也许会产生另一种伦理问题，吃肉类替代品可能会导致动物末日的到来。

七 │ 可持续食物供应的未来

本章的重点是介绍以更符合伦理、更可持续、更环保的替代品取代动物产品。这是一个非常活跃的研究领域，许多科学家正在开展研究，以准确计算我们的饮食选择对人体健康和环境的影响[52]。这些科学家正在采用复杂的方法，如生命周期评估，以更准确地量化用清洁的、昆虫的、微生物的或植物性的"肉"替代真肉的效果（图 11.13）。这些方法使用数学模型分析来自食品生产、加工、运输、储存和分配的数据，以计算和比较不同食品的环境影响。然后，消费者、行业和政府可以利用这些知识，对我们应该生产和食用的食品类型做出更明智的选择。2019 年初，受著名医学杂志《柳叶刀》委托的一组科学家发表了一份关于发展未来食品体系的提案，该体系的目的是促进人类和环境健康。该提案既包括更健康的植物性食物（包括水果、蔬菜、坚果、豆类和全谷物）也包括不太健康的食物（如糖、精制谷物和红肉）。它还制定了食品和农业工业以减少温室气体排放、土地利用、水资源利用、污染和生物多样性损失的量化指标。本提案的目标当然是令人钦佩的，但挑战将是开发一种人们实际上愿意将其融入生活的饮食，这将需要下一代食品科学家进行创新性研究（图 11.14）。

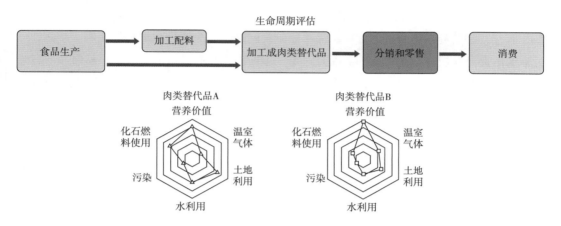

图 11.13

不同饮食对人体健康和环境影响的准确评估需要详细分析从农场到餐盘涉及的所有不同因素（雷达图是两种肉类替代品的假设比较）

图表来源于 Van Mierlo 等（2017 年）

图 11.14

作者的女儿伊兹在马萨诸塞州的阿默斯特大学的食品科学部从事植物源食物的开发（她正在测试植物蛋白来源制造的"鸡蛋"，其颜色是否与真实鸡蛋的相似）

　　还有许多其他领域的科学应用可以提高我们粮食供应的可持续性。食品化学和工程可用于提高食品企业的能源效率，并将废料转化为有价值的功能性成分，用于食品、制药和其他行业。基因工程、纳米技术、自动化和人工智能可用于提高产量、减少损失和增强牲畜和农作物的营养。更有效的生产、储存和分销网络将减少废物和燃料的使用。当然，一劳永逸的简单解决办法是没有的。而且，每一项新技术都有风险和好处，科学家和非科学家都应该对此进行认真的讨论。让公众知道得更多和参与将有助于消费者做出更好的选择、促进工业方法改进和政策抉择，确保我们为子孙后代维持可持续的粮食供应。

参考文献 ↘

1. Carey，T. V. 2018. April/May *Hail*，*Malthus*！ Philososphy Now，（125）：26–29.

2. Hoy，A. Q. 2018. Agricultural Advances Draw Opposition that Blunts Innovation. *Science* 360（6396）：1413–1414.

3. Poore，J.，and T. Nemecek. 2018. Reducing food's Environmental Impacts Through Producers and Consumers. *Science* 360（6392）：987–982.

4. Alexander，P.，C. Brown，A. Arneth，C. Dias，J. Finnigan，D. Moran，and M. D. A. Rounsevell. 2017. Could Consumption of Insects，Cultured Meat or Imitation Meat Reduce Global Agricultural Land Use？ *Global Food Security-Agriculture Policy Economics and Environment* 15：22–32.

5. Flachowsky，G.，U. Meyer，and K. H. Sudekum. 2018. Invited Review：Resource Inputs and Land，Water and Carbon Footprints From the Production of Edible Protein of Animal Origin. *Archives Animal Breeding* 61（1）：17–36.

6. Gerber，P. J.，A. Mottet，C. I. Opio，A. Falcucci，and F. Teillard. 2015. Environmental Impacts of Beef Production：Review of Challenges and Perspectives for Durability. *Meat Science* 109：2–12.

7. Foer，J. S. 2009. *Eating animals*. New York：Back Bay Books.

8. Hudson，J. A.，L. J. Frewer，G. Jones，P. A. Brereton，M. J. Whittingham，and G. Stewart. 2017. The Agri-Food Chain and Antimicrobial Resistance：A Review. *Trends in Food Science & Technology* 69：131–147.

9. Xiong，W. G.，Y. X. Sun，and Z. L. Zeng. 2018. Antimicrobial Use and Antimicrobial Resistance in Food Animals. *Environmental Science and Pollution Research* 25（19）：18377–18384.

10. Kouvari，M.，S. Tyrovolas，and D. B. Panagiotakos. 2016. Red Meat Consumption and Healthy Ageing：A Review. *Maturitas* 84：17–24.

11. Al-Juhaimi，F.，K. Ghafoor，M. D. Hawashin，O. N. Alsawmahi，and E. E. Babiker. 2016. Effects of Different Levels of Moringa（*Moringa oleifera*）Seed Flour on Quality Attributes of Beef Burgers. *Cyta-Journal of Food* 14（1）：1–9.

12. Smith，A. F. 2008. *Hamburger a Global History*. London：Reaktion Books.

13. Wikipedia. 2018. *History of the Hamburger*.［cited 2018］.

14. Hughes，J. M.，S. K. Oiseth，P. P. Purslow，and R. D. Warner. 2014. A Structural Approach to Understanding the Interactions Between Colour，Water-Holding Capacity and Tenderness. *Meat Science* 98（3）：520–532.

15. Yu，T. Y.，J. D. Morton，S. Clerens，and J. M. Dyer. 2017. Cooking-Induced Protein Modifications in Meat. *Comprehensive Reviews in Food Science and Food Safety* 16（1）：141–159.

16. Prayson，B.，J. T. McMahon，and R. A. Prayson. 2008. Fast Food Hamburgers：What are we Really Eating？ *Annals of Diagnostic Pathology* 12（6）：406–409.

17. Tornberg，E. 2013. Engineering Processes in Meat Products and How they Influence their Biophysical Properties. *Meat Science* 95（4）：871–878.

18. Tornberg，E.，K. Andersson，A. Andersson，and A. Josell. 2000. The Texture of Comminuted Meat Products. *Food Australia* 52（11）：519–524.

19. Lepetit，J. 2008. Collagen Contribution to Meat Toughness：Theoretical Aspects. *Meat Science* 80（4）：960–967.

20. Joachim，D. and A. Schloss. 2018. *The Science of Grilling Burgers*. Fine Cooking（Issue 118）；Available from：http：//www. finecooking. com/article/the–science–of–grilling–burgers.

21. Gibis，M. 2016. Heterocyclic Aromatic Amines in Cooked Meat Products：Causes，Formation，Occurrence，and Risk Assessment. *Comprehensive Reviews in Food Science and Food Safety* 15（2）：269–302.

22. Hale，A. B.，C. E. Carpenter，and M. K. Walsh. 2002. Instrumental and Consumer Evaluation of Beef Patties Extended with Extrusion–Textured whey Proteins. *Journal of Food Science* 67（3）：1267–1270.

23. Kassama，L. S.，M. O. Ngadi，and G. S. V. Raghavan. 2003. Structural and Instrumental Textural Properties of Meat Patties Containing Soy Protein. *International Journal of Food Properties* 6（3）：519–529.

24. Zielbauer，B. I.，J. Franz，B. Viezens，and T. A. Vilgis. 2016. Physical Aspects of Meat Cooking：Time Dependent Thermal Protein Denaturation and Water Loss. *Food Biophysics* 11（1）：34–42.

25. Damez，J. L.，and S. Clerjon. 2008. Meat Quality Assessment Using Biophysical Methods Related to Meat Structure. *Meat Science* 80（1）：132–149.

26. Dreeling，N.，P. Allen，and F. Butler. 2000. Effect of Cooking Method on Sensory and Instrumental Texture Attributes of Low–Fat Beef Burgers. *Lebensmittel-Wissenschaft Und- Technologie-Food Science and Technology* 33（3）：234–238.

27. Roth，D. M.，F. K. McKeith，and M. S. Brewer. 1999. Processing Parameter Effects on Sensory and Instrumental Texture Characteristics of Reduced–Fat Ground Beef Patties. *Journal of Muscle Foods* 10（2）：163–176.

28. Schouteten，J. J.，H. De Steur，S. De Pelsmaeker，S. Lagast，J. G. Juvinal，I. De Bourdeaudhuij，W. Verbeke，and X. Gellynck. 2016. Emotional and Sensory Profiling of Insect–，Plant– and Meat–Based Burgers Under Blind，Expected and Informed Conditions. *Food Quality and Preference* 52：27–31.

29. Hartmann，C.，and M. Siegrist. 2017. Consumer Perception and BehaviourRegarding Sustainable Protein Consumption：A Systematic Review. *Trends in Food Science & Technology* 61：11–25.

30. Mottet，A.，C. de Haan，A. Falcucci，G. Tempio，C. Opio，and P. Gerber. 2017. Livestock：On Our plates or Eating at Our Table? A New Analysis of the Feed/Food Debate. *Global Food Security-Agriculture Policy Economics and Environment* 14：1–8.

31. Swain，M.，L. Blomqvist，J. McNamara，and W. J. Ripple. 2018. Reducing the Environmental Impact of Global Diets. *Science of the Total Environment* 610：1207–1209.

32. van Huis，A.，and D. Oonincx. 2017. The Environmental Sustainability of Insects as Food and Feed. A Review. *Agronomy for Sustainable Development* 37（5）.

33. Stanley，P. L.，J. E. Rowntree，D. K. Beede，M. S. DeLonge，and M. W. Hamm. 2018. Impacts of Soil Carbon Sequestration on Life Cycle Greenhouse gas Emissions in Midwestern USA Beef Finishing Systems. *Agricultural Systems* 162：249–258.

34. Goldstein，B.，R. Moses，N. Sammons，and M. Birkved. 2017. Potential to Curb the Environmental Burdens of American Beef Consumption using a Novel Plant–Based Beef Substitute. *PLoS One* 12（12）.

35. Sprecht，L. 2018. Is the Future of Meat Animal–Free. *Food Technology* 1：17–21.

36. Smetana，S.，A. Mathys，A. Knoch，and V. Heinz. 2015. Meat Alternatives：Life Cycle Assessment of Most Known Meat Substitutes. *International Journal of Life Cycle Assessment* 20（9）：1254–1267.

37. Cassiday，L. 2018. Clean Meat. *Inform* 29（2）：6–12.

38. Jonsson，E. 2017. On Resurrected Nuggets and Sphincter Windows：Cultured Meat，Art，and the Discursive Subsumption of Nature. *Society & Natural Resources* 30（7）：844–859.

39. Reynolds，M. 2018. *The Clean Meat Industry is Racing to Ditch its Reliance on Foetal Blood*，in *Wired UK*. Wired.

40. Terreform1. 2018. *IN VITRO MEAT HABITAT*.

41. McGrew，W. C. 2014. The 'Other Faunivory' Revisited：Insectivory in Human and Non–Human Primates and the Evolution of Human Diet. *Journal of Human Evolution* 71：4–11.

42. Churchward–Venne，T. A.，P. J. M. Pinckaers，J. J. A. van Loon，and L. J. C. van Loon. 2017. Consideration of Insects as a Source of Dietary Protein for Human Consumption. *Nutrition Reviews* 75（12）：1035–1045.

43. Oaklander，M. 20 Delicious Bug Recipes from Chefs. 2015. ；Available from：www. time. com/3830167/eating–bugs–insects–recipes/.

44. Becky，M. 2018. *"Crunchy But Sawdust-Like"*：*Our Verdict on Edible Insects*，in *BBC News*，BBC.

45. Park，Y. S.，Y. S. Choi，K. E. Hwang，T. K. Kim，C. W. Lee，D. M. Shin，and S. G. Han. 2017. Physicochemical Properties of Meat Batter Added with Edible Silkworm Pupae（*Bombyx mori*）and tTransglutaminase. *Korean Journal for Food Science of Animal Resources* 37（3）：351–359.

46. Kim, H. W., D. Setyabrata, Y. J. Lee, O. G. Jones, and Y. H. B. Kim. 2016. Pre-Treated Mealworm Larvae and Silkworm Pupae as a Novel Protein Ingredient in Emulsion Sausages. *Innovative Food Science & Emerging Technologies* 38: 116–123.

47. Zhao, X., J. L. Vazquez-Gutierrez, D. P. Johansson, R. Landberg, and M. Langton. 2016. Yellow Mealworm Protein for Food Purposes – Extraction and Functional Properties. *PLoS One* 11（2）.

48. Gould, J., and B. Wolf. 2018. Interfacial and Emulsifying Properties of Mealworm Protein at the Oil/Water Interface. *Food Hydrocolloids* 77: 57–65.

49. Keenan, D. F., V. C. Resconi, T. J. Smyth, C. Botinestean, C. Lefranc, J. P. Kerry, and R. M. Hamill. 2015. The Effect of Partial-Fat Substitutions With Encapsulated and Unencapsulated Fish Oils on the Technological and Eating Quality of Beef Burgers Over Storage. *Meat Science* 107: 75–85.

50. Le Goff, G., and J. Delarue. 2017. Non-Verbal Evaluation of Acceptance ofInsect-Based Products *Using* a Simple and Holistic Analysis of Facial Expressions. *Food Quality and Preference* 56: 285–293.

51. La Barbera, F., F. Verneau, M. Amato, and K. Grunert. 2018. Understanding Westerners' Disgust for the Eating of Insects: The Role of Food Neophobia and Implicit Associations. *Food Quality and Preference* 64: 120–125.

52. Van Mierlo, K., S. Rohmer, and J. C. Gerdessen. 2017. A Model for Composing Meat Replacers: Reducing the Environmental Impact of Our Food Consumption Pattern While Retaining its Nutritional Value. *Journal of Cleaner Production* 165: 930–950.

53. Payne, C. L. R., P. Scarborough, M. Rayner, and K. Nonaka. 2016. Are Edible Insects More or Less 'Healthy' Than Commonly Consumed Meats？ A Comparison Using Two Nutrient Profiling Models Developed to Combat Over- and Undernutrition. *European Journal of Clinical Nutrition* 70（3）: 285–291.

54. Ritala, A., S. T. Hakkinen, M. Toivari, and M. G. Wiebe. 2017. Single Cell Protein-State-of-the-Art, Industrial Landscape and Patents 2001–2016. *Frontiers in Microbiology* 8.

55. Dekkers, B. L., R. M. Boom, and A. J. van der Goot. 2018. Structuring Processes for Meat Analogues. *Trends in Food Science & Technology* 81: 25–36.

56. Lillford, P. J. 2016. The Impact of Food Structure on Taste and Digestibility. *Food & Function* 7（10）: 4131–4136.

57. Craig, W. J., A. R. Mangels, and Ada. 2009. Position of the American Dietetic Association: Vegetarian Diets. *Journal of the American Dietetic Association* 109（7）: 1266–1282.

58. Nelson, M. E., M. W. Hamm, F. B. Hu, S. A. Abrams, and T. S. Griffin. 2016. Alignment of Healthy Dietary Patterns and Environmental Sustainability: A Systematic Review. *Advances in Nutrition* 7（6）: 1005–1025.

12

食品的未来在哪里

→

The Future of Foods ?

一 | 未来食品迎面而来

　　本书从调研我们吃的食物以及其如何被现代科学改变开篇。我最初的目标是聚焦于两个主要问题，一个是我自己的，一个是全球的——我和我的家人应该吃什么？我们应该如何养活不断增长的世界人口？随着本书编写工作的推进，这个目标也逐渐清晰起来，它实际上与复杂性、不确定性和妥协性相关，即我们该如何基于混乱、矛盾和不完整的信息做出重要决策？我们生活在一个高度分化的世界，我们的信仰通常更多地基于我们属于哪个社会群体，而不是基于对证据的批判性评价。尽管持有完全相同的证据，但许多政治上的右派人士不相信气候改变，同时左派人士不支持转基因食品。食物和人类都是极其复杂的，当它们相互作用时复杂程度成指数增长。因此，试图去理解饮食对人体健康的影响或新兴食品技术带来的风险和收益都是相当复杂和充满不确定性的。尽管如此，我们仍然要在吃什么，以及如何生产、分销和促销上做出选择，否则我们将永远不会进步。大多数新的认知和技术创新都伴随着风险，我们能做的就是尽量趋利避害。

　　近年来，由于消费者对"天然"和"正宗"产品的需求增多，科学在食品中的应用似乎遭到了强烈抵制。此外，对现代食品工业及其在社会中发挥的作用持怀疑态度的人就越来越多。就我个人而言，我坚信科技在保障更健康和更可持续的食品供给中至关重要。有效改善我们的健康以及环境的方法之一是吃更多的植物性食品，减少摄入动物性食品。我已经吃素好多年并乐于成为一个素食主义者，尤其是在编撰本书并且发现了植物性饮食更多的好处之后。目前我的最大阻碍是缺乏牛奶、奶酪和鸡蛋的优质替代品。这也许是许多人不能成为素食主义者或纯素食主义者的相同原因。因此，未来有必要为人们提供一系列美味、实惠、方便、可持续的植物性食品，这样便于人们停止食用动物产品。这些经过设计的食物需要具有适度营养、不被过快消化且令人满足的特点。植物性食品并不等同于健康食品。此外，这些食品必须以可持续和环境友好的方式生产。理想情况下，这些食物的营养价值和对环境的影响都应该量化，并清晰地传递给消费者，以便他们决定吃什么。

　　我们现在可以使用精密的仪器测量我们的基因组、微生物群和代谢物来确定饮食对人体健康的影响。我们也拥有丰富的食品体系结构设计知识，利用植物原材料制作美食。在学术界、工业界和政府工作的科学家和营养学家应该花更多精力阐明支撑下一代植物性食品创造的基础科学。政府和工业界也应该优先支持该类研究项目——目前美国很少有基金支持该项工作。但这么做在改善我们自身健康和环境生态文明方面以及对社会的好处都将是巨大的。食品工业提供我们日常的大多数食品，因此它必将在改变我们的饮食习惯中发挥核心作用。如果消费者需要更健康的食品并愿意为此买单，那么食品厂家就会提供相应的产品。

二 | 未来食品生产前景

　　未来的农场和食品工厂会是什么样子？我们可以想象它是一种需要极少人参与、而由人工智能和机器人来运行的高度集成的系统；在基于以往经验构建的大数据库基础上，确定最佳条件和时间点，由无人驾驶拖拉机进行耕作和播种；种子的基因经过编辑来提高作物产量、自我修复能力和营养价值；植物及土壤中的微型传感器将对作物持续进行监测，并传送作物营养和健康状态的信息；只有在作物需要的时候才会进行精准施用纳米肥料和杀虫剂；蜜蜂大小的无人机将四处飞行为植物授粉；在恰当的时间，农作物将由机器人收割，然后在精心控制的条件下运输到自动化工厂中，最后被工厂里更大量的机器人加工成食品。

　　食品会在最需要的精准时间被配送到超市、餐馆和消费者家中。有关最终产品的卫生状况、营养成分、储存条件以及配料的信息，将在整个供应链中被记录，并提供详尽的历史，便于工厂、超市、餐馆和消费者验证其来源和真实性。消费者可以通过手机扫描食品标签来获取这些信息。这一体系将增强消费者对食品的信心，让他们选择符合其伦理及营养目标的食品。此外，它还会提高生产率，减少浪费和污染，改善食物供应的可持续性。事实上，牛津大学的研究人员最近进行一项研究发现，不同的农业生产方式，即使在生产同一种作物时，其生产力和对环境的损害差异也很大[1]。可以详细了解不同农场的做法，并采用效率更高和环境更友好的方式进行生产。

　　这些生产实践正在大量开展。2018 年末，当我在读这本书的最终稿时，《卫报》周刊发表了一篇关于美国第一个自动机器人农场的文章，该农场刚刚在加利福尼亚州开业。这个农场由机器人种植、管理和收割水培作物。这些机器人配备了计算机视觉，可以识别植物并检查它们的健康状况，然后将其报告给一个名为"大脑"的人工智能程序，该程序监控和控制整个操作过程。创建这些机器人农场的最大动机之一是为了应对农业在不久的将来将面临的挑战，比如劳动力短缺、天气模式的变化以及种植更多粮食的需求。此外，它们可以靠近主要城市地区，从而降低运输成本和浪费。

未来，我们在食品链中甚至可能不需要商店和超市。我们只需要在手机上订餐，当我们准备吃饭时，无人机就会把饭送到我们家里。对于我们当中更浪漫或更传统的人来说，机器人厨师会自动利用新鲜食材做好饭并送到我们家中。我们的家里将会有传感器来测量我们吃了什么、运动量如何、体重多少，以及分析我们的唾液、粪便和尿液来建立我们的基因组，微生物组和代谢组。然后，这些信息将被输入一个私人健康监测系统，该系统可以根据我们的个人需求调整我们的饮食。这些信息也会被发送到我们的保健医生那里，用来评估我们是否有健康问题以及是否需要检查身体。

这种高度集成的系统将使用各种先进的传感器来提供关于作物、食物和人类在食物链不同位置特性的信息。强大的计算机将存储和处理收集到的大量数据。人工智能和机器学习将被用来优化和控制整个食物链。理想情况下，通过发现种植的作物、食用的食物和健康结果之间的联系，可以改善全体人口的饮食。正如前面所强调的，这种先进的系统还有其他好处，包括改善食品质量、减少食品浪费、提高可持续性、减少污染，以及让工人从繁重乏味的工作中解放出来。

另一方面，我们中的许多人会发现，对我们的食品供应和生活的这种程度的监视和控制令人不安。如果电脑或机器人坏了会发生什么？这个系统是否容易受到恐怖袭击或被竞争对手劫持？大企业会对我们的生活控制太多吗？这些利益会公平地分配给社会的所有阶层吗？所有失去工作的农民、工厂工人和超市员工该怎么办？我们如何与我们的环境和他人相处？我们的食物会变得没有灵魂吗？我们是否愿意透露这么多关于自己的个人信息？与本书几乎涵盖的所有创新一样，采用这些先进技术将会风险与回报并存。

总而言之，我对未来食品的探索之旅是一次既有启迪又心存敬畏的经历。我对许多已经获得的技术进步了解得越多，对它们的潜在风险和收益就越不确定。需要对这些新技术进行认真审查和考量，以便明智地应用它们，使我们所有人受益。我对我们能够做到这一点非常乐观，但我们需要保持开放的心态，愿意倾听、思考、讨论和妥协。食物供应的未来对我们来说太重要了，我们不能基于不合理的信念而是应该根据可靠的证据做出决定。我希望本书能够提供一个有助于这场批判性对话的视角。

在本书的开始，我提到了西尔韦斯特·格雷厄姆，他是素食主义和全麦食品的先驱倡导者，19世纪中叶，他住在我现在居住的马萨诸塞州西部小城。包括营养、消化、营养食品、微生物群和全球可持续性在内的一系列主题的最新科学研究结果，支持了格雷厄姆一个半世纪前倡导的饮食建议：吃植物性食物；不要吃深度加工的食物；不要吃太多。

一个深秋的傍晚，天气有点冷，夕阳西下，天色渐暗，我和女儿散步时路过西尔维斯特·格雷厄姆的墓碑。我突然想到，到 2050 年，女儿的年龄会和我现在差不多大。那时的世界会是什么样子？我们会制定应对全球变暖的策略吗？我们能够种植足够的粮食来养活所有新增的人口吗？我们已经具备了这样做的知识和工具，但我们是否具备采取行动的政治意愿？作为社区成员、消费者和公民，我们每个人都必须变得更加了解食品工业的未来，懂得倾听并且与那些持不同意见的人进行接触，最后，通过我们的行动、购买产品和投票来拥护我们所相信的未来。

参考文献 ↘

1. Poore，J.，and T. Nemecek. 2018. Reducing Food's Environmental Impacts Through Producers and Consumers. *Science* 360（6392）：987–992. https：//doi. org/10. 1126/science. aaq0216.

致谢

←

express

我必须感谢很多直接或间接为本书做出贡献的人们。

首先，我要感谢我的女儿 Izzy，是她鼓励我写这本书的。我的妻子 Jayne 给我买了一本关于基因编辑的科普书作为圣诞礼物，这本书是 Jennifer Doudna 和 Samuel Sternberg 写的《创造中的裂缝：基因编辑与进化控制中不可思议的力量》(*A Crack in Creation：Gene Editing and the Unthinkable Power to Control Evolution*)。当我告诉我女儿这本书有多令人着迷时，她问我："你为什么不写一本关于你自己工作的书呢?"于是，在 2018 年剩下的时间里，我便埋首于有关食品未来发展的科学论文、书籍和新闻报道中。

我的家人、朋友和同事中很多人对特定章节提供了宝贵的意见和建议，包括 Noel Andersen、Mary Bell、Rodolphe Barrangou、Fergus Clydesdale、Christina DiMarco-Crook、Colin Hill、Chor San Khoo、Guy Isobelle、Jake McClements、Matthew Moore、Alissa Nolden、June Price 和 Ricardo San Martin。他们的意见使每章内容都有明显的改进——其余的错误只能怪我自己了。我最喜欢的一条评论是女儿 Izzy 提的，她读了第一章的一个早期版本后说道："你听起来像个机器人。"在写这本书的后期版本时，我试着让自己听起来尽量不像机器人，但我不知道是不是做到了。来自美国康涅狄格州农业试验站的 Jason White 博士爽快地为我提供了纳米肥料对农作物影响的原始照片；马萨诸塞大学建筑系的 Caryn Brause 教授在百忙之中抽出时间带我参观了她的系，并讨论了建筑设计和食品设计之间的异同；爱丁堡大学的 Alexander Peter 教授给我发来了一些关于不同来源蛋白质对环境影响的原始数据；加利福尼亚橄榄油公司的 Shawn Addison 给我提供了一个关于食品造假的趣事，只可惜我最终没有采用；我的侄子 Jake 刚刚在爱丁堡大学获得物理学博士学位，他很勇敢地尝试了一种刚在英国超市上架的小吃——脆蟋蟀，并把这一经历反馈给我。

我很幸运能在一个极富创新精神的院所里工作，感谢马萨诸塞大学的所有同事共同创造了这样一个振奋人心的工作环境。我要感谢马萨诸塞大学所有在我的研究组里付出努力的本科生、研究生、博士后和访问学者。在编写本书的过程中，我的女儿 Isobelle 和妻子 Jayne 一直都在支持我和鼓励我，总是耐心地倾听我刚刚发现的一些与食物有关的新故事。我还要感谢我在英国的所有家人和朋友们对我的支持和鼓励——离开所爱的国家和人民是很艰难的，能回到英国探望十分开心。我还要感谢所有那些我忘记在这里提及的人——随着年纪变老，我的记忆也越来越差。最后，我要感谢施普林格出版社的所有人，特别是 Susan Safren，她们相信这个选题并积极将其出版。